The Joint 木工接合大全

7大接合家族的50種基本接合方式及其變式

泰利・諾爾——著
丁瑋琦——譯

楓葉社

聲明：由於加工木材和其他材料的過程本身存在受傷的風險，因此本書無法保證書中的技術對每個人來說都是安全的。本書沒有任何明示或暗示的保證，出版商和作者不對本書內容或讀者為了使用書中的技術使用相應工具造成的任何傷害或損失承擔任何責任。出版商和作者敦促所有操作者在開始任何操作之前仔細檢查並熟練掌握每種工具的使用，並遵守木工和表面處理操作的安全指南。

Conceived, designed, and produced by
Quarto Publishing plc
The Old Brewery
6 Blundell Street
London N7 9BH

木工接合大全

出　　版／楓葉社文化事業有限公司
地　　址／新北市板橋區信義路163巷3號10樓
郵政劃撥／19907596　楓書坊文化出版社
網　　址／www.maplebook.com.tw
電　　話／02-2957-6096
傳　　真／02-2957-6435
作　　者／泰利．諾爾
譯　　者／丁瑋琦
企劃編輯／陳依萱
校　　對／周季瑩
港澳經銷／泛華發行代理有限公司
定　　價／420元
初版日期／2020年12月

國家圖書館出版品預行編目資料

木工接合大全 / 泰利．諾爾作 ; 丁瑋琦翻譯. -- 初版. -- 新北市 : 楓葉社文化, 2020.12　面 ; 公分

譯自 : The joint book : the complete guide to wood joinery.

ISBN 978-986-370-246-7（平裝）

1. 木工

474　109016740

目　錄

第六章 斜接和斜面

第七章 燕尾榫

第八章 圓木榫和餅乾榫

第九章 緊固件、五金件和可拆卸接合件

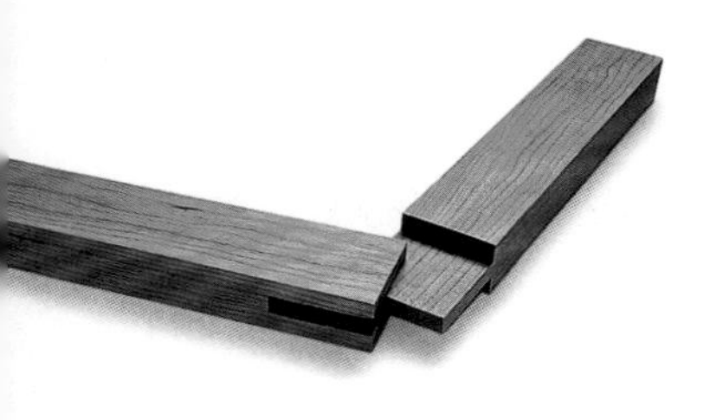

第一章

準確和有序

測量和標記

標記工具

只要配備了特定的工具，測量一個特定的距離、將其準確地標記在木料上是一件很簡單的工作。使用鉛筆、錐子和畫線刀等基本工具就可以在木料表面準確地畫出所需的結構尺寸，並且繪圖的公差可以精細到只有一兩張名片的厚度。

當鉛筆尖變鈍的時候，畫出的標記線就會變得更寬，精確性就會下降；畫線錐自始至終都能夠畫出細窄的標記線，但在橫向於紋理畫線的時候，得到的線往往會輪廓不清；畫線刀能夠畫出最為精細的標記線，並能避免木屑進入到接合部位。

畫線刀能幹淨利落地切斷表層木纖維，防止撕裂木料（造成表層木料的損失），因此即使橫向於紋理也能畫出清晰的標記線。此外，畫線刀還留下了一條細小的切痕，可以為工具提供引導。一把優質的畫線刀具有略帶錐度的橫截面和細長的刀尖（類似於雕刻刀），可以進入部件的邊角畫線。

測量工具

除非被精確定位，否則即使是最精細的畫線也是沒有意義的。測量工具的作用就在於此。直尺上的刻度有助於精確地定位畫線刀的刀尖。保持直尺的刻度邊緣接觸木料表面可以最大限度地保證標記的準確性。

木工操作往往需要同時準備一盒鋼卷尺和一把鋼直尺：鋼捲尺用來測量較長的部件，鋼直尺較輕、較短，用來測量較小的部件。不同品牌的鋼捲尺和鋼直尺的質量參差不齊，因此應盡量購買同一品牌的產品。使用前應檢查鋼尺的刻度值是否匹配。

設計工具

畫線規和切割規屬於設計工具，可以用鋼針在木料表面划出平行於木料邊緣的線。一個可移動的靠山可以調整畫線與木料邊緣之間的距離。

專用的榫規具有兩根鋼針，能夠同時畫出兩條平行線，可以用來為榫卯接合件或其他接合件畫線。兩根鋼針之間的距離是可以調節的，榫規的靠山也是可以調節的。

所有的工具在使用之前都需要進行微調。

操作者應仔細選擇，避免糟糕的設計導致無法或很難準確調節靠山和鋼針的設置，帶來不必要的麻煩。

刻度標記

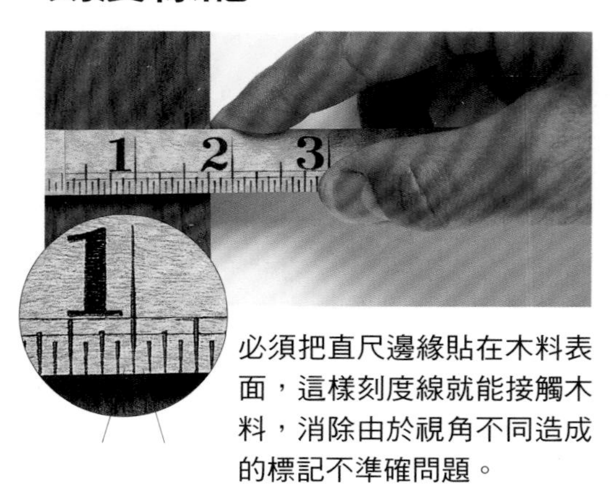

必須把直尺邊緣貼在木料表面，這樣刻度線就能接觸木料，消除由於視角不同造成的標記不準確問題。

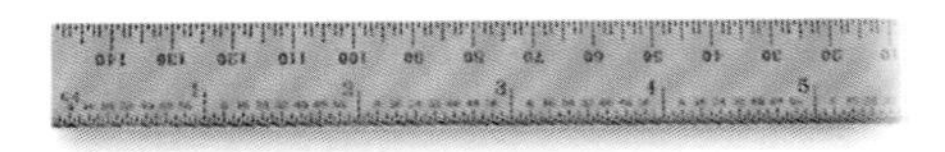

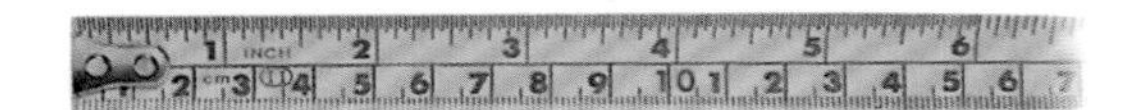

打開所有的鋼捲尺和鋼直尺，比較它們的刻度是否能夠對齊，以及它們完全打開的長度是否相同。

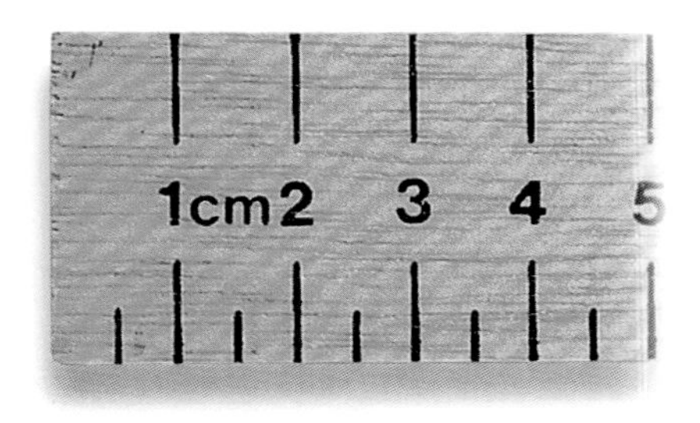

避免使用那些通過畫線而不是刻線標記刻度的木直尺，因為它們的刻度線本身太寬，準確度不高。

畫線工具

不同畫線工具畫出的線的寬度和模式存在差別，會影響設計的準確性。

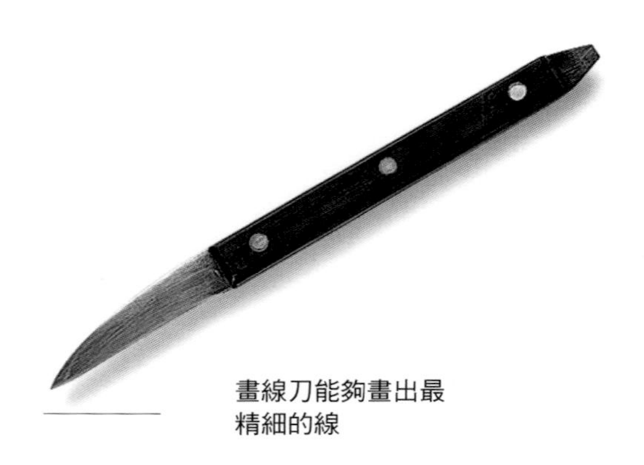

畫線刀能夠畫出最精細的線

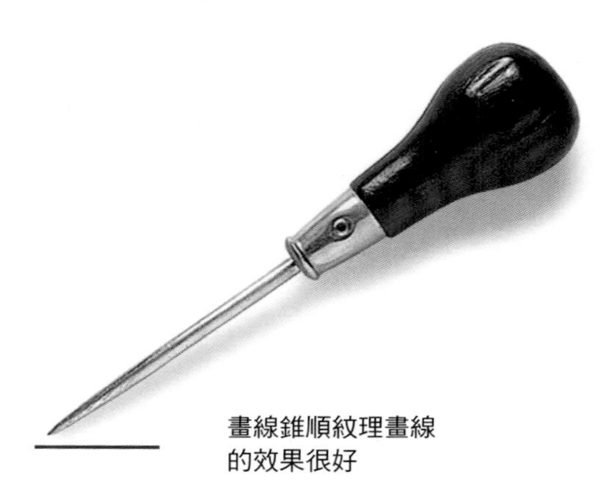

畫線錐順紋理畫線的效果很好

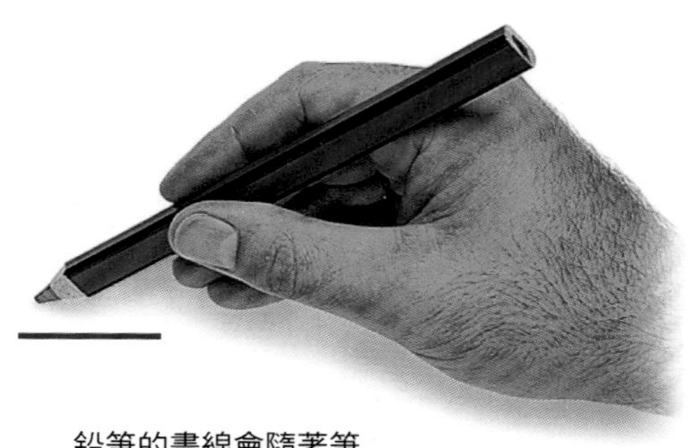

鉛筆的畫線會隨著筆尖的尖銳程度變化

畫線規和切割規

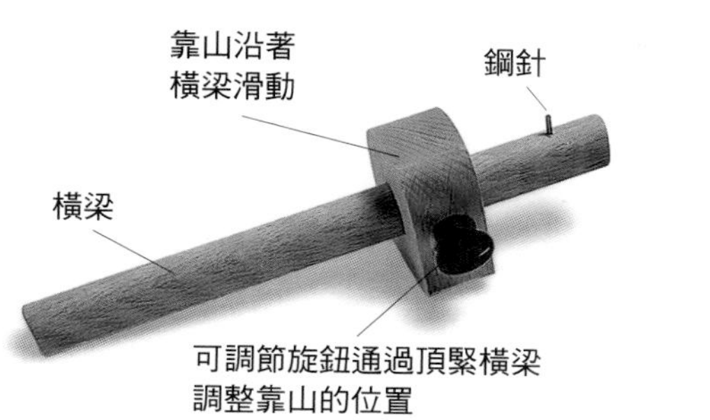

基本的畫線規具有一根圓柱形鋼針和一個可調節靠山，靠山可以沿木料邊緣滑動，鋼針則按照設定距離標記出平行於木料邊緣的線。

切削規具有一把楔入到橫梁中的小刀，除了可以切割細窄的條狀木皮，還能夠橫向於木料紋理畫出清晰的標記線。

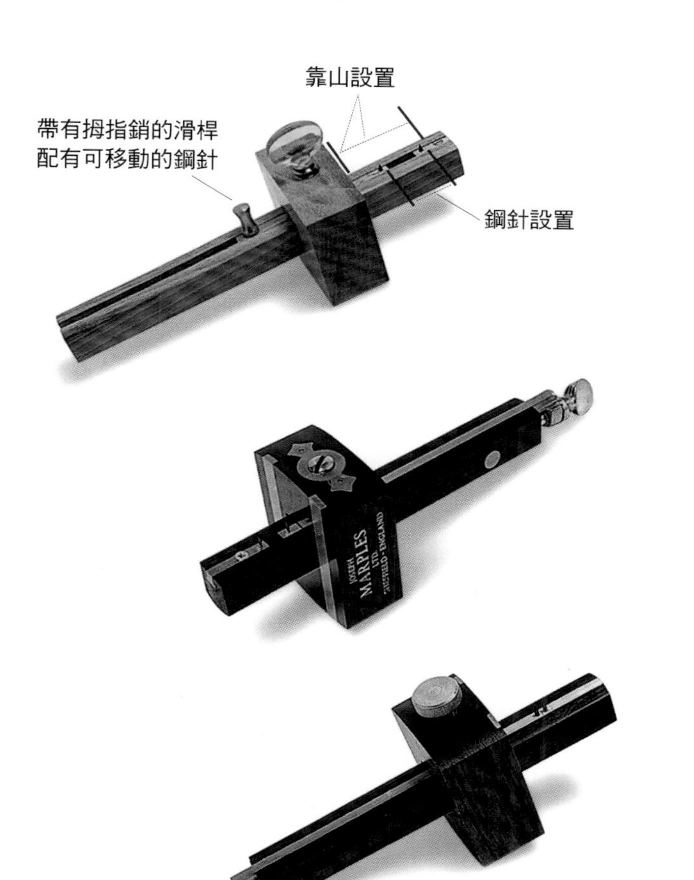

榫規的固定鋼針和可移動鋼針能夠同時畫出兩條平行線，但在圖中的型號上，靠山和可移動鋼針的設置都要通過擰緊調節旋鈕來完成。

一個蝶形螺絲可以調節鋼針沿橫梁前後移動，但是靠山的調節螺絲需要使用另一個工具來擰緊。

這個榫規上的蝶形螺絲用來設置兩根鋼針之間的距離，另一個旋鈕用來調節靠山的設置，以定位在木料上的平行線。

直角尺和角度尺

方正是木工的基礎，運行流暢的門、抽屜和緊密匹配的接合件都離不開方正的切割。一把精確的直角尺可能是木匠擁有的最重要的工具了。不幸的是，在今天的工具市場上，產品質量發生了很大變化，並不是所有的「直角尺」都是名副其實的直角尺。

直角尺

對於設計工具，「一分錢一分貨」的真理體現得尤為突出。木匠可以在華麗的木製直角尺與黃銅木工直角尺之間進行選擇，或者跨界選擇為機械師設計的高精度直角尺。

除了一兩個致力於工具精度的昂貴的品牌，絕大多數的木製直角尺和黃銅直角尺不夠精確，可能只有它們的內角才是方正的。工程師（Engineer）品牌的組合角尺非常昂貴，但其12吋（30cm）的長度的誤差在0.001吋或0.002吋之內。同時它們比木工直角尺的功能更加多樣。即使是最簡單的、帶有可滑動刀片的繪圖者（Patternmaker）的雙直角尺，也同時具有畫線規、深度規、迷你水平儀和高度規的功能，所以購買這樣的工具是物有所值的。大多數五金店以低廉價格出售的組合角尺都是仿製的工程角尺。

像其他工具一樣，直角尺也可以在購買之前進行測試並修正。對那些昂貴品牌的製造商來說，將不夠方正的直角尺返廠校正是值得的。而那些廉價工具的製造商則不會提供這種服務，你必須把這些工具送到專門的工具店進行校正。

角度工具

繪製角度的基本工具是T形角度尺或斜角規。這種工具經過設置後能夠匹配圖上的或實際存在的角度，並將其轉移到部件或機器上。因為這種工具的角度是可變的，所以除非刀片或主幹不是直的，精度一般不存在問題。斜角規有幾種不同的設計，比如刀片固定在主幹上的類型和主幹可以沿刀片上的槽滑動的類型，以及設置完成後不同的緊固方式。對這些屬性的選擇都屬於個人喜好和易用性的問題，不涉及精確性問題。

為建築師設計的三角尺不是特別昂貴，但足夠精確，可以在工房中提供參考標準。三角尺可用於精確繪圖，也可以用來幫助設置斜角規或其他工具。

木工直角尺

木工斜角尺的功能僅限於檢查和繪製45°角。

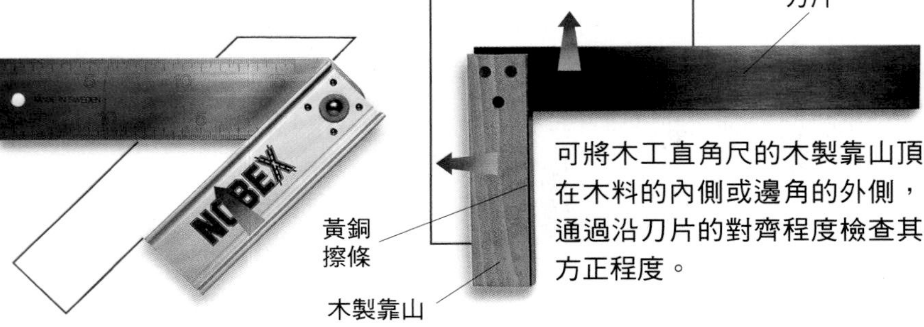

角度繪製工具

斜角規的刀片和主幹在末端由一個樞軸固定，就能圍繞旋轉。

用螺絲固定斜角規的刀片可以最大限度地減少干擾，但是，必須在手邊準備一把螺絲刀，便於隨時調節。

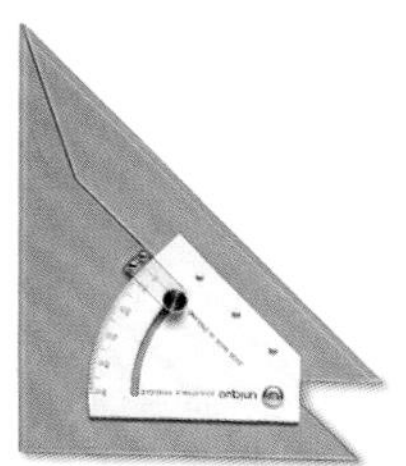

可滑動的T形角度尺可以使刀片延伸到不同的長度，定位桿或蝶形螺母擰緊器可以延伸到主幹之外發揮作用，調節刀片的可用長度並加以固定。

位於斜角規主幹末端的蝶形螺母是用來擰緊刀片的，不會干擾設置或者改變設置角度。

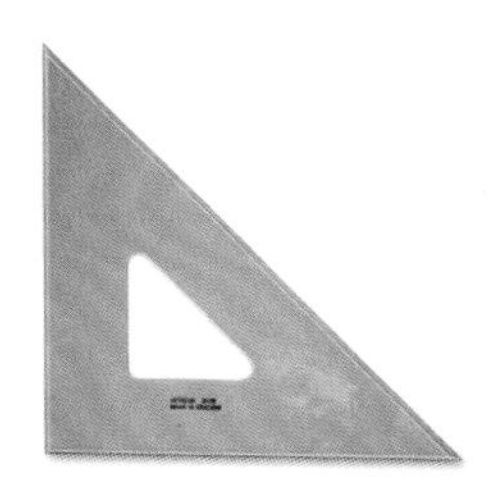

可調節的和固定角度的建築師三角尺足夠精確，可用來設置機械和繪製角度。

工程師牌的直角尺可以補充一個設置角度的量角器頭以及一個用來定位圓柱體中心的求心規，成為一把組合角尺。

「繪圖者」版本的雙直角尺，具有可滑動的刀片和氣泡水平儀，可以檢查部件內外的方正程度。

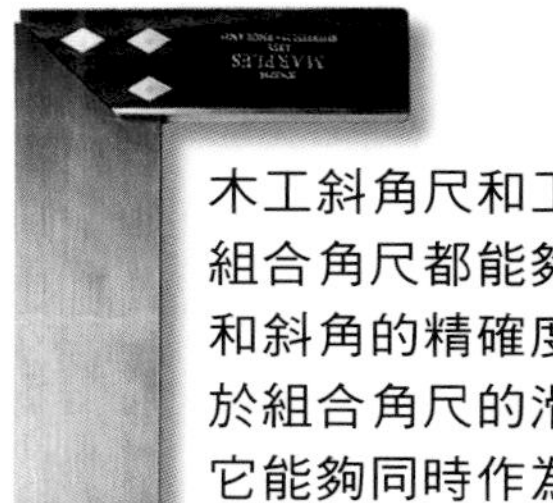

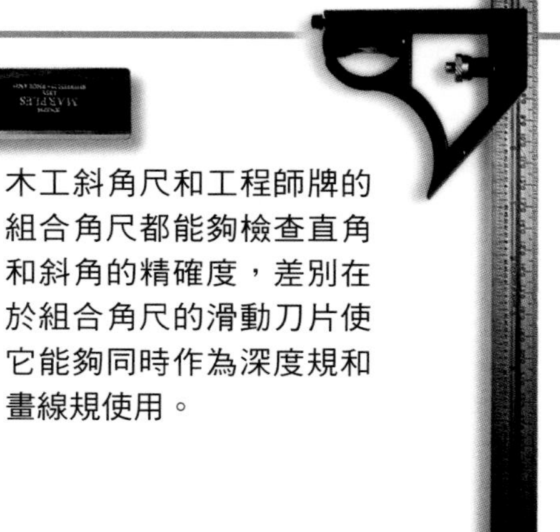

木工斜角尺和工程師牌的組合角尺都能夠檢查直角和斜角的精確度，差別在於組合角尺的滑動刀片使它能夠同時作為深度規和畫線規使用。

準確夾緊和組裝

即使做工很好，但如果來自夾子的壓力方向存在偏差，接合件的組裝還是可能出現偏離。人們通常會在膠合的準備工作上投入大量的時間和精力，但夾緊工作需要更加小心在意，並投入更多的耐心和精力。

夾緊

如果夾具的施力表面與木料的表面不平行，導致壓力無法垂直作用於木料表面，或者夾具的長邊沒有平行於距離最近的木料邊緣，膠合部件就會滑動，組件就會變形。夾緊木料的過程就像用手指按壓海綿：如果木料太薄不能有效分散壓力，或者使用的夾具太少導致承壓點周圍的區域發生偏轉，都不能獲得良好接合必需的接觸。

把廢木料塊墊在木料與夾具之間可以很好地分散夾具的壓力，同時還可以避免夾具在木料表面留下壓痕。但是，如果墊塊的尺寸與需要膠合的區域的厚度、寬度或面積不匹配，墊塊就會使問題變得更糟。

乾接測試

在塗抹膠水之前，應先對所有組件進行乾接測試。這樣可以避免在膠水即將凝固的最後1分鐘重新組裝導致的手忙腳亂。乾接測試還為你提供了機會，來確定需要使用的夾具及其數量，製作墊塊，並把膠水和其他需要的材料準備好放在手邊。此外，不要忘記準備塗抹膠水用的滾筒或刷子、需要插入墊塊和木料之間的蠟紙以及清理用的抹布。

夾緊之後，應當在膠水溼潤仍然允許調整的時候盡快檢查組件組裝的方正程度。這件工作需要使用捲尺或內對角測量器（見下頁）來完成。如果兩條對角線的測量值相同，表明組件組裝得足夠方正。

壓力分布

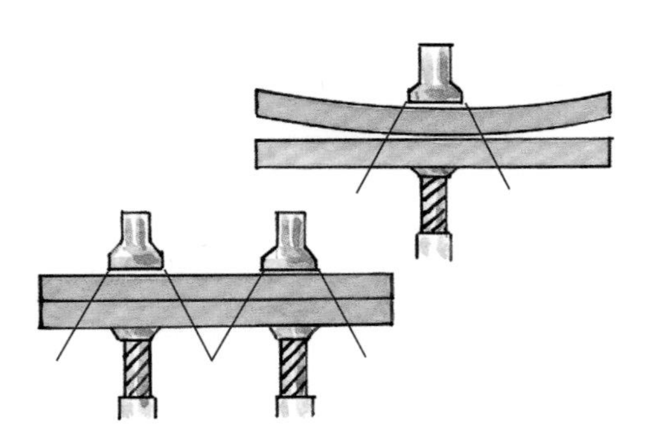

當木料很薄或者沒有足夠的夾子時，壓力不能均勻地分布，可能導致木料的邊緣翹起。

正確夾緊夾具

鉗口的施力表面應與木料表面平行，這樣壓力才能垂直於受力面，不會使組件出現變形或滑動偏離正確位置。

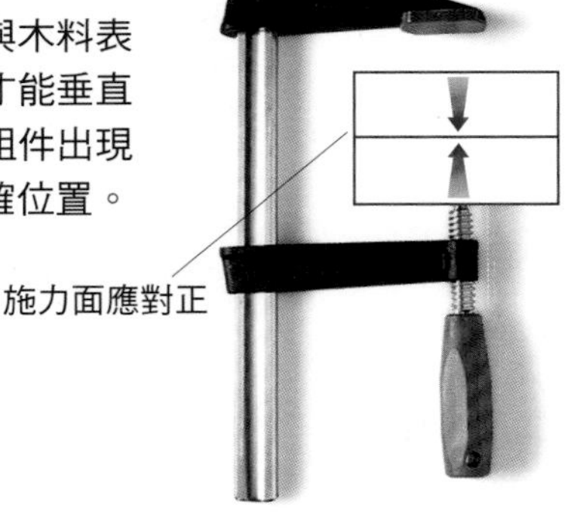

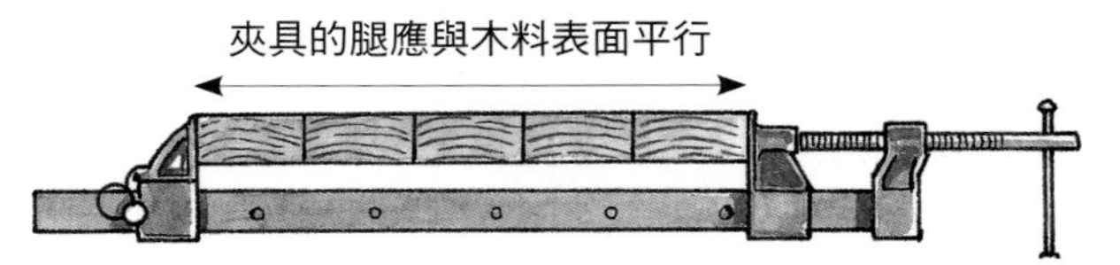

檢查組件是否方正

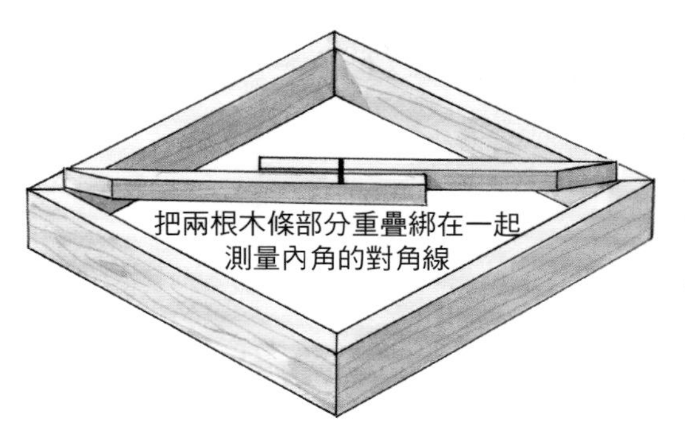

無論是用捲尺從一個內角延伸到其對角的位置，還是使用內對角測量器直接測量對角線，只要內角的兩條對角線長度相同，則表明組裝得足夠方正。

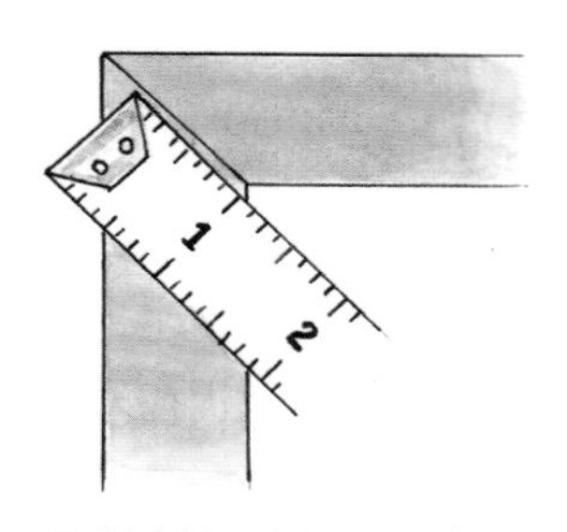

用刻度捲尺從一個內角的頂點沿對角線測量到另一個內角的頂點

製作和鋪設墊塊

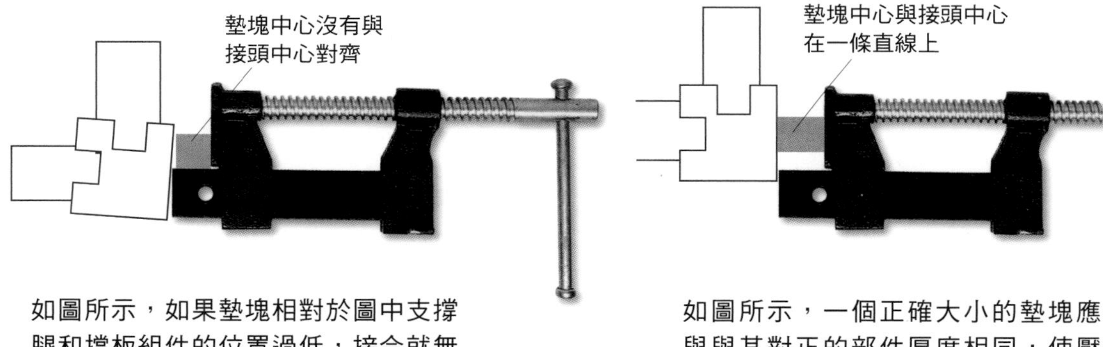

如圖所示，如果墊塊相對於圖中支撐腿和擋板組件的位置過低，接合就無法保持方正，接頭存在被從整個組件中拉出的風險。

如圖所示，一個正確大小的墊塊應與與其對正的部件厚度相同，使壓力正對接頭分布。

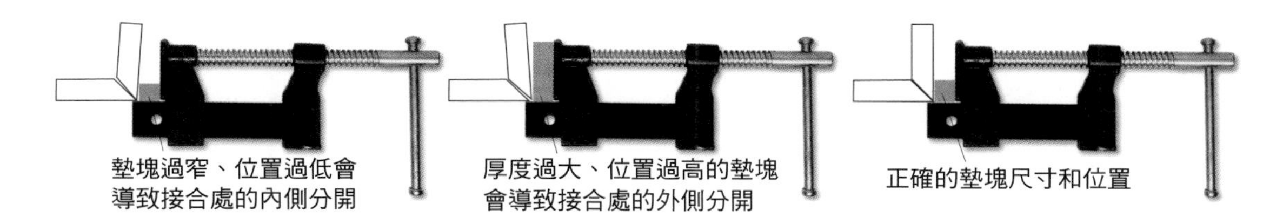

夾上墊塊可以分散壓力並防止損壞木料表面，但像圖中那樣，如果墊塊過窄、位置過低，會導致接合處的內側分開。

如圖所示，如果墊塊厚度過大，超過了接合件自身的厚度，它就會把接合件向內推，從而導致接合處的外側分開。

如圖所示，墊塊厚度與接合件厚度相同，並調高到正對接合件的位置，這樣壓力的方向與擋板的走向一致，接合件可以實現方正的接合。

第二章

設計接合件

木製部件的基本取向

在任何普通接合結構的設計中，接合件通過機械方式、黏合劑或者同時使用兩種方式連接在一起。接合件的位置關係本身並不是接合，而是為了滿足材料、結構和美學方面的需求，從基本取向中衍生出來的特定接合類型及其所包含的各種接合方式。

平行取向

將木板邊對邊拼接起來可以增加木板的整體寬度，此時的木板就屬於平行取向。這種方式不僅能夠充分利用窄木料，而且可以將寬木料分割後重新組裝，從而最大限度地減少木料的龜裂和杯形形變。平行取向還利用木料的紋理樣式增強了設計的靈活性。

I 形取向

I形取向是將木板端面對端面連接起來的方式，可以增加整個木板的長度。嵌接接合就是從I形取向衍生而來的，被廣泛用於木框架的製作和造船工藝，偶爾也會用在家具上，用來製作實用部件或用於裝飾。

交叉取向

交叉取向包含各種面對面搭接方式的接合結構，它們常被用於輕型框架的連接。中國風的窗格作品把這種取向提升到了藝術的高度。相比之下，接合程度較深的邊緣搭接，其用途和精美程度有限，主要用於製作可拆卸的膠合板結構或是裝雞蛋的抽屜隔板。

L形取向

L形取向在框體、邊角和框架結構的接合中最為常見。有三種方法可以將木料按照L形取向接合在一起：端面與側面接合、端面與正面接合以及側面與正面接合。強化的對接和斜接接合、榫卯接合、搭接接合、盒式或指接接合、半邊槽接合、燕尾榫接合等多種接合方式都是從這種取向衍生出來的。

T形取向

這種木料取向衍生了榫卯接合和搭接接合。最好將其視為封裝接合結構，無論開出的是橫向槽、半邊槽還是燕尾槽。T形接合可以是端面與側面接合、端面與正面接合以及側面與正面接合。

成角度的取向

成角度的取向本質上是對其他取向的修飾和補充。它從各種接合和取向方式中挑選所需的元素進行組合，以90°和180°之外的任何角度完成接合。因此，衍生出了斜向嵌接、角度搭接和桶壁接合等接合方式。

如果你使用的木料屬於上述取向，可以參考下一頁的內容選擇合適的接合方式。

平行取向

邊對邊對接
方栓接合
磨膠接榫接合
企口接合
搭接接合
榫舌和帶珠邊的V形槽接合
V形槽接合

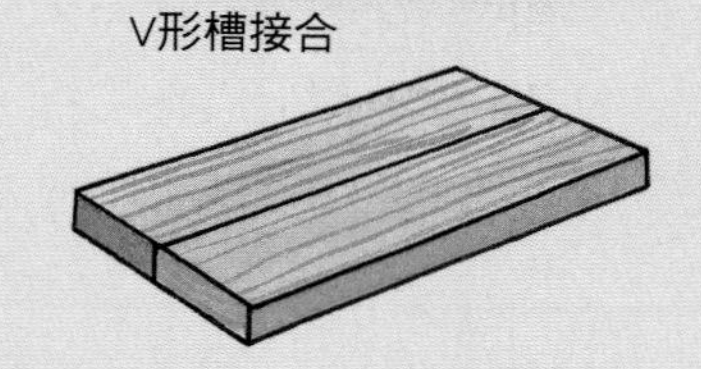

I 形取向

端面對端面嵌接
邊對邊嵌接
斜面對接式嵌接
半邊槽嵌接
橫向楔榫嵌接

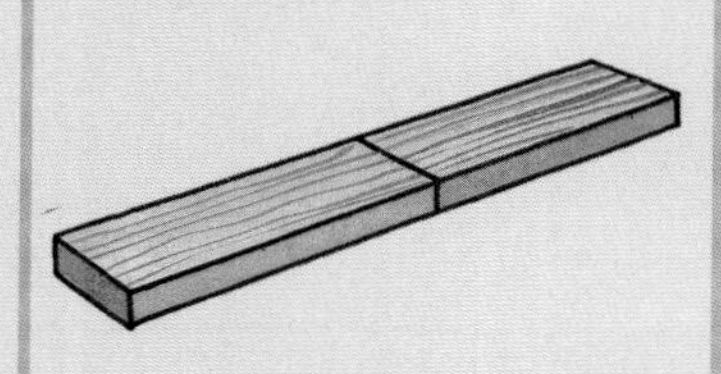

交叉取向

左圖：中央搭接
楔榫搭接
右圖：邊緣搭接

L形取向

末端搭接
榫卯接合
斜接

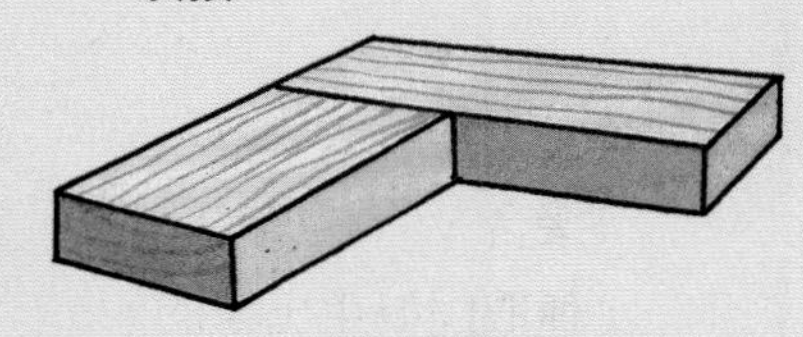

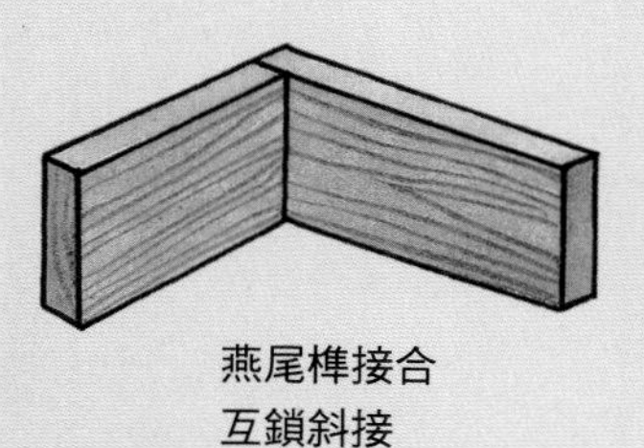

燕尾榫接合
互鎖斜接
指形搭接接合

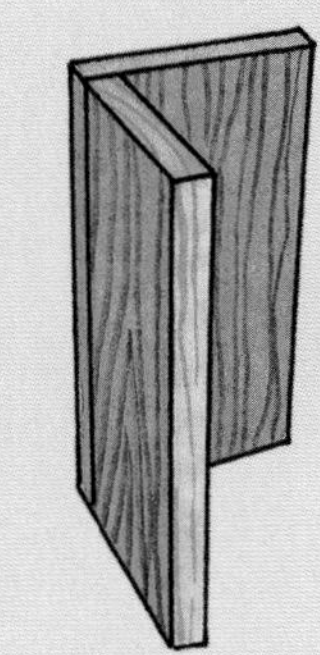

偏置式企口接合
半邊槽斜接

T形取向

中央搭接接合
燕尾搭接接合
榫卯接合

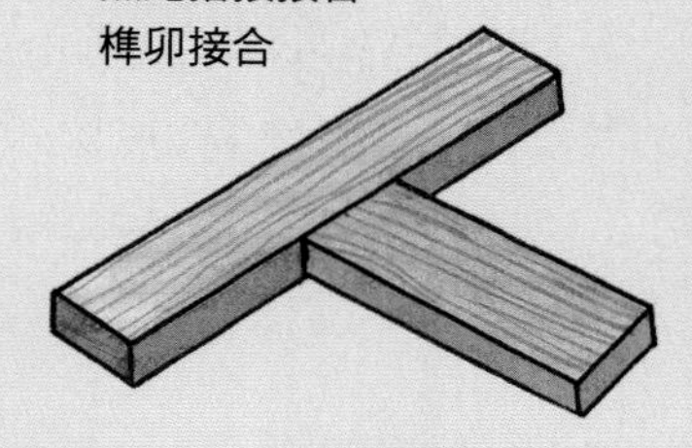

滑動燕尾榫接合
企口接合

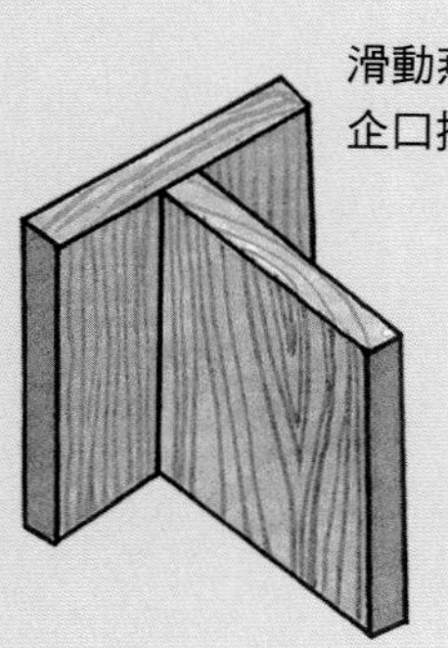

封裝半邊槽接合
封裝槽滑動燕尾榫接合

成角度的取向

成角度的榫卯接合
成角度的中央搭接
栽榫接合

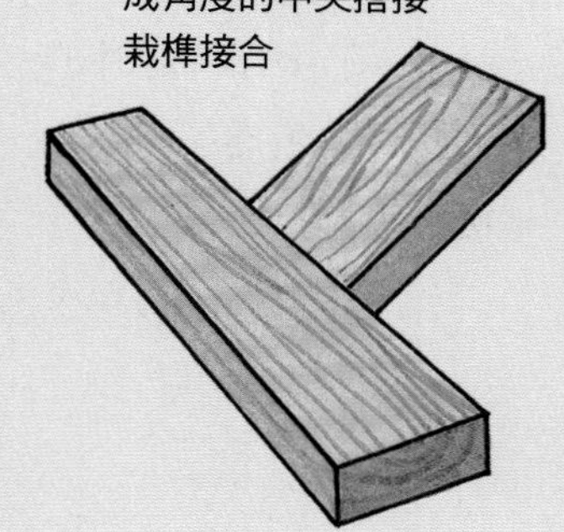

方栓斜面斜接
餅乾榫接合
成角度的滑動燕尾榫接合

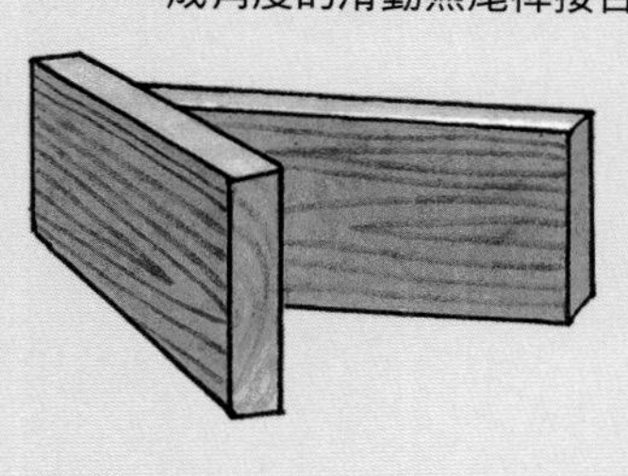

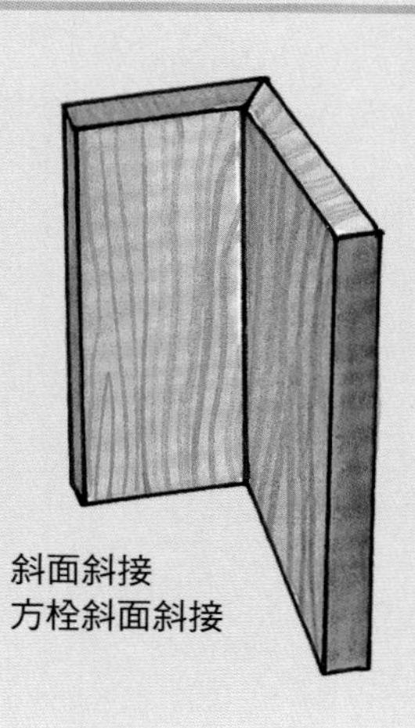

斜面斜接
方栓斜面斜接

接合要素

每個木工接合件至少由兩個基本部件組合而成，它們相互匹配並機械互鎖，或者可以通過形成膠合表面完成接合。隨著接合件變得更加複雜，需要對其組成部件進行修飾和強化，以提高接合強度或增加設計感，但基本的接合結構仍保持不變。

接合要素分為兩類。一類是鋸切要素，可以使用手鋸或電鋸在木料的端面或邊緣通過一次切割完成。另一類是銑削要素，它構成了加工接合部件過程的一部分，涉及調整部件尺寸、移除廢木料和將木料切割成形。

鋸切

鋸切部件，包括方正的、成角度的或複合角度的，通過與其互補的部件對接在一起，可以形成寬大的接合件、斜接的邊角以及六邊形的盒子等結構。雖然這些部件通常是通過鋸切完成的，但有時也可以使用手工刨、電動工具或電木銑來製作。

銑削

銑削要素包括L形半邊槽、各種形狀的插孔或插槽以及U形的順紋槽、橫向槽和邊緣橫向槽（切口）。底部平整的U形凹槽具有各自的特徵：順紋槽平行於紋理方向，橫向槽垂直於紋理方向，邊緣橫向槽是切入木板邊緣做出的。不同的接合類型將其與其他切口結合起來，形成了滿足各種設計要求的接合件——方正切口的榫頭和凹槽構成了榫卯結構；橫向槽和方正的木板端面構成了擱板所需的橫向接合件；半邊槽和橫向槽構成了T形接合件所需的搭接結構，等等。

事實上，使用各種工具和手段切割接合件，修飾它們，並將其與其他要素結合起來，就是木工接合的全部內容。

鋸切要素

當鋸片的刃口與木料表面成90°，同時鋸切線路與木料的切入端或邊緣成90°角時，就可以產生方正的切口。

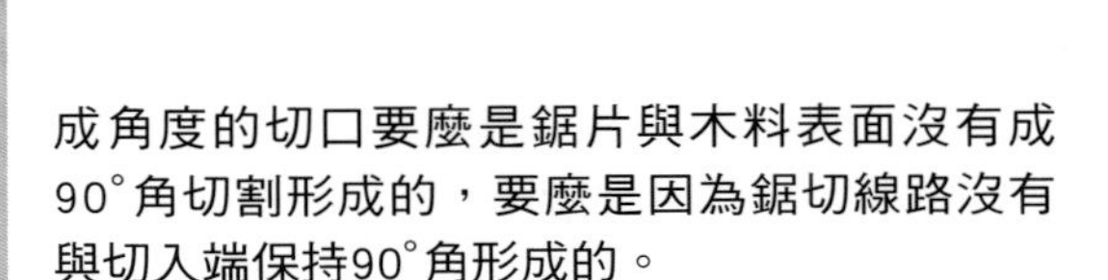

成角度的切口要麼是鋸片與木料表面沒有成90°角切割形成的，要麼是因為鋸切線路沒有與切入端保持90°角形成的。

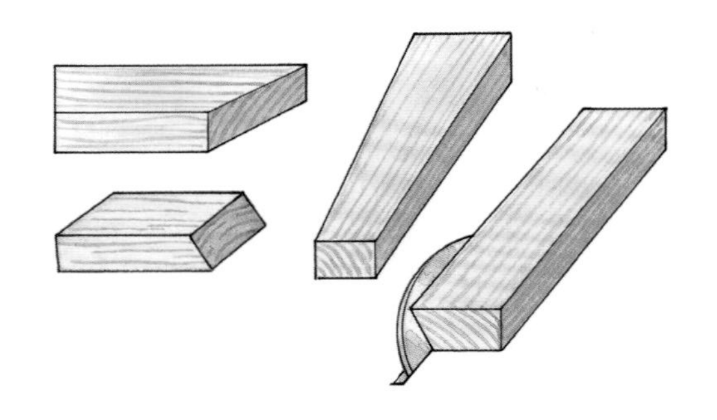

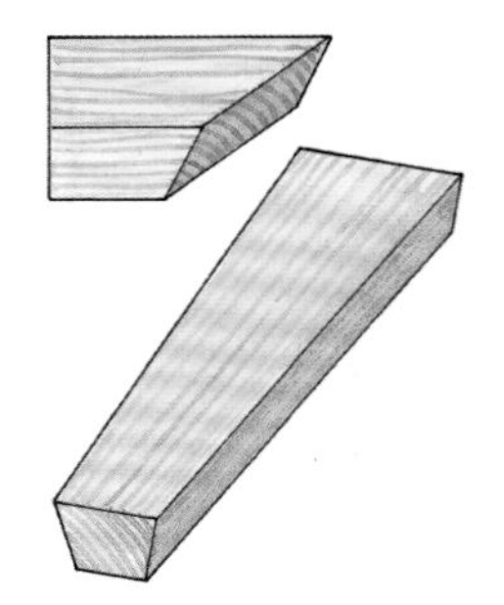

如果鋸片角度和鋸切線路都沒有與相應平面成90°角，這樣切割得到的就是複合角度的部件。它們是鋸片角度和鋸切線路以任何其他角度組合的結果。

銑削要素

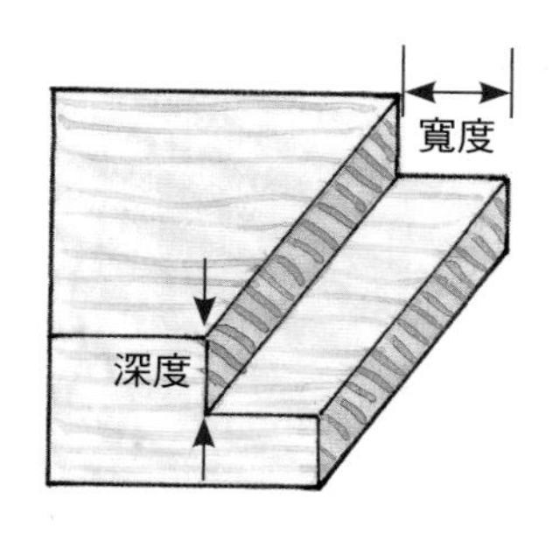

在木料的端面或側面切割出的L形臺階式切口稱為半邊槽，其深度和寬度可以根據需要進行調整。

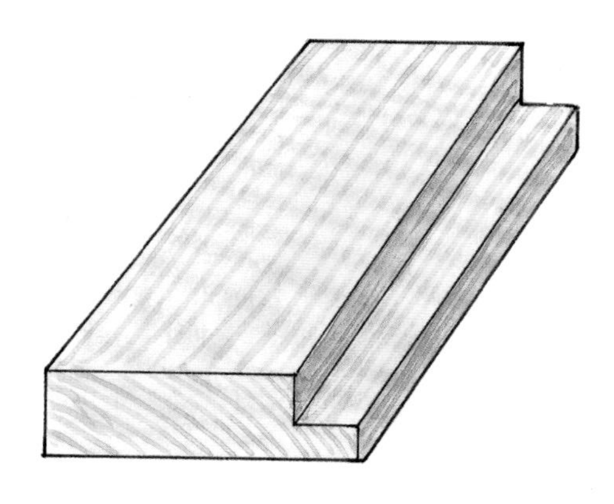

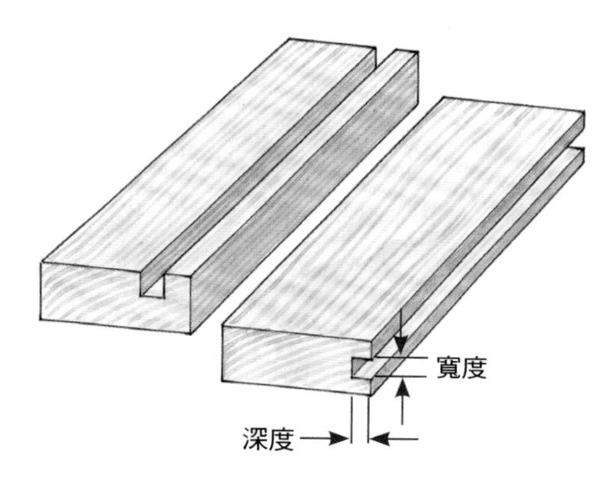

順紋槽是底部平整的U形凹槽，槽的走向總是平行於木料表面的紋理。

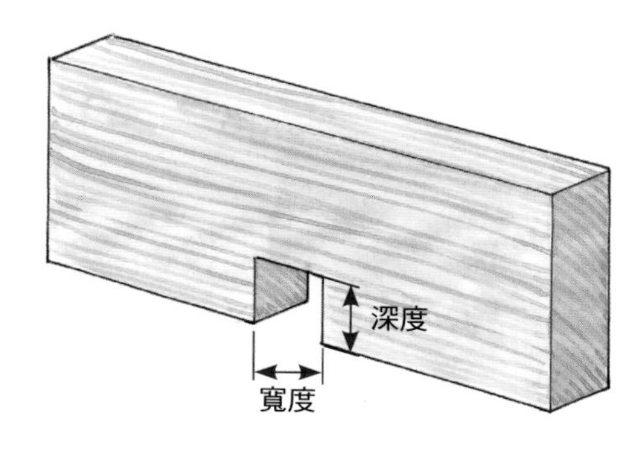

切入木板邊緣的橫向槽被稱為切口或邊緣橫向槽，通常比在板面上切割的橫向槽更深。

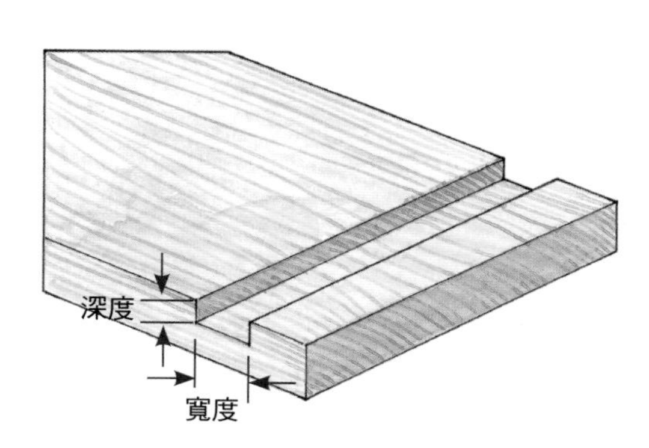

橫向槽類似於順紋槽，也是一種底部平整的U形槽，但是槽的走向是與木料紋理垂直的。橫向槽有時會被切割得很寬，被稱為溝槽。

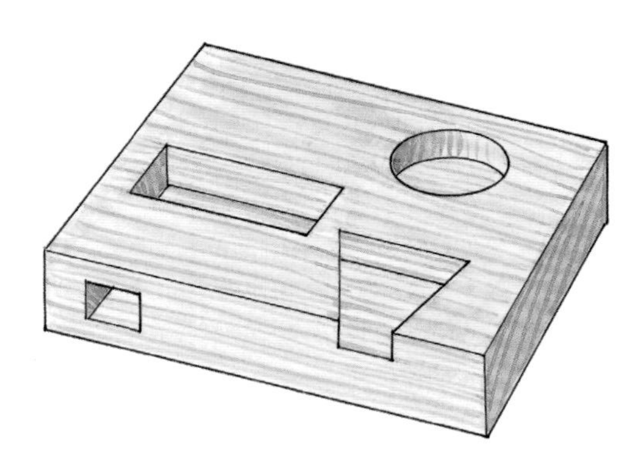

插槽的形狀多樣，在木板上的位置也各不相同，每一種都有專門的名稱，並服務於不同的接合用途，這些將在後面的章節中詳細介紹。

木材料與接合件的設計

在設計木製接合件時，要記住的最重要的事情是：實木的尺寸是不穩定的。可以把木材的細胞結構簡單地比作一束吸管，它們會隨著環境相對溼度的變化，吸收或排出水蒸氣，以保持木材與環境之間的水分平衡。這種木材水分含量的波動性變化會導致木板在橫向於紋理的方向，也就是寬度方向產生明顯的膨脹和收縮，而沿長度方向的變化則可以忽略不計。除非通過設計來解決這個問題的，否則木材的形變很可能會破壞接合甚至木材本身。

木材形變的預測

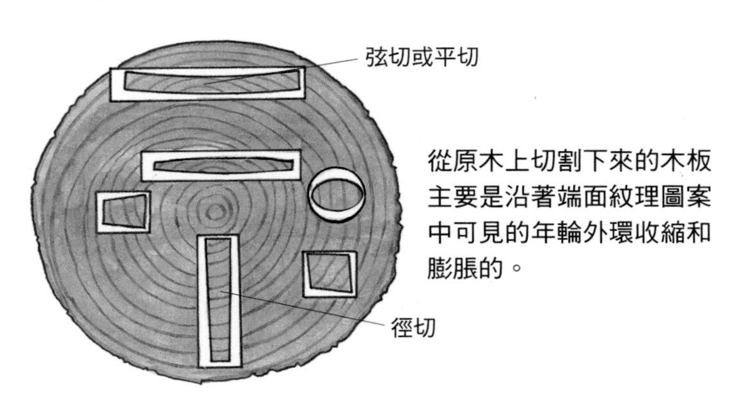

形變

當一個部件的長紋理橫向於另一個部件的紋理與其接合在一起時，木材形變就會對接合構成威脅，並導致接合部件的尺寸衝突。這種情況經常出現在L取向、T取向和交叉取向的接合件中，這些取向中的兩個部件的長紋理是彼此垂直的。

紋理和木材形變

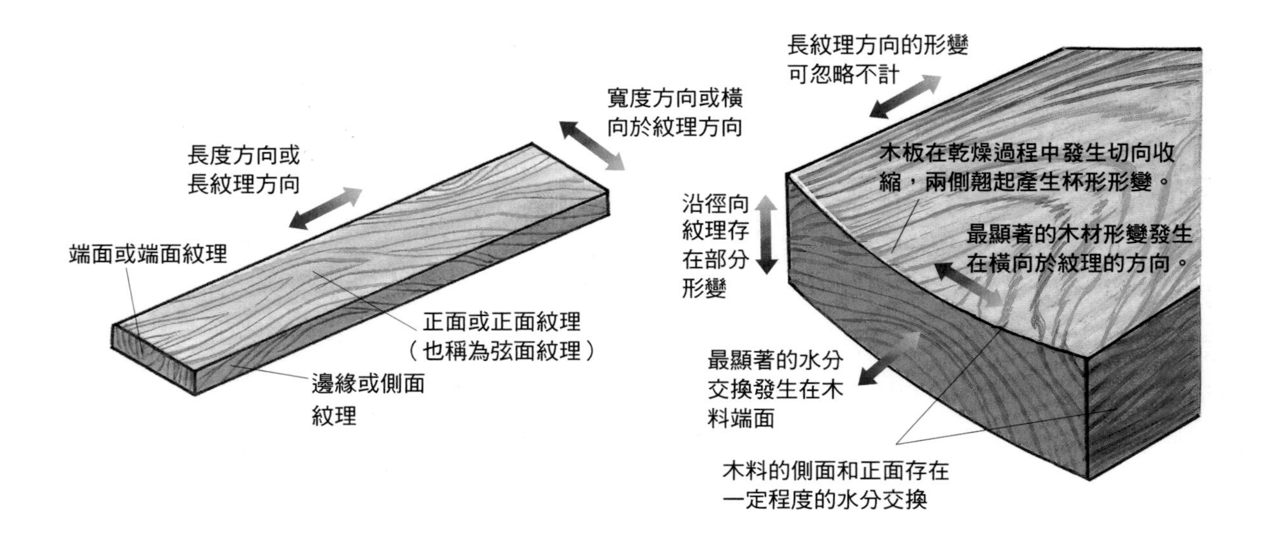

影響木材形變的因素包括樹種、硬木或軟木的分類，以及心材和邊材的差異。預測木材形變的關鍵在於每塊木板的端面紋理。

以樹木的年輪為參照，木材的形變更多發生在切向而非徑向，或者說形變更多發生在沿著年輪的方向而不是穿過它們的方向。當溼木材乾燥時，切向收縮會改變木板在圓木上的原始走向。這種走向很容易通過木板端面的年輪模式確定。

通常弦切板端面的年輪更傾向於平行於木板的厚度方向而非其寬度方向。徑切板的端面年輪幾乎是垂直於木板的寬度方向的。根據經驗，弦切板沿寬度方向的收縮幅度是徑切板的2倍，同樣，弦切板沿寬度方向膨脹時可能的尺寸變化幅度也是徑切板的2倍。

紋理

木料通常容易在橫向於紋理的方向被破壞，但如果木板太薄，或者由銑削產生的脆弱的短紋理區域不能將木料固定在一起，那麼木板更可能在順紋理的方向出現斷裂。負責任的設計可以減少或消除這樣的問題。

接合強度與紋理的關係

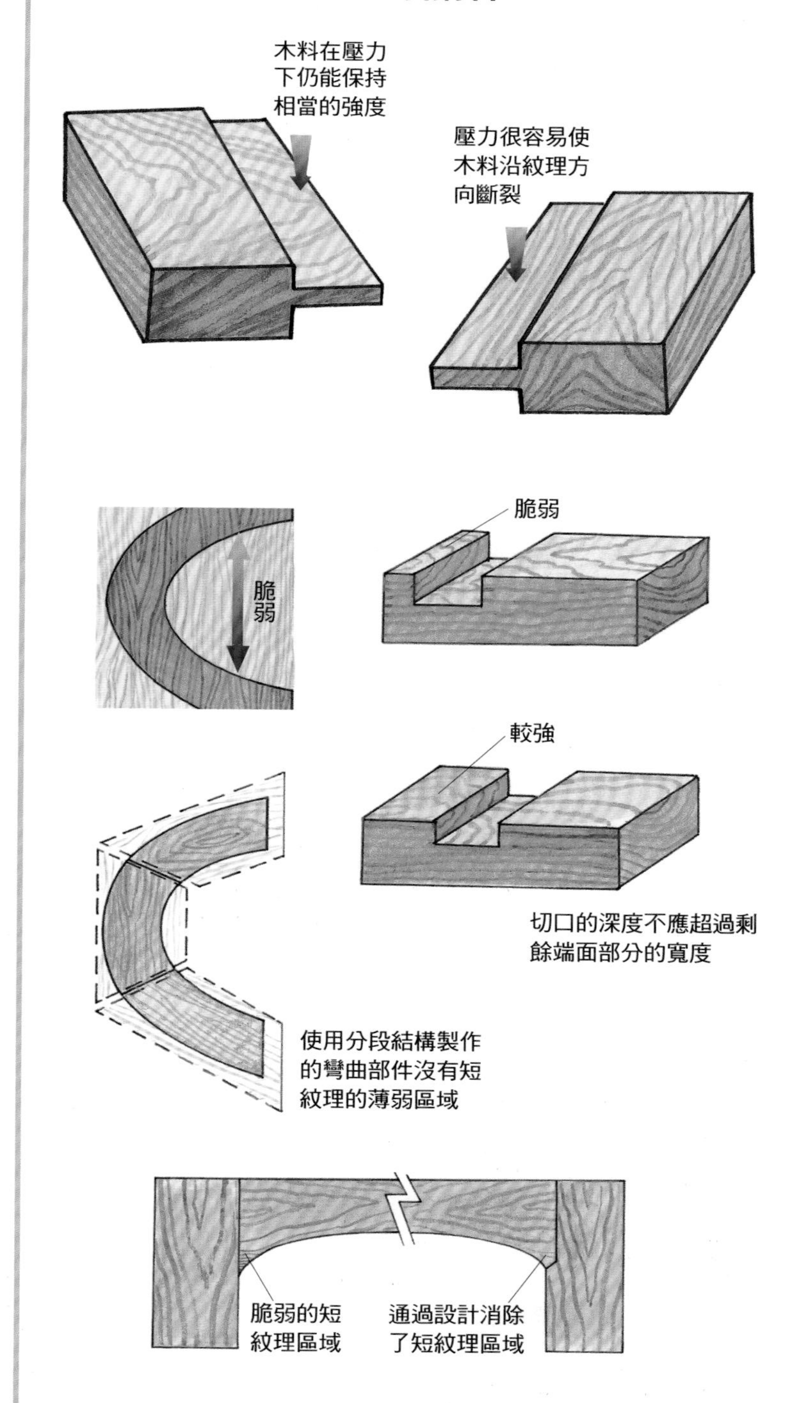

在切割彎曲部件時，紋理橫向穿過的木料區域較為脆弱；合理的接合設計降低了拱形門框斷裂的風險。

適應木材形變的策略

保持紋理方向一致，則形變方向也會保持一致。長紋理沿框體結構連續排列可使木材形變一致；保持側板紋理垂直排列可以防止側板收縮把門夾得更緊；長紋理在底板的橫向分布可以防止底板收縮把抽屜夾得更緊。

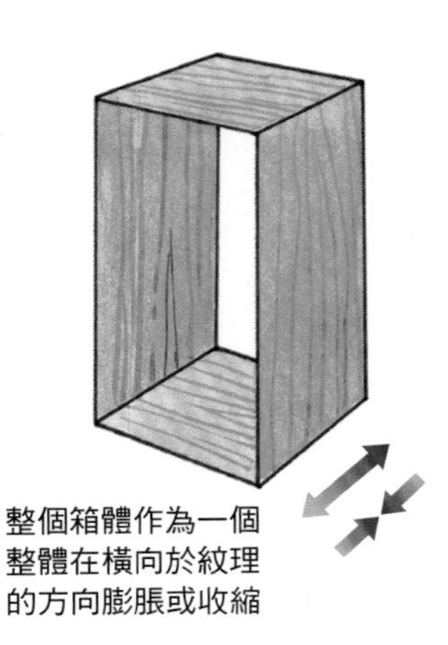

設計紋理彼此垂直的接合件消除形變衝突。滑動燕尾榫形成的互鎖結構能夠保持面板的案板式端面處於平齊狀態，且無須使用膠水。在環境溼度變化時，一個中央銷可以在面板自由形變的同時保持面板端面平齊。

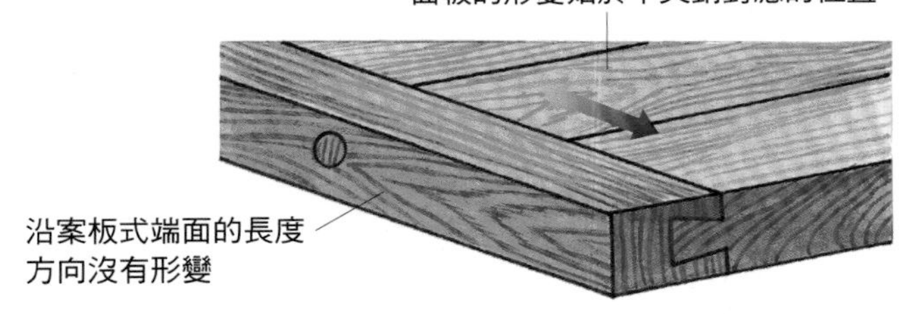

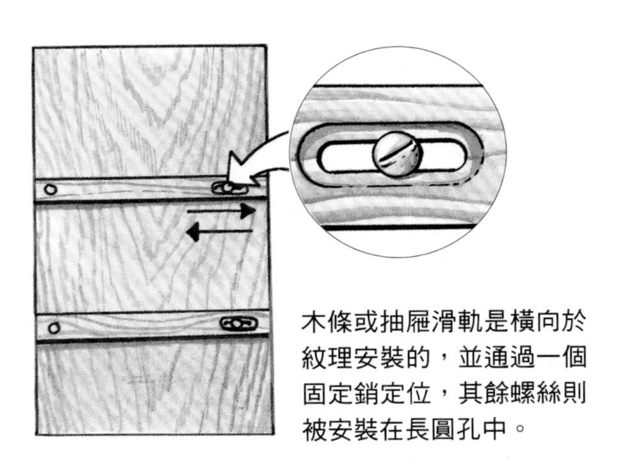

最大限度減少木材形變的策略

合理布置紋理走向以減少形變

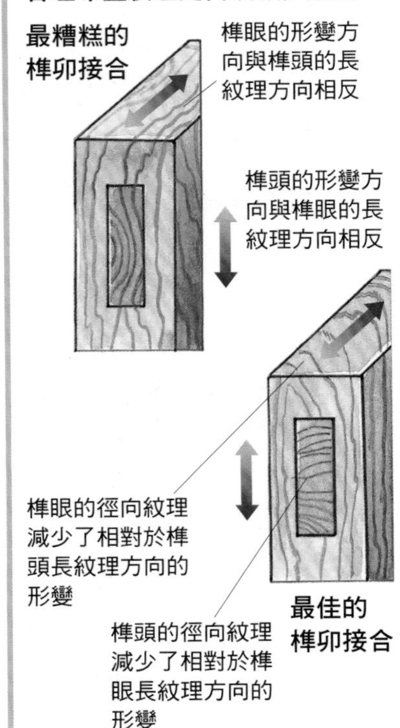

採用經典的設計方案

在經典的抽屜設計方案中，堅實的底板只連接在前面的凹槽中，這個凹槽允許沿寬度方向的橫向紋理在較低的背板下膨脹，使空氣可以從凹槽上方逸出，避免在關閉抽屜時產生活塞效應。

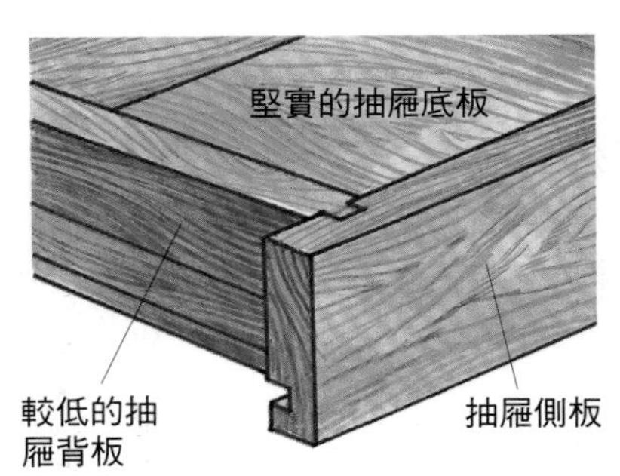

選擇一種穩定的木材或裁板方式

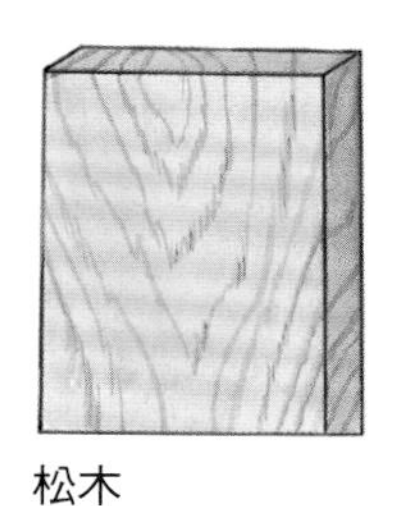

松木

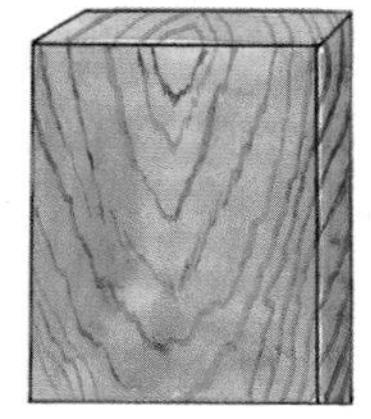

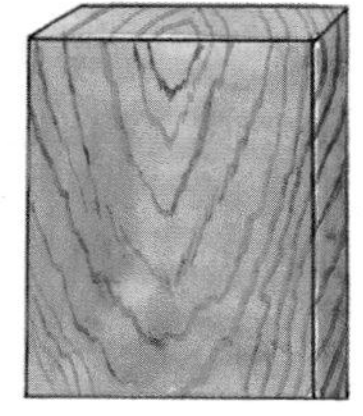

黃花梨木

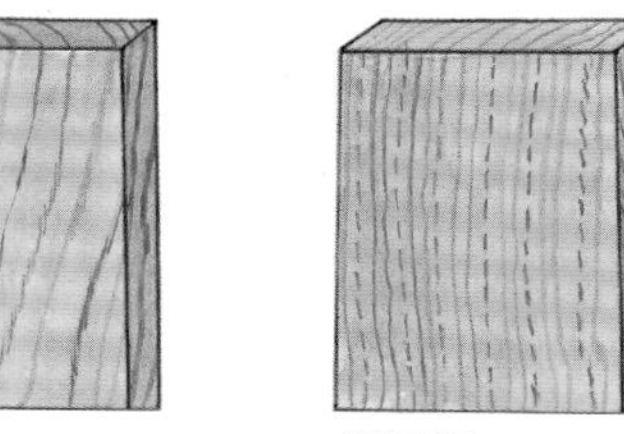

弦切板　徑切板

在寬度同樣是18吋（45cm）的情況下，新松木板要比新黃花梨木板沿寬度方向的形變多出3⁄8吋（9mm）。

一般來說，普通的弦切木板沿寬度方向的形變大約是同一樹種徑切木板的2倍。

為木板的所有表面做同等的表面處理可以均衡木板的形變，並減少極端的水分交換情況。如果只為木板的一側做表面處理，將會出現木板的兩側與環境水分交換不均衡的情況，導致木板出現杯形形變。

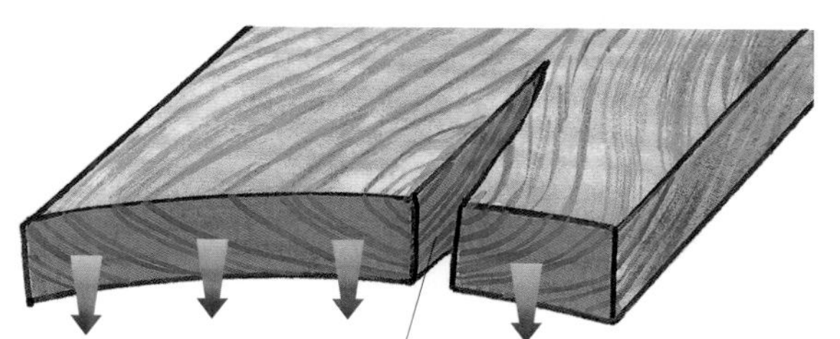

木板未經密封的端面釋放水分發生收縮的幅度比其餘部分更為明顯，因此未經密封的端面容易出現端裂

限制木材形變的策略

分而治之

如果接合件內側的膠合面面積與木板厚度密切相關，膠水可以抑制木材的形變。

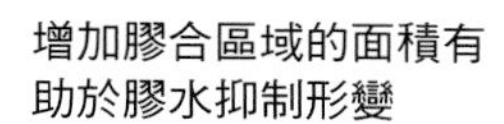

增加膠合區域的面積有助於膠水抑制形變

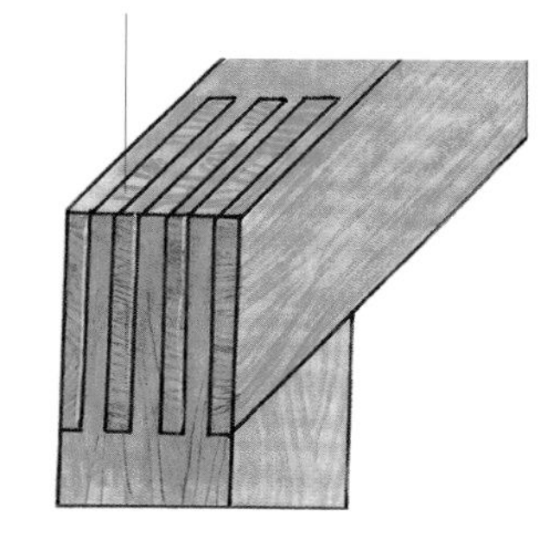

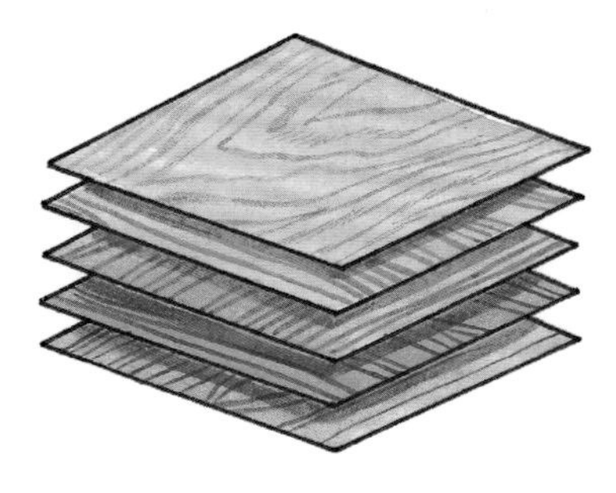

相互制約

膠合板層以紋理方向交替的方式排列，形成了結構穩定的膠合板。有關木材形變和膠水的訊息，請參閱第20頁。

接合樣式的選擇

一些人認為，工匠應該圍繞結構進行設計；另一些人則覺得，結構是圍繞設計構建的。實際上，這兩種方法是相互影響的。設計決定了可能使用的接合方式，或者經過修改後使用可以克服結構缺陷的接合方式。

在根據木料的基本取向製作接合件並將其投入使用之前，需要首先對接合件的受力情況進行分析。這件工作並不需要工程學學位，只要了解作用於接合件的機械應力和相應的解決方案就可以了。作用於組件的壓力可能導致的問題很容易預測，並能夠通過選擇正確的接合方式得到解決。

實用性、經濟性和作品的審美優先級都會影響設計對接合樣式的選擇。某些風格樣式似乎只是為了展示精心製作的接合部件，而在另外一些風格樣式中，作品的整體外觀占據了主導地位，通常會使用隱藏式的組裝技術。精心製作接合件很耗時間，而且從結構的角度來說，它們並不總是必要的，從功能的角度來看也並不經濟合理。總之，可見的和隱藏式的接合方式種類繁多，足以滿足各種需求。

把接合樣式與木材的選擇結合起來，可以有效地將木料紋理和圖案作為設計重點，作為重要元素，或者減少紋理對作品整體的視覺干擾。

經濟性再一次削弱了美學效應，因為特定的切割方式會在銑削過程中浪費更多的木料，成本更加高昂。

作用於接合件的力

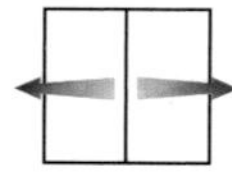

拉力

拉力傾向於把接頭分開，消除其負面影響的最好的方式是設置機械阻力。這既可以是接合件的固有特徵，也可以是釘入木楔或銷釘後獲得的附加特徵。

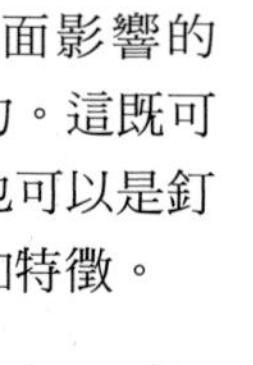

剪切力

在負載部位材料不足的情況下，剪切力會變得明顯，並成為影響結構穩定性的因素，但通常剪切力是指存在於膠合線上的推／拉應力。這種應力可以通過接合或者釘入銷釘或加固螺絲得到機械釋放。

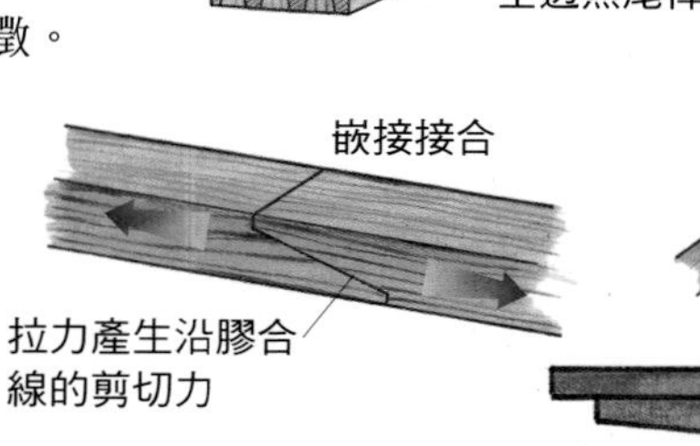

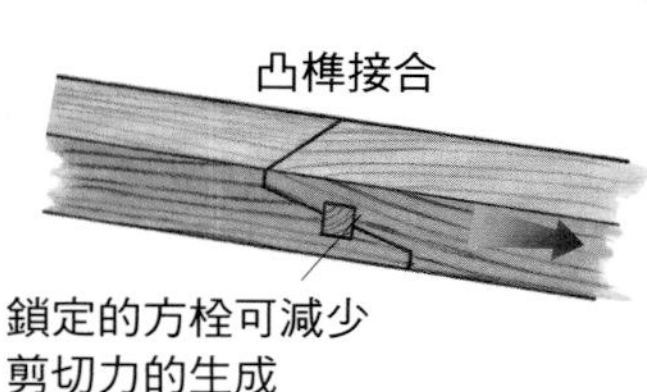

桌子的重量在桌腿接合件的膠合線處產生了剪切力

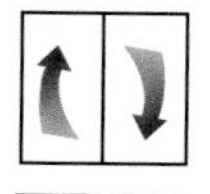
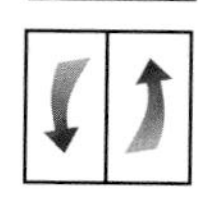

彎曲或扭曲

隨著接頭剛性的提高，接頭的抗彎性能也隨之得到提高。

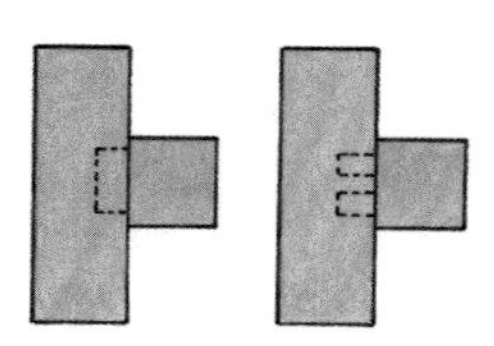
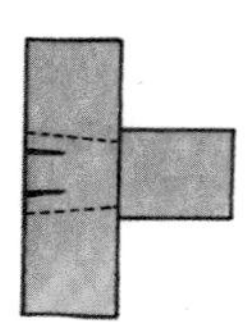

對只有單側榫肩的暗榫來說，可以通過將榫肩分散在榫頭兩側、把一個較大的榫頭分成兩個小榫頭，或者製作一個貫通榫頭，然後用木楔對其進行加固的方式來提高暗榫剛性

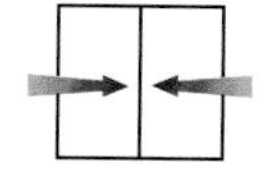

壓縮

通過按照設計尺寸製作在負載下不彎曲的部件，或者使用任何足夠緻密、不會在接合線處被壓縮的木料來製作部件，可以消除壓縮系數。

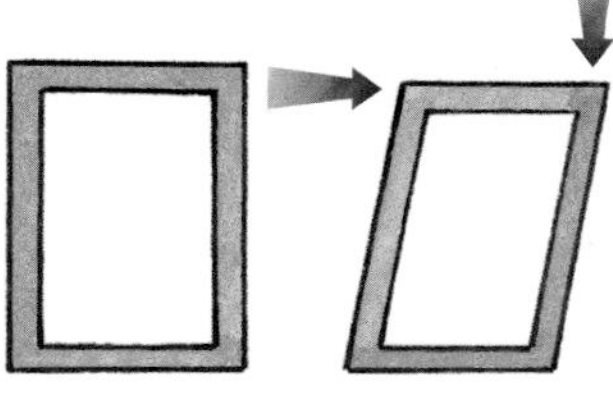

沒有經過加固的開放式盒子構造是不穩定的

背板、底板或面框結構可以最大限度地減少箱體結構的變形

在桌子上增加或強化框架結構——比如在兩腿之間安裝更寬的擋板或加入橫擋——可有效防止結構扭曲。

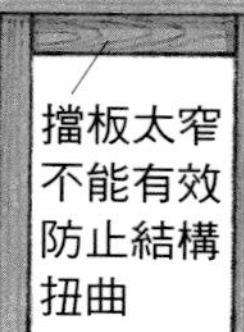

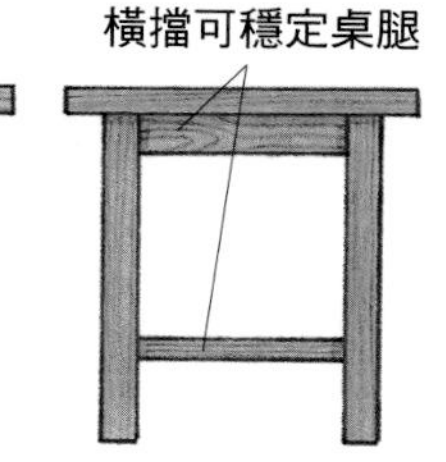

同時安裝擋板和橫擋可穩定桌腿

接合風格

相同的基本接合結構，通過隱藏或展現，其外觀可以發生巨大的變化。

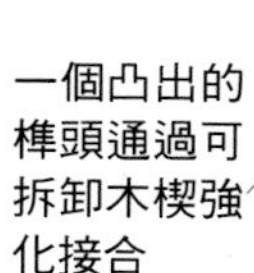

一個凸出的榫頭通過可拆卸木楔強化接合

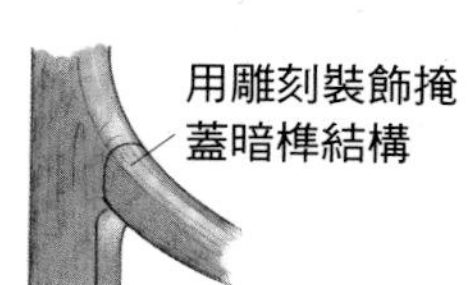

用雕刻裝飾掩蓋暗榫結構

接合和紋理樣式

邊緣接合匹配木板的排列方式可以產生各種各樣的視覺效果。

順花匹配

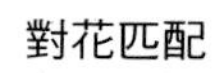

對花匹配

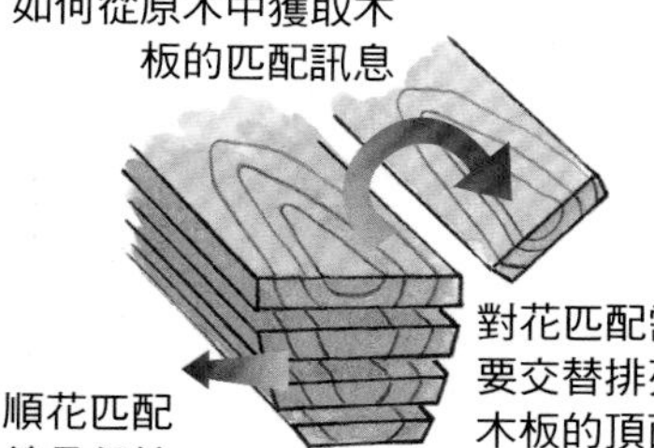

如何從原木中獲取木板的匹配訊息

順花匹配總是保持相同的紋理面朝上

對花匹配需要交替排列木板的頂面和底面

對接　斜接

弦切

徑切

無論是選擇的接合方式，還是用原木切割木板的方式，都可以改變門框的視覺效果

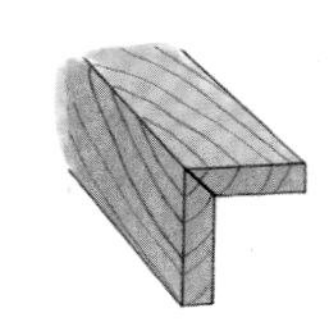

瀑布式紋理，一種兩塊木板通過長斜面接合在一起，使紋理圖案以一定的角度連續延伸的方式

膠水和黏合

根據所用原料（動物來源、植物來源或礦物來源）對膠水進行分類，並不像膠水是通過溶劑揮發、化學反應還是熱定形來實現固化那麼重要。了解這些過程的木匠可以駕馭它們以延長裝配時間或加快乾燥進程。當溶劑是水時，因為膠水中的水分導致的木料暫時性的膨脹或扭曲是可以提前預測、加以避免的，甚至可以根據需要強化接合部件，這些是成功的餅乾榫接合所需要的。

膠合是一門複雜的學問，但對木工操作來說無須搞得過於複雜，只需一些基礎知識即可。少數幾種膠水已經能夠滿足大多數的需求了。通用膠水之外的膠水，其用途通常包括：用來膠合油性的、富含樹脂的木料，特別是緻密的木料；用來在溼潤或潮溼的環境中完成膠合；用於把石頭或金屬這樣的無孔材料黏合到木料上；用於模型製作或維修時的及時黏合；用於彎曲層壓操作（使用一種不會在應力作用下流動或拉伸的非塑料膠水）；提供裝配的可逆性，以進行預期的修復；提供較長的「開放」時間以完成複雜的膠合操作。

膠合的目的是在配對的接合部件之間形成連續的膠膜，將其固定在一起，直至膠水乾燥並固化到足以安全使用的程度。有些膠水固化速度很慢，無法在幾天內形成全效的黏合強度。膠水的塗抹量、塗抹方法、夾緊前的開放時間、夾緊時間、乾燥時間以及固化時間會因選擇的膠水類型和品牌而異，因此只有遵循製造商的產品說明才能取得最佳效果。軟木通常比硬木更容易黏合，因為硬木密度較大，膠水滲透困難。此外，在過度夾緊的位置，膠水層被擠壓得過薄也會影響膠合效果。

木料紋理和黏合強度

在將木板的端面膠合到任何其他紋理表面時，黏合強度都會大大降低，因此對接接合應依靠接合本身在各部件之間形成的長紋理面來實現結構的穩定。

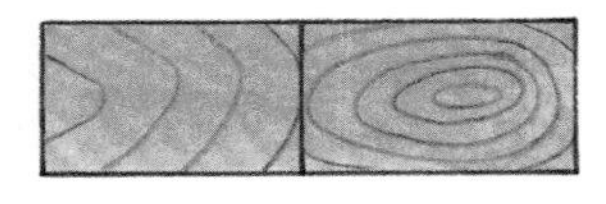

膠合造成空間阻礙

膠合時保持配對部件的長紋理彼此平行可以獲得與木料本身一樣牢固的黏合效果。但如果將配對部件的長紋理彼此垂直進行膠合，即使膠合的強度足夠，當木料發生形變時還是會產生空間阻礙。

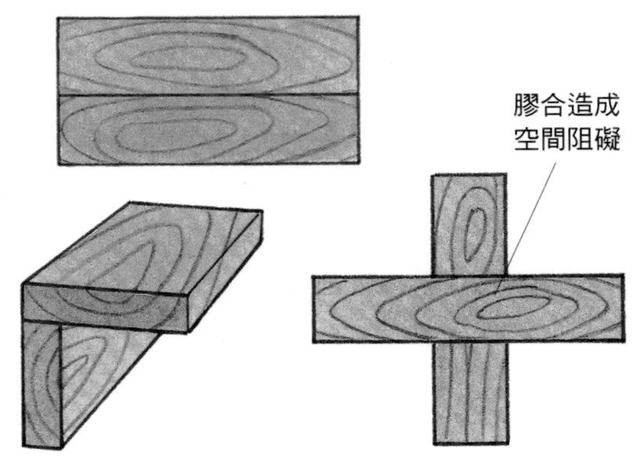

紋理方向

待黏合部件的紋理方向的排列與接合結構的設計同等重要，因為長紋理面與長紋理面接觸才能形成強大的膠合效果，而端面任何位置的膠合效果都很差。當木板中的水分含量波動時，膠水有助於抑制木材形變，從而增加木材內部的應力。在橫向於紋理膠合的接合處，無論空間阻礙和持續的木材形變多麼微小，都會對膠合線施加應力。隨著時間的推移，微小但持續的應力以及木材因擠壓和乾燥產生的收縮會加劇並最終導致膠水層或木料的破壞，造成接合鬆動。表面處理產品，尤其是像清漆和聚氨酯這樣能夠形成薄膜的產品，可以顯著減少水蒸氣的滲透，從而保護膠合面。

膠水水分和接合

水基的膠水會在膠合線處造成木料膨脹。如果在膠水中的水分消散之前將接頭刨平，那麼隨後的水分流失會導致接頭收縮。

正確夾緊

所有的接合面都應緊密貼合，同時夾具施加壓力的方向最好作用在能夠使長紋理面緊密接觸、形成最強膠合的位置。

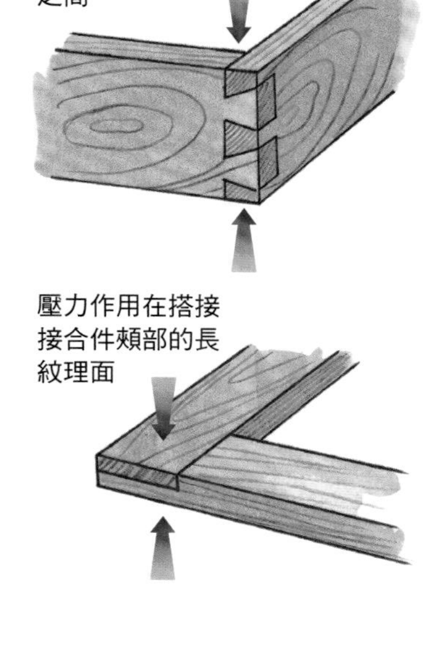

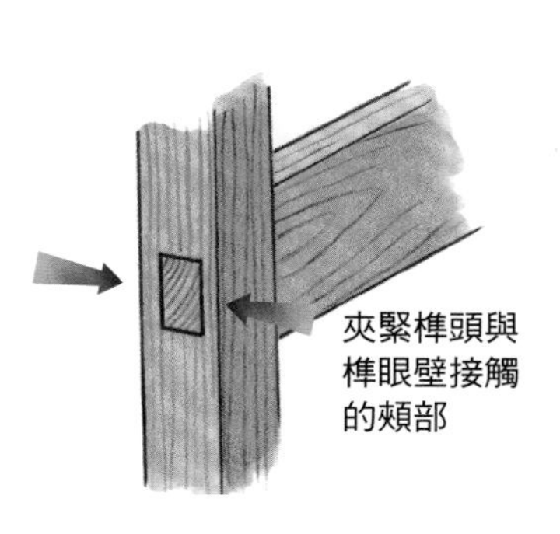

接合失敗

錯誤的水分含量

如果一件作品最終所在的環境的溼度與建造它時所在的環境溼度明顯不同，那麼之前匹配合適的接合件可能會出現收縮或膨脹超過膠水或材料承受範圍的情況。這種情況同樣會出現在在潮溼的地下室組裝木工作品，然後將其帶到集中供暖的二樓的時候，其後果類似於把一件家具從熱帶搬到乾燥的沙漠中。

表面預處理不到位

現代膠合理論認為，必須將待膠合的配對表面刨削得乾淨平整才能使其實現充分的、端正的接觸，並形成均勻的膠水層。膠合表面的凸起會妨礙配對表面完全接觸，凹陷處則會造成膠水的「聚集」。粗糙表面的毛刺會破壞膠膜。油性木材的表面含有某些化學物質，需要使用特殊的膠水，或者用丙酮擦拭後才能獲得良好的膠合效果。

膠水訊息表

	PVA（白膠）	脂肪族樹脂（黃色膠）	乾皮膠	聚氨酯
黏合木料和木材料	是	是	是	是
黏合無孔材料	否	否	是	是
準備或混合	否	否	是	否
固化方式	溶劑揮發	溶劑揮發	溶劑揮發	水分催化
開放時間	平均水平	平均水平	高於平均水平	平均水平
夾緊時間	平均水平	平均水平	無均值	平均水平
抗水性	否	否	否	是
防水性	否	否	否	是
打磨特性	否：會形成膠粒	是	是	是
孔隙填充	否	否	是	否
可逆性／可修復性	是	否	是	否
熱塑性（蠕變）	是	是	否	否
黏合油性或富含樹脂的木料	是**	是**	是**	是
用水清潔	是	是	是	否
溶劑清潔	否	否	否	是
成本	否	低	低	中等
健康／安全問題	否	否	否	潛在的皮膚敏感性；煙霧

注：*表示不適用於結構性膠合；**表示需要預先用丙酮擦洗；***表示只適合水基膠水。

間苯二酚甲醛	尿素甲醛（塑料樹脂）	環氧樹脂	氰基丙烯酸酯（強力膠）	接觸型膠合劑
是	是	是	是	是*
否	否	是	是	是
是	是	是	否	否
催化	催化	催化	水分催化	溶劑發揮
高於平均水平	高於平均水平	高於平均水平	數秒	高於平均水平
高於平均水平	高於平均水平	高於平均水平	無	無
是	是	是	是	是
是	否	是	否	否
是：粉塵有毒	是：粉塵有毒	是：困難	是	否
是	否	是	是	否
否	否	否	否	是
否	否	否	否	是
是**	否	是	是	否
是	是	否	否	是***
否	否	是	是	是
高	中等	高	非常高	高
甲醛氣體煙霧	甲醛氣體煙霧	乾燥前有毒；刺激性	黏合皮膚，刺激眼睛	有毒煙霧，易燃

第三章

邊緣接合與嵌接接合

邊緣接合

邊緣接合並不能完全避免木材形變的影響。不過，形變問題與作品的整體設計更為相關。比如，在黏合面板或平板時需要考慮許多因素。在黏合平板時，是把所有木板的心材面朝上放置，還是使心材面交替上下排列，這不僅是個人喜好的問題，也是一個在木匠之間一直存在爭論的問題。木板端面的水分流失更為明顯，這會導致木板收縮、開裂甚至接合失敗，不過，可以通過進行表面處理或者製作「彈性」接合件的方式解決這個問題。一塊組裝好的面板的端面會自動隱藏在框架一面板結構中，但是對於桌面或其他頂板，需要仔細考慮，是否需要為端面增加一個可以提升其美觀程度或穩定性的封邊條，因為封邊條會引入橫向於紋理的結構。

企口接合增加了邊緣接合的強度以及膠合面的面積。

木材形變和邊緣接合件的膠合

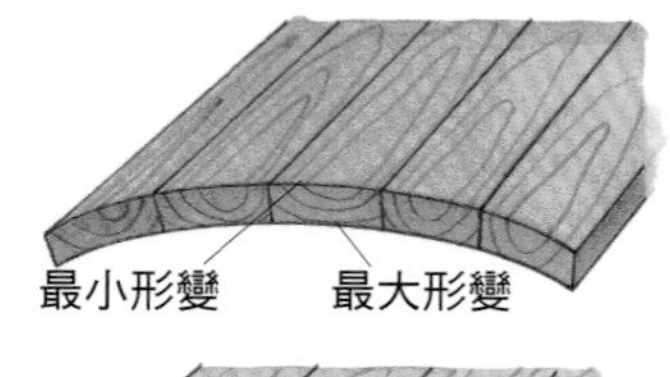

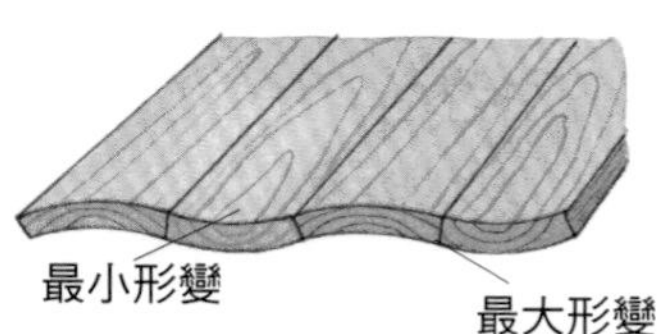

心材面統一朝上排列的邊緣接合的木板會作為一個整體發生形變（見上圖），但是心材面交替上下排列的木板，相鄰拼板之間的形變方向是相反的，會產生類似搓衣板的外觀效果。

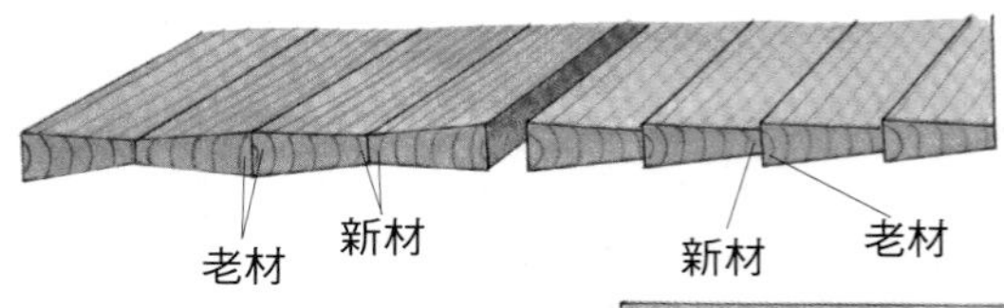

在邊緣接合時，靠近樹木中心的較老的木材與年輪外環的較新的木材的收縮和膨脹幅度是不同的，這樣的拼接會產生缺陷，在實踐中通常很少使用。

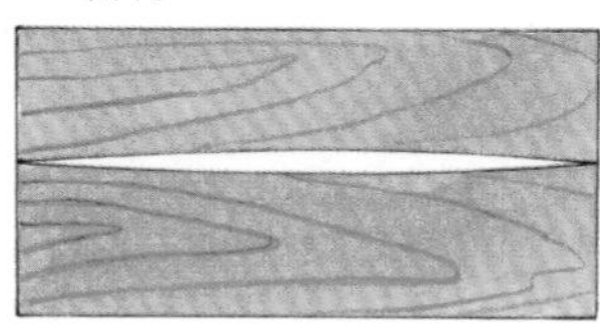

在夾緊時，彈性接合件中的1/32吋（0.8mm）的空隙會在末端壓緊，並消除水分損失的潛在影響，因此端面的收縮可以釋放作用在木料和膠水層的張力，而不是形成張力。

直尺和錐面專用夾具

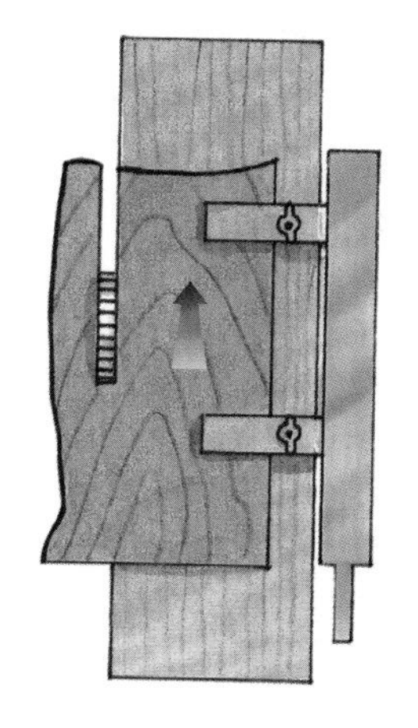

把一塊邊緣彎曲的木板懸掛固定在一塊可滑動的膠合板托板上，用臺鋸將其鋸切平直。

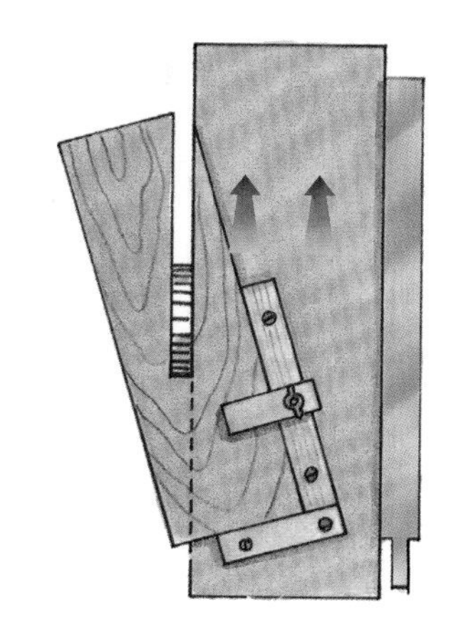

要在前端進行有錐度的切割，需要將標記的斜線與托板的邊緣對齊，並加入一個靠山固定木板，或者在托板上開出槽口，使托板匹配木板的輪廓進行固定。

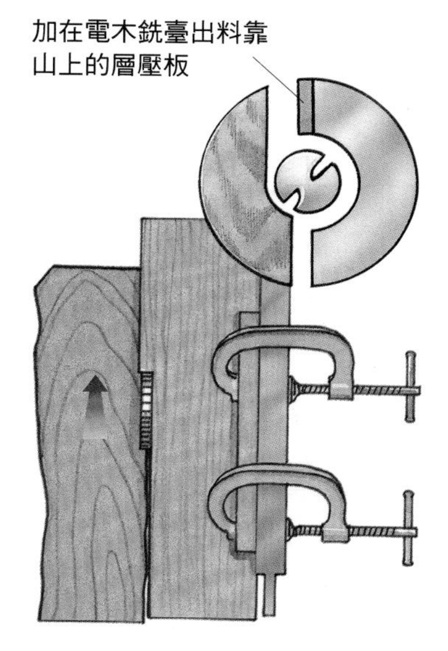

這種帶有與鋸片厚度相當的插入物的固定夾具可以以邊緣接合的方式連接一塊木板，就像一臺具有輕微偏置的靠山的電木銑那樣。

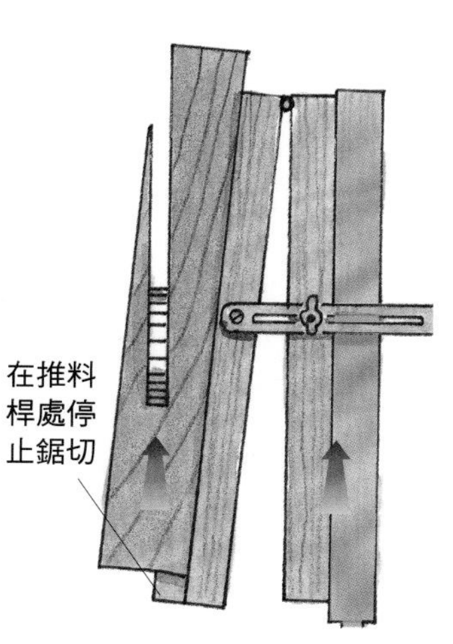

可調節的錐度夾具有一個鉸鏈、一個帶有蝶形螺母的滑動調節器、一個手柄以及一個可用於安全切割內角的木質推料桿。

沿寬度方向夾緊

邊緣接合件的夾緊不需要昂貴的夾子，但是為了保持面板的平整，需要採取措施橫向夾緊木板，比如交替夾緊拼板的頂部和底部，或者在木板端面使用一個螺栓夾板或臨時木條來保持板面的平整。

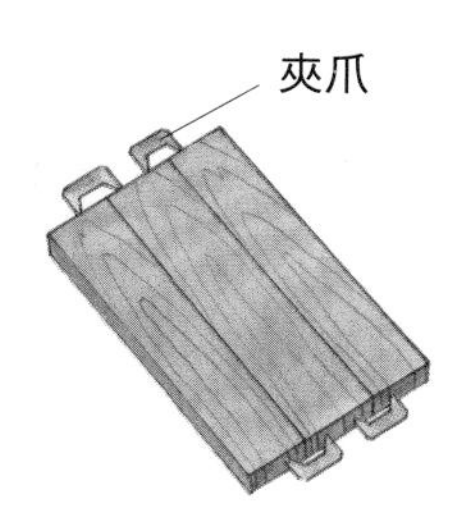

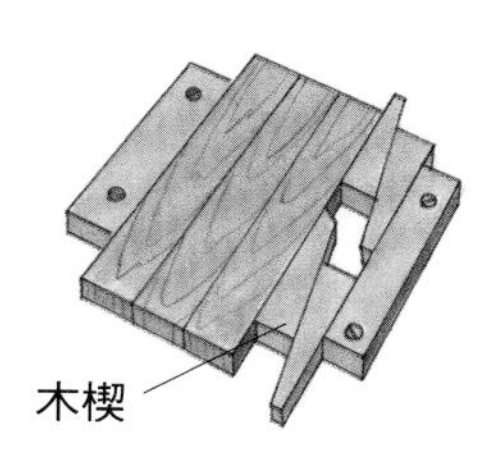

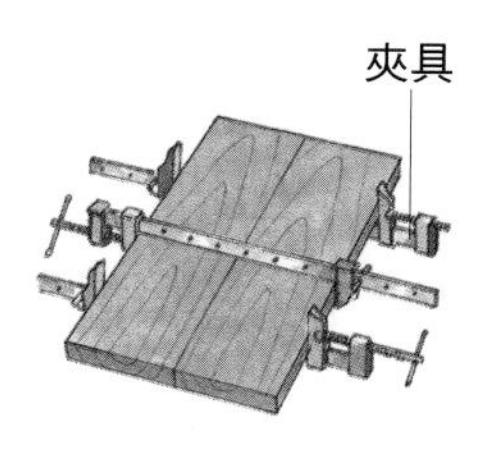

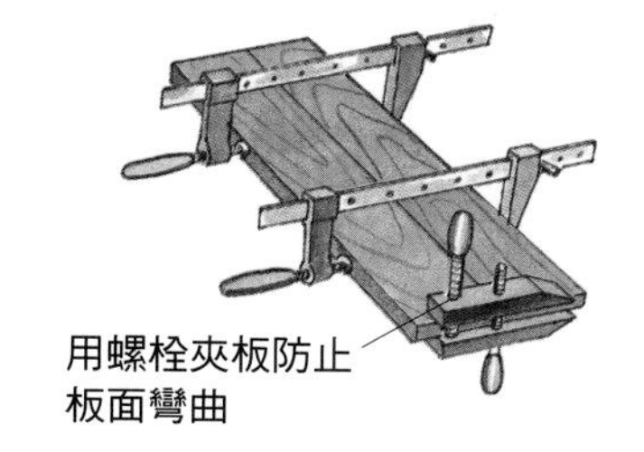

平板對接的膠合

對接式的邊緣接合強度足夠，能夠滿足大多數沿寬度方向的膠合。它也是為數不多的存在「彈性」或預置張力的邊緣接合方式之一，即使後來端面收縮也不會把接合件拉開。這種接合方式要求所有木板表面平整、邊緣平直，所以其成功的關鍵在於如何用手工或電動工具精確地加工木板表面並得到準確的木板尺寸。

邊緣接合件可以用手工刨刨平，然後黏合，只需在膠合面塗抹膠水，並將其對正進行摩擦，無須使用夾具。但是摩擦接合的接合件不具備彈性，因為沒有經過夾緊處理，邊緣接觸沒有發生。摩擦接合適用於長度3ft（0.9m）以下的木板，所以可以使用刨削臺進行邊緣接合。這個過程需要使用可以快速黏結的膠水，比如動物膠，或者白色或黃色的木工膠。

在膠合木板時，注意端面紋理是如何交替的。這有助於最大限度地減少木板的扭曲。

成功的邊緣對接要求木板表面必須方正，尺寸必須精確。

製作步驟

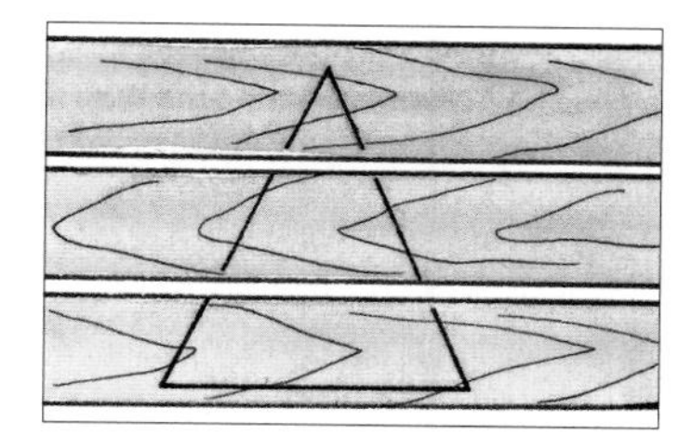

1 將每塊窄木板縱切到不超過最終寬度¼吋（6mm）的尺寸，然後將其長度鋸切到位，或者保留足夠的富餘量，在膠合之後再進行修整。排列好木板的紋理樣式，做出標記，以確保每塊木板位置準確。

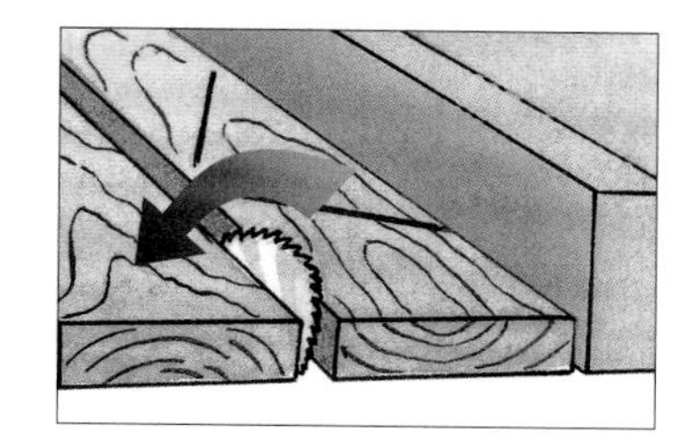

2 在完成初步的縱切之後，修整木板的每條邊，使其接近最終尺寸，並在鋸切每塊窄板兩側時交替使其基準面朝上和朝下，以抵消任何由於鋸片設置導致的鋸切不方正的問題。

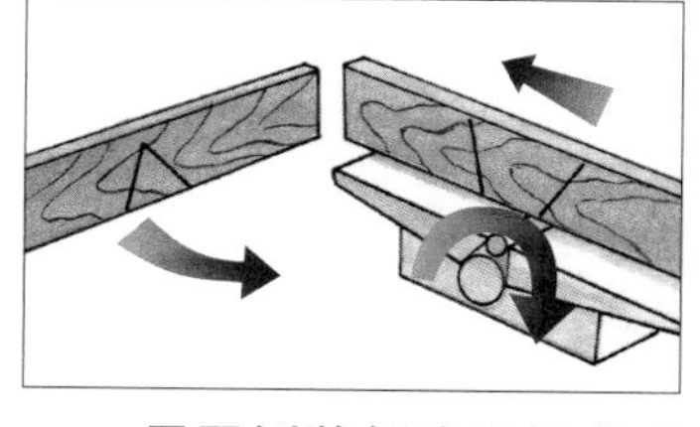

3 用平刨將每塊窄板處理到成品尺寸，注意始終順紋理方向進料，以避免撕裂木纖維。此時不需要交替改變木板基準面的朝向。精確設置靠山以獲得最佳的紋理走向。

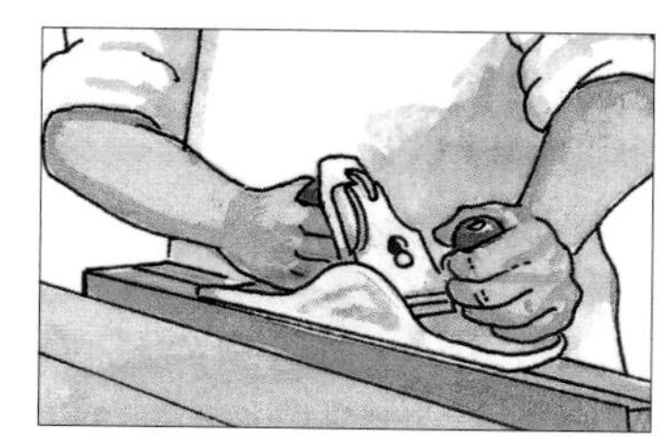

4 用夾子將配對的木板邊緣靠緊固定在一起，輕輕刮削以去除之前的加工痕跡。或者用細短刨刨削出1⁄32吋（0.8mm）深的凹面，用於彈性接合件。

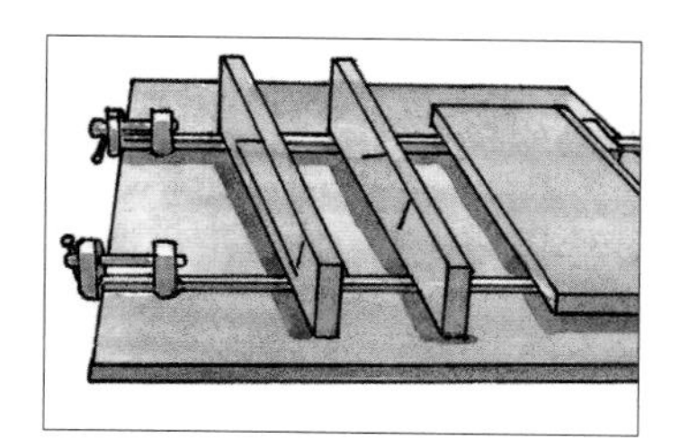

5 在平整的表面上設置夾具組裝木板，檢查木板的排列順序以及是否匹配。然後將每塊窄板立起，在其側面塗抹膠水，進行拼接。在拼板的兩側夾上木條可以保護木板邊緣。

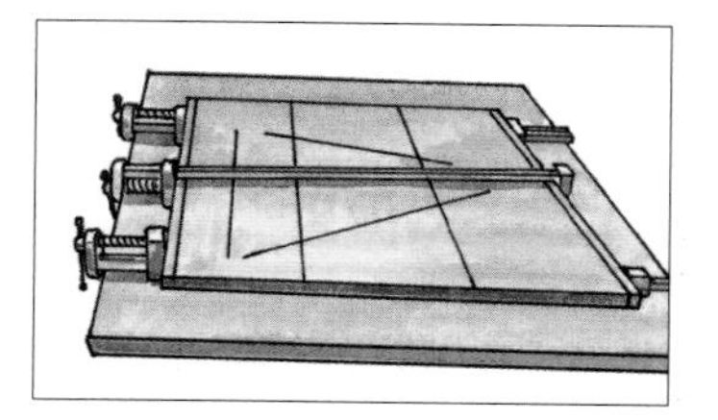

6 將螺絲與拼板的邊緣對齊，並將夾具合理分配在拼板上下兩面。交替擰緊夾具，防止組件因受力不均散開。待膠水凝固後，把拼板端面修整方正。

變式

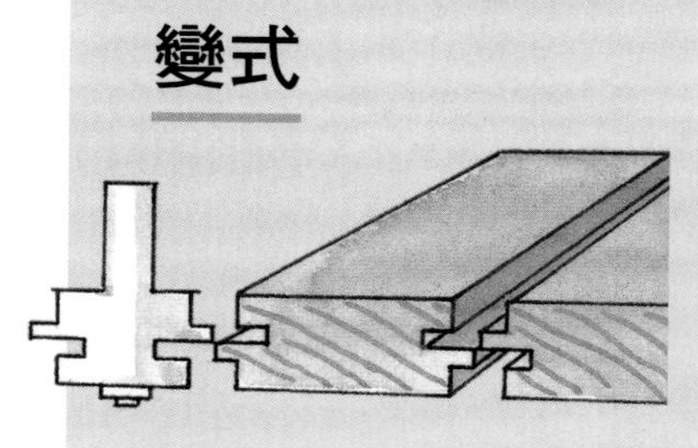

機械互鎖的邊緣接合

手持電木銑或臺式電木銑配備的膠合接合銑頭加工出的接頭不僅可以增加膠合面面積，而且可以在完成膠合後使木板邊緣保持平齊。使用企口接合件（見第29頁）、搭接接合件（見第28頁）或方栓接合件（見第27頁）可以獲得相同的接合效果。

手工刨削摩擦接合件

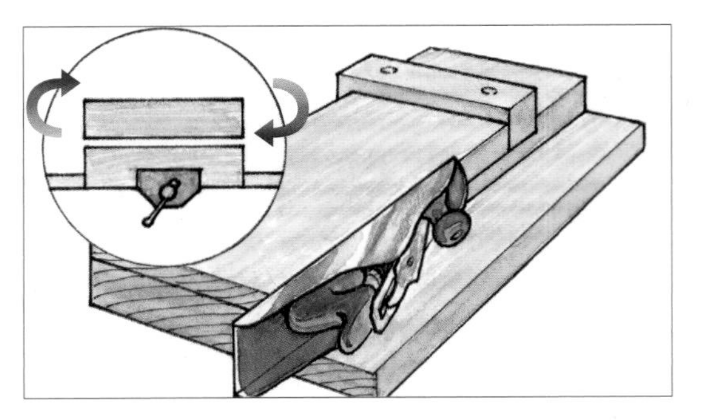

1 刨削木板邊緣並檢測其平直程度，相對於用臺鉗固定的木板壓緊並旋轉另一塊木板，以找到可能導致木板搖動的凸起，或造成端面摩擦的凹陷。

2 檢查木板邊緣是否方正，並通過一個頂緊木板的轉向節穩定手工刨，修正任何細小的偏差，將凸起的部分刨平，直到可以沿木板的整個長度進行刨削。

3 另一種方法是，將兩塊木板對齊，並用臺鉗夾在一起，用手工刨同時刨削兩塊板的側面。通過側面的配對，可以抵消任何偏離90°的偏差。

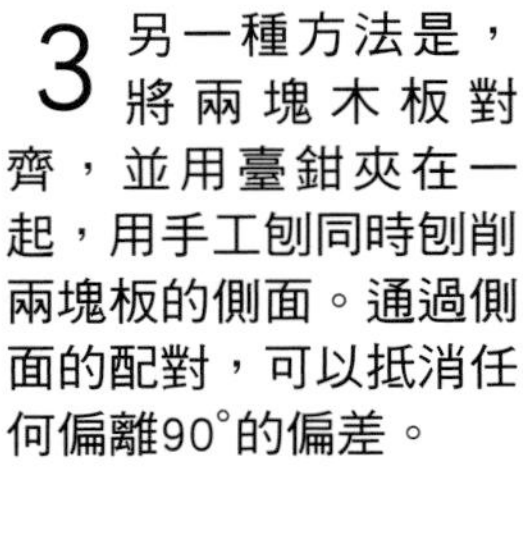

4 無論使用哪種邊緣接合方法，只要沒有技術問題，都可以把一把直尺跨過接縫平貼在拼板表面。

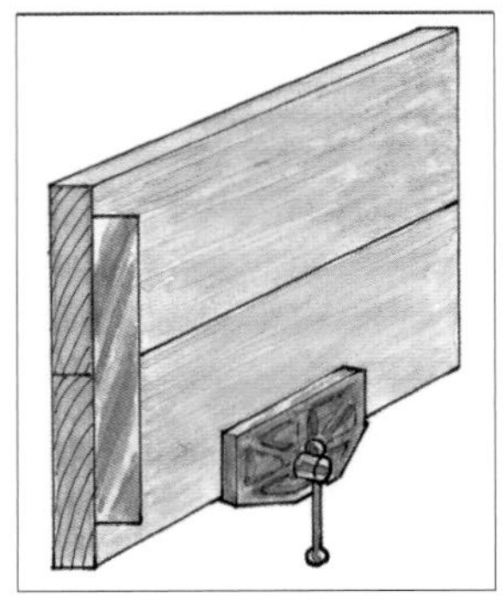

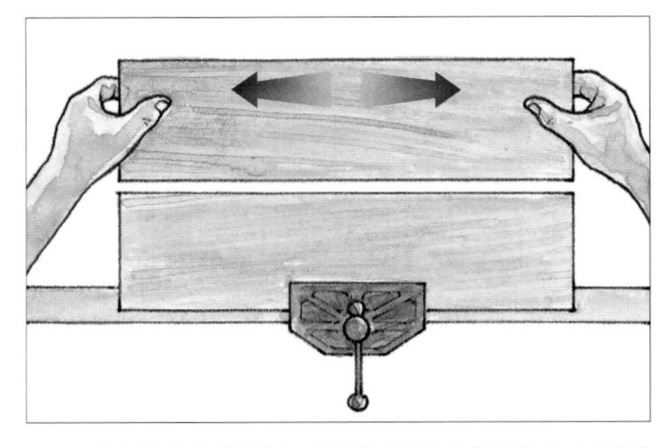

5 如果木板較薄，可將兩塊木板側面（已塗抹膠水）相對，平放在一起摩擦；如果木板較厚，則可以用臺鉗夾緊一塊木板使其側面（已塗抹膠水）朝上，然後將另一塊木板的側面與之接觸並來回滑動，直到膠水將其黏住。

6 如果木板較薄，那麼在膠水乾燥之前不宜移動拼板。在可以將拼板從臺鉗中安全取下時，還需要把它們靠在支撐物上繼續靜置，直至膠水完全凝固。

方栓接合

使用方栓是一種加固邊緣接合件的快捷方法。如果以基準面作為參考，這個過程幾乎不需要計算或設計布局，就可以得到基準面完美對齊的精確接合。方栓還可以在膠水凝固之前防止木板之間側向滑動。人造材料非常適合製作方栓。尺寸精確的美森耐（Masonite）纖維板與標準銑頭的寬度最為匹配。尺寸不太精確的膠合板可能需要使用尺寸較小的銑頭切割兩次才能做出尺寸匹配的凹槽。人造材料不僅可以做出單根長度連續的方栓，而且不存在紋理方向的問題。用實木切割方栓時，其長度則受到木板寬度的限制，可能需要幾根較短的方栓連接起來才能獲得與單一的人造材料方栓相同的長度。方栓切割完成後，一定要在測試槽中檢測其是否匹配。

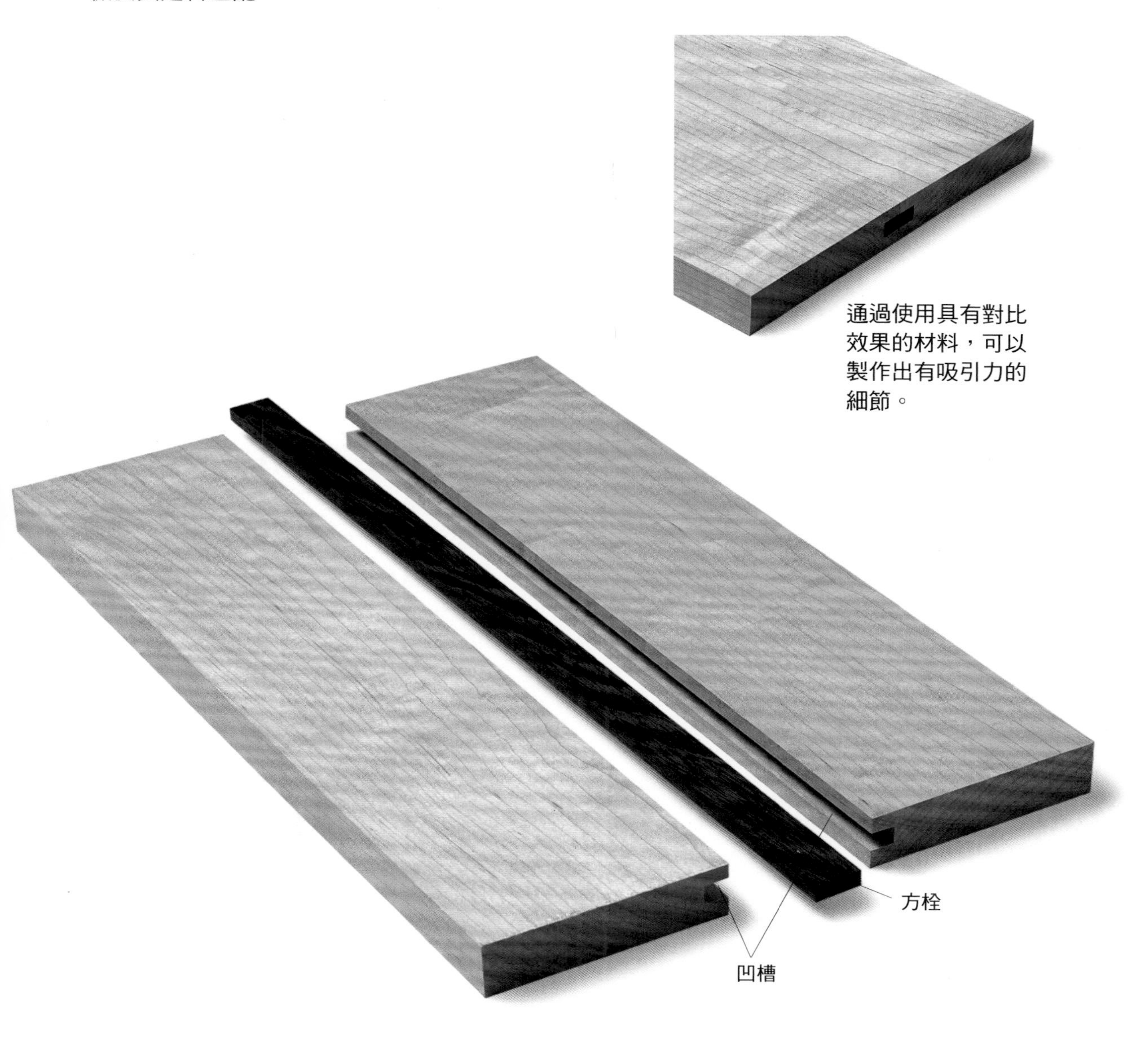

通過使用具有對比效果的材料，可以製作出有吸引力的細節。

製作步驟

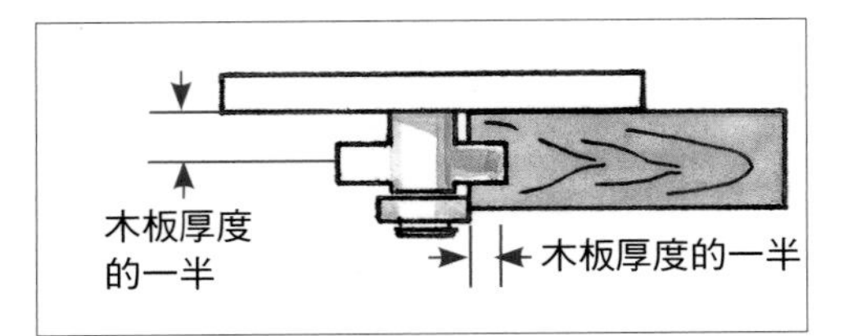

1 根據每塊木板的基準面定位銑頭的位置。在每個側面居中的位置開出凹槽，其深度約為木板厚度的一半。

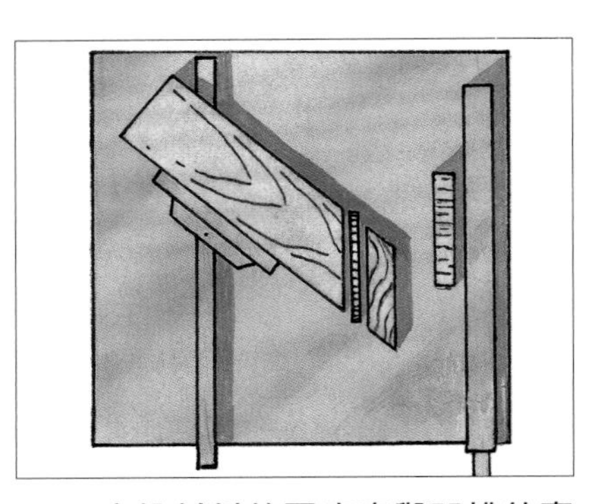

2 方栓材料的厚度應與凹槽的寬度匹配，一般為木板厚度的三分之一到一半。縱切得到的橫紋木條的寬度應略小於凹槽深度的2倍。

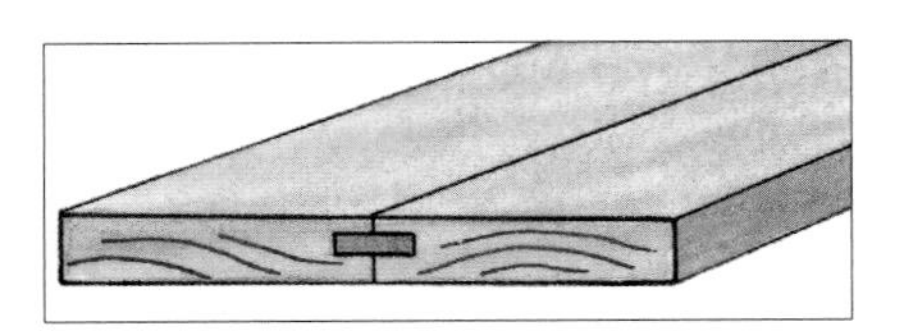

3 測試匹配度：方栓太寬無法形成緊密的接合；尺寸剛好的方栓則會由於膠水中的水分導致膨脹，帶給凹槽明顯的應力。測試沒有問題後，沿方栓和凹槽塗抹膠水，組裝並夾緊。

變式

戴帽方栓

當接合件裝入成品中並貫穿整塊木板時，戴帽方栓可以通過匹配或形成對比效果改善成品接合部位的外觀。

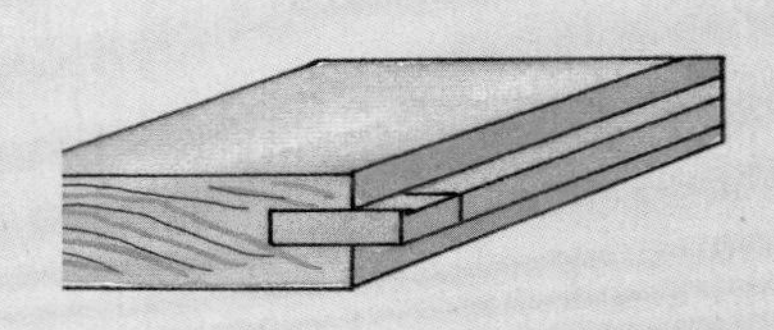

止位方栓

採用止位方栓可以隱藏接合件或者方栓，使它們不會因為邊緣塑形而暴露。

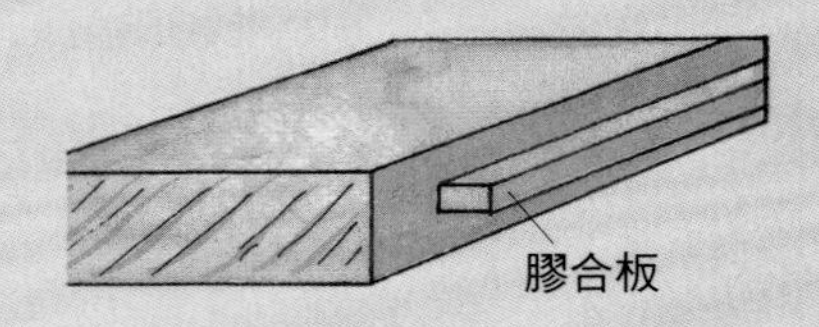

搭接接合

搭接是通過兩個配對的半邊槽將兩塊木板拼在一起的接合方式，它也有助於增加膠合面積。槽口的深度應該是木板厚度的一半。

搭接接合的每塊木板都必須足夠寬，以包含半邊槽的深度。使用組合刀頭銑削，接合件的槽口處會暴露出額外的長紋理膠合面。搭接還有助於保持兩塊木板的表面平齊，對彎曲的木板來說，除非在木板的中心施加向下的夾緊力，否則這個優勢就會消失，但這在膠合很大的木板時是很難做到的。

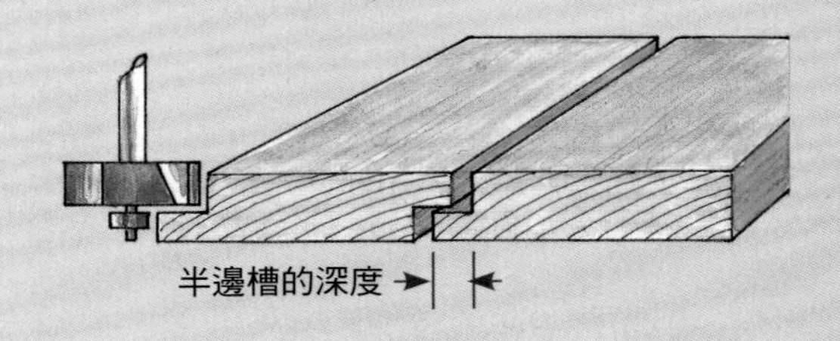

企口接合

榫舌就像一個固定在部件上的方栓，可以加固和對齊接合件，但在加工之前需要進行計算。為了製作榫舌，必須把木板縱切得更寬一些。即使沒有特殊的開槽工具或組合刀頭，也可以用臺鋸製作出像樣的接頭，但需要安裝具有耙式方正鋸齒的兩用鋸片或縱切鋸片，因為它們在加工時可以形成平整的鋸縫底部。很難在彎曲的木板上對齊凹槽，或製作出均勻的榫舌，除非使用壓板和指板保持木板頂緊靠山。為了操作穩定或防止銑頭接觸金屬靠山，可以添加一個較高的木製靠山。

企口接合被用於製作高質量的地板和護牆板已經有幾個世紀了。

變式

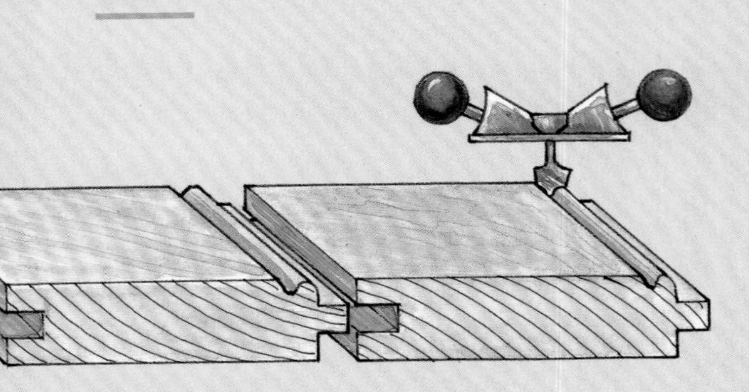

榫舌和珠邊

在製作家具的組裝鑲板時，在企口接合件的邊緣上加入一個珠邊裝飾，不僅可以增加觀賞性，還能夠在處理其他困難區域的木材形變問題時提供一種乾接的選擇。

帶有珠邊的榫舌結構常見於護牆板中。使用電木銑、線腳刨或刮刀很容易在企口接合件上加工出珠邊。

V形槽

沒有榫舌結構的邊緣常見於垂直表面，因為榫舌結構可能會沉積碎屑。V形槽或任何類似的細節都能突顯接頭。這種結構在黏合之前很容易切割，但在塗抹膠水後通常都會擠出膠水。將臺鋸鋸片設置為45°，或者使用手工刨或電木銑切割倒角都能製作出體現鑲板細節的V形槽。

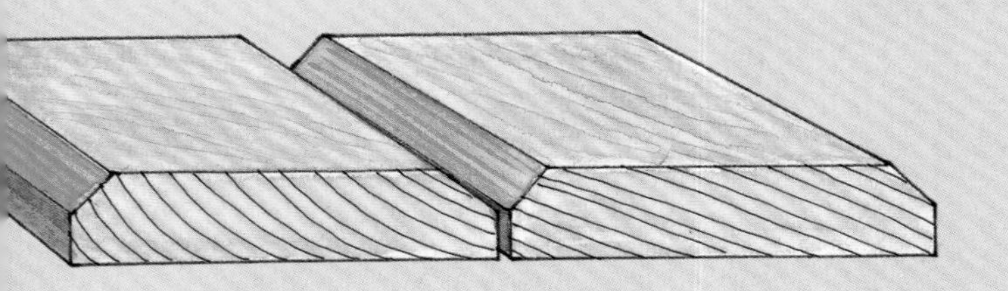

製作步驟

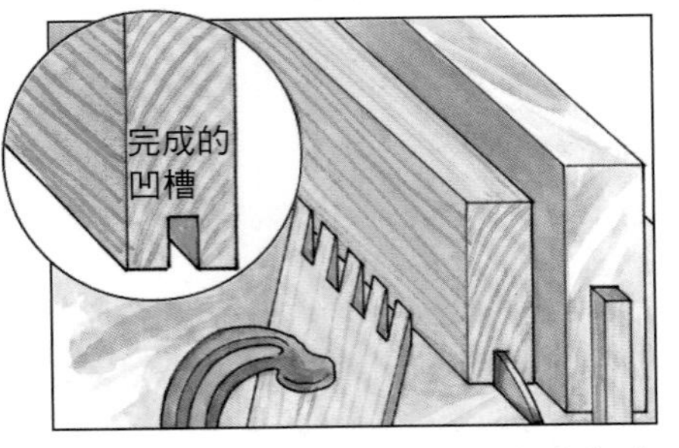

1 將耙形齒鋸片抬高，高度為木板厚度的一半，並按照鋸片厚度尺寸的三分之一設置靠山與鋸片的距離。從前向後完成第一次切割，然後將木板前後對調，通過第二次切割得到凹槽的另一側。

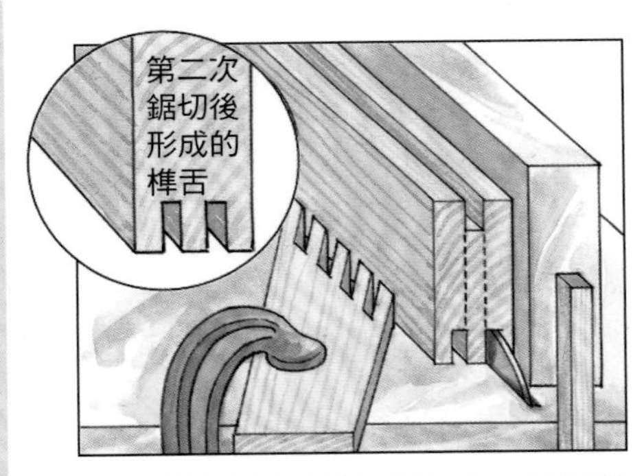

2 稍微降低鋸片的高度，這樣做出的榫舌就不會太長了。調整靠山靠近鋸片，在凹槽延長線的外側鋸切，形成榫舌的一側，然後將木板前後對調再次鋸切，形成榫舌的另一側。

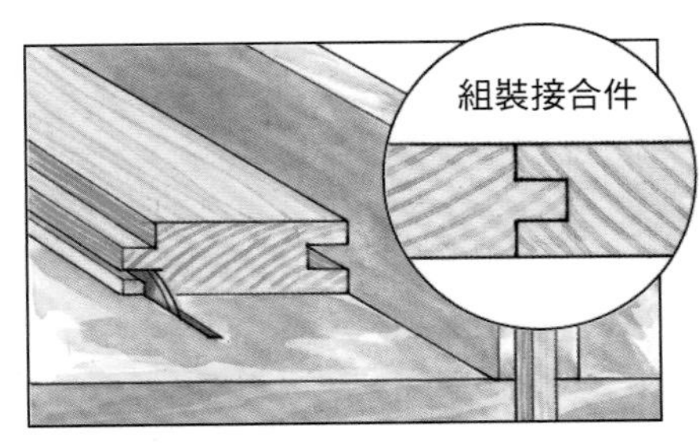

3 測試榫舌與榫槽是否匹配。放低鋸片，並設置靠山，沿榫舌的肩線切掉廢木料，並如圖所示完成組裝工作。

嵌接接合

需要膠合的基本的小角度嵌接（或膠接）接合件具有合適的長紋理面，可以獲得良好的膠合效果。簡單按照8：1的比率製作斜面部件並將其膠合成一個整體，從理論上講，其強度與一塊完整的木板是相同的。與邊緣接合一樣，沒有完美的解決方案來定位實木嵌接部件端面的年輪方向，要麼使相鄰端面的年輪以相反的方向交替排列，要麼按照相同的方向進行排列。嵌接接合件並不是簡單的膠合接合件，同樣需要處理以得到膠合所需的長紋理面。我們也可以模仿它們的木框架結構祖先，引入合適的接合方式，通過互鎖和銷釘固定的方式將接合件固定在一起。當將嵌接接合件用於結構部件時，另一個組件應能夠提供直接的或就近的支撐，如有必要，應提供一個位置隱藏裝飾性不強的接頭。為了獲得設計要求的視覺效果，只能手工加工的精緻的嵌接接合件是所有木工接合結構中最具挑戰性和最令人驚嘆的。

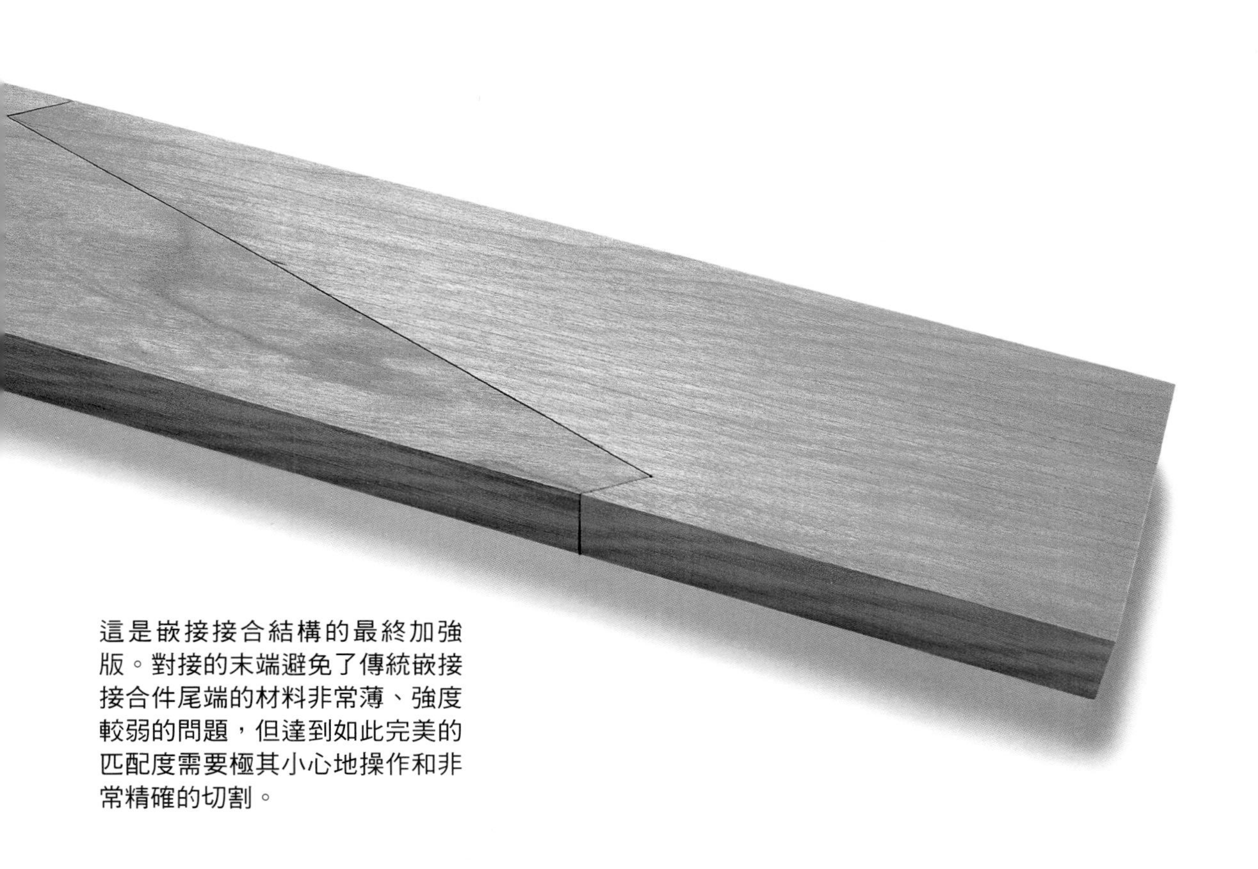

這是嵌接接合結構的最終加強版。對接的末端避免了傳統嵌接接合件尾端的材料非常薄、強度較弱的問題，但達到如此完美的匹配度需要極其小心地操作和非常精確的切割。

首尾嵌接

雖然將木板首尾相接膠合在一起並不能形成很好的接合，但這種接合方式非常實用。在只能通過膠水獲得極高接合強度的情況下，需要使用環氧樹脂膠。使用任何膠水時都應先塗抹一層膠水，使其進入木料紋理中填充孔隙，這樣隨後塗抹的膠水才會留在膠合表面。

嵌接接合件可以具有一定的角度，就像使吉他的弦鈕從吉他頸部向後傾斜那樣：將兩個部件的斜面朝上對齊，然後將一個斜面黏合到另一個斜面的背面，形成所需的角度。按照需要的角度繪製出部件的全尺寸輪廓圖，以確定滑動斜面的角度，用於部件畫線。

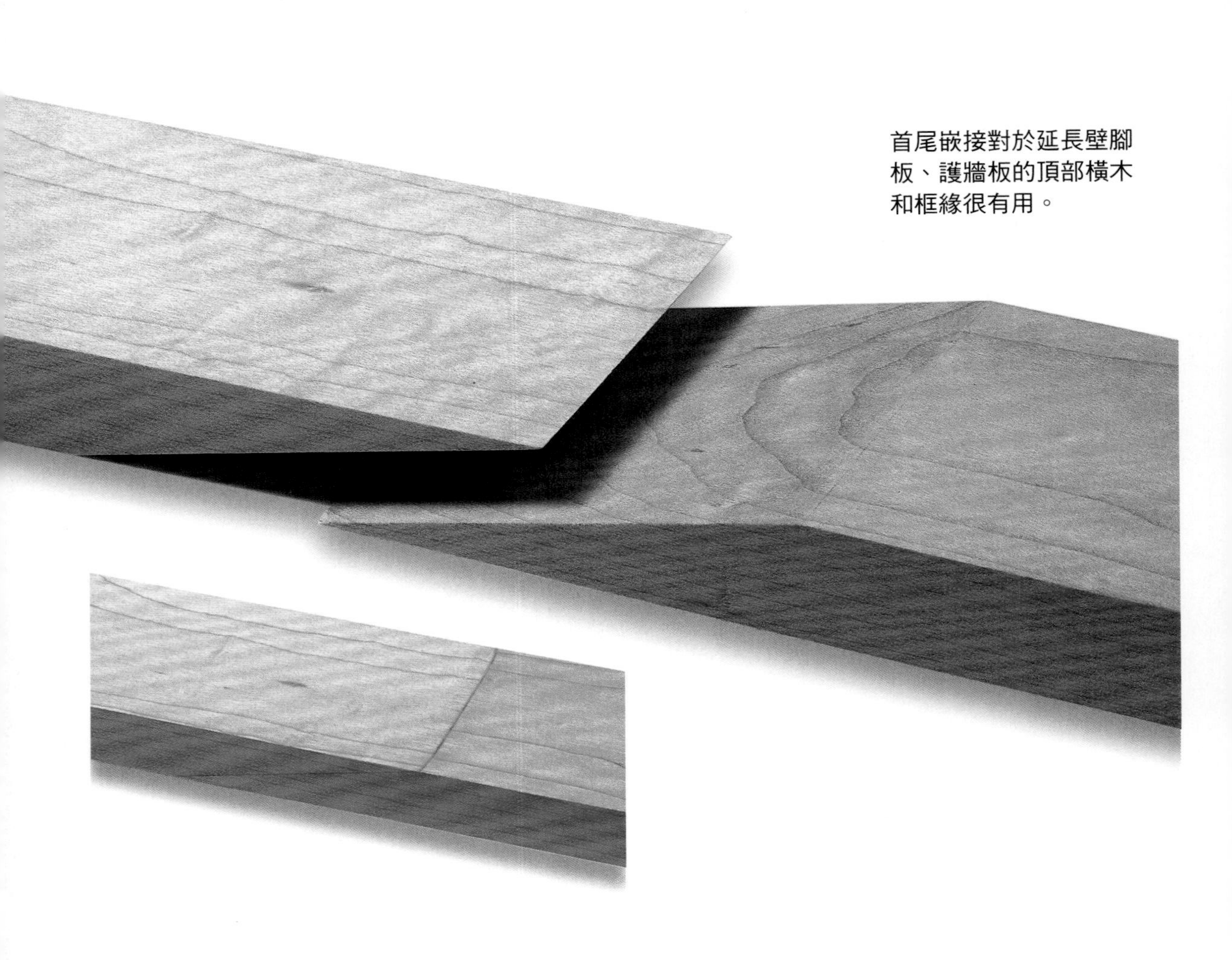

首尾嵌接對於延長壁腳板、護牆板的頂部橫木和框緣很有用。

製作步驟

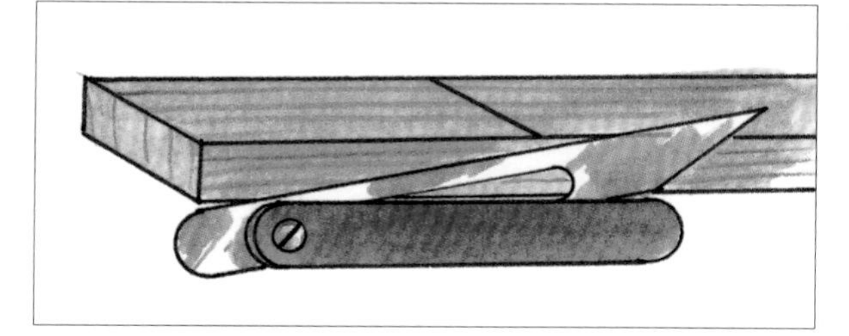

1 按照木板厚度尺寸的8倍在每塊板的側面做出標記，然後垂直於側面畫出一條橫貫基準面的線，將滑動斜面的比率設置為8：1，並在兩個側面上畫出斜線。

2 如果木板的寬度限制用鋸直接沿銳角斜面鋸除廢木料然後再將其刨平的操作，那麼可以從頂角開始刨削，直到使整個斜角延伸到基準面的垂直畫線上。操作時應傾斜手工刨，以防止其撕裂木料。

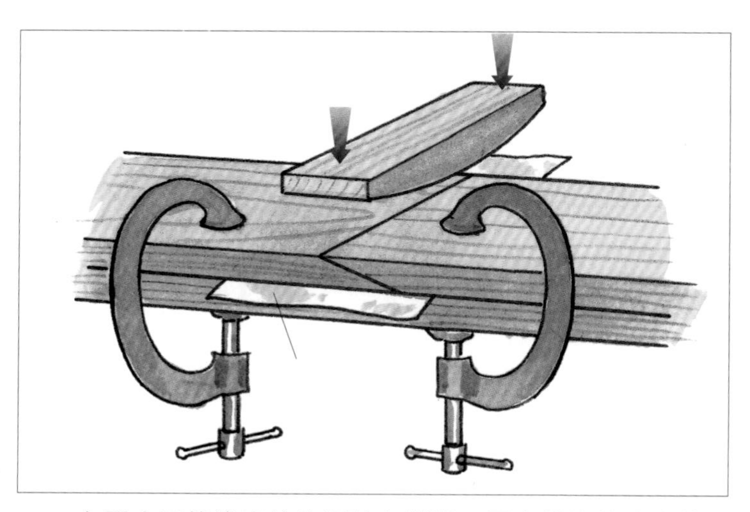

3 在膠水可能滲出的位置墊上蠟紙，固定部件並防止其滑動，同時夾緊接合件。如果接合件較寬，可以用一個冠狀木條向接合件的中心部位施加壓力。

製作技巧

隱藏接縫

用於延長擋板的半搭接或其他輕型嵌接接合件的難看的接縫，可以被支撐並隱藏在桌腿內側。

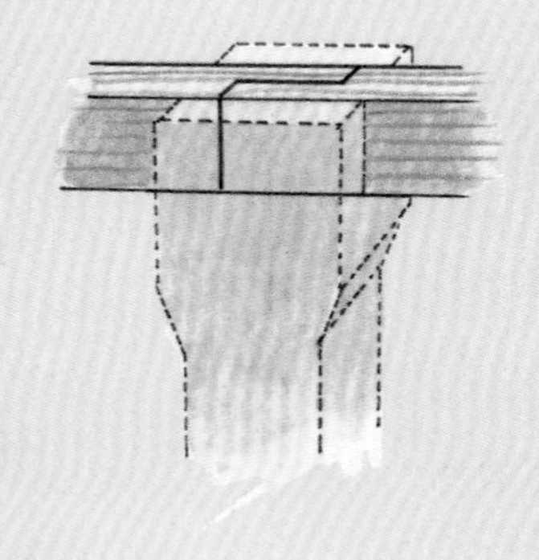

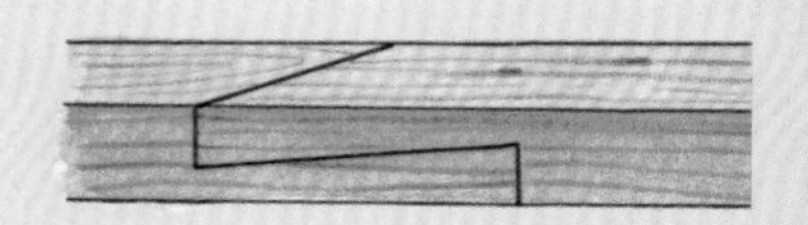

成角度的接合面

任何形成一定角度的嵌接接合面都能提高接合件抗彎曲和剪切的性能，但在加工前必須用畫線刀精確地畫線，鋸切出尺寸略大的部件，經過刮削得到最終尺寸後，才能實現接合件的緊密匹配。

邊與邊嵌接

邊與邊嵌接是一種實用的接合方式，可以用它來加長木板。具體操作是：先把木板沿對角方向斜切，然後沿著切割面稍稍滑動半塊木板，膠合，待膠水凝固後，縱切去掉多餘的木料，得到需要的木板寬度。對這種單純依靠膠水維持接合強度的接合方式來說，方栓可以引入機械強化和另一個膠合面，因此無須再為增加膠合面積以極小的角度切割斜面。膠合時最好先塗抹一層膠水，以防止因膠水滲入木料孔隙中而出現缺膠的情況。

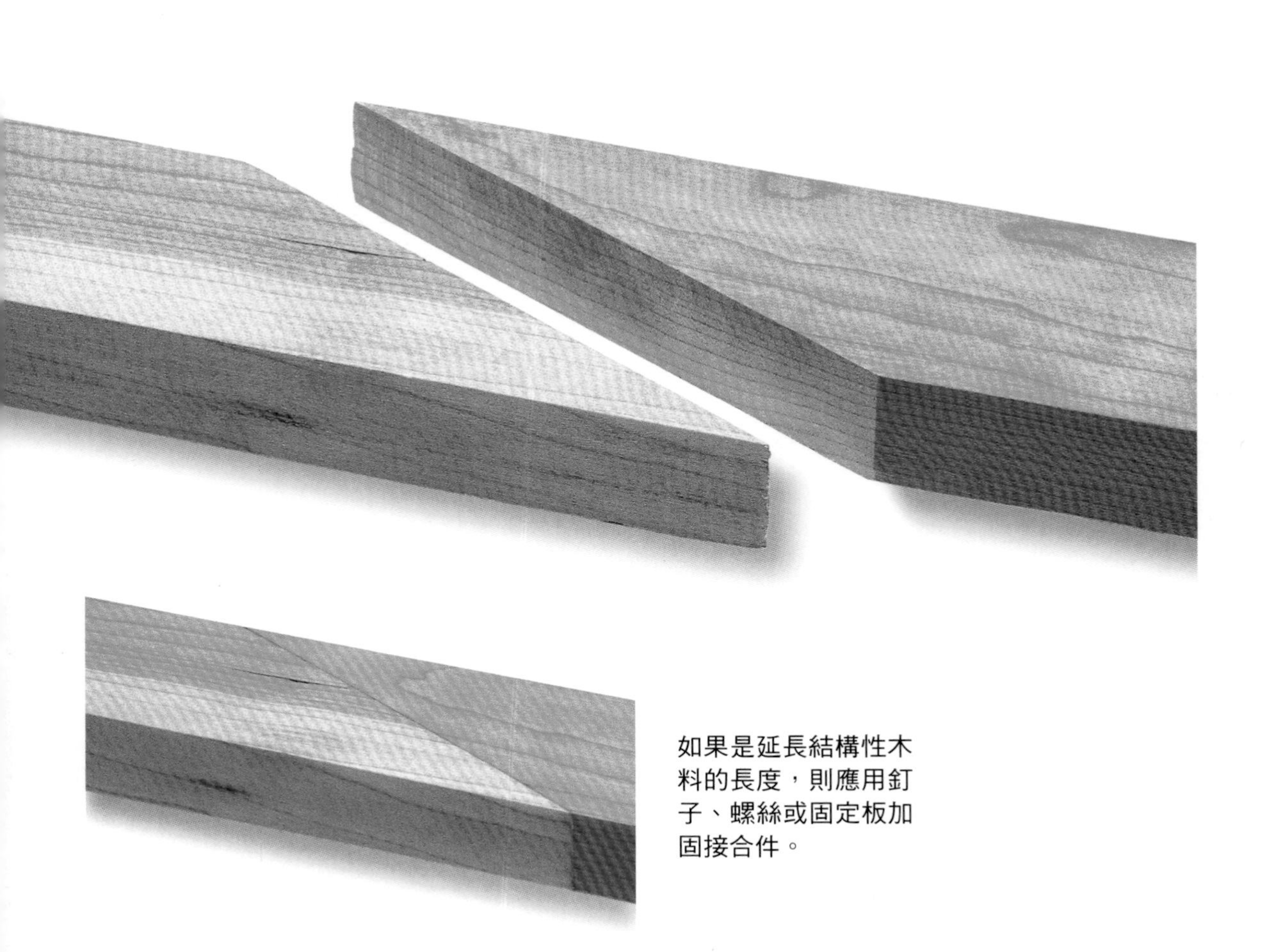

如果是延長結構性木料的長度，則應用釘子、螺絲或固定板加固接合件。

製作步驟

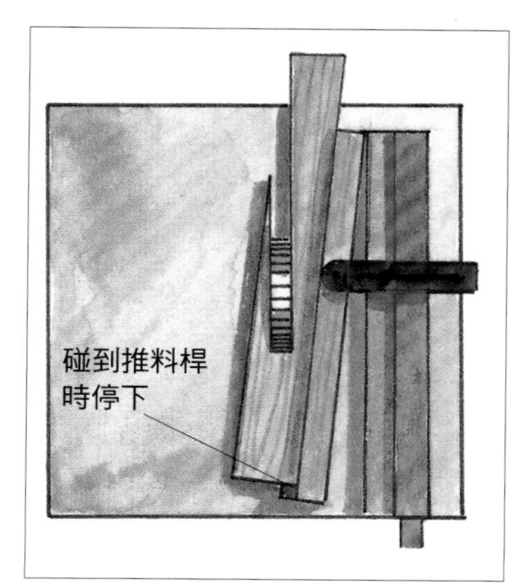

1 為了獲得牢固的膠合接合，膠合面的比率應為8：1，也就是錐度角的長邊尺寸達到木板寬度的8倍，或者，如果木料具有良好的膠合特性，可以設置夾具，為非承載結構切割20°以下的任何角度。

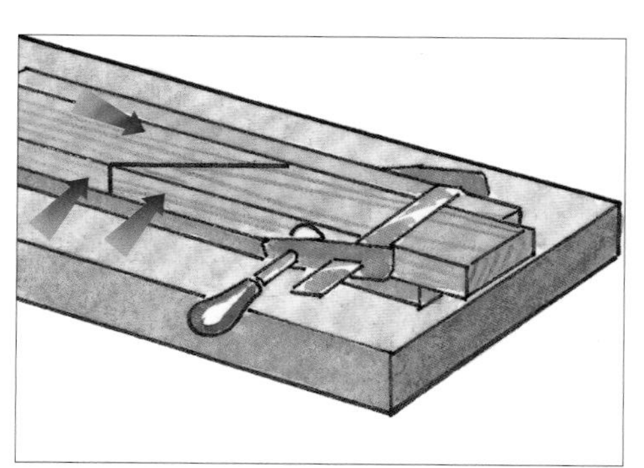

2 塗抹膠水，將其中一個組件夾在不黏膠滑板的靠山上，然後把配對組件壓在膠合面上，將兩個組件夾住並頂緊靠山，直到膠水凝固。

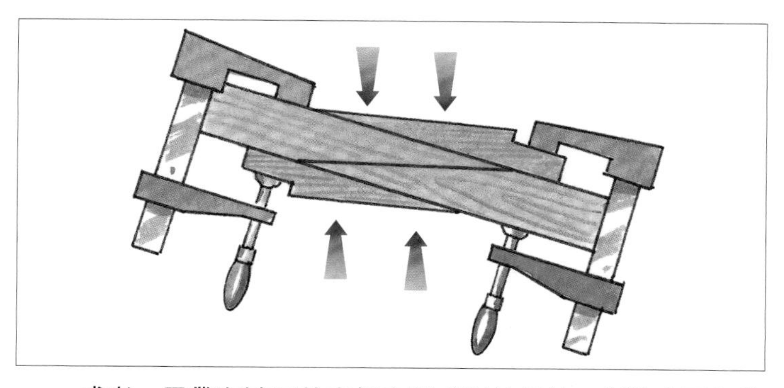

3 或者，用帶有缺口的夾板夾緊成對的組件，創造出平行的夾緊面。在兩個組件之間加入一片餅乾榫，或者用一個無頭的固定銷以暗榫的方式榫接兩個組件，可以防止組件滑動。

製作技巧

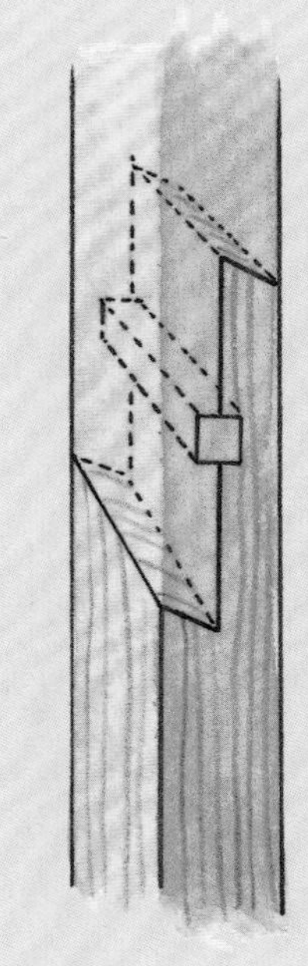

插入的方栓

成角度的端面抗彎曲的能力強，將一根方栓橫向插入兩個對齊的橫向槽（橫向通過位置較低的鋸片鋸切得到的）中，可以提高接合件的抗張和抗剪切的性能。

斜挎嵌接

斜挎嵌接接合件製作起來並不簡單。這種接合件具有耐彎曲、易於加固和可以用橫木條裝飾的優點，並具有適合膠合的良好的長紋理面。在製作嵌接接合件時，搭接表面的長度沒有固定要求。這種接合方式可以改善接合部件的力學性能，在某些設計中可以真正實現平行紋理膠合以提高接合強度，而不同於那些只能依靠膠水提供接合強度的斜向紋理部分。

但嵌接接合件的強度取決於嵌接件的長度，所以從原則上講，基於美學的判斷和用途定位是最好的。無論如何，都應使用畫線刀精確標記其輪廓。首先用鋸鋸切掉大部分廢木料，然後用肩刨或鑿子繼續清理至畫線處。

斜挎嵌接是一種製作難度很大的接合方式，但由於這種接合方式包含一個鎖緊設計，所以比標準的首尾嵌接結構具有更高的強度。

製作步驟

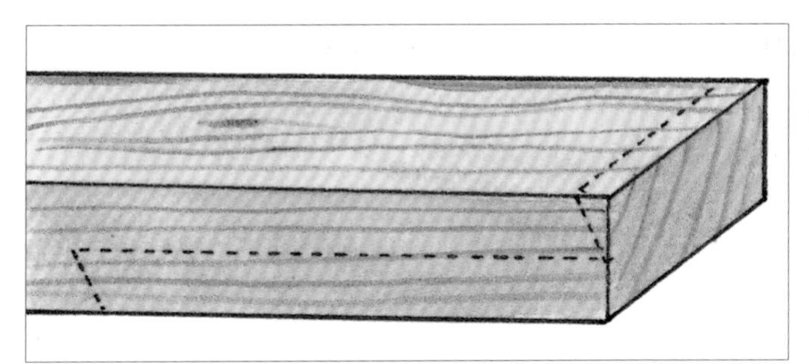

1 在木板的側面精確畫出中心線，畫線的長度至少要是木板厚度的4倍。在這條中心線的兩端，以70°的角度在木板側面畫出兩條平行線。

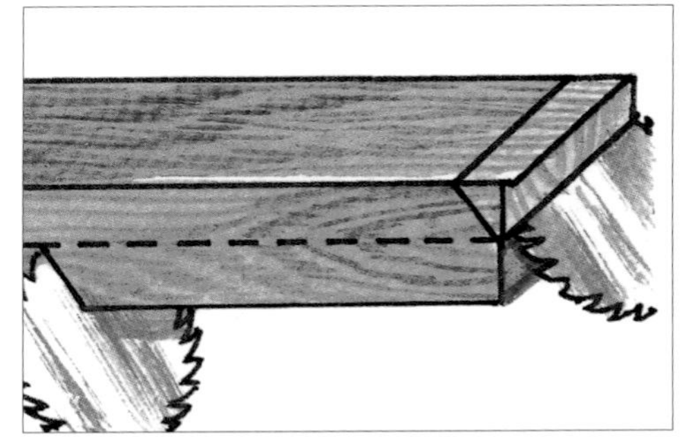

2 將鋸片設置為70°，如果可能，可同時鋸切兩個斜面，使用斜角規來修整端面，然後放低鋸片，橫向鋸切出多個止位於中線的鋸縫。

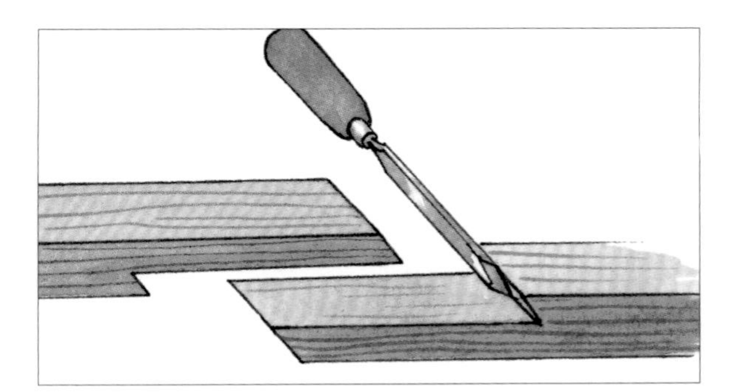

3 使用手鋸、帶鋸或臺鋸沿中線鋸切掉廢木料，並用鑿子沿肩部修整內側的邊角，然後把一對接合件滑動對接在一起。

第四章

搭接接合和封裝接合

搭接接合

形成搭接接頭的半邊切口基本上屬於半邊槽或橫向槽，其中較寬的橫向槽有時被稱為溝槽，較深的橫向槽則被稱為切口。在木板正面切割的半邊槽可用於框架搭接，用來支撐框架或框架結構的面板。在邊緣切割的切口的深度為木板寬度的一半，經常用於交叉的橫擋、窗框裝飾線、紙糊木框、椅背、窗格以及抗扭箱型隔板結構中。框架搭接結構中的大膠合面都是順紋理的，可以形成強力膠合，但總是存在空間衝突。邊緣切口搭接結構中的順紋理接觸面很小，木料由於沿寬度方向的切口插入導致強度變弱，在未經加固時很容易斷裂。

T取向的框架搭接結構是基本的端面搭接和中央搭接的簡單組合。

邊緣搭接屬於輕型結構，可用於膠合板結構中，其交替的紋理走向可以增加結構強度。框架搭接結構有兩種基本形式：端面搭接是依靠在木板端面切割的半邊槽搭接在一起的結構；中央搭接是通過在木板長邊的某個位置切割的切口實現搭接的結構。端面搭接和中央搭接（半邊槽和橫向槽）以不同的方式組合在一起可以形成所有基本的L形角接、T形搭接和十字形框架搭接結構。

槽口類型

半邊槽

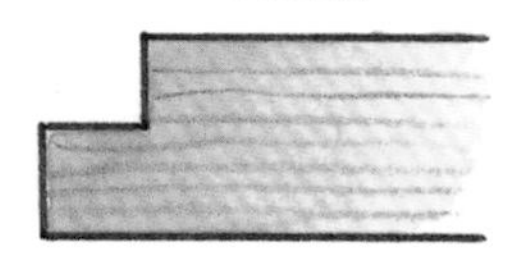

普通橫向槽

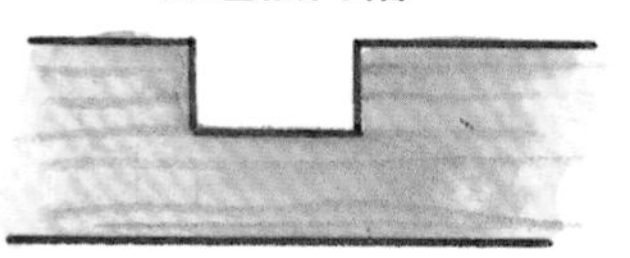

切口

用於搭接結構的三種基本槽口類型。

搭接接合件

端面搭接的接頭只有單個肩部，是按照木板厚度的一半切割深槽口形成的。

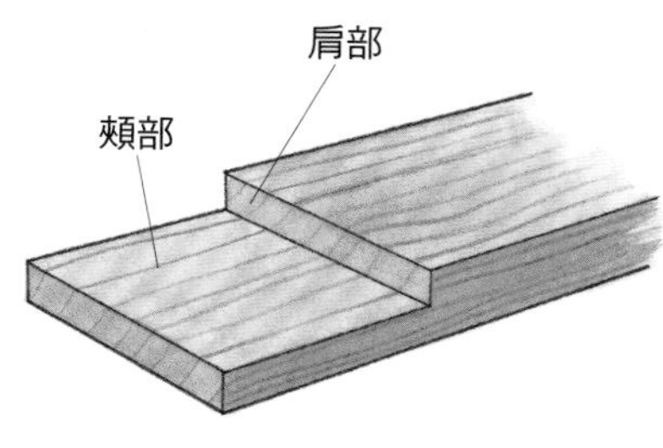

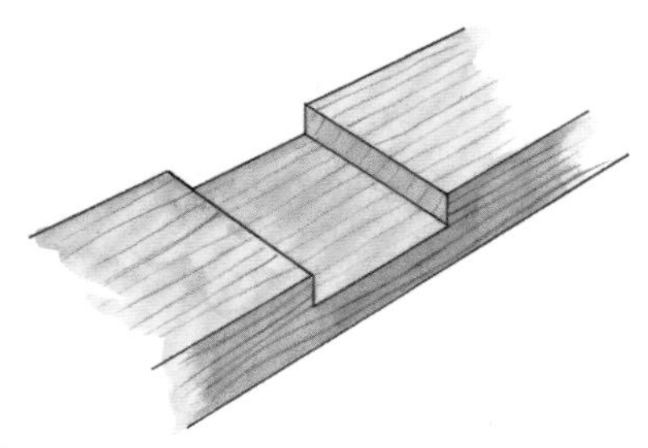

具有成對肩部的中央搭接接合件是在木板正面長度方向的任何位置切割橫向槽或溝槽形成的。

邊緣具有較深切口的木板構成了邊緣搭接或邊緣對搭接合結構的半邊。

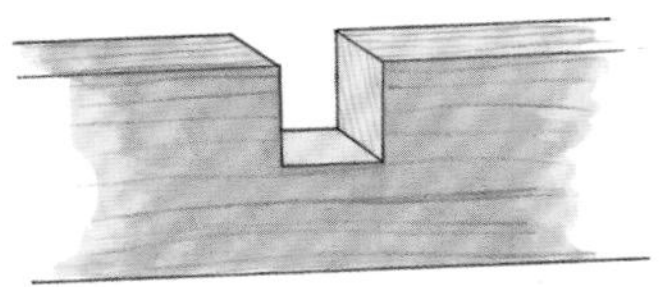

搭接接合的類型

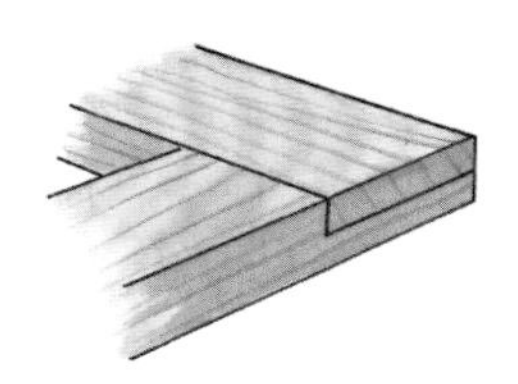

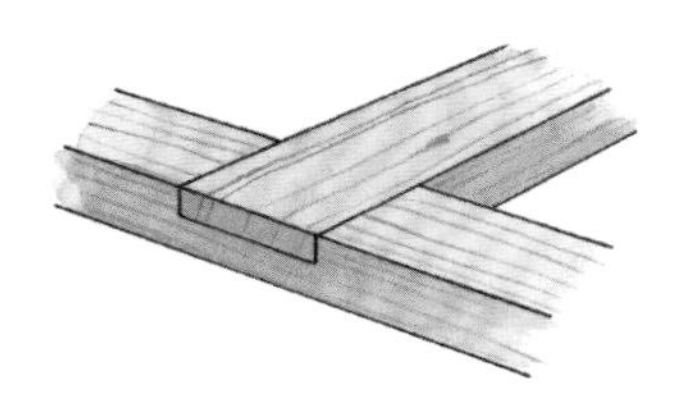

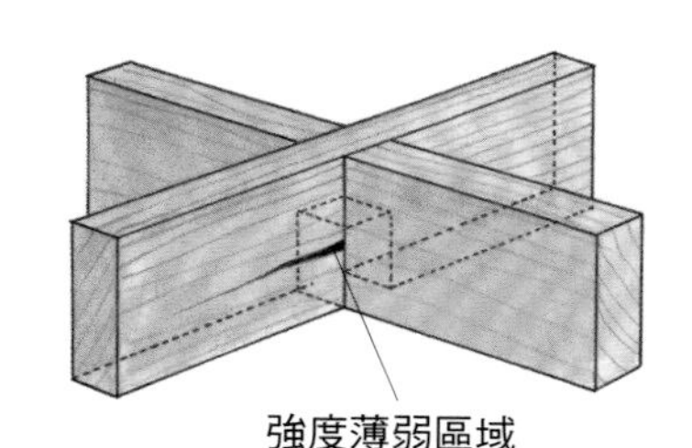

在木板正面切割凹槽，並以L形、T形或十字形取向完成組裝的構造被稱為框架搭接。這種結構具有出色的黏合強度以及抗彎曲的肩部。

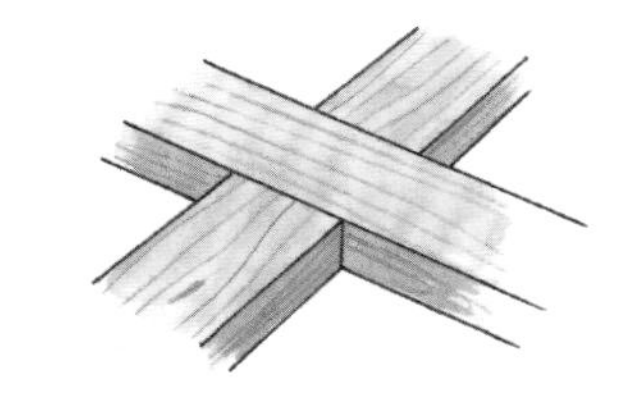

在木板邊緣開出切口的搭接方式被稱為邊緣搭接，但缺少支撐的端面對接部分存在結構強度偏弱和膠合強度不足的問題。

組裝搭接部件

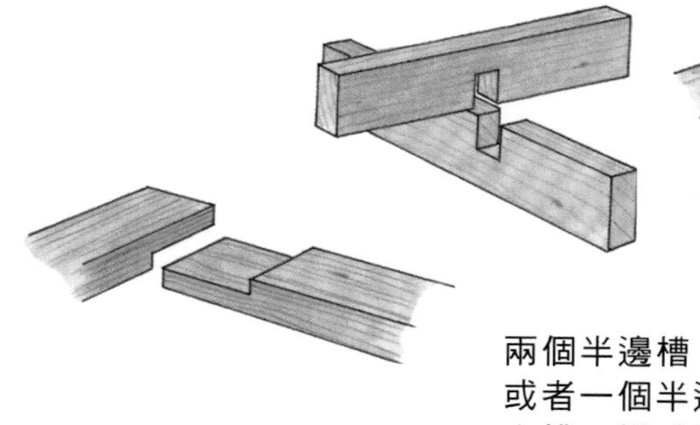

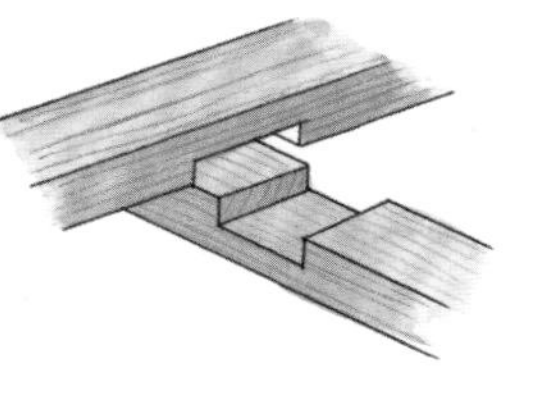

兩個半邊槽、兩個橫向槽，或者一個半邊槽口和一個橫向槽，構成了所有搭接接合件的基本結構。

搭接接合的應用

在窗戶、門、戶外家具和露臺等結構中，直線的和成角度的搭接是適合裝飾性的格子結構的非常好的接合方式。

完全可以用搭接接合件完成整個傳統風格的門的組裝，並能得到與榫卯結構相同的接合強度，但在視覺上，門的正面和背面呈現出的線條不一樣。

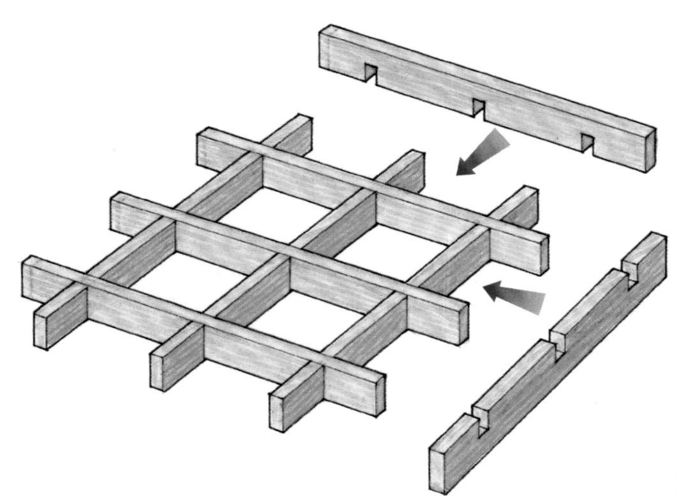

用切口夾具配合臺鋸製作抗扭箱形隔板，或者用手鋸鋸切切口，然後再用鑿子修整切口底部，去除廢木料。

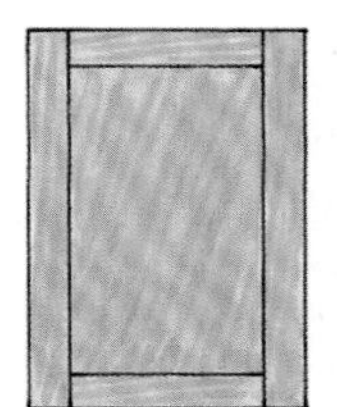

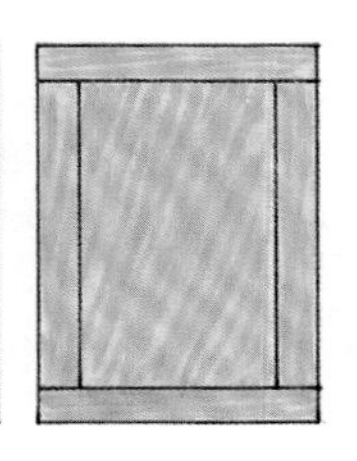
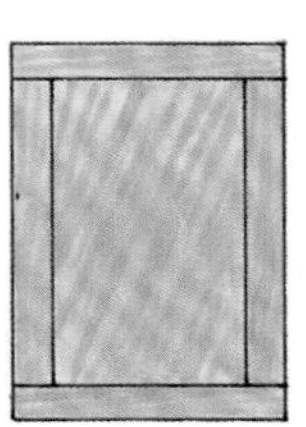

對於一側突出的門，以搭接的方式接合頂部的成對組件可以將設計重點從垂直方向轉移到水平方向。

傳統的日式紙糊木框的格子結構是由直邊的和成角度的搭接接合件連接在一起構成的，這種結構通常用軟木製作，並需要將配對組件夾在一起用手鋸同時鋸切。

製作搭接接合件的工具

用於手持工具的夾具

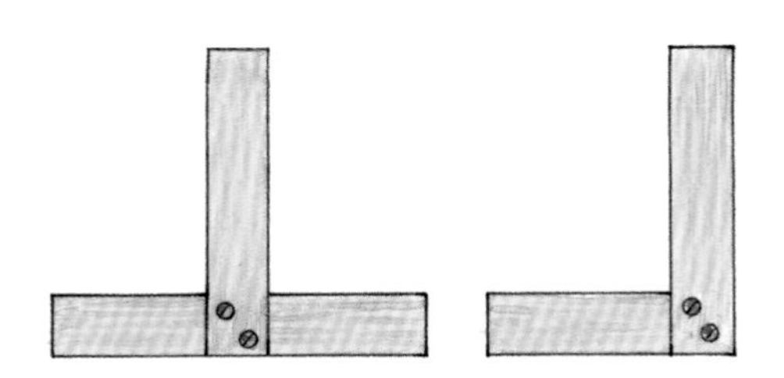

一把平滑的直尺可以筆直地引導工具通過部件。作為一種基本的木工工具，直尺在製作搭接接合件時特別有用。

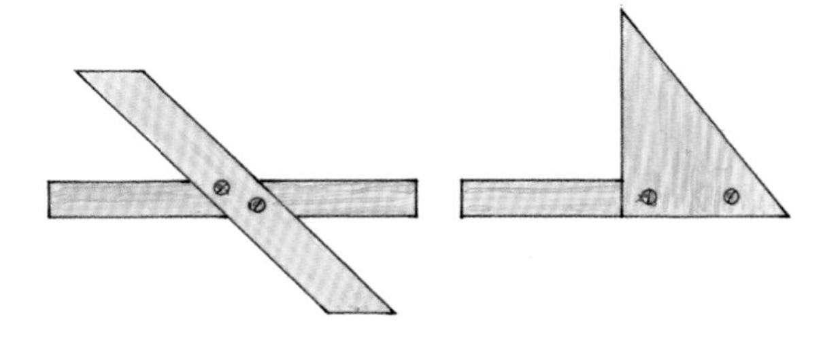

在使用電木銑、手工刨或鋸進行操作時，需要使用角度靠山引導切割。這種靠山很便宜，製作也很容易，可以使用量角器頭、滑動斜面和全尺寸的部件圖來設定角度。

銑削方法

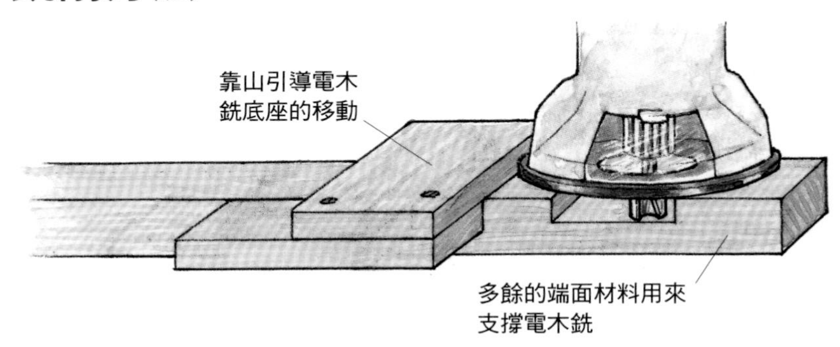

一個訂製的方正靠山可以引導電木銑的底座製作端面搭接件。多餘的端面材料用來支撐電木銑，並在銑削完成後切掉。

為了連續切割多個橫向槽或切口，需將部件放在靠山下方滑動，引導承壓軸承直邊銑頭銑削槽口，並在碰到支撐電木銑、與肩線對齊的止位塊時停下。

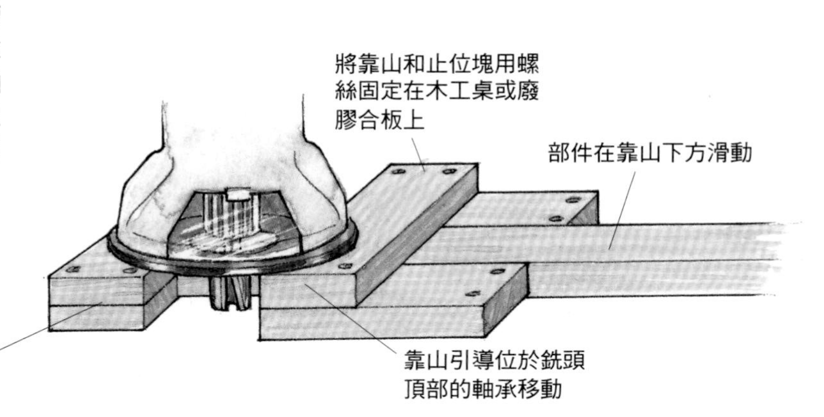

臺鋸和電木銑臺的夾具

有兩種基本的滑動夾具——一種是用於斜角規槽的可調節夾具，一種是跨越可移動靠山的夾具——可以支撐垂直部件，從而鋸切或銑削出端面接合件的頰部。

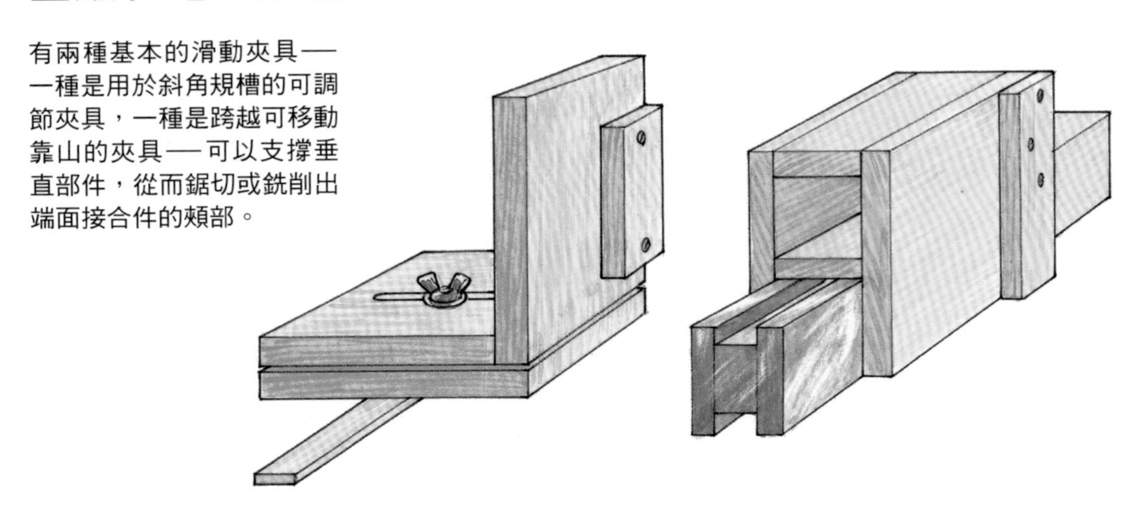

用於斜角規的夾具

有兩種夾具可以輔助切割多個邊緣切口：一種跨在斜角規槽上，並具有可調節的靠山，另一種則是連接在斜角規上使用（參閱第53頁「用臺鋸製作指接榫接合件」）。

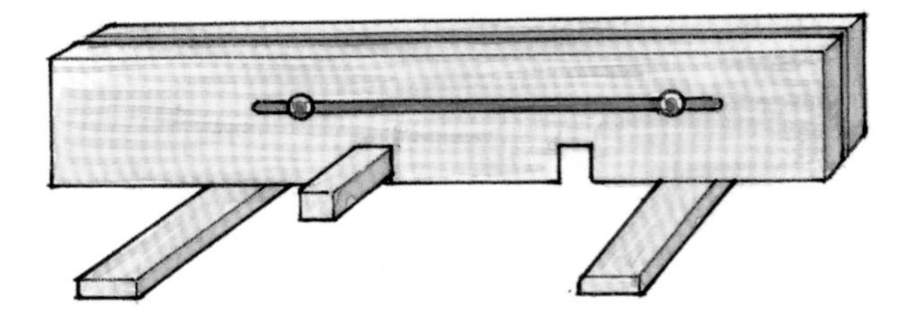

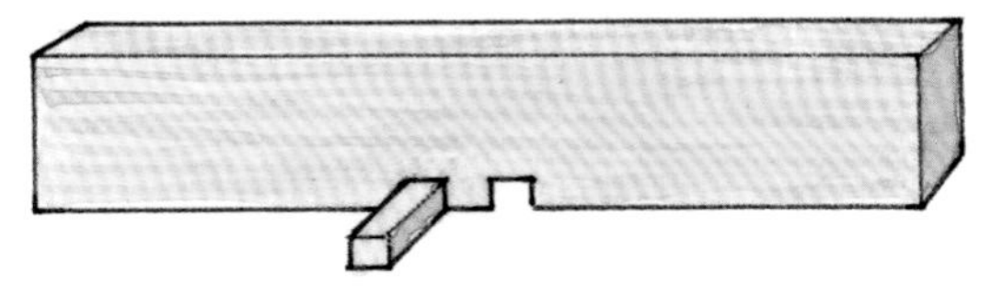

搭接接合件的膠合

為了獲得良好的膠合效果，通常需要在夾具的鉗口內側墊上一塊木塊以分散壓力，使木料的長紋理面充分接觸。

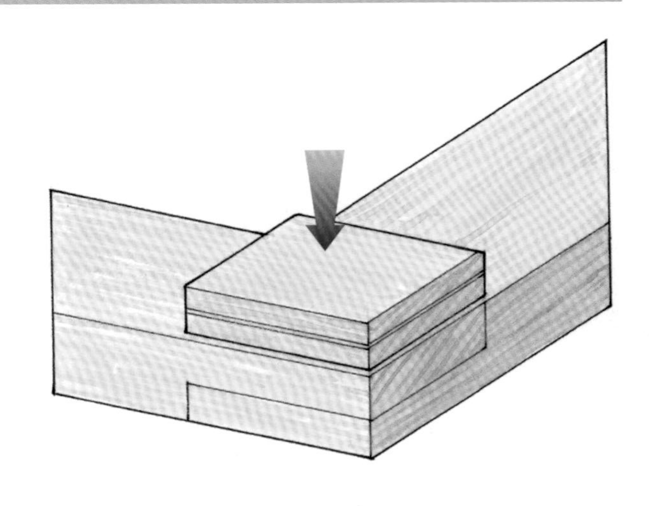

端面搭接

一個端面搭接件與另一個端面搭接件組合在一起可以形成L形角接，與中央搭接件組合起來則可以形成T形搭接。對齊切口的最安全的方法之一，是將一個墊塊固定在鋸片前方的靠山上（參見第44頁「使用臺鋸的製作步驟」）。注意在鋸切完成之前將墊塊拿開，最好在開始鋸切前將其拿掉。頰部和肩部可以用電木銑切割，一個電木銑臺可以為你提供方便。如果需要很多結構相同的部件，則需要設置一個夾具來輔助重複切割，避免頻繁地夾緊和鬆開靠山。如果接合件可能受到來自側向的壓力，鑽孔並擰入埋頭螺絲可以加固接合件。

端面搭接是一種簡單的框架接合結構，製作起來非常快，但其不應承受任何側向的壓力。

製作技巧

膠合

你可以用搭接結構來增加較弱的端面斜接部件的膠合強度。由於它們具有寬大的長紋理膠合面，所以如果不需要抵抗相當大的張力，單純的膠合搭接結構強度已經足夠了。

斜接

單個（不成對）斜角搭接件可以改變端面搭接的外觀以滿足設計需要，但也減少了膠合面積，從而削弱了接合強度。

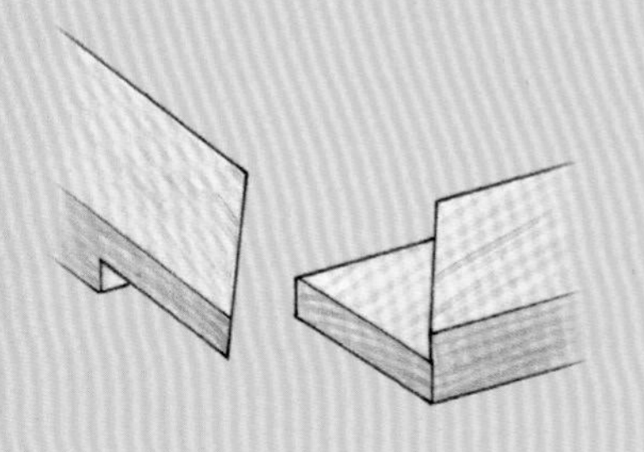

使用臺鋸的製作步驟

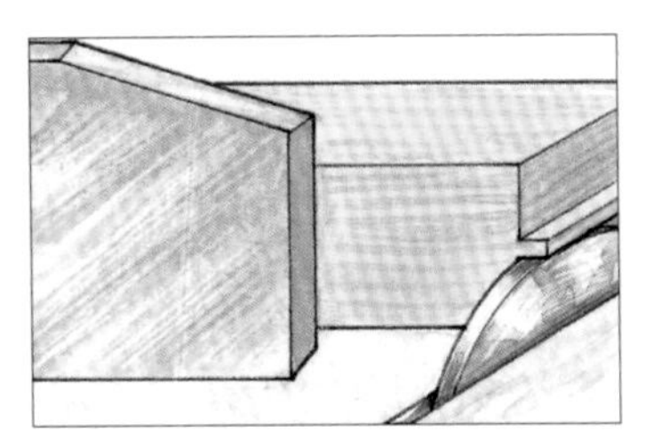

1 將鋸片設置在較低的位置，輕輕切削部件的末端，每完成一次切割就將部件翻轉，並逐步抬高鋸片，直至切除部件的中央凸起。

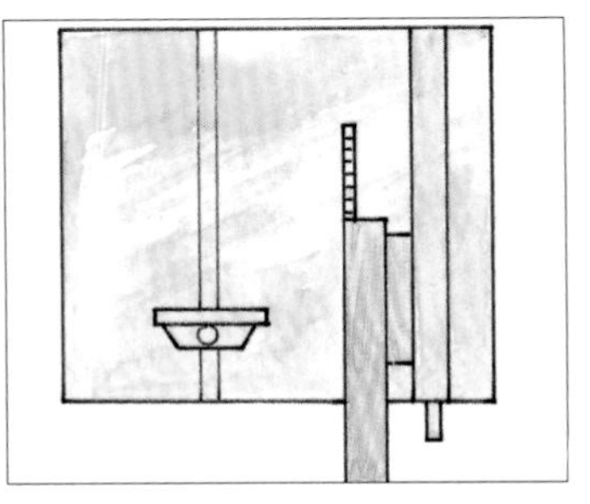

2 將木料和一塊廢木料靠在一起頂住靠山，然後滑動整個組件，直到木料邊緣與鋸片的鋸齒外側對齊。

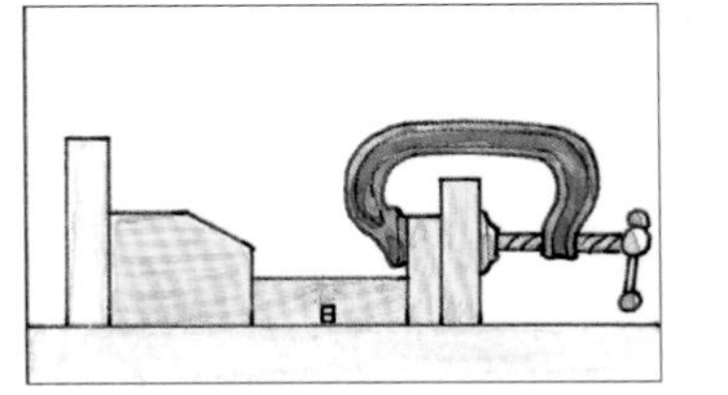

3 鎖定靠山，把廢木料固定在鋸片前方。把木料頂在廢木料上，用量規推動木料完成切割。

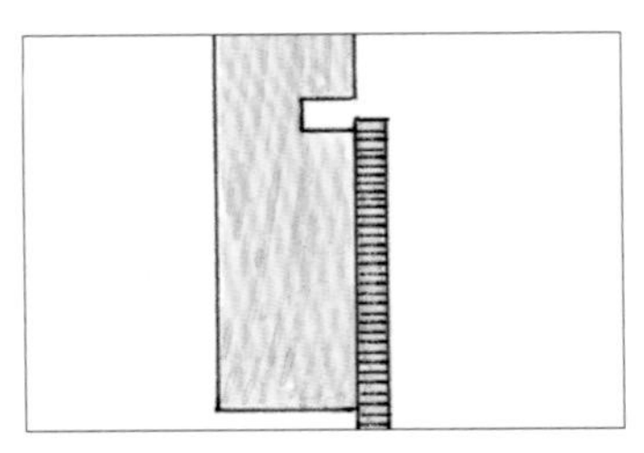

4 鋸切出所有部件的肩部，然後抬高鋸片，使其可以切入切口中，但要確保它不會劃傷新的肩部。

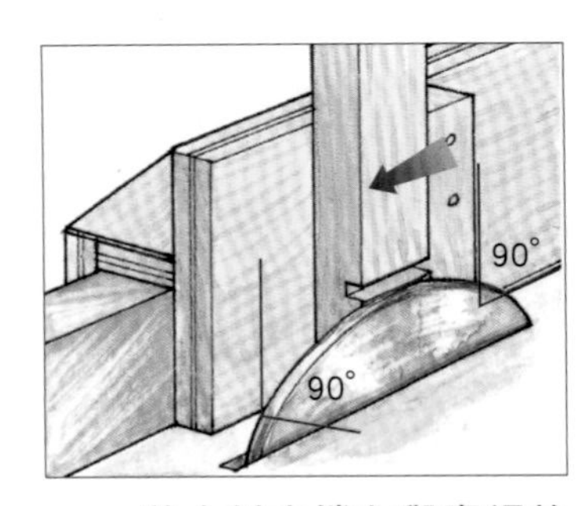

5 將木料支撐在與臺鋸的臺面成90°角的位置，並向內移動靠山，直到鋸片與肩部的切口對齊，並清除任何螺絲。

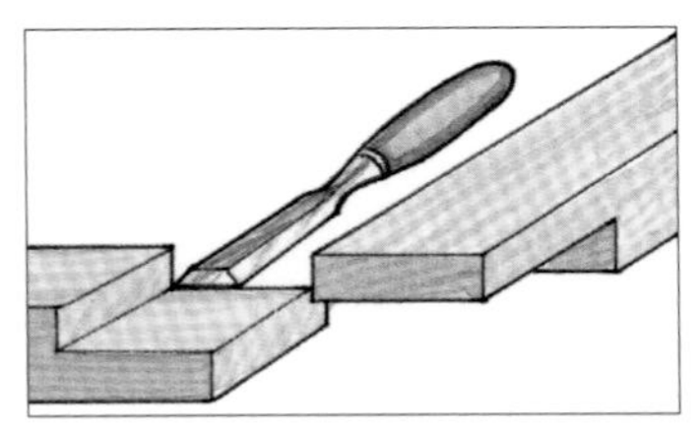

6 使用夾具輔助切除頰部的廢木料，如果加工後的部件內側邊角處留有小的凸起，需要用鑿子將其清理乾淨。最後完成組裝。

使用帶鋸的製作步驟

沿木板的寬度方向畫一條肩線，並將其延伸到側面的中線位置。用帶鋸切入肩線附近的廢木料中，並設置一個限位塊控制切割深度，去除廢木料，露出頰部。

使用電木銑的製作步驟

1 為電木銑配備直邊銑頭，銑削掉一些部件側面的廢木料，然後翻轉木板銑削另一側。就這樣交替銑削，同時逐步抬高銑頭，直至切割到部件側面的中線位置。

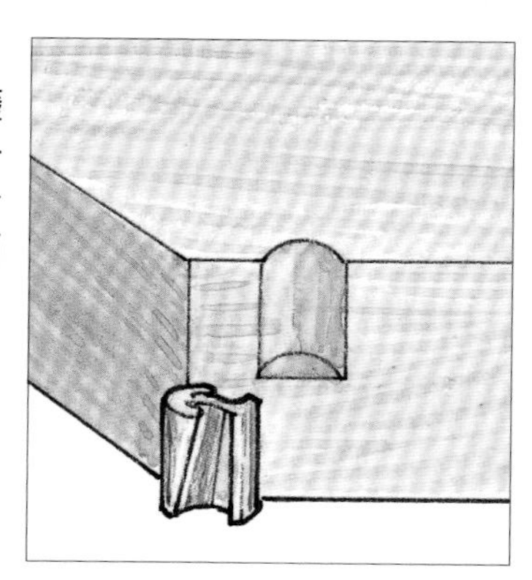

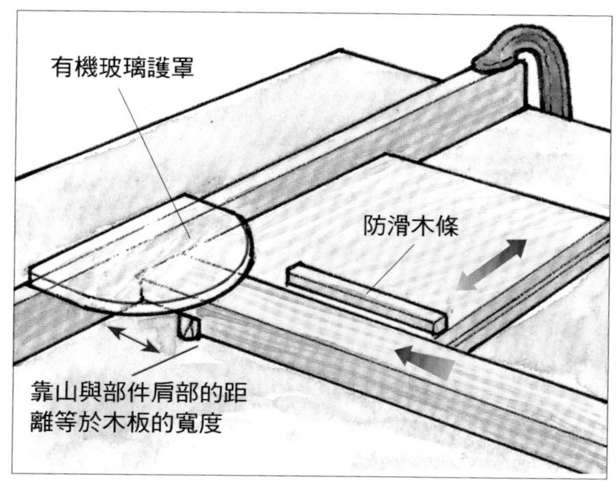

2 將一根方形端面的防滑木條固定在廢膠合板上，用其固定部件並完成進料，通過將部件頂緊靠山滑動來回通過銑頭，銑削得到接頭。

製作技巧

切割頰部

稍稍傾斜鋸片，首先通過設置限位塊，以正常方式（側面平貼臺面）切割出一個部件的頰部，然後將該部件的配對部件豎直立起並固定，鋸切得到另一個頰部。這樣做可以強化承重的框架搭接件，就像玻璃門框架那樣。

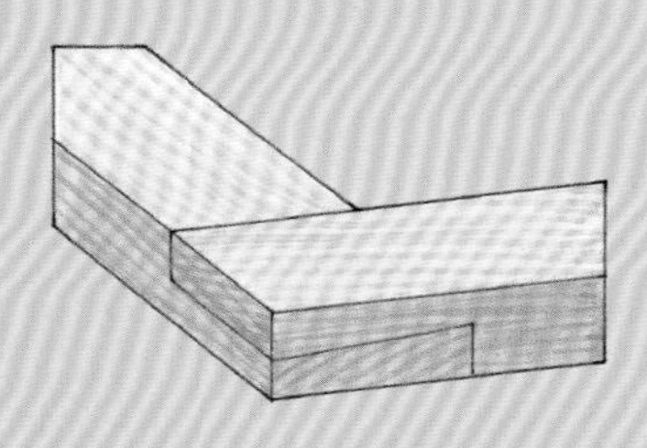

製作燕尾榫搭接

將一個燕尾榫一分為二，並在其配對部件的背面離合帶有角度的肩部，這是增強膠合線抗張性能的另一種方法。

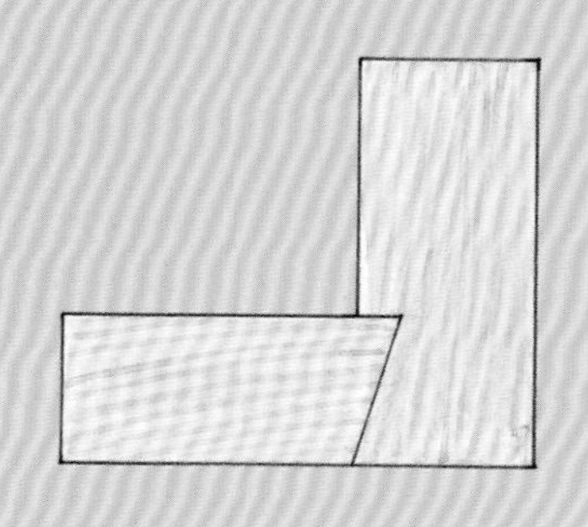

中央搭接

有很多方法可以去除中央搭接件兩肩之間的廢木料。可以用手鋸或電鋸在廢木料區域鋸切出多個比木板厚度的一半稍淺的鋸縫，以削弱材料強度，然後就可以用鑿子、手工刨或電木銑輕鬆地清理掉殘留廢木料，得到光滑整齊的頰部。另一種方式是用手持電木銑或者電木銑臺去除頰部的廢木料，不過後者需要使用斜角規或可滑動的夾具輔助固定接合部件。可能沒有其他接合件需要像半接榫一樣去除如此之多的木料。一個組合刀頭可以有效地去除廢木料，但有些類型的刀頭不會留下完全平整的底部，或者銑刀外牙會在膠合線附近留下更深的劃痕。廢木料部分的切割不能直抵中線，必須與其保持一點距離，然後用手工工具或電木銑清理到位。

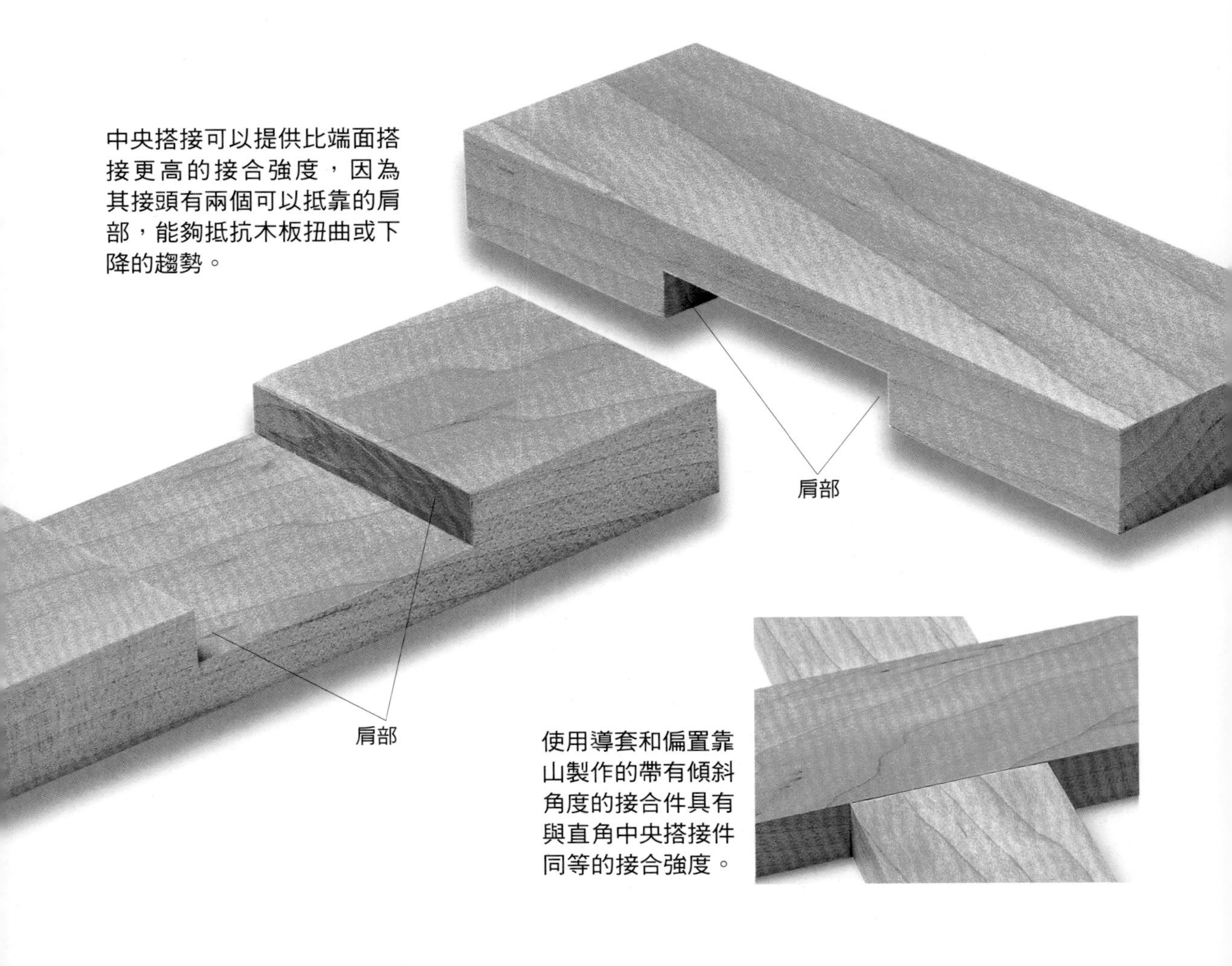

中央搭接可以提供比端面搭接更高的接合強度，因為其接頭有兩個可以抵靠的肩部，能夠抵抗木板扭曲或下降的趨勢。

使用導套和偏置靠山製作的帶有傾斜角度的接合件具有與直角中央搭接件同等的接合強度。

手工製作步驟

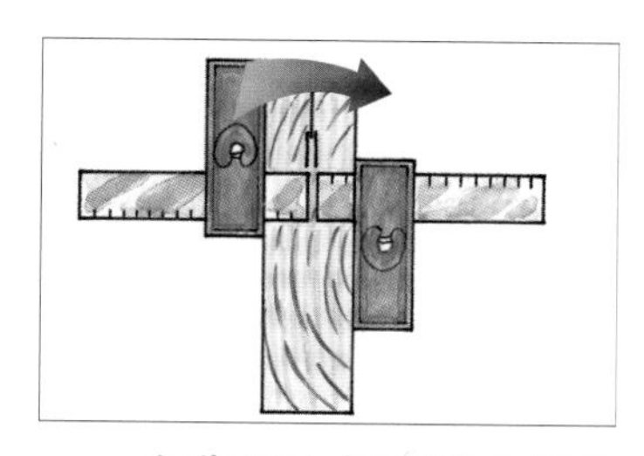

1 在靠近木板端面中線的位置畫一條線，然後將直角尺翻轉到木板的另一側，在對應位置再畫一條與之前的畫線平行的線，連接兩條線的末端，找到中線的準確位置，定位畫線刀，在木板的端面和側面畫出中線。

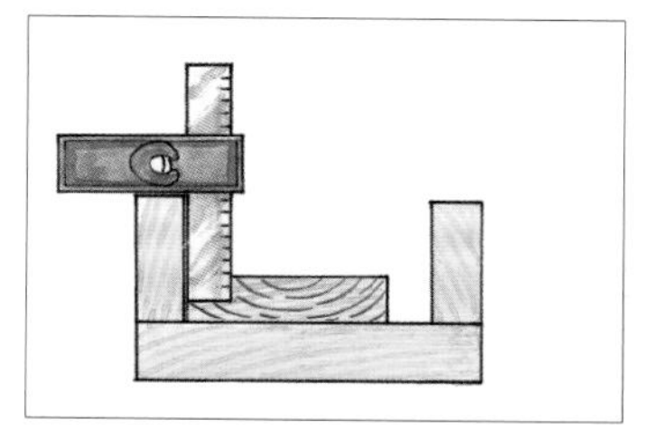

2 如有必要，可以把木板放在斜切輔鋸箱中操作，延伸並鎖定垂直角度的鋸片，並保持其鋸切的深度線稍高於木板端面的中線。

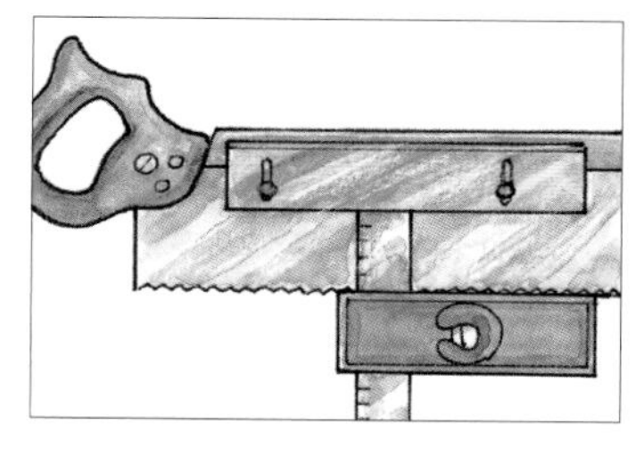

3 調整鋸片的深度限位塊以設置鋸片的鋸切深度。可以暫時用遮蔽膠帶覆蓋直角尺的靠山，以防止其被鋸齒劃傷。

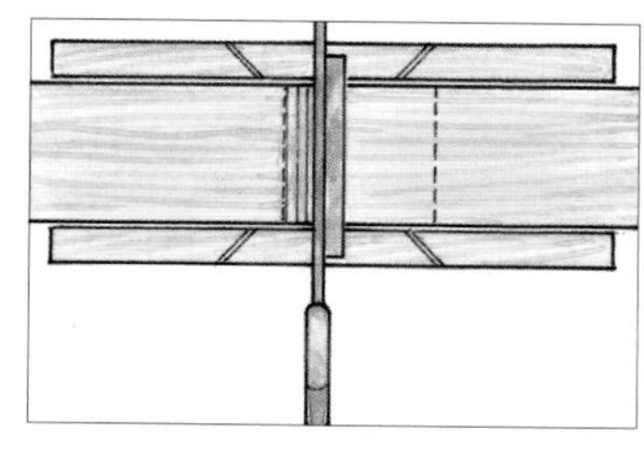

4 接合部位的肩部寬度應與木板的寬度一致，使用垂直角度的鋸片橫向鋸切，在兩條肩線之間的廢木料上鋸出一系列的鋸縫。

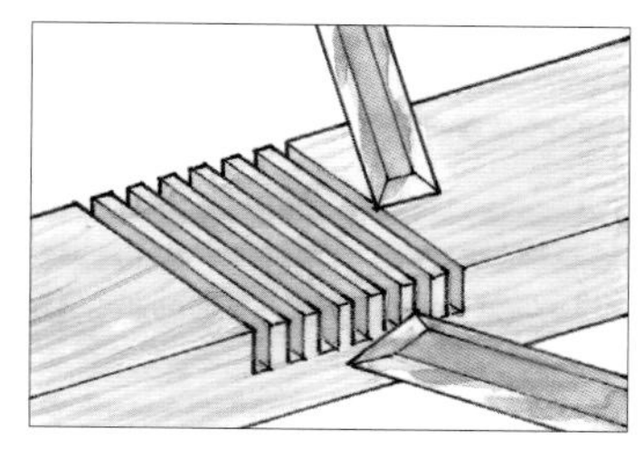

5 用鑿子把廢木料分段切掉，小心削平每一條木脊，留下平整的底部，並去除肩部的鋸切痕跡。

6 如果可能，使用具有牛鼻刨刀的肩刨或槽刨將肩部修整方正，並沿木板側面的中線修平底部，以獲得最佳膠合面。

變式

中央搭接

完全閉合的中央搭接接合件經常用於嵌入式的框架—面板結構的接合（從外表看不到接合部位的端面），或只用於穩定性的框架橫梁。但是對於缺少肩部的閉合部件，其抗扭曲能力趕不上兩個開半對搭和具有肩部的部件。一組對半分開，並通過燕尾形末端搭接在一起的接合件（比如燕尾形的中央搭接或T形搭接）具有很高的抗應力和抗扭曲能力，非常適合製作堅固的框架結構，也可以作為中央立柱為封邊擱板這樣的結構提供穩定的支撐。

製作技巧

全搭接

在這種結構當中，一個部件的整個厚度嵌入到另一個部件的正面；正面的橫向槽貫穿整個木板的寬度——當木板較薄的部分在另一面繼續延伸時，這種結構尤其有用。

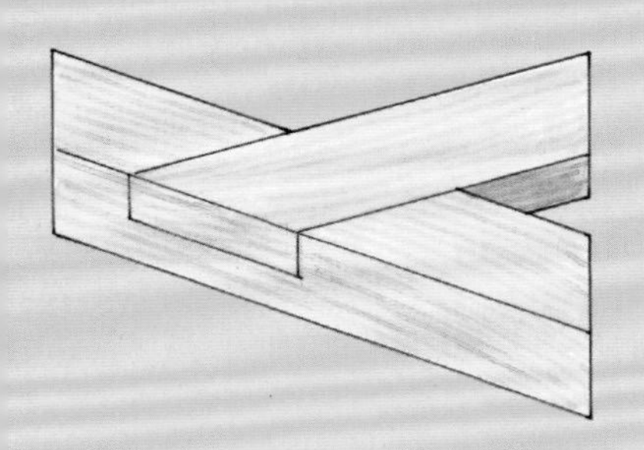

燕尾榫搭接

在搭接件的端面切割單燕尾或雙燕尾的接頭，並以其作為模板標記出配對搭接件的肩部，以提高T形搭接件的抗張性能。

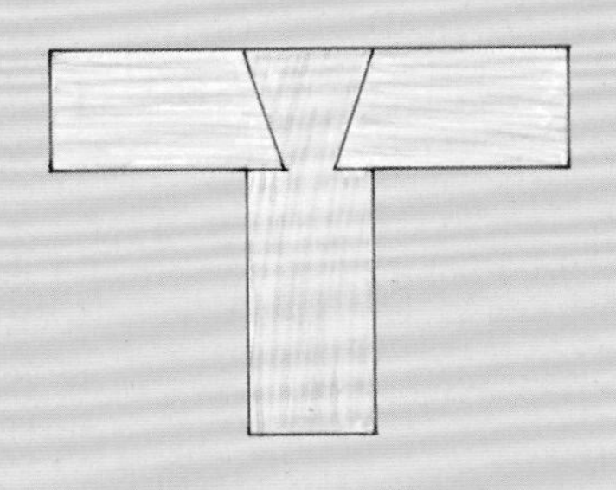

使用電木銑的製作步驟

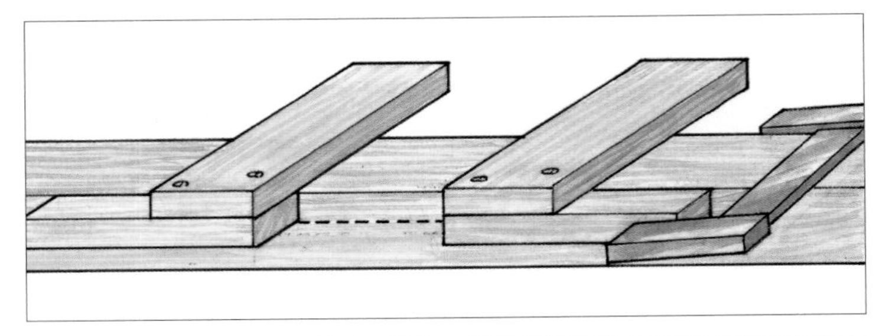

1 畫出接合件的中線和肩線，將兩塊邊緣方正的訂製的電木銑引導板對齊肩線並使其橫跨木板，然後將其夾緊。

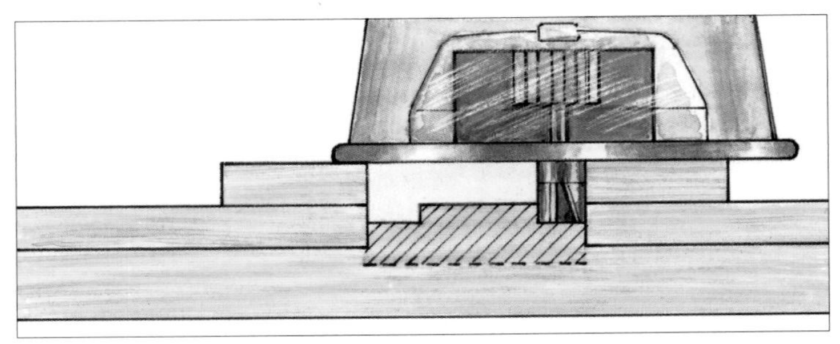

2 引導電木銑上的上蓋軸承直邊銑頭頂住引導板，從左向右輕輕銑削出肩線，然後將其中間的廢木料清除。

3 如果銑頭較短無法銑削到中線位置，可以把引導板拿掉，以新銑削出的肩部引導軸承銑頭繼續輕輕銑削，直至接合件的底部。

帶角度的T形搭接

如果注意力不夠集中，很容易在切割帶角度的中央搭接件時出現角度方向偏離的情況。可以使用搖臂鋸銑削這種接合件，也可以在一個成角度靠山的幫助下使用手持電木銑進行製作。在可滑動靠山夾具的幫助下，也可以用臺鋸切割T形部件的頰部。由於T形部件的端面不再是方形的，而是成一定角度的，所以夾具上的支撐塊必須向遠離刀刃的方向傾斜同樣的角度，才能保持T形部件的斜接端面平貼臺鋸的臺面。

使用臺鋸斜角規穩定搭接件，並在肩線之間橫向移動鋸片，切出多條鋸縫，然後清除肩線之間的廢木料。也可以用組合刀頭去除肩線之間的廢木料，但要特別小心，不要讓部件從臺面上抬起。

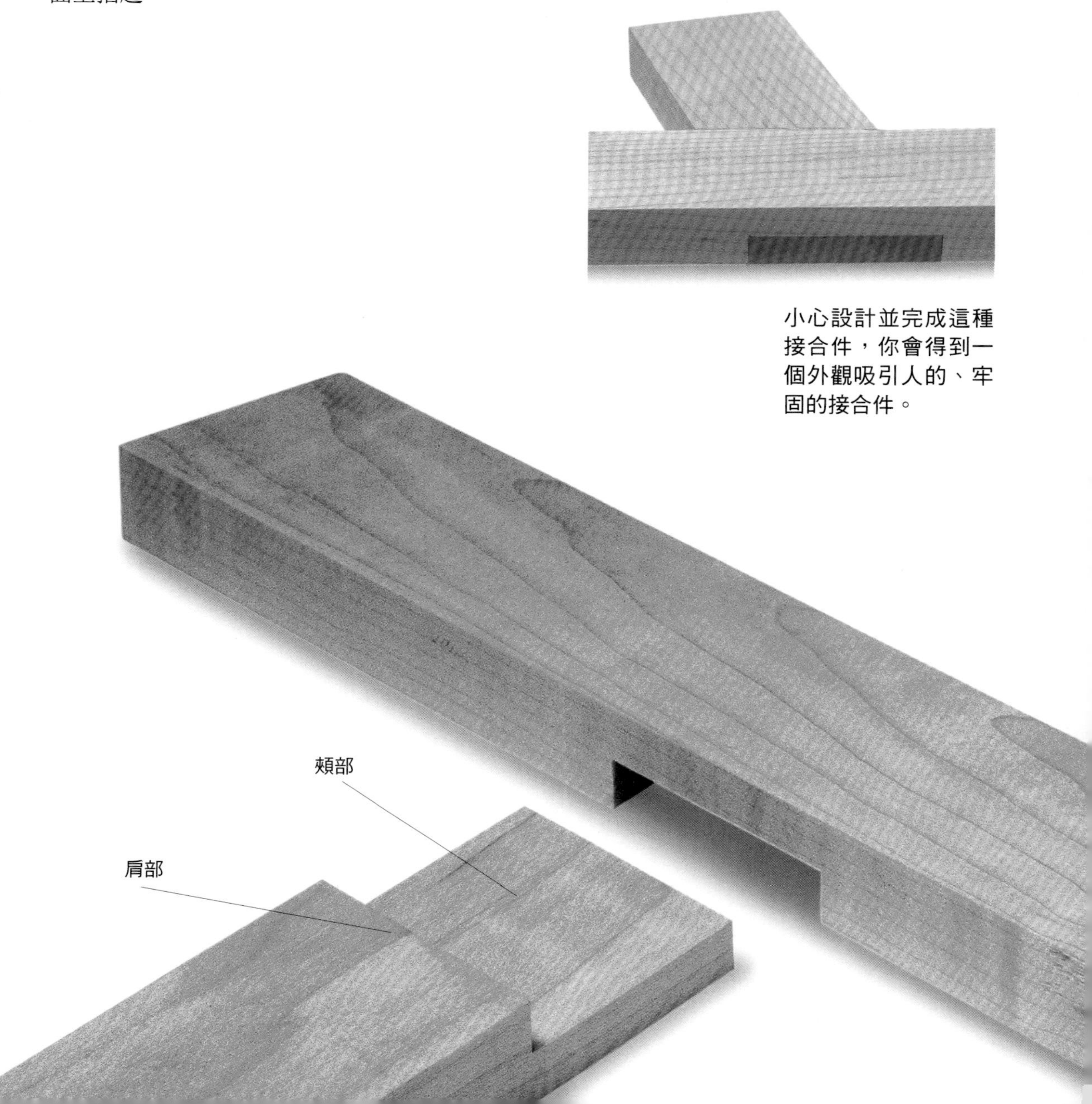

小心設計並完成這種接合件，你會得到一個外觀吸引人的、牢固的接合件。

使用搖臂鋸的製作步驟

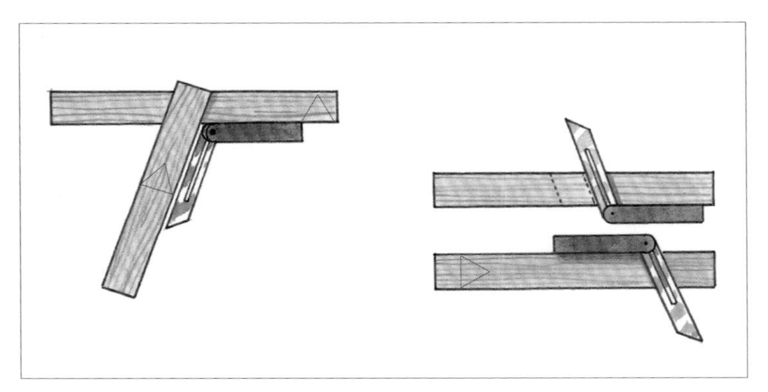

1 在部件的正面標記出成角度的肩線的位置，然後使用設置好的斜角規將畫線延伸到部件的側面和背面。

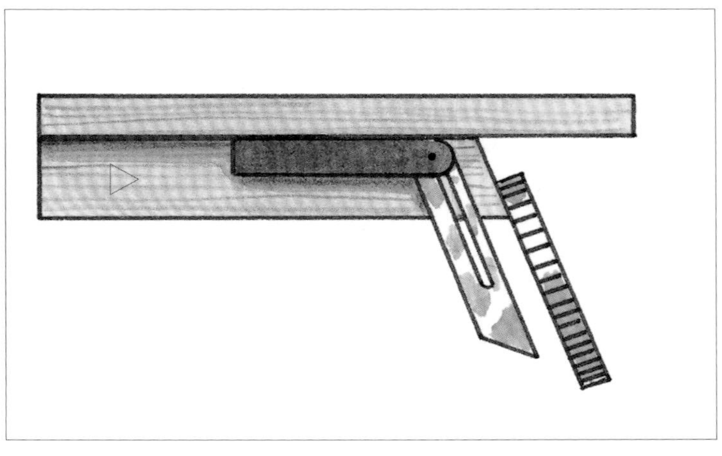

2 以同樣的角度設置搖臂鋸的鋸片，並將T形部件切割到預定長度。

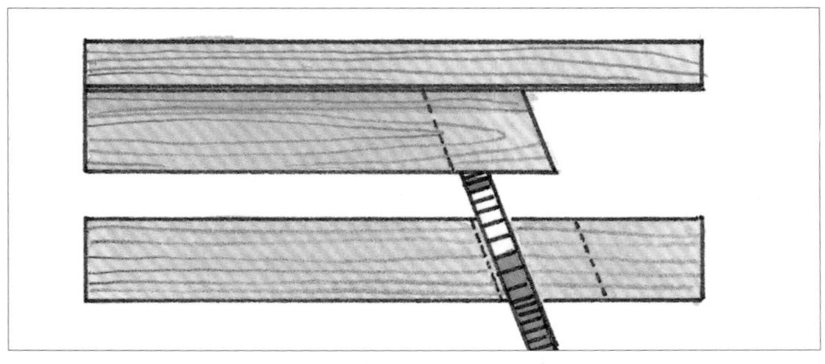

3 將鋸片提升到木板側面的中線高度，並沿肩線切開，然後通過在肩線之間橫向移動鋸片鋸切出一系列鋸縫的方式將廢木料去除。

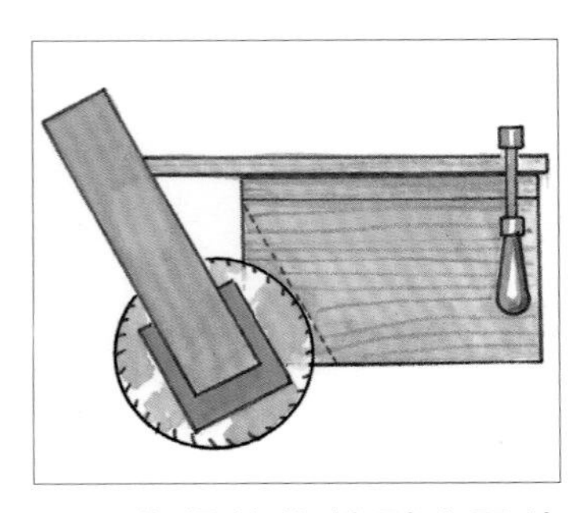

4 將鋸片旋轉到水平位置，並夾上一個高度合適的臺面將部件墊高，防止鋸片切到靠山。在它上面標出鋸片外徑的切割路徑。

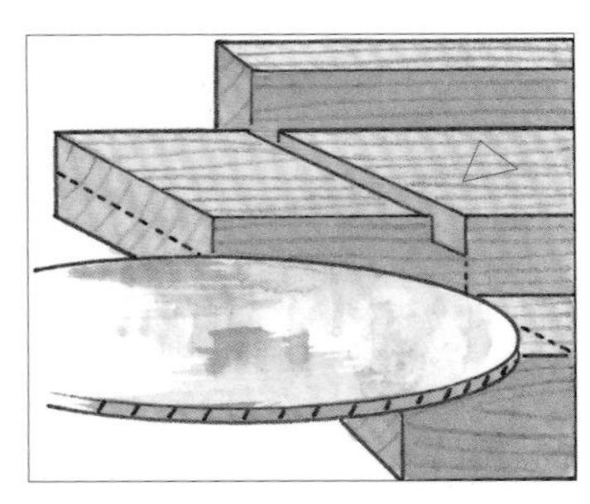

5 抬高鋸片，沿中線切入頰部的廢木料側。拉動鋸片切透頰部，這樣做鋸片不會越過標記切到肩部。

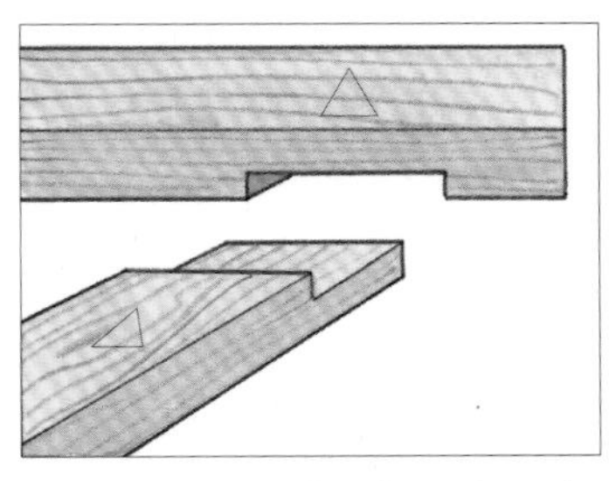

6 用鑿子或肩刨清理頰部，保持中央搭接部件正面朝上進行組裝。

需要夾具輔助切割的邊緣搭接

如果有兩個以上的切口需要切割，用來製作邊緣切口的夾具就非常有用了。這種夾具需要配合臺鋸或電木銑臺使用，無論選擇哪種機器，在刀頭經過之處的部件背面，木料的撕裂是很難控制的，這一點在處理質地較軟的或紋理粗糙的木料時尤其明顯。在部件和靠山之間墊上一塊廢木板會好很多，或者先在較厚的木料上將所有的切口切割到指定寬度，然後再用手工刨、平刨或鋸處理木料，使木料的厚度達到與切口寬度匹配的程度。

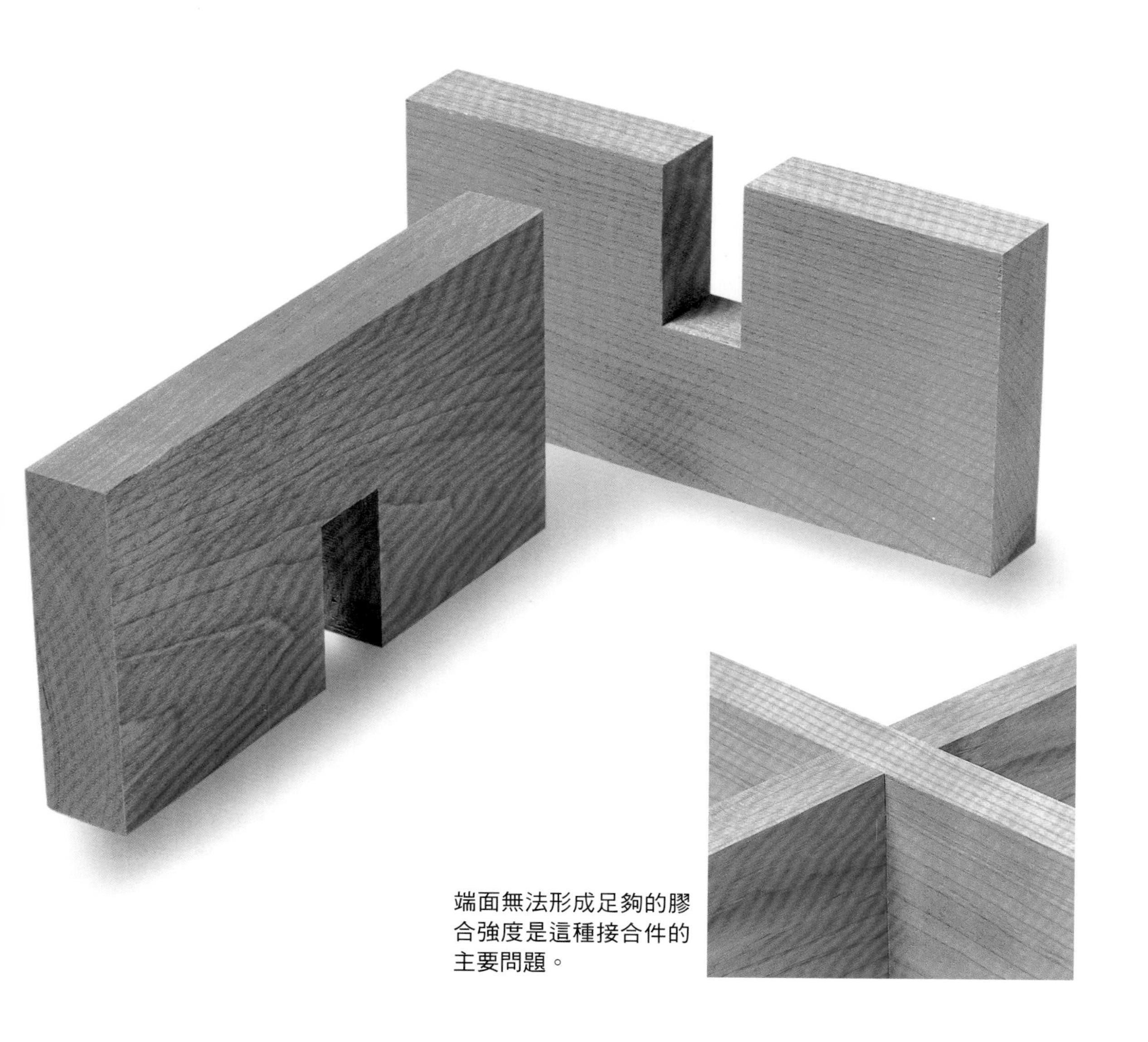

端面無法形成足夠的膠合強度是這種接合件的主要問題。

變式

成角度搭接件和邊緣搭接件的變式

要找到角度交叉榫的角度，需要首先在紙上畫一個正方形，或者從一塊膠合板的一角起始，畫出X結構的實際高度和寬度，然後在此基礎上使用建築師三角尺或可滑動的T形角度尺畫出交叉角度。用木銷或插頭螺絲穿過接合件可以對接合件進行加固。另一種加固接合件的方法是加大接合件肩部的尺寸，就像處理帶有肩部的成角度搭接件那樣。

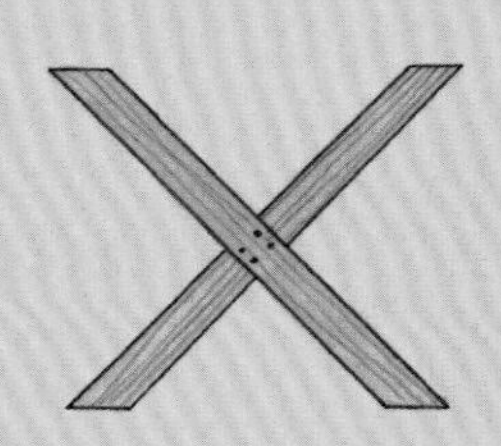

成角度的交叉搭接

用木銷加固的成角度交叉搭接件可以為休閒桌提供良好的支撐，而成角度的邊緣搭接件則可以讓桌腿和椅子腿之間的橫擋沿對角方向運行。

狹窄的成角度搭接

減少角度搭接件的寬度可強化中央搭接件的強度，因為後者需要去除的木料減少了，同時肩線基部對抗扭曲的能力得到了加強。

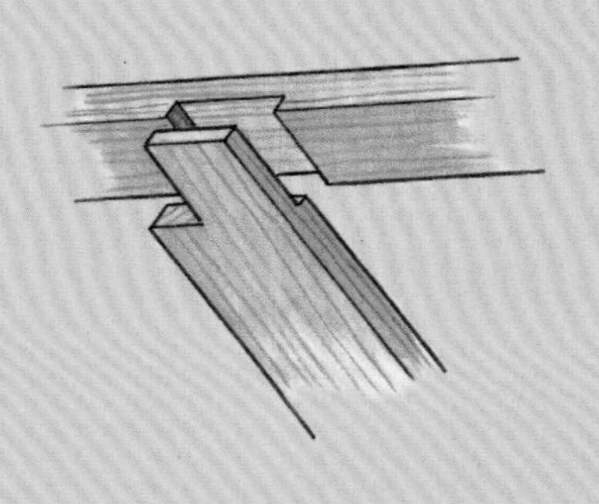

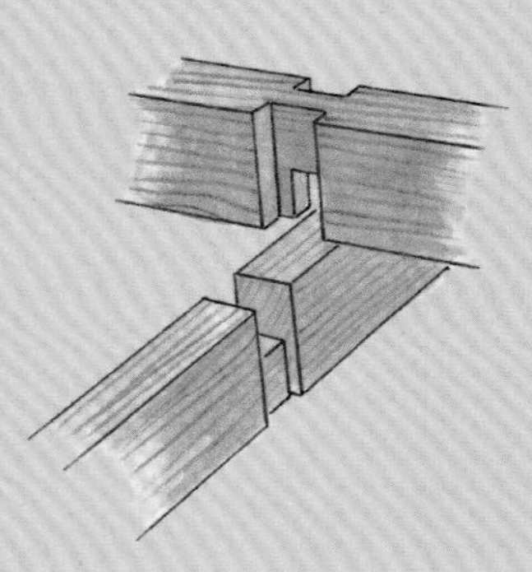

使用橫向槽

在一個組件的厚度方向開出次級橫向槽，可以增強邊緣搭接件的抗扭曲能力，產生將邊緣搭接與托榫接合關聯在一起的效果（參見第66頁「榫卯接合」）。

製作步驟

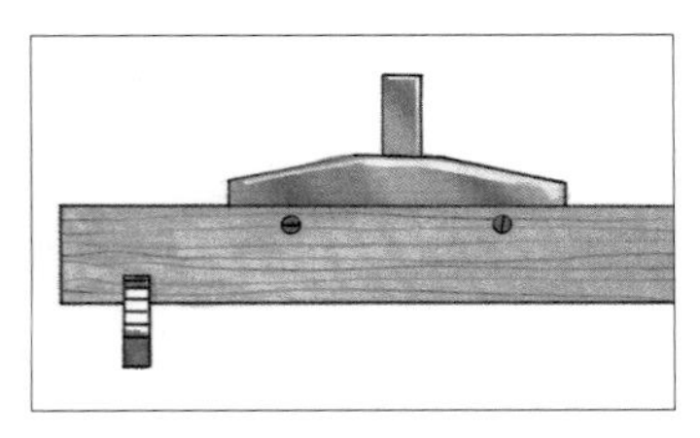

1 保持木料厚度與安裝在臺鋸上的銑刀或組合刀頭匹配，並使用斜角規按照木料厚度尺寸的一半切下一塊廢木料，切出一個切口。

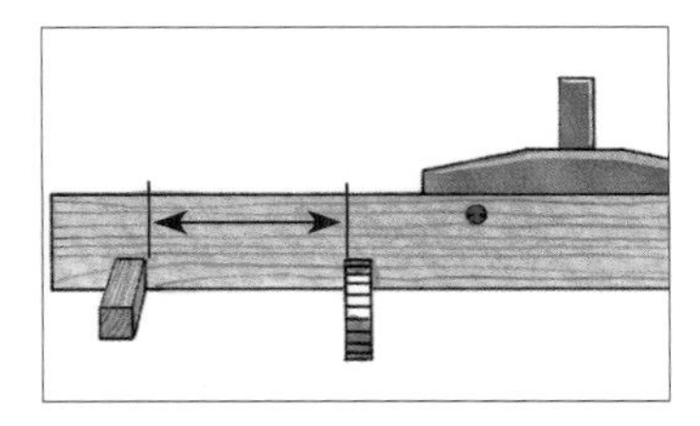

2 在切口處安裝一個引導木條，將切下的廢木料夾在斜角規上，按照所需的間距切割第二個切口，然後用螺絲將廢木料擰在斜角規上，並鬆開夾具。

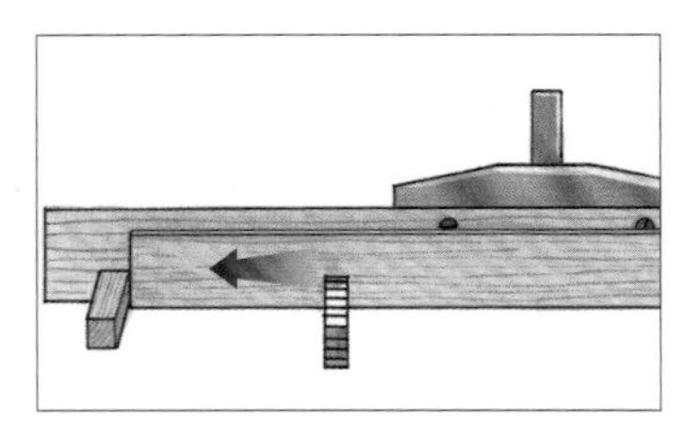

3 用木料端面頂住引導木條切割第一個切口。將第一個切口安裝在引導木條上再次切割，移動木料，切割出每一個新切口。

用臺鋸製作指接榫接合件

指接榫接合，也叫作指形搭接或箱式接合，是由機械加工衍生出來的設計。從美學角度看，如果指接榫的寬度與木料的厚度一致，其厚度是木料厚度的一半，或者與切口高度一致，指接榫與切口的尺寸比例最佳。如果達到了摩擦匹配，指接榫之間的額外的長紋理膠合表面可以使指接榫獲得與燕尾榫匹敵的接合強度。

與使用夾具加工邊緣搭接件一樣，在臺鋸上加工指接榫接合件同樣存在撕裂木料的問題。指接榫接合件的切口開口方向是與紋理平行的，而不像在其他的邊緣接合件中是橫向於紋理的，因此，撕裂只會出現在切口的頂部，而不會出現在切口兩側。橫向於木板畫一條穿過切口頂部的線可以有效防止撕裂木料。

這種接合件也被稱為梳狀接合件，主要用於工業化的家具生產中。它幾乎與燕尾榫接合件一樣牢固，但製作起來則要簡單得多。

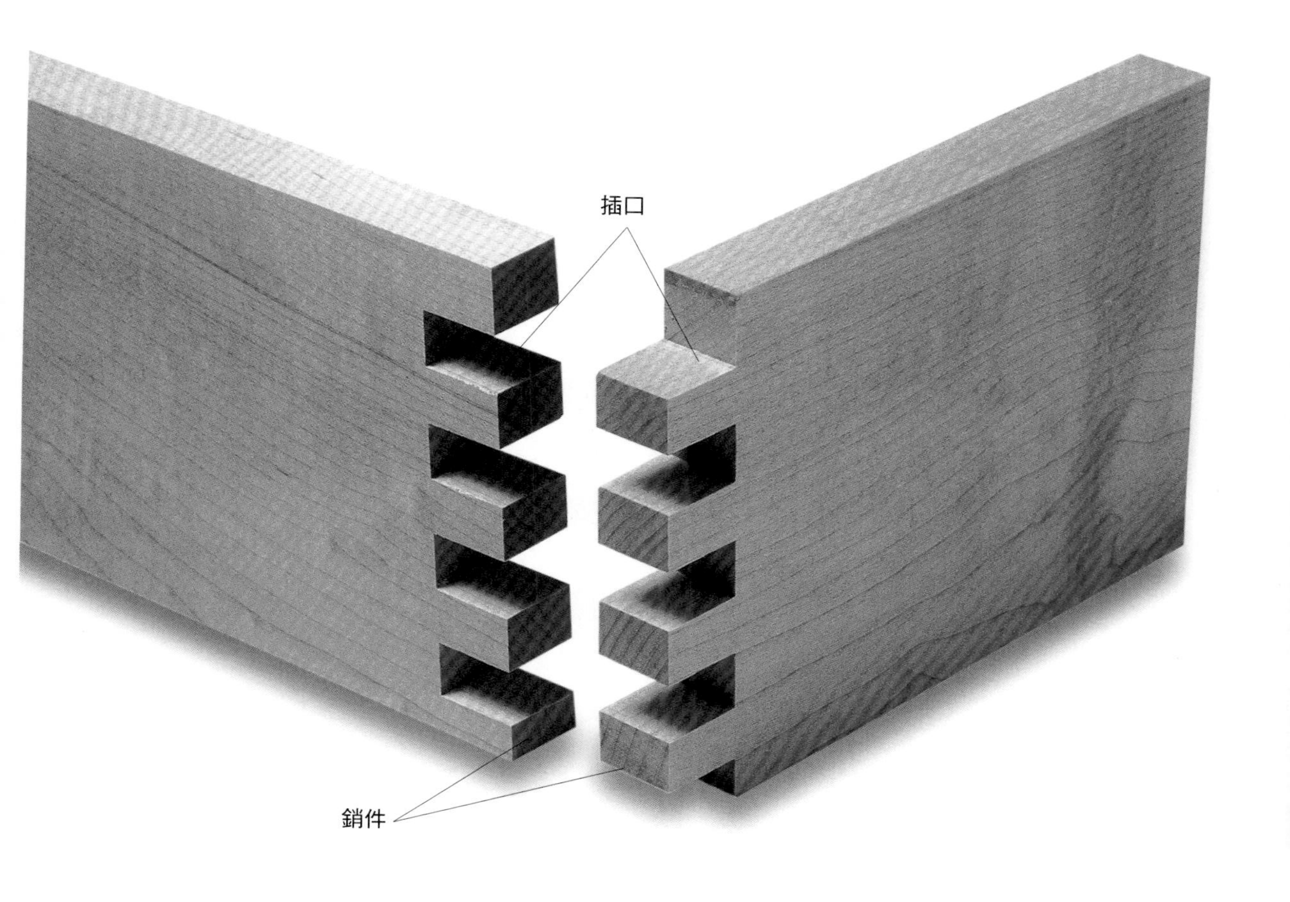

變式

指接榫接合件的種類

指接榫接合件的裝飾效果是人們選擇這種接合結構的主要原因，手指互鎖的樣式非常吸引人。一位著名的木匠曾經在他的桌面兩端使用這種鉸接結構來附加活動翻板。他把待膠合木板的端面交錯插入桌面，製作出指接榫和切口，然後組裝，把活動翻板的交錯末端插入。

製作步驟

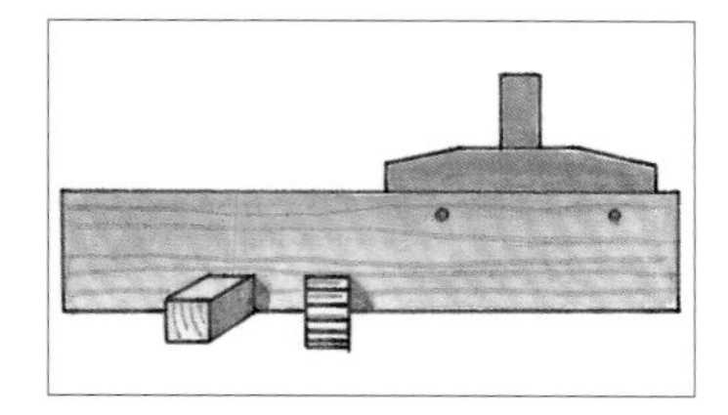

1 為斜角規製作一個類似於邊緣搭接中使用的夾具，使夾具與引導木條、切口以及橫向槽寬度的間距匹配，並使切口的高度尺寸略小於木料的厚度。

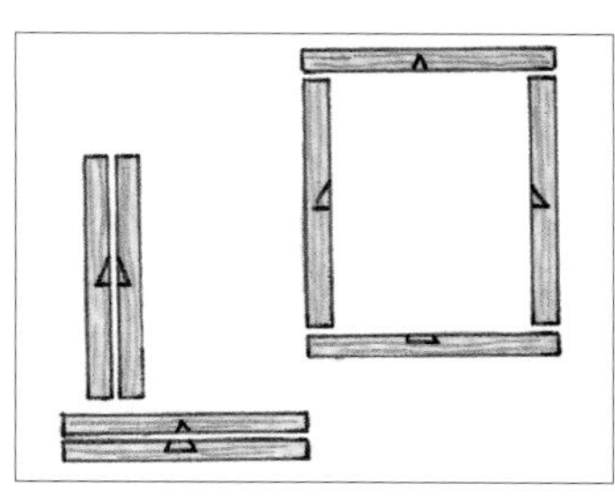

2 選擇外表面標記各個部件，以區分部件側面與部件的正面和背面，並指示出用於頂住引導木條的參考邊。

3 保持參考邊靠近操作者，通常在靠近左手邊的端面處，按照比木板的厚度尺寸稍大的數值作為間距，橫向於紋理畫線。

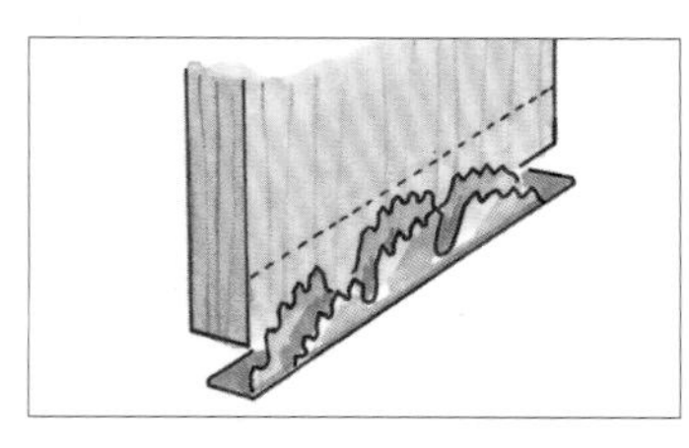

4 設置橫向槽的高度，使其到達畫線處，這樣在裝配完成後，指接榫會略微突出，需要經過打磨處理平整，因此切割出的坯料應略長於成品的最終長度。

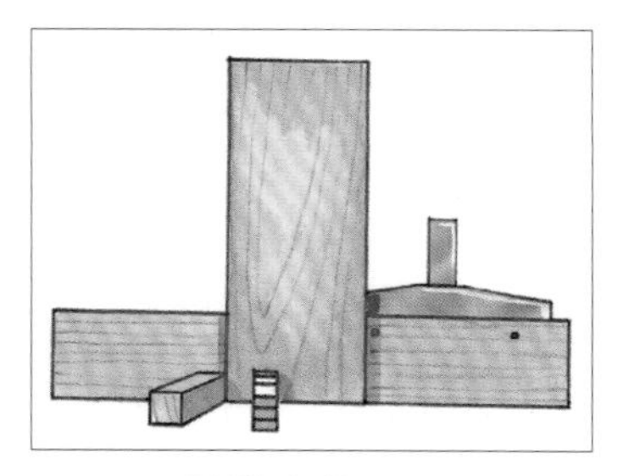

5 用引導木條頂住一個側面的參考邊，保持畫線的面朝向夾具，鋸切切口，然後檢查新的切口與指接榫的寬度是否完全相同。

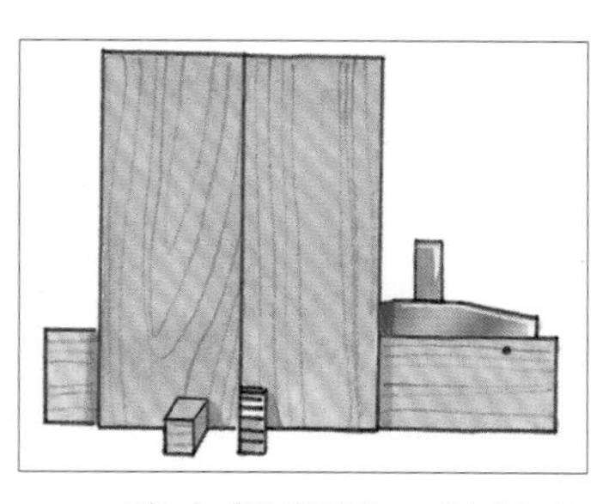

6 將木板翻轉，並插在（通過切口）引導木條上，然後對接另一塊正面或背面朝前的木板（保持畫線朝向內側），以在其參考邊上切割一個切口。

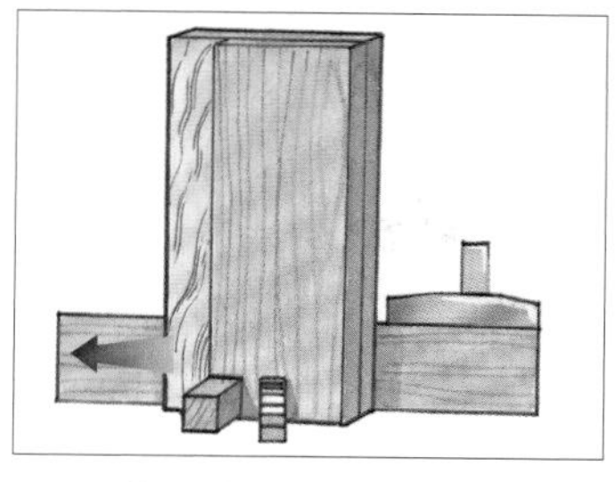

7 為了使切口配套，向後轉動左側木板，將其切口插在引導木條上，然後將右側木板沿切口對接到引導木條上，把兩塊木板作為整體進料，以切割其他切口。

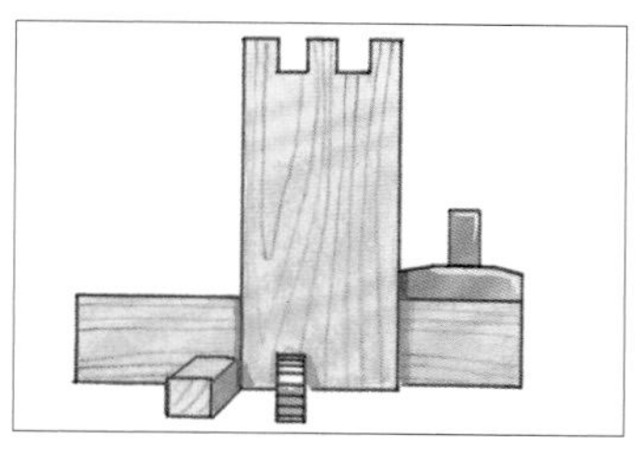

8 保持參考邊朝向引導木條，交替輪換木板的上下端面重複鋸切，確保每個部件的兩端都是以指接榫或切口結構起始的。

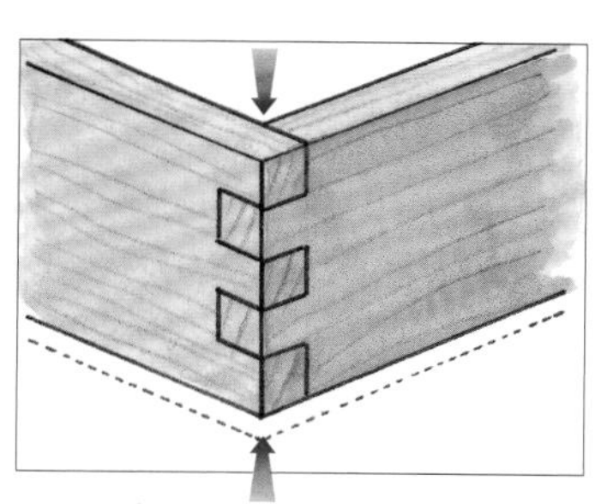

9 去除任何底部的廢木料，將切口修整到指定寬度。最後一根指接榫較寬或較窄都會帶來問題，導致膠合之後，夾緊力會全部作用在指接榫的長紋理面上。

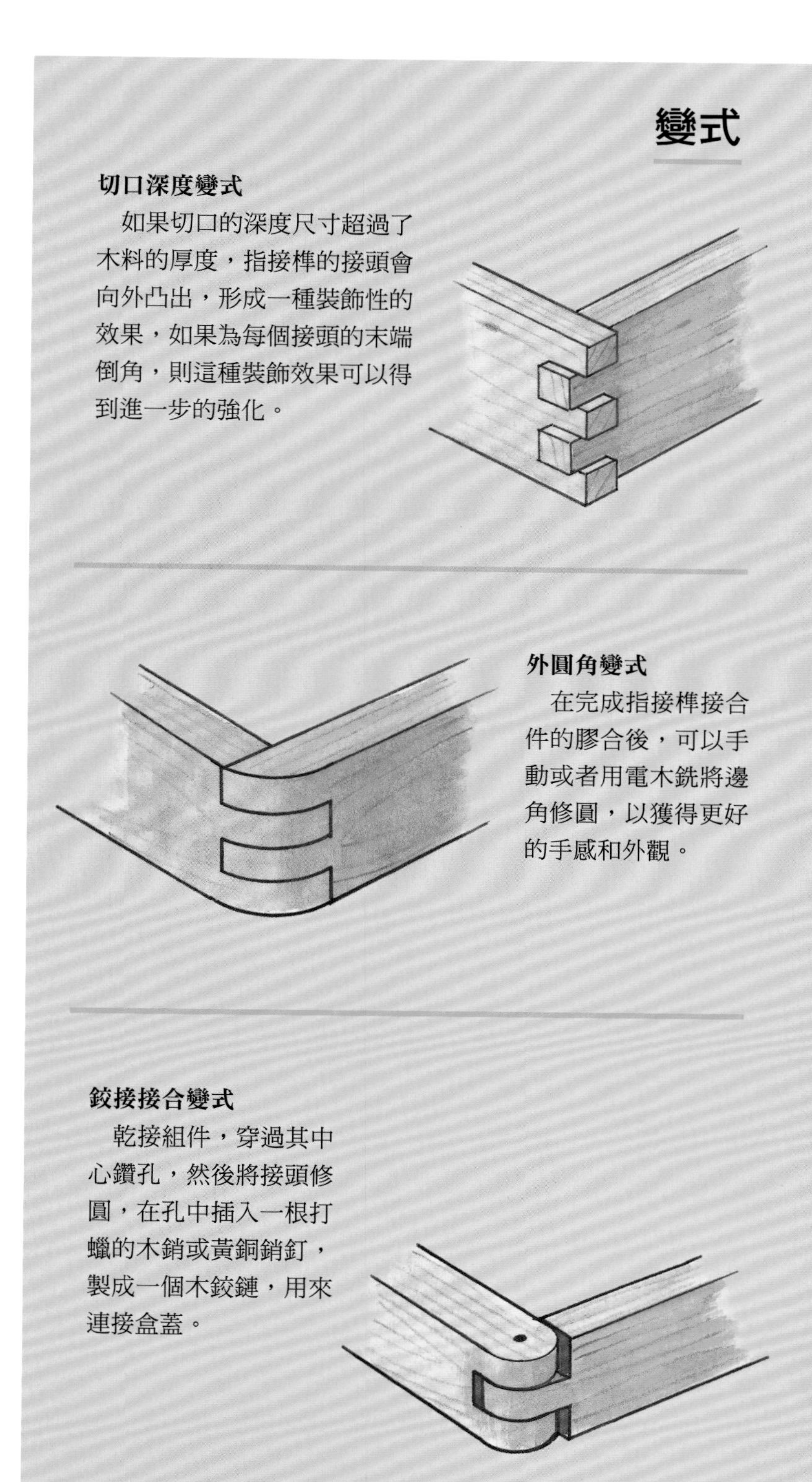

變式

切口深度變式

如果切口的深度尺寸超過了木料的厚度，指接榫的接頭會向外凸出，形成一種裝飾性的效果，如果為每個接頭的末端倒角，則這種裝飾效果可以得到進一步的強化。

外圓角變式

在完成指接榫接合件的膠合後，可以手動或者用電木銑將邊角修圓，以獲得更好的手感和外觀。

鉸接接合變式

乾接組件，穿過其中心鑽孔，然後將接頭修圓，在孔中插入一根打蠟的木銷或黃銅銷釘，製成一個木鉸鏈，用來連接盒蓋。

封裝接合

儘管封裝接合件與搭接接合件具有相同的基本切口，但其具有隱藏的層次結構，因為它是通過一個部件封裝另一個部件構成的，而不是像搭接接合件那樣由兩個地位相同的部件組成。在接合術語中，封裝和被封裝之間是有區別的。當一個櫥櫃背板被插入到半邊槽中時，這種接合結構被稱為半邊槽接合。如果半邊槽本身被其他結構封裝，那它就是一個嵌套半邊槽。基本的封裝切口通常是一個橫向槽、半邊槽或者順紋槽。

當一個接合件完全把另一個接合件包入（封裝）到U形的橫向槽或順紋槽，或者一個半邊槽的階梯結構中時，它就構成了一個完全封裝結構。如果接合件的一部分被包入——通常是一個榫舌——同時其一側或兩側榫肩仍支撐在木料表面，橫向槽的切割只是用來穩定接合件的，那麼這種結構被稱為部分封裝。即使肩部能夠提高完全封裝結構的抗扭曲性能，這種接合方式也不是很牢固。這種結構不僅缺乏機械抗拉性能，而且除非得到改進，否則大多數T取向的封裝接合件，比如擱板，以及一些L取向的半邊槽接合件，還缺少長紋理的膠合面。但這種接合件的抗剪切性能使其適合用於擱板結構中，櫥櫃背板則能夠增加整體的穩定性。

燕尾榫常被用來改進被封裝的榫舌組件和封裝結構本身，以增強封裝接合件的抗張性能。其變式種類包括封裝接合件和滑動燕尾榫接合件（參見第128頁燕尾榫接合）。

最常見的封裝結構是用來將固定式擱板固定到位的接合件，但封裝結構也可以把抽屜導軌和抽屜框架固定在箱體內部、插入櫃子的背板，或者，也可以像第59頁完全封裝結構的變式中用銷釘加固的半邊槽接合件那樣，被日本木匠作為抽屜的邊角接合件使用。用燕尾榫改進的封裝接合件可以從機械角度防止像桌子擋板這樣的框架結構中的橫向組件出現扭曲，或增強其抗彎性能，以及增強在高大的櫥櫃側板被向外推時擱板接合件的抗力。

用於訂製封裝接頭的輔助設備

一個T形角度尺的靠山可以引導電木銑銑削橫向槽，如果電木銑沿靠山滑動到橫梁上，就可以切割橫向槽的寬度，對齊靠山和畫線。

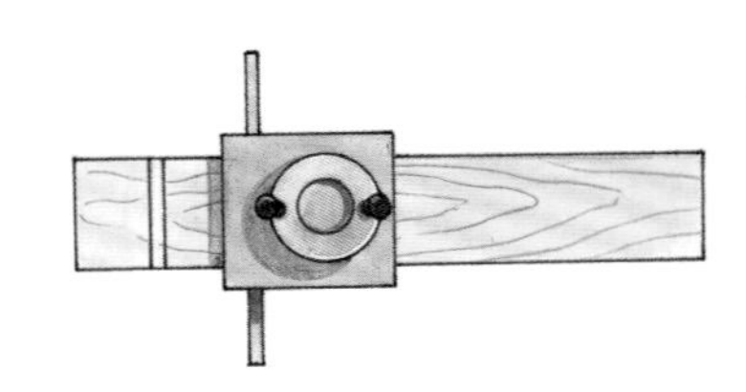

一個帶有固定導軌、與銑頭寬度匹配的輔助性的電木銑底座可以用來切割等間距的橫向槽。

在開榫鋸上緩慢（可避免失去鋸片的回火特性）鑽取兩個通孔，用來固定深度限位塊，或者可以用小彈簧或C形夾來固定限位塊。

封裝接合件的組成元素

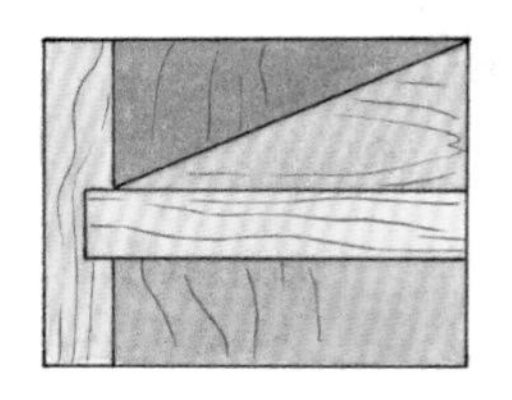

一個完全封裝的橫向槽將接頭部件的整個厚度包入其中。兩個部件作為一個整體橫向於寬度方向發生形變，但其膠合面位於端面。

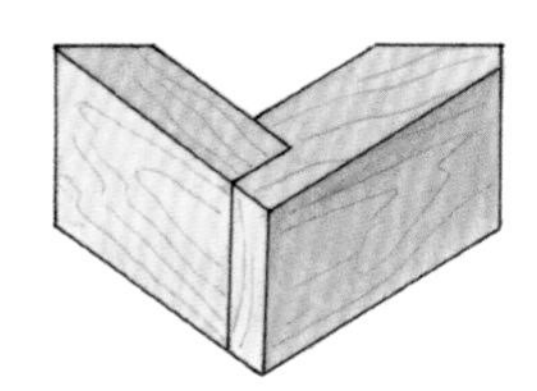

一個完全封裝的半邊槽缺乏膠合強度，也缺乏抗拉性能。

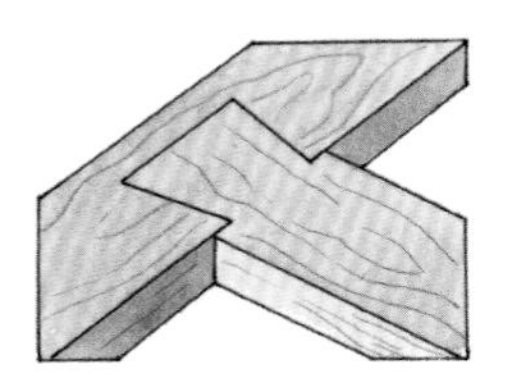

增加抗張性能意味著需要使用其他元素創建一個合適的接頭，這裡展示的是一個完全封裝的燕尾榫結構。

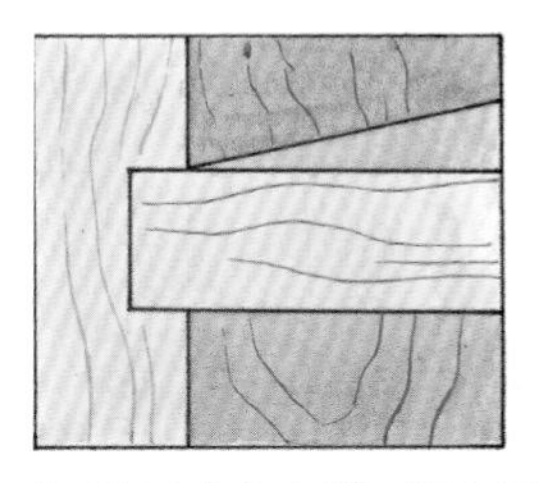

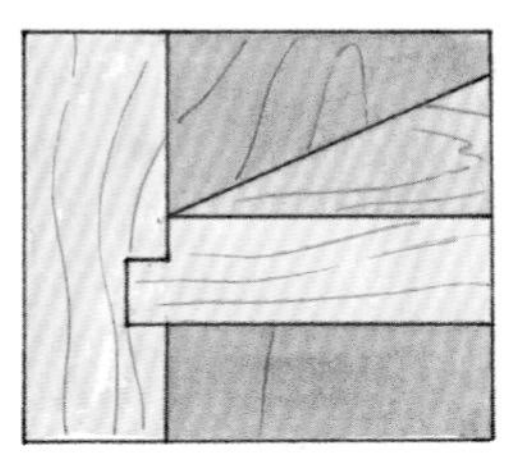

無論是完全封裝或是部分封裝，貫通式封裝結構都會顯示出組件與正面部分的交叉外觀。

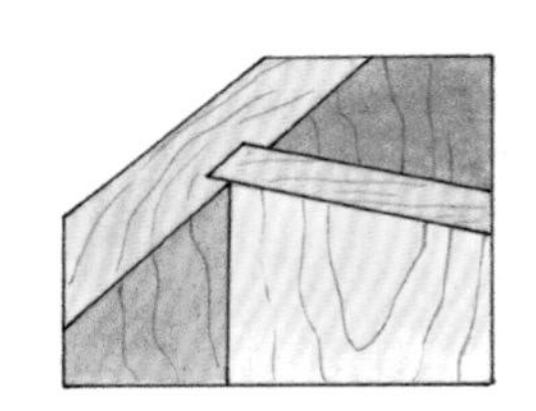

一個完全封裝的順紋槽與紋理的走向相同，被封裝的組件的紋理也大體與之平行，所以組件之間沒有空間衝突，並具有良好的膠合特性。

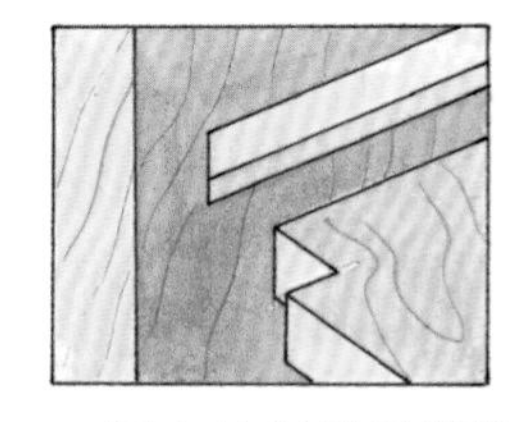

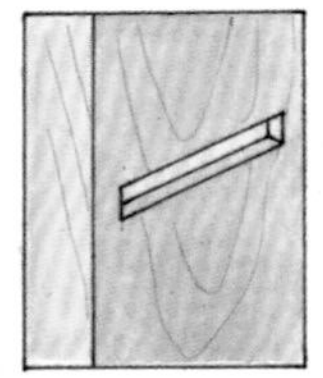

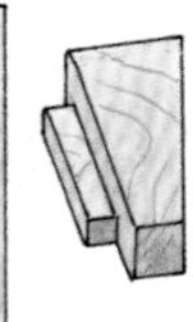

一個止位封裝結構距離部件的邊緣尚有一段距離，接頭組件則被插入到正面稍向後的槽中隱藏起來。

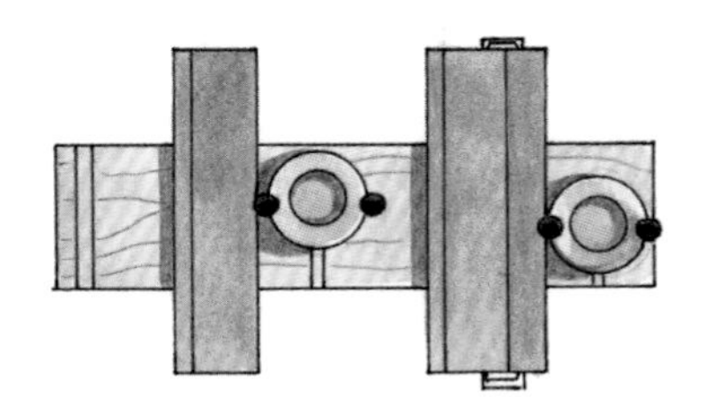

另一個靠山可以引導電木銑銑削等距離的橫向槽，插入一個額外的間隔條可以增加擱板之間的空間高度。

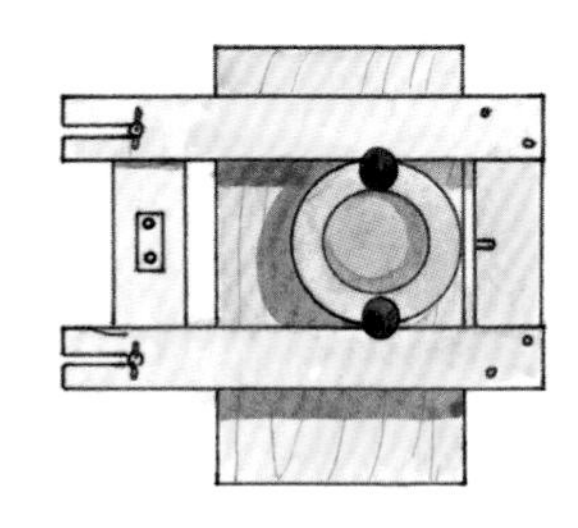

馬鞍形夾具適合放在部件正上方。其側面可以引導電木銑從末端的進入孔起始橫向銑削通槽，或者在限位塊的作用下銑削止位槽。

為了將夾緊力轉移到長橫向槽的中心，可以切割略帶凸面的墊板夾在每個擱板的末端，並收緊帶夾，使其平行於木板邊緣。

手工製作完全封裝結構

一個完全封裝結構幾乎沒有抗扭曲的性能，抗拉性能也很弱，所以應根據整體結構的需要考慮，選擇這種接合件是否合適。輕敲式的匹配可以使接頭獲得機械強度和外觀上的美感，但這種匹配很容易因為被封裝部件的打磨而喪失。由於沒有肩部可以覆蓋出現在橫向槽邊緣的任何偏差，因此對被封裝部件的精度和平整度要求都非常高。

當一個封裝部件的深度超過木板厚度的一半時，部件的結構強度會變弱；深度達到木板厚度的三分之一則是最低要求。如果你打算將抽屜導軌封裝在實木結構中，那麼需要引入橫向於紋理的構造：在箱體前部，需要擰入螺絲固定導軌；在其後部，需要用螺絲搭配長圓孔槽固定導軌，以便於木料形變，注意不要使用膠水。

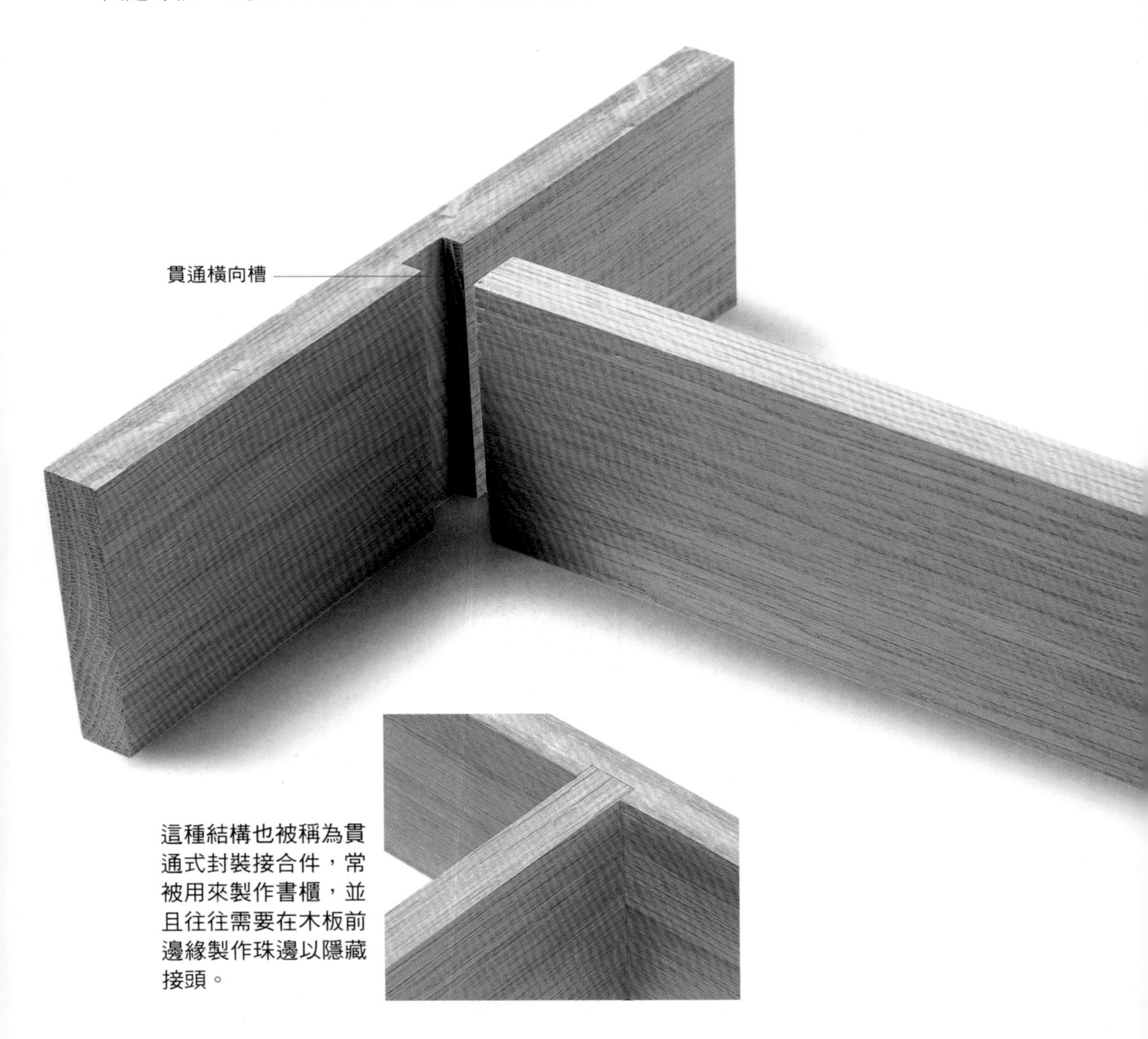

這種結構也被稱為貫通式封裝接合件，常被用來製作書櫃，並且往往需要在木板前邊緣製作珠邊以隱藏接頭。

製作步驟

1 在木板正面標記每個橫向槽的一側肩部，並計畫好使廢木料落在標記線的同一側，然後參照相應尺寸在配對部件上畫線。

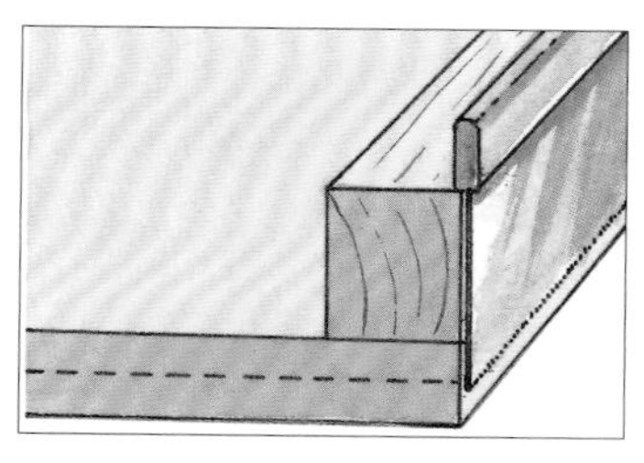

2 切割一塊方木，其高度加上橫向槽的深度等於鋸片從鋸齒到刀背的尺寸。

3 將方木垂直於木板的寬度方向夾緊，沿木塊在木板表面畫線，然後在廢木料側鑿出一個窄的引導斜面。

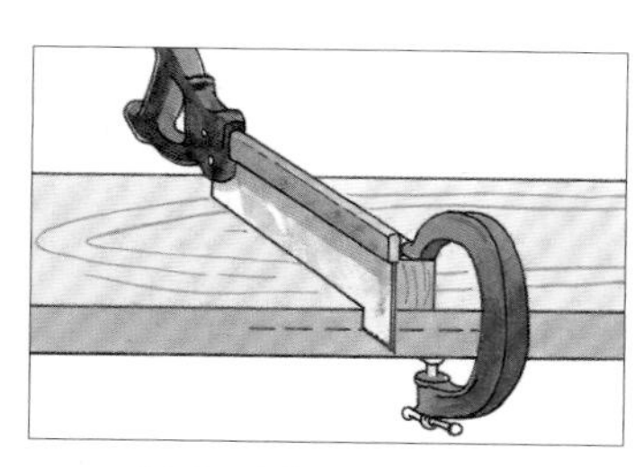

4 將鋸片靠住方木塊，切入引導斜面，橫向於木板鋸切，直至鋸片背部碰到限位塊，此時鋸齒到達橫向槽的深度線的位置。

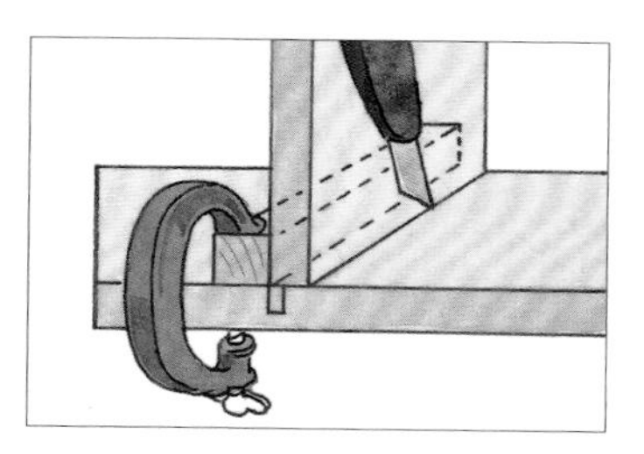

5 用木板的厚度作為標尺，準確畫出橫向槽的另一側肩線。

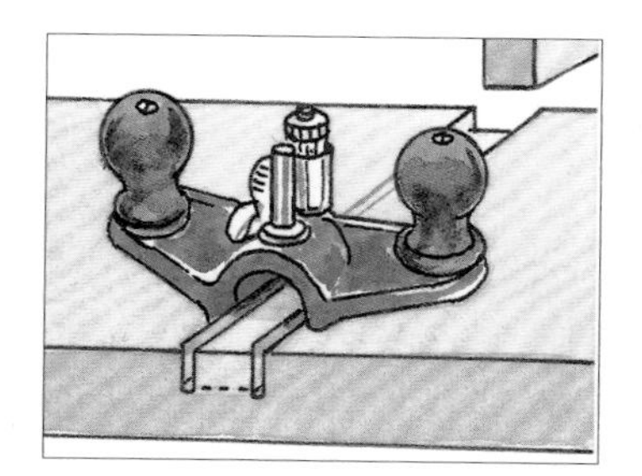

6 把方木塊放在第二條畫線處對齊，重複上述鋸切過程，然後用鑿子或平槽刨將橫向槽底部刨削平整，並裝上擱板。

變式

完全封裝結構的種類

增加完全封裝結構的抗張能力並不難，但這通常意味著需要從燕尾榫家族借用一些元素。在橫向槽的前部幾英寸的位置，要把橫向槽的U形截面逐漸收窄做成燕尾形的封裝槽。擱板端面的一小段也要加工出形狀匹配的接頭，從側板後面滑入槽中。如果開槽部件的紋理沿垂直方向延伸，一個完全封裝的半邊槽可以獲得牢固的膠合效果。但是，如果完全封裝的半邊槽位於轉角處，接合件只存在端面的接觸，除非得到加固，否則這樣的結構在張力存在的情況下是無法緊密貼合在一起的。用銷釘加固不失為一種快速有效的方法，抽屜的邊角接合就是一個很好的例子。

用臺鋸製作完全封裝結構

出於美觀的考慮，有時需要把封裝槽的前邊緣回撤一些做成止位槽。擱板原本應該被封裝在橫向通槽中的前角被切斷，形成一個小的肩部與封裝槽前沿的止位部分匹配。在臺鋸上切割止位槽是困難和危險的，特別是在需要橫向於紋理開槽的時候，很容易在鋸片的切口處留下弧形邊緣。在切割封裝槽之前，先從木板前邊緣切下一條薄木條，稍後再將其重新黏回原位，可以解決用臺鋸鋸切橫向槽的機械和美學問題。

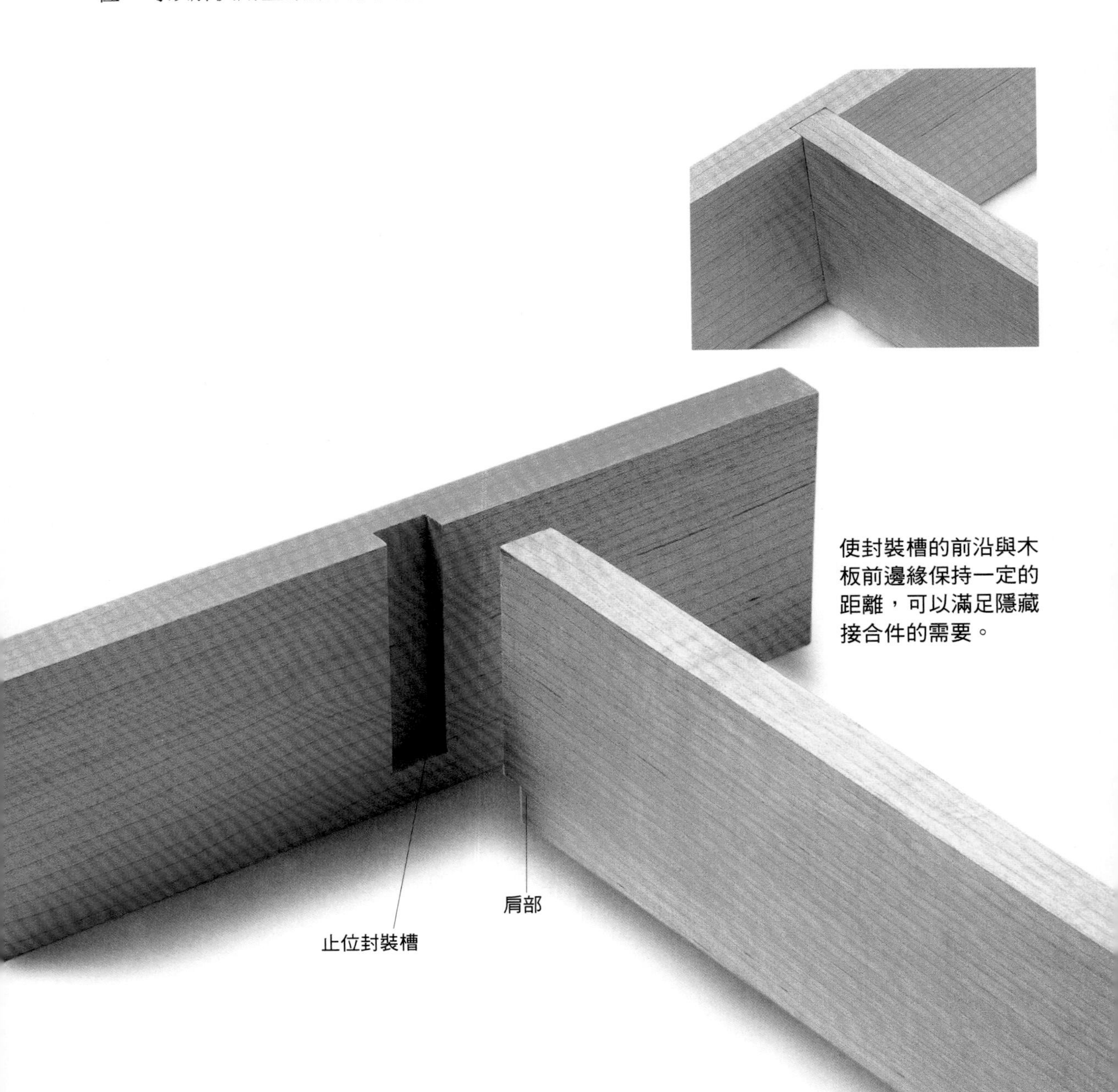

使封裝槽的前沿與木板前邊緣保持一定的距離，可以滿足隱藏接合件的需要。

製作步驟

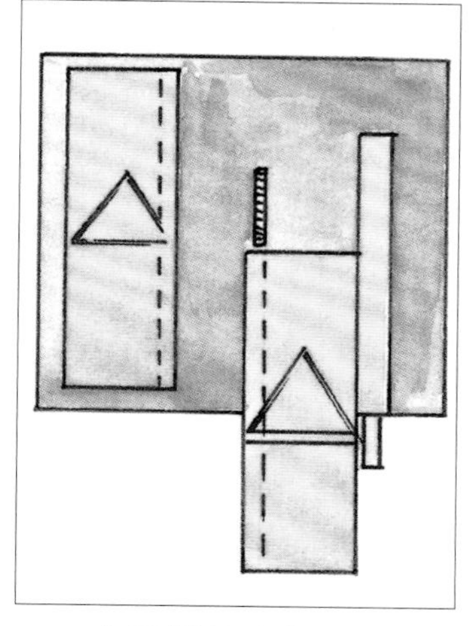

1 在配對部件上畫線做出用於重新組裝的標記。從它們的前邊緣縱切得到薄木條並保存起來，這樣在將其黏回原位後，每個部件都可以保持所需的寬度。

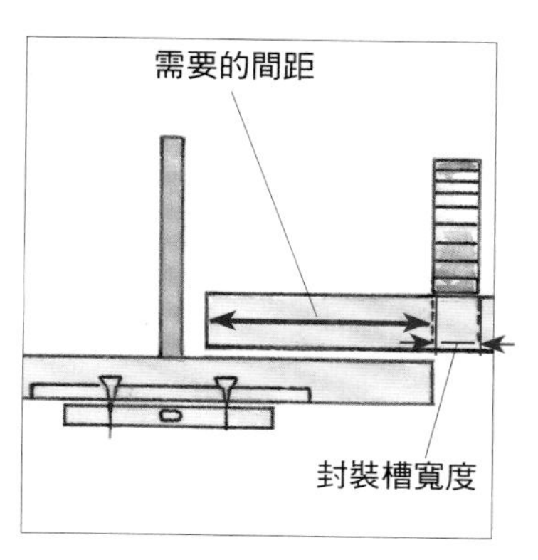

2 將一塊廢木料作為靠山用螺絲固定在斜角規上，用一個與架子厚度匹配的組合刀頭修齊它的端面。然後在需要的深度和間距處放上另一塊廢木料。

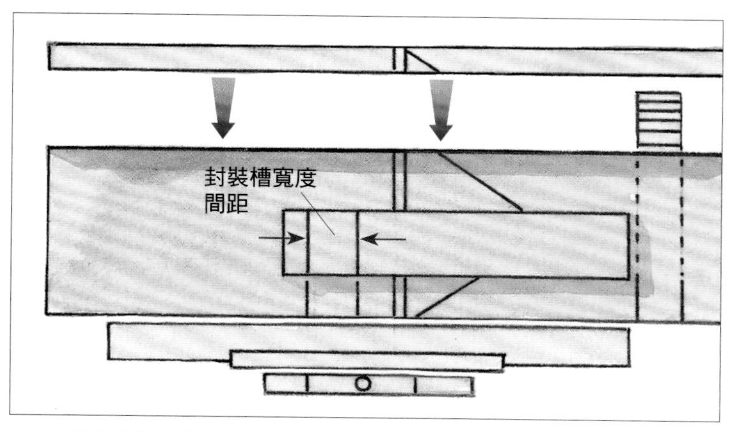

3 使用間隔廢木料為封裝槽畫線，將標記對齊廢木料靠山的端面，切割出每一個封裝槽。完成切割之後，將邊緣薄木條黏回原位，並在擱板部件的前角切割切口以完成匹配。

變式

短燕尾榫

把一個完全封裝結構的前部製成短燕尾形可以加強接合件的抗張性能，同時避免了採用完整滑動燕尾榫結構的問題。

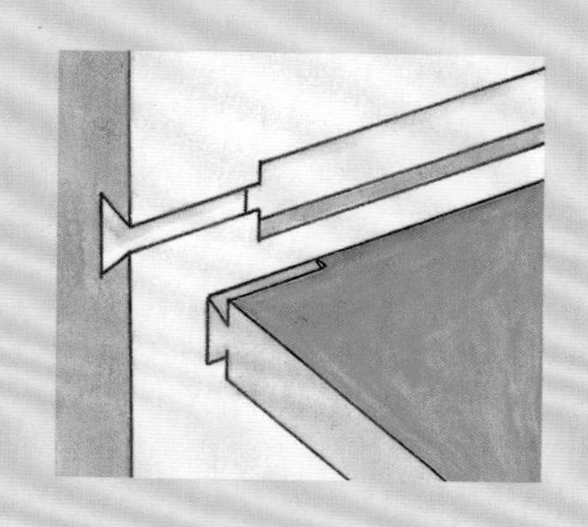

止位封裝槽

要手工製作一個止位封裝槽，首先在木板前方鑽出一個與封裝槽深度相同的平底孔，然後用鑿子將其修整方正，為鋸子提供操作時所需空間。

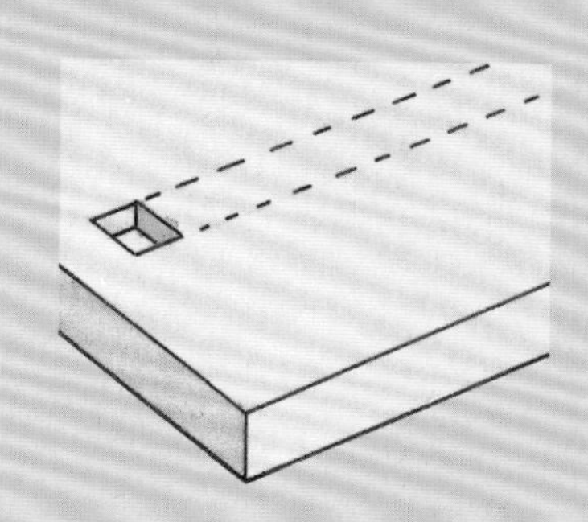

用電木銑製作封裝半邊槽

為封裝接合件設計一個肩部可以提高其抗扭曲的性能，同時滿足了組裝完全封裝結構並獲得整齊外觀設計的需要。兩個肩部就不必要了，因為這樣會削弱封裝結構的強度。對擱板來說，封裝半邊槽比完全封裝接合件更為合適，但對抽屜導軌這樣的箱體內部結構來說，完全封裝接合件是更好的選擇。如果將其製成封裝半邊槽，它們缺少用來銑削螺絲槽所需的材料。為了獲得更為整齊的外觀，在封裝這些部件時，可以切割出一個小巧的裝飾性肩部以遮蓋接合線。抽屜的框架結構使用任意一種接合方式都是可以的。接下來講述的方法可以使用一個直邊銑頭切割完全封裝的半邊槽，無須使用電木銑靠山或任何額外的半邊槽銑頭。

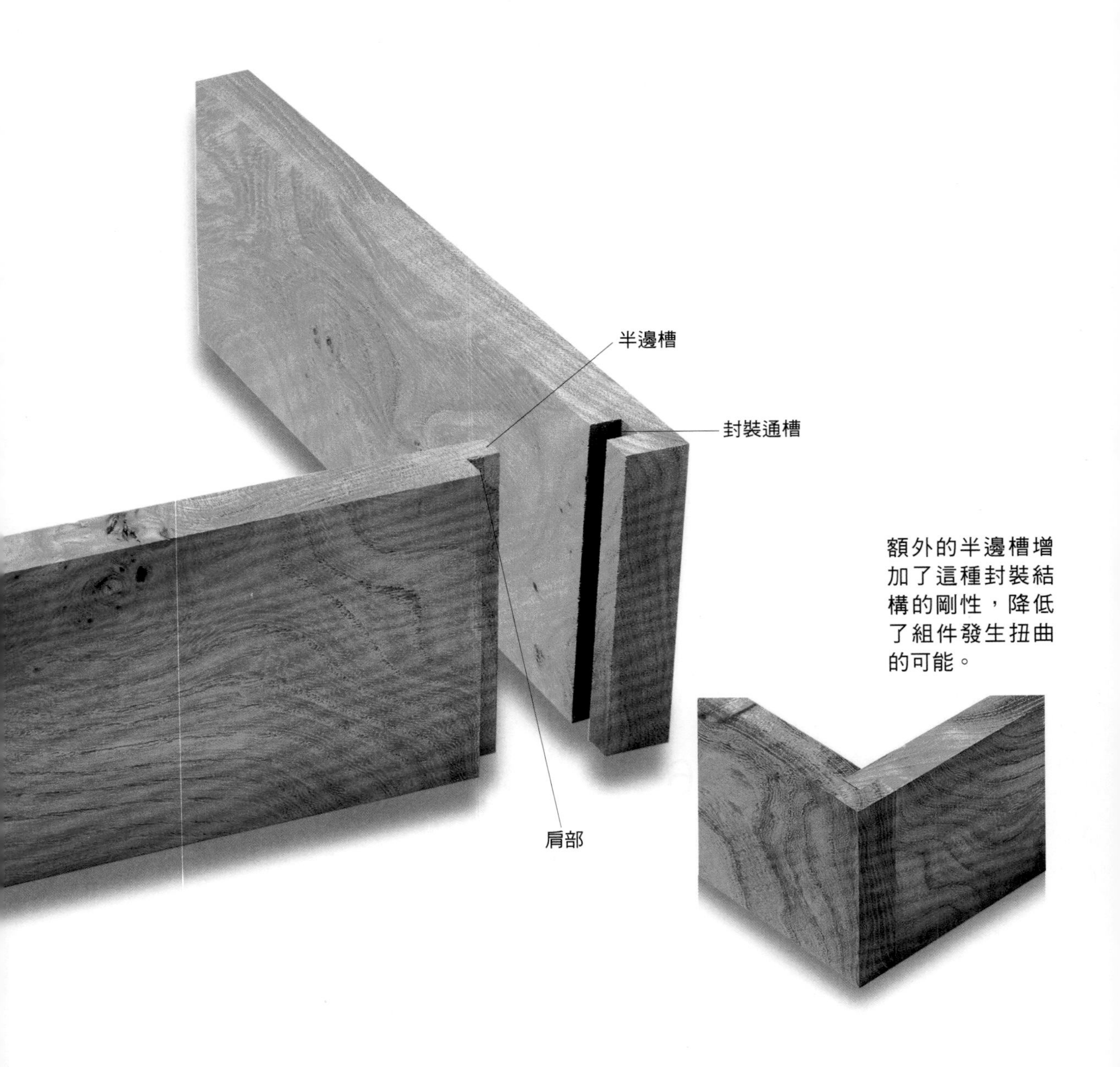

額外的半邊槽增加了這種封裝結構的剛性，降低了組件發生扭曲的可能。

製作步驟

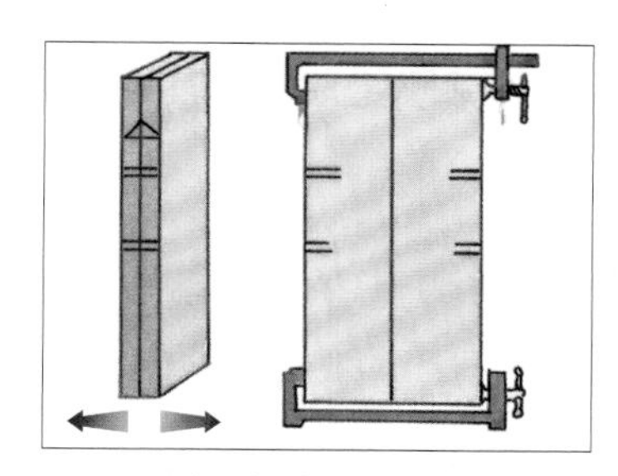

1 選擇直邊銑頭，將其設置到擱板厚度尺寸的三分之二。將兩塊木板豎起對在一起，標記出封裝槽的位置及間距，然後將木板平放對接並夾住，使標記分布在外側。

2 測量從銑頭到基座邊緣的距離，並從畫線處起始，按照該距離將靠山偏置。按照厚度的三分之一在標記線之間切割第一個封裝槽。

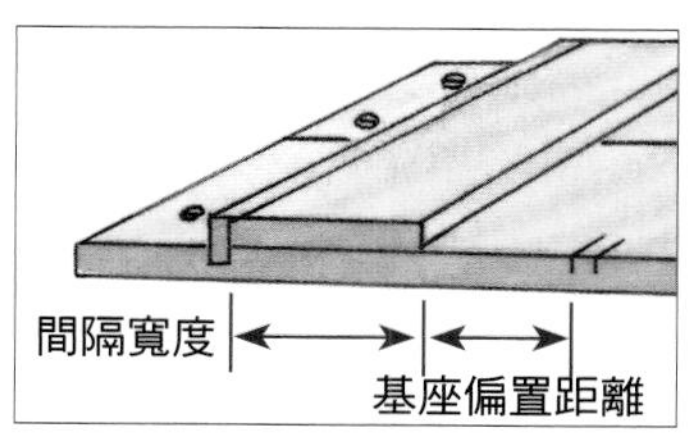

3 在切割出的封裝槽中插入一個緊密貼合的導軌，然後測量其內側面到下一個封裝槽的距離，用這個數值減去基座的偏置距離，切割一塊寬度與該值相同的木板（間距木板），然後把它固定在導軌上。

4 用電木銑頂緊靠山，銑削第二個封裝槽。將靠山插入新的封裝槽中並固定到位，將間距木板同步前移，以這種方式推進，就可以連續切割出每一個封裝槽。

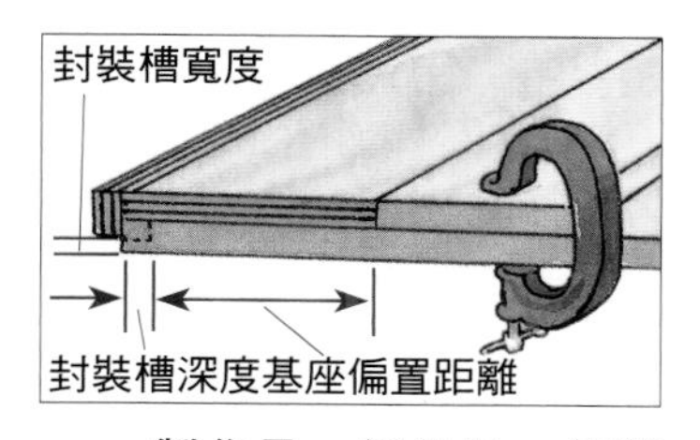

5 製作另一個量具，使其寬度等於基座偏置數值加上封裝槽的深度值，並使用它設置一個靠山，在擱板端面切割半邊槽的舌部，使其匹配封裝槽的寬度。

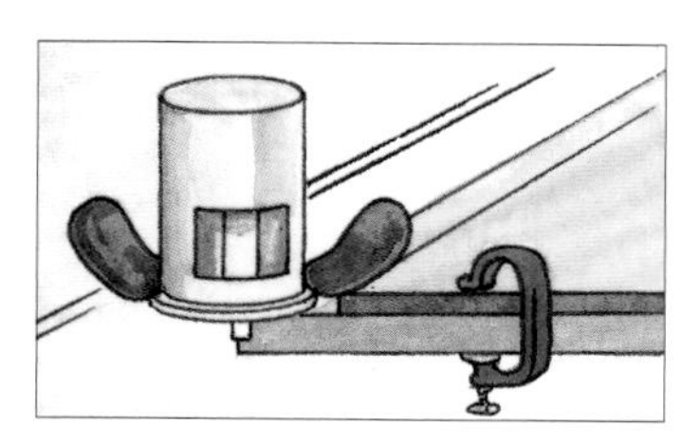

6 在每個端面切割半邊槽，這樣擱板肩部之間的距離就等於側板之間的距離，舌部不會讓肩部處於受力狀態。

變式

封裝半邊槽的種類

半燕尾或單肩燕尾是最容易製作的封裝燕尾結構，但由於它是從部件的後面滑過的，所以在因為膠水出現膨脹，同時封裝槽很長的時候，很難把它們滑入槽中。

對某些邊角接合件來說，位於木板端面的封裝半邊槽不如燕尾榫結構牢固，還會為櫥櫃底板或抽屜拐角帶來張力。如果半邊槽的短紋理面足夠大，且抽屜底板或櫥櫃背板可以有效減少扭曲，那麼封裝半邊槽不失為一種可用的接合結構。它的近親，企口接合件，進一步改善了邊角封裝半邊槽隱藏端面的問題。

銑削止位封裝半邊槽

貫通封裝槽的美妙之處在於它們的製作速度更快；缺點是無法隱藏接合件。在部件的前緣切割貫通封裝半邊槽不能獲得漂亮的外觀。一個面框可以遮住它，但製作面框需要額外的時間。因此，選擇貫通的封裝結構或者「更花時間的」止位封裝結構就成了一個設計問題。

將切割工具對齊畫線，製作止位封裝槽，使用馬鞍形夾具是很方便的。這種夾具能夠更好地控制線路，並在正確的位置停留。它提高了操作的準確性，減輕了工作壓力。

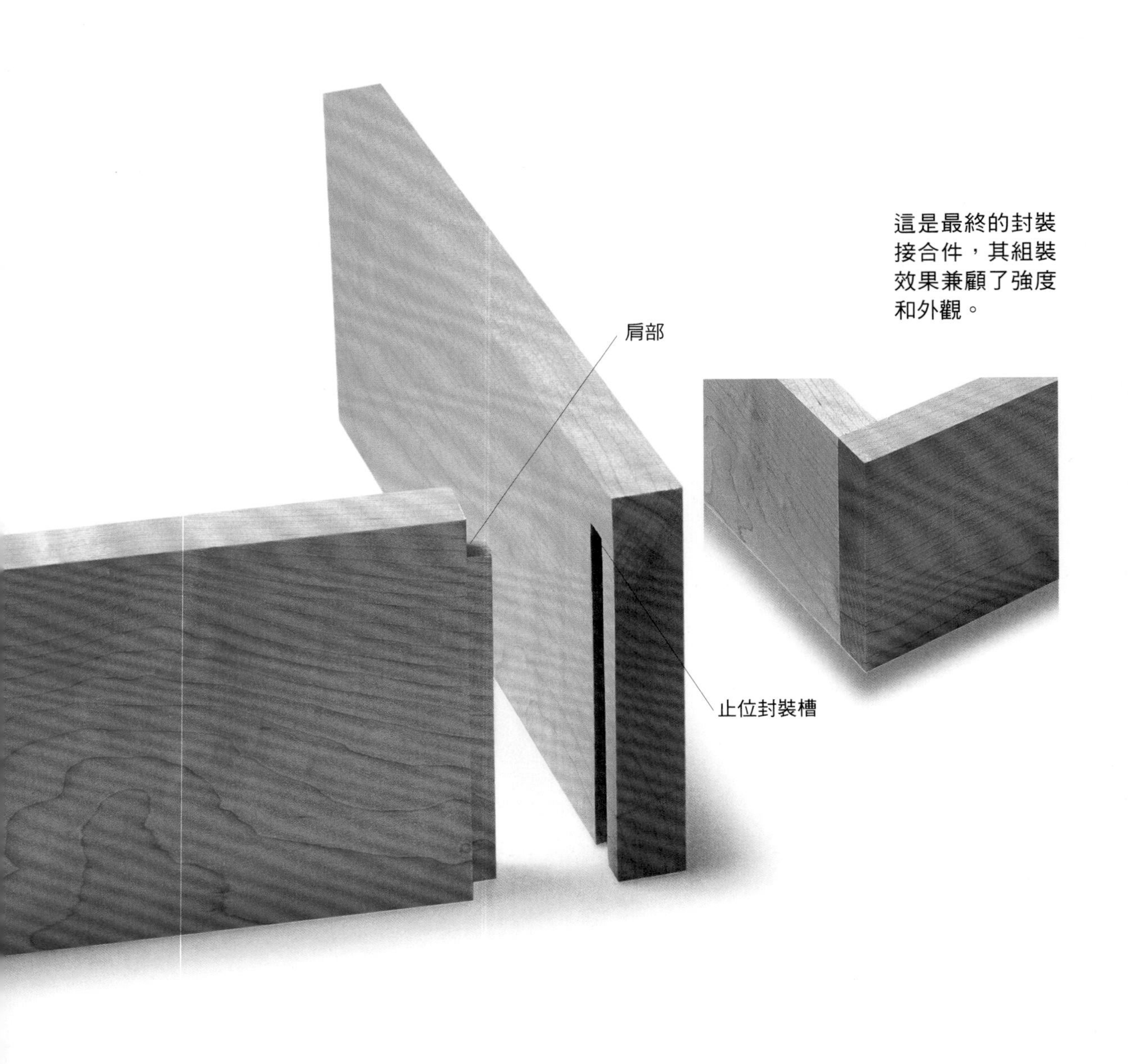

這是最終的封裝接合件，其組裝效果兼顧了強度和外觀。

製作步驟

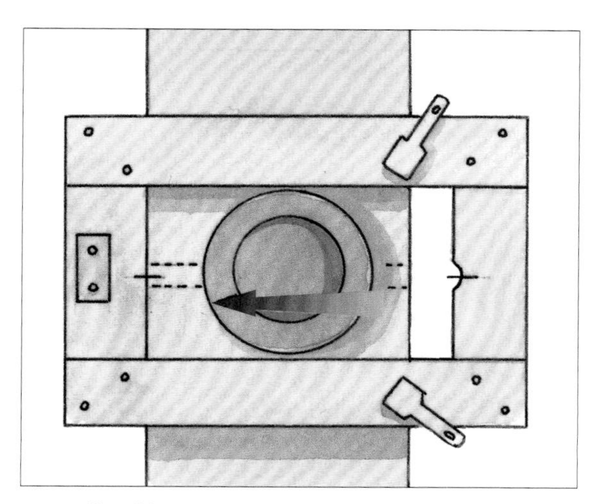

1 將馬鞍形夾具的中心線與封裝槽的中心線對齊，並設置一個止位木塊引導電木銑停在木板前緣的適當位置。

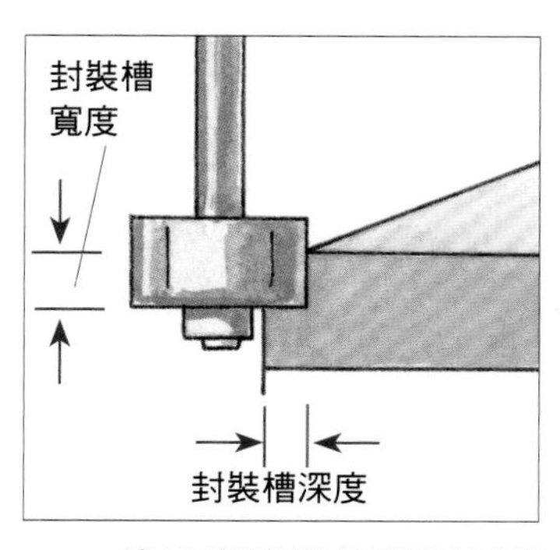

2 使用半邊槽銑頭切割半邊槽，其切割深度等於封裝槽的深度，然後繼續向下銑削，直到舌片部件的厚度與封裝槽的寬度完美匹配。

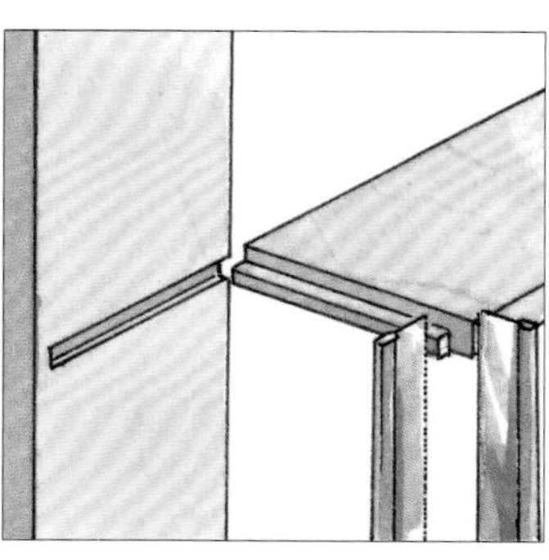

3 鋸掉一小段舌片，以匹配止位槽回退的部分，修齊肩部，並測試接合件的匹配效果。

變式

半邊燕尾榫

對於可預料的外部力量（比如在很高的箱子上傾斜放置的書產生的向下的力），半邊燕尾榫可以加強接頭的抗張能力。

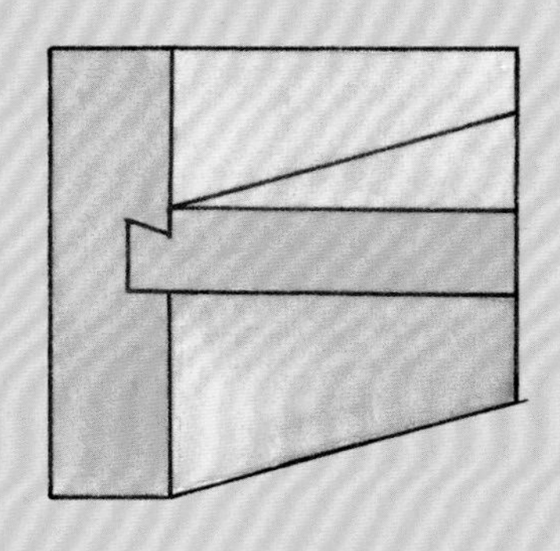

抽屜接合件

可以使用封裝半邊槽接合件把櫥櫃的頂板和底板安裝到櫥櫃側板上；如果抽屜正面木板的端面可以被額外的面板遮蓋，那麼同樣可以考慮用這種接合件把抽屜的背板和正面面板安裝到側板上。

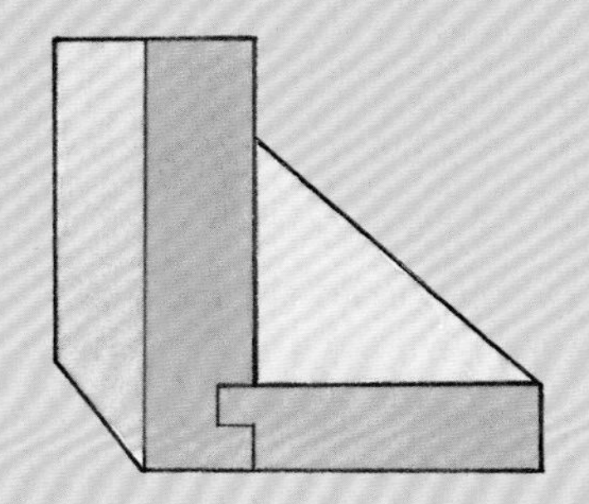

第五章

榫卯接合

榫卯接合件

有兩種基本的榫頭類型與兩種基本的榫眼類型匹配。一種類型是貫通的榫頭插入貫通的榫眼中，另一種類型是一根短榫或盲榫插入一個止位榫眼中，這種榫眼的底部仍在木料中，而不是穿過它。榫眼的形狀大多是直線形的、圓形的或者是具有圓形末端的長槽。

在榫頭上增加肩部有幾個目的。它們可以增加接合件的抗扭曲性能，起到穩定接合的作用；它們可以使榫頭以及榫眼遠離脆弱的端面，或者使榫頭遠離榫眼部件的邊緣；它們可以覆蓋接頭的邊緣，形成深度止位結構。而且榫肩和榫眼都可以成角度製作，為基本的T取向或L取向的榫卯接合帶來變化。

插槽式槽眼結構是榫卯結構的近親。

榫卯接合術語

榫眼就像一個口袋，用來接受突出的榫舌或榫頭。

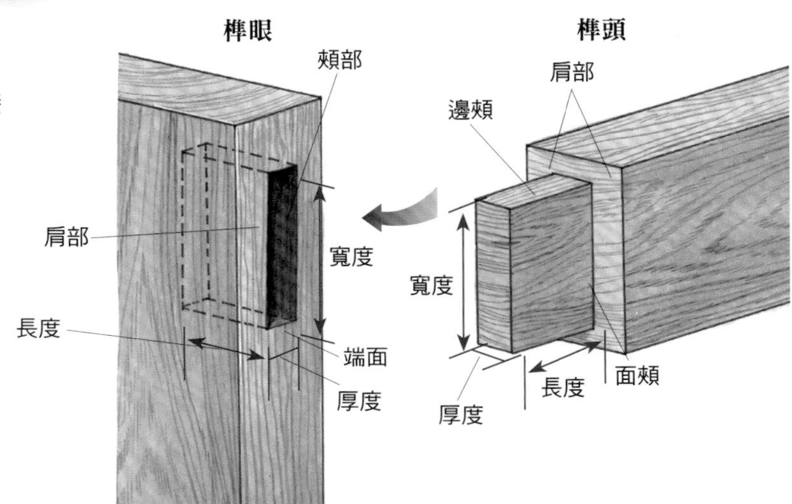

榫眼的基本類型

止位榫眼具有平整的底部，它距離開口的對側面尚有一段距離，因此榫頭的端面被木料包圍著。

貫通榫眼就是鑽透木料形成的孔，與接頭組裝起來之後，就可以在孔的另一端看到榫頭的端面。

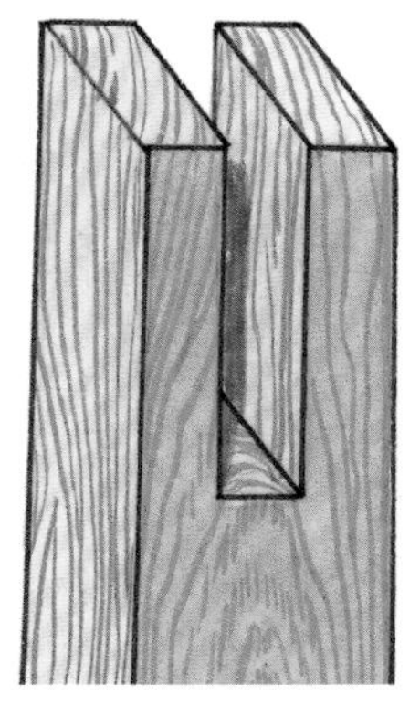

專業的插槽式榫眼結構其實就是在部件端面切割出的較深的槽，用於滑動接頭或托榫接頭，是榫卯接合結構的近親。

榫頭的基本類型

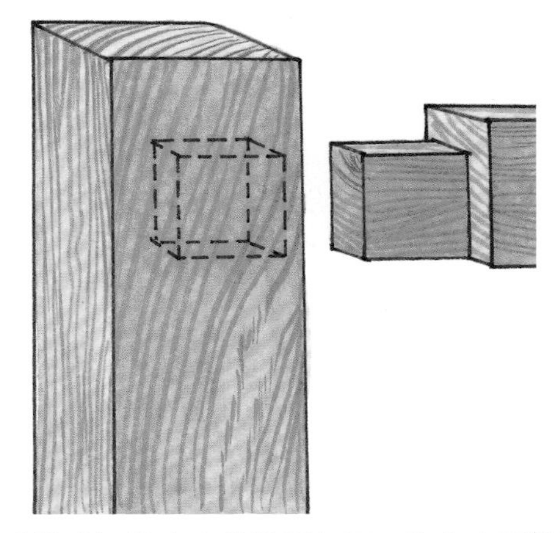

暗榫或短榫由止位榫眼包圍，沒有穿過榫眼部件。

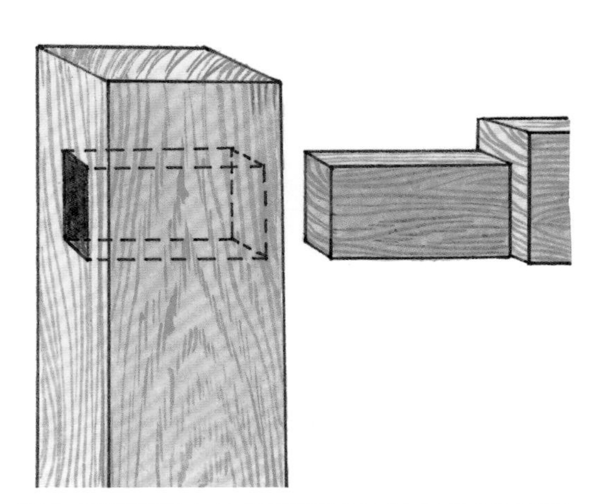

插入貫通榫眼中的貫通榫頭至少可以延伸到榫眼部件的對側面，有時會超出榫眼的範圍。

榫肩的基本類型

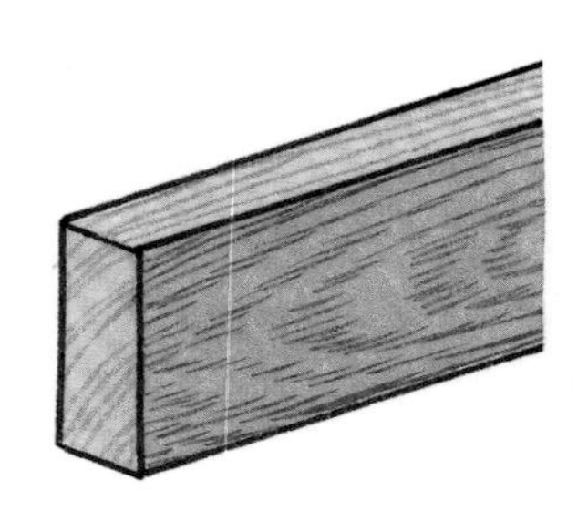

如果榫頭的面頰兩側沒有肩部，面頰就會完全裸露，這種榫頭常用於板條或薄木板的接合，因為為其切割榫肩反而會削弱接合強度。

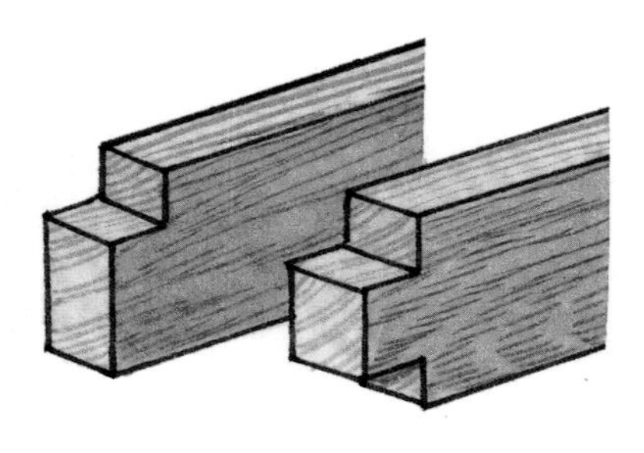

在裸露榫頭的一側或兩側邊緣切割榫肩可以增加接合件的抗扭曲性能，通過設定精確的切割長度，可以使榫頭停留在需要的深度。

單前肩會使榫頭看起來像一個端部搭接接頭在特定場景中的偏置應用，但這種榫頭仍然被認為是裸露的。

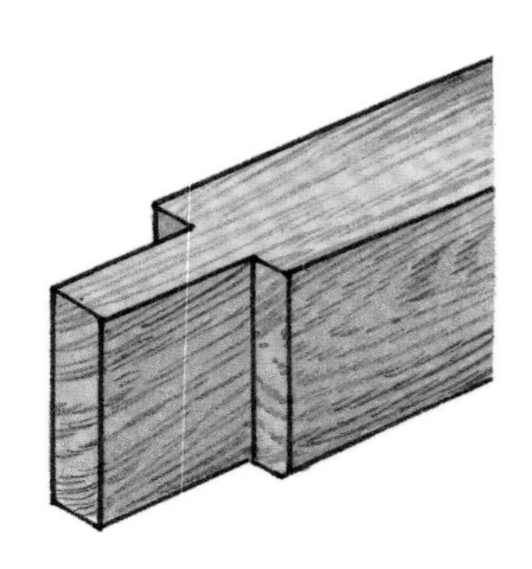

具有兩個前肩的榫頭可以完美地匹配插槽式榫眼，但對貫通或止位榫眼來說，它缺少邊肩以隱藏過長的榫眼末端。

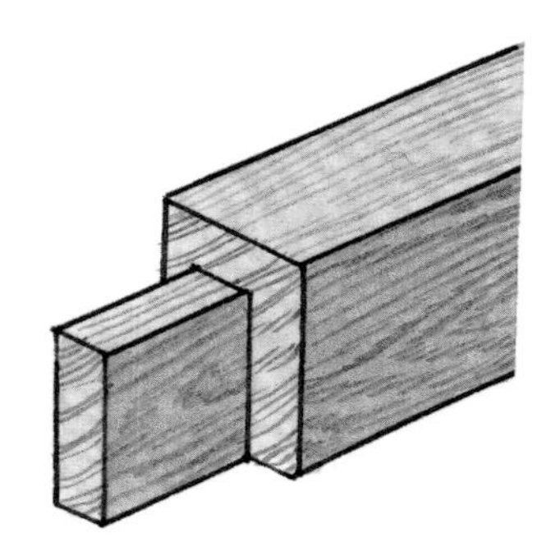

第三個肩部的作用在於使榫頭和它的配對榫眼遠離框架結構的邊角，這樣榫眼和榫頭可以同時被木料包圍在接合結構中。

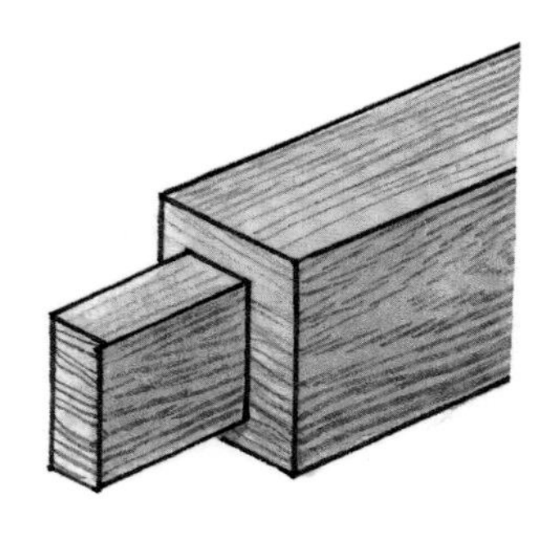

四個肩部很難在整個部件上保持對準，而且從結構層面來說通常也是不必要的，除非在組裝後可以將其雕刻或塑造成特定的形狀。

接合件家族的演變

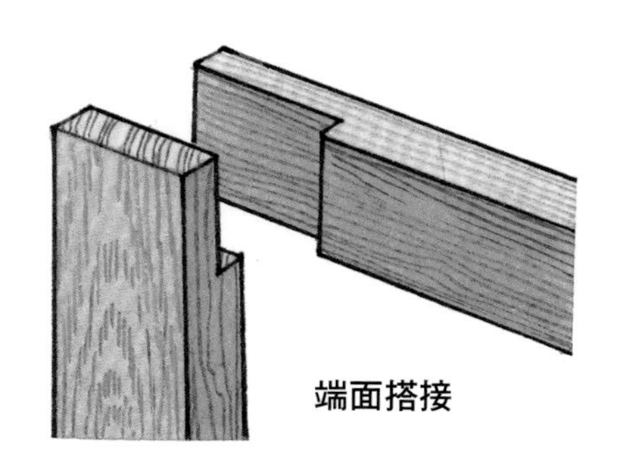

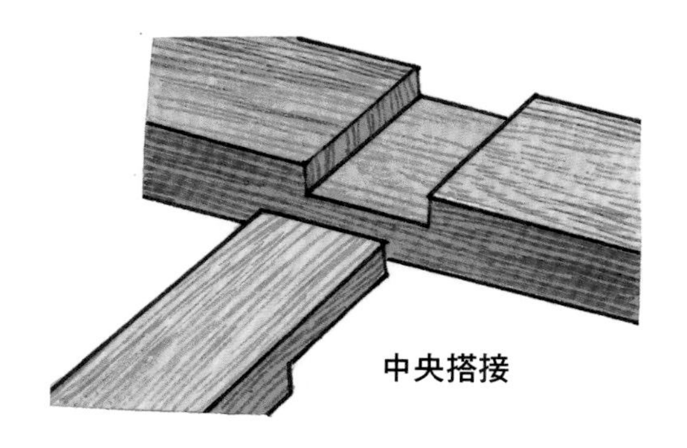

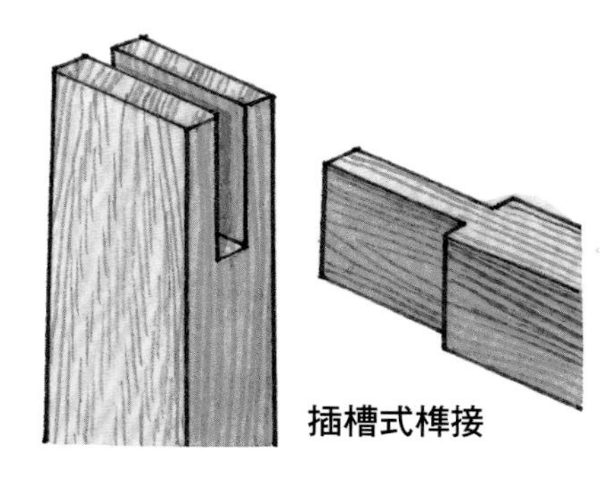

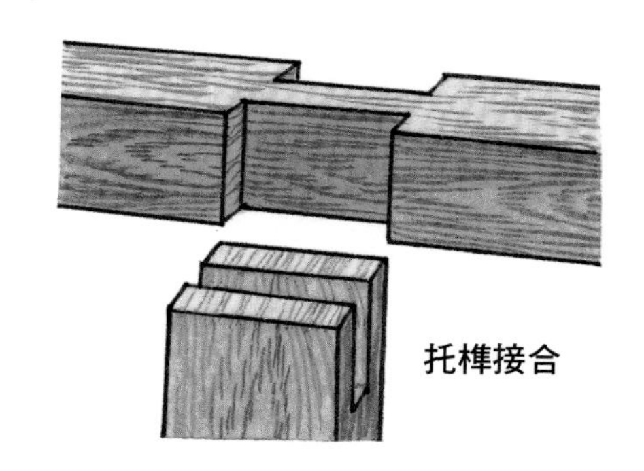

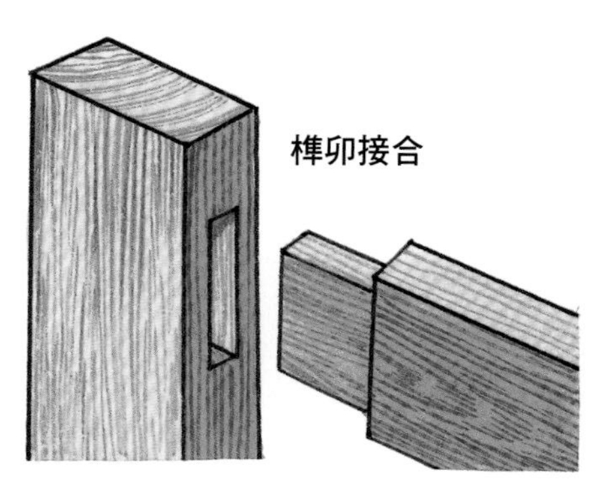

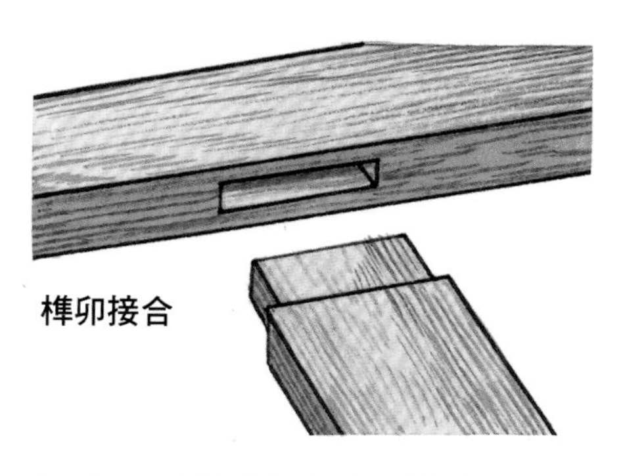

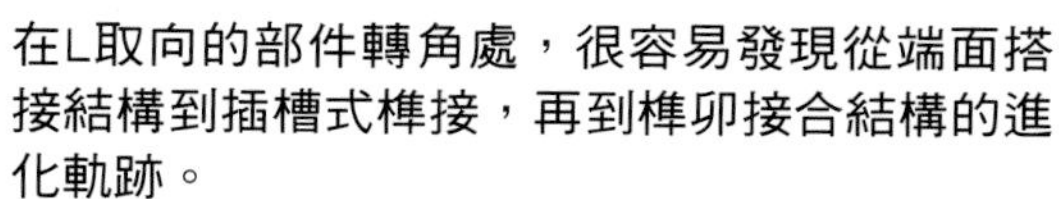
在L取向的部件轉角處，很容易發現從端面搭接結構到插槽式榫接，再到榫卯接合結構的進化軌跡。

在T取向的部件接合處，搭接接頭、插槽式的托榫接合以及榫卯接合結構都具有加倍的膠合表面以及抗扭曲能力。

榫卯接合的選擇和使用

榫卯結構有數百種不同的變式。在每種設計中，框架結構、支撐腿組件或者框體結構的要求都會發生變化，接合件也需要進行調整以滿足設計要求。這些變化考慮了材料因素、榫眼類型以及榫頭在結構和風格上的匹配。其他因素還包括滿足接合穩定性和設計要求的肩部，以及用來應對壓力的強化結構。

榫頭在對抗張力方面是最弱的。如果沒有黏合劑，很容易把它們從榫眼中抽出來。釘緊或楔入木楔可以防止這種情況發生，並增加接頭的機械強度。釘緊很簡單：只需用木銷、螺絲或者釘子穿入組裝好的成對組件，如果需要，可以在表面飾以裝飾性的木塞。如果最初沒有在榫眼部位塗抹表面處理產品形成保護性塗層，減緩水分交換速率，那麼木材在經過多年的反覆形變之後，榫眼部件由於釘孔的存在而開裂的風險會大大增加。如果榫眼是張開的，或者榫頭是貫穿的（本身就是通過楔子或木片加固的），楔入木楔可以增強接合件的抗張性能，除非木料本身被破壞，否則接合不會失敗。對榫頭和肩部進行調整是穩定接合、對抗扭曲的主要策略。有時，單獨的榫頭設計就可以穩定整個作品。某些榫頭的設計已經得到了顯著的改進，能夠滿足特定的需求，比如框架—面板結構中使用的加腋榫，它填補了位於門梃末端的面板凹槽。榫卯結構在支撐腿和橫擋接合件中的使用歷史也很悠久了，從中世紀的旅行擱板桌使用的榫卯接合件（使用木楔加固，不需要膠水，易於拆卸的通榫），到將傳統半月形桌的擋板與前腿連接起來的托榫接合件。

加固榫卯接合對抗張力

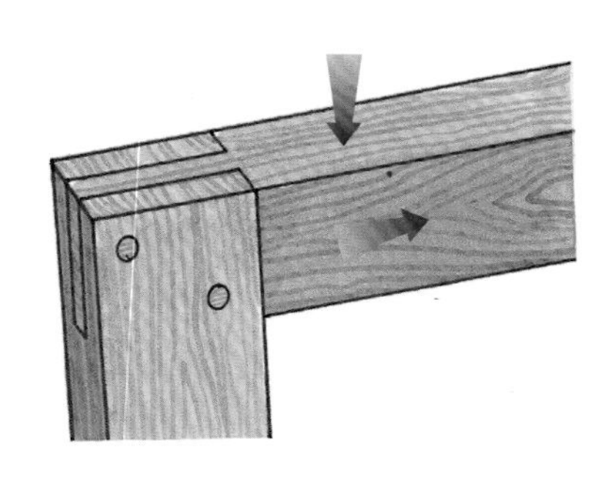

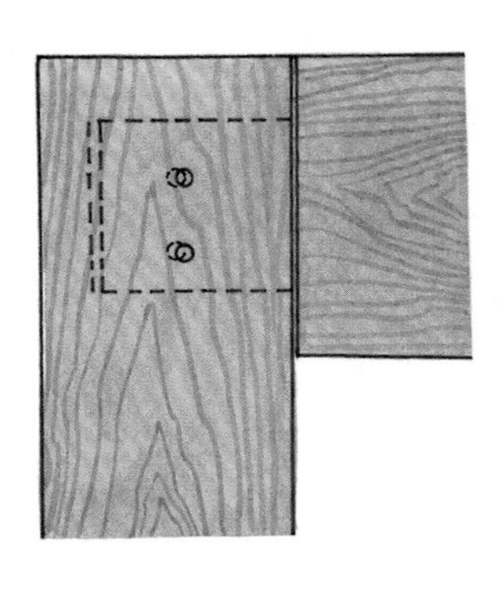

在托榫組件中釘入貫穿組件的木銷釘可以增強組件對抗負載和張力的性能。穿過榫卯組件鑽取銷孔，通過略微偏置銷孔將釘子釘入可以拉緊接頭。

穩定榫卯接合

厚榫頭可以抵抗扭曲，但需要榫眼部件去掉太多的木料；較薄的榫頭強度較弱，且端面面積過大，無法提供有效的膠合表面。

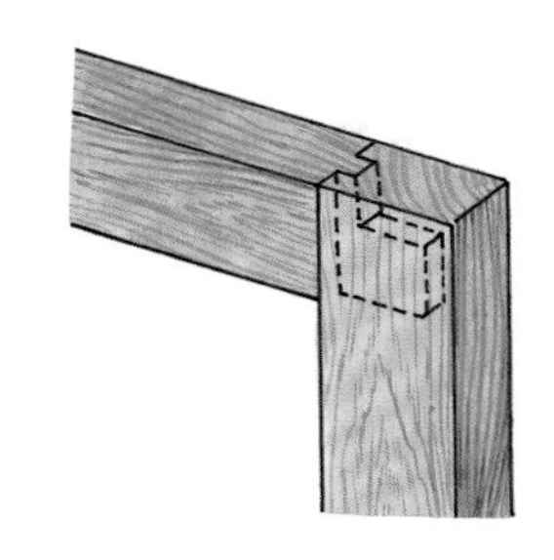

在框架結構中，鑲嵌面板的凹槽可以被加腋榫的拱腋填充，並能像榫肩加強接頭的抗扭曲性能那樣增強框架的強度，同時保留了與原來等面積的端面。

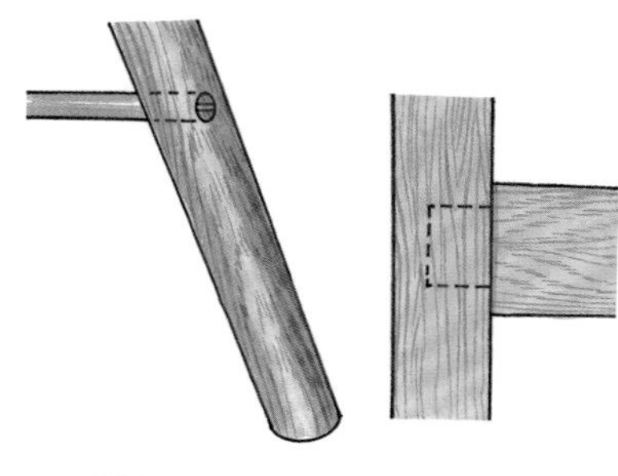

對於缺少榫肩區域的榫接橫擋部件，可以將其榫頭貫穿榫眼部件，然後用木楔加固，以獲得額外的抗扭曲性能，形成具有寬大榫肩以及大面積長紋理膠合區域的榫頭。

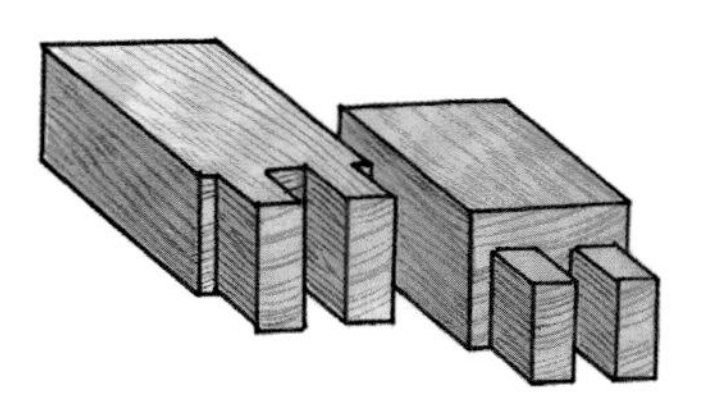

雙榫頭，其對應的榫眼應該平行於紋理縱向延伸，這樣的組合極大地提高了接合件的抗扭曲性能，如果榫頭具有邊肩效果會更好。

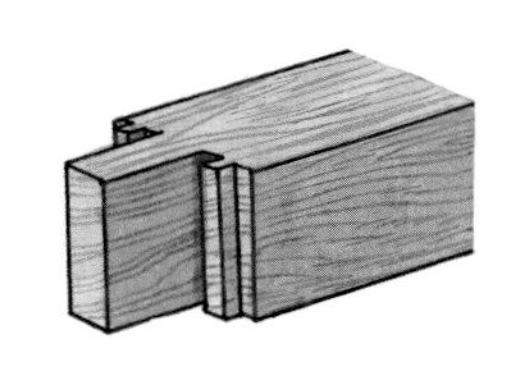

具有凸起結構的榫肩可以通過抑制靠近表面的木材形變來提高接頭和木料的穩定性。

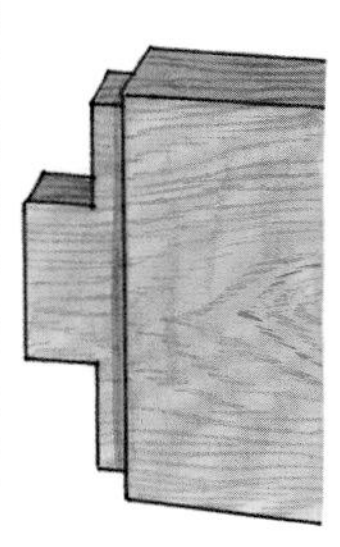

在寬大的榫頭上，拱腋可以幫助對抗扭曲並增加膠合表面，同時減少了榫眼部件需要去除的廢木料，使接合更加牢固。

用木楔加固榫頭的樣式

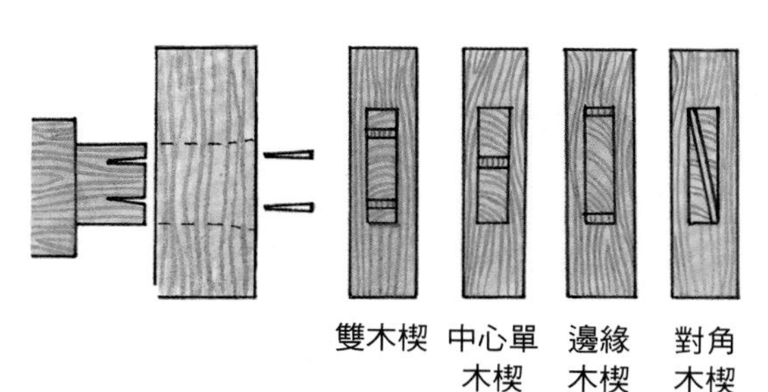

為了收緊或展開榫頭，使其不能被抽出，可以在通榫的榫頭上開槽插入木楔，有時需要以一定的錐度同步加寬對應側的榫眼。

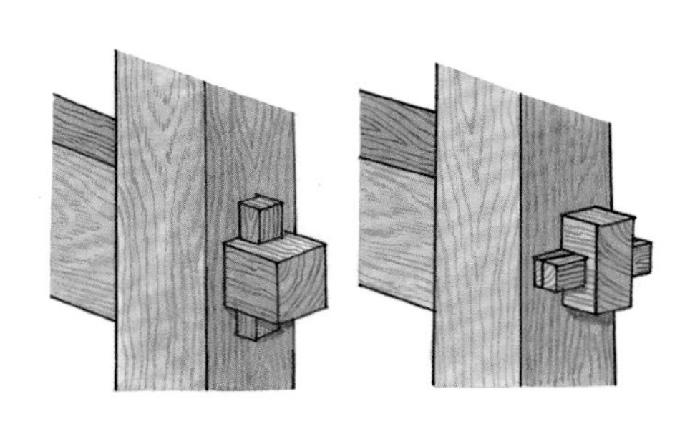

在貫通榫頭上開榫眼接收單個或成對的錐形木楔可以加強榫頭的抗張性能。這些木楔是可以拆卸的。

箱體結構的榫接

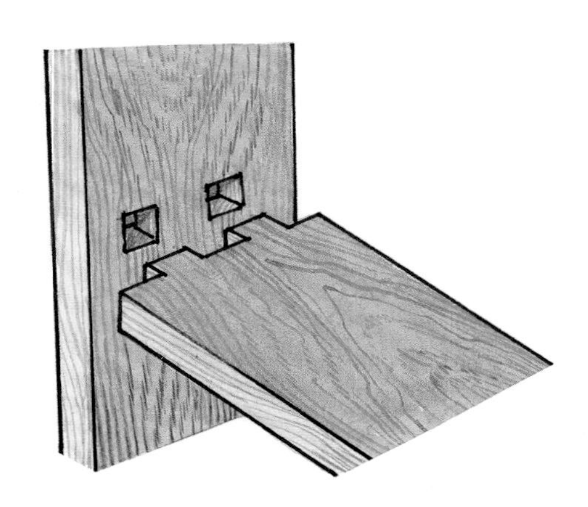

當結構不要求它們保持側板對抗彎曲時，抽屜的框架橫梁通常是通過短粗榫嵌入箱體側板中的。

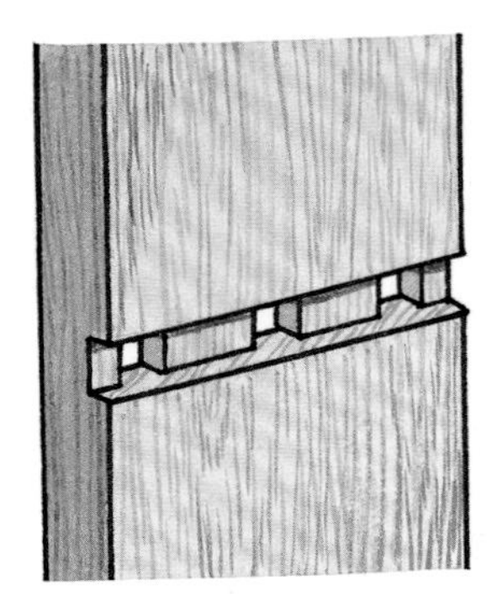

在封裝接合的變式中，完全或部分封裝的槽充當榫眼，與其配對的榫頭則在擱板的端面或舌部切割。

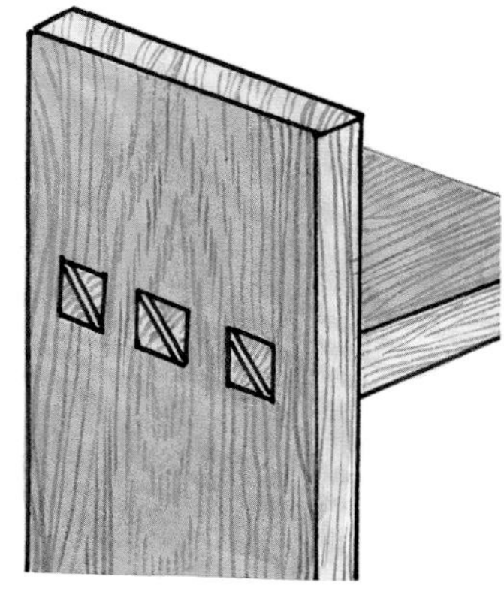

沒有面肩的榫頭可以穿過榫眼將擱板插入箱體側板中，並通過木楔加固。

框架結構的榫接

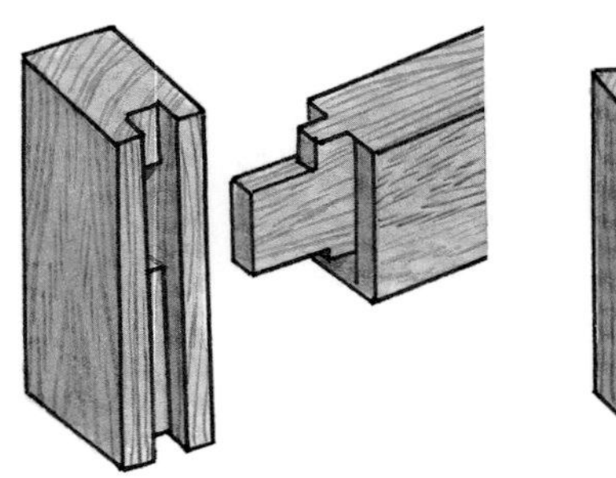

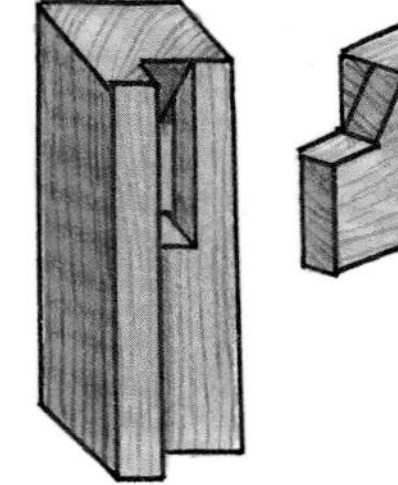

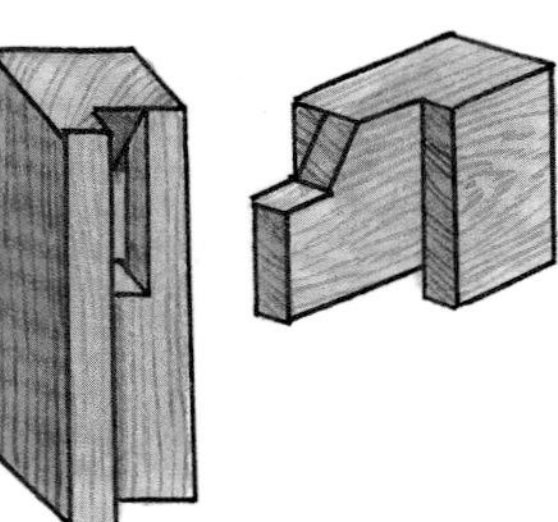

在鑲板結構中，一個隱藏的傾斜拱腋是框架榫頭的可選方案，同時需要注意將一側肩部內收以匹配凹槽的深度。

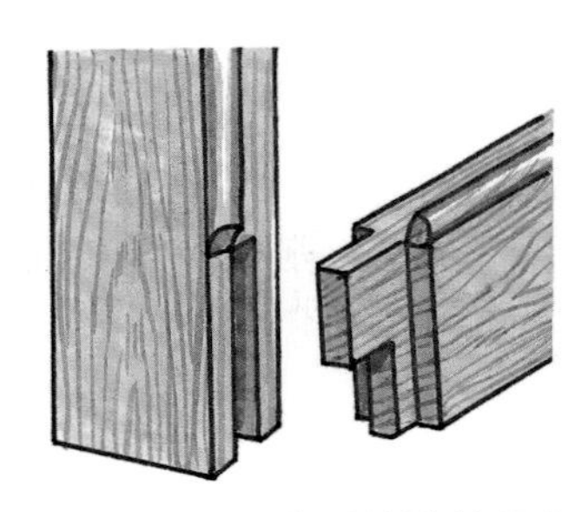

可以在一個有造型的邊緣框架上開半邊槽或凹槽以鑲入面板，但造型邊緣必須斜接才能保持內部接合的連續性。

支撐腿組件的榫接

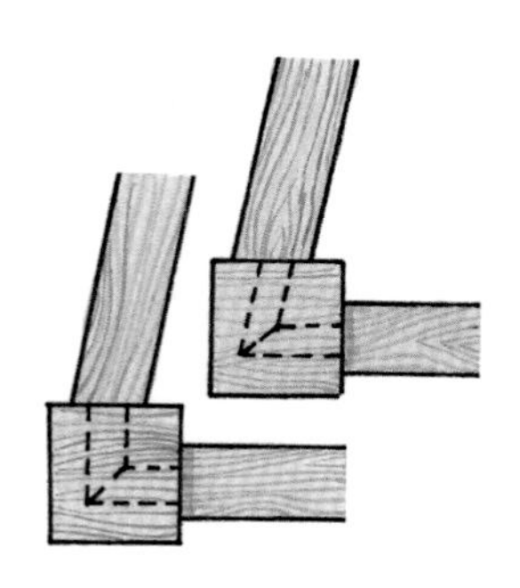

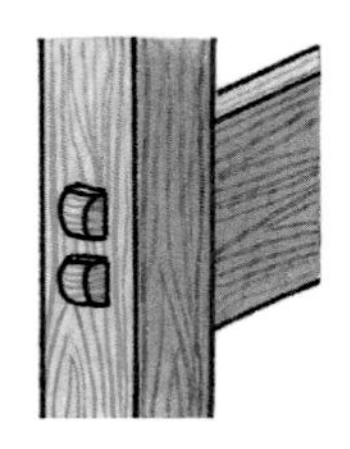

橫擋的榫頭可以延伸到榫眼之外，用於裝飾或強化接合結構，就像擱板桌上使用的用木楔加固的貫通榫頭那樣。

為了使椅面的框架橫梁以一定的角度連接到椅背上，可以將榫頭製作成傾斜的角度，如果想要保留一些連續的長紋理面，也可以製作有角度的榫眼作為替代。

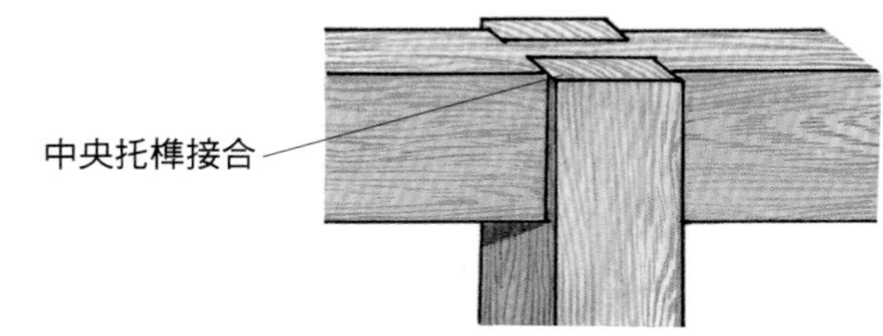

托榫接合可以讓橫擋穿過桌腿中心，或者用來為擱板桌連接一個桌腳。

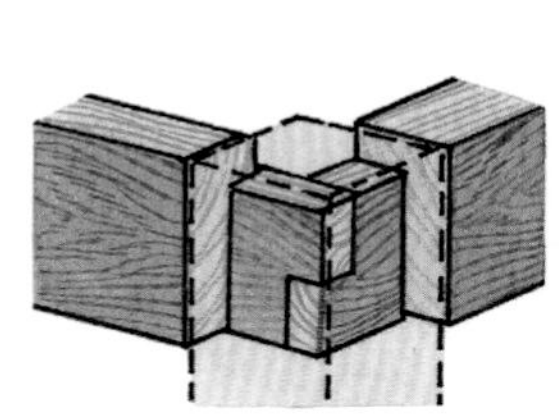

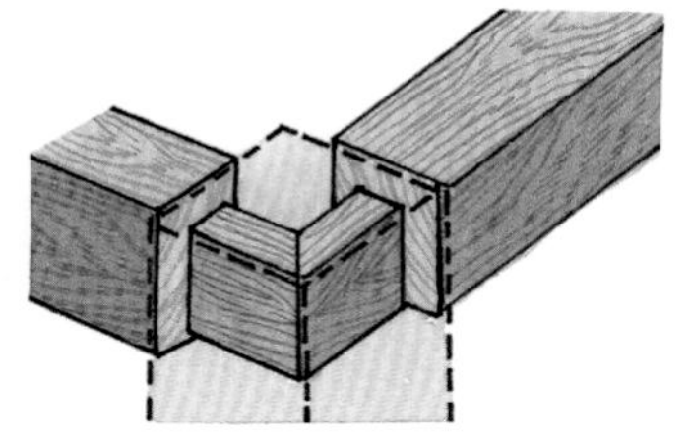

在桌腿內部，為了避免空間上的衝突，相鄰橫梁的榫頭需要搭接或斜接，但需要一側面肩保持橫擋與桌腿表面平齊。同時應該注意，如果榫肩較窄，對應的榫眼壁可能會過薄。

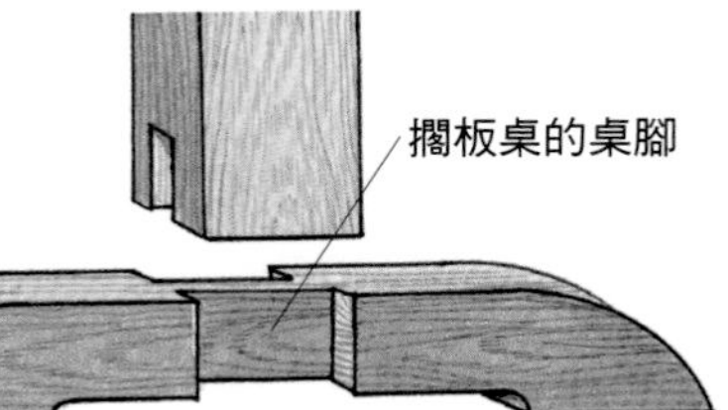

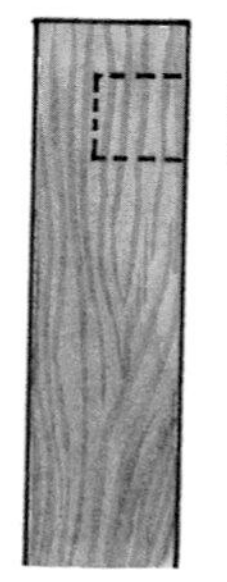

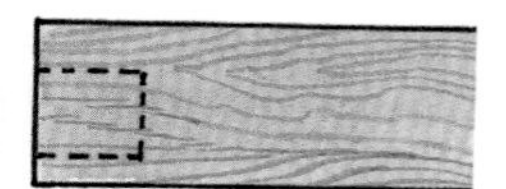

栽榫簡化了榫肩的切割和安裝。兩側部件的榫眼可以用同一個銑頭銑削，榫頭可以從一條長木料上切取。

拱形的橫梁與門梃相遇的部位會由於短紋理的存在導致強度變弱，可以使榫肩傾斜一定的角度，或者對榫頭本身進行改造以滿足接合要求。

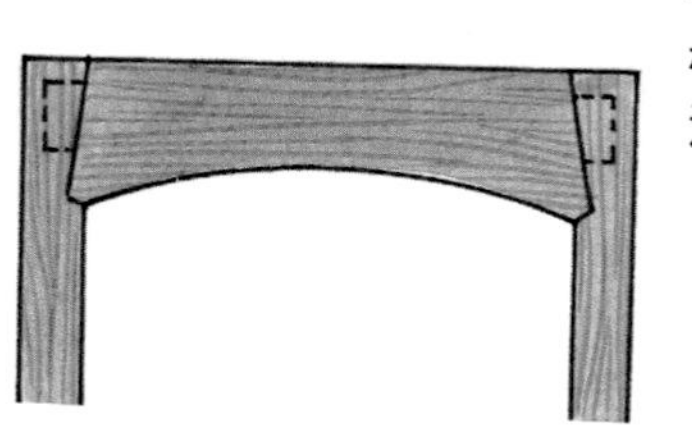

基本榫接

在直紋理區域，榫眼的標準寬度約為木板厚度的三分之一。但這一比例會經常變化，因為榫眼需要與鑿切深度最接近三分之一木板厚度的榫眼鑿匹配。榫眼過寬，頰部就會較弱；榫眼過窄，榫頭的強度就會很弱。所以這個比例只是一般性的指導。要想完全依靠手工準確切割出榫眼需要大量的練習。將標記線畫得深一些，這樣有利於鑿子初次切入木板時乾淨利落地清除廢木料，並為後續的鑿切留下一個很好的引導面。在榫眼的廢木料中鑿切出微小的斜面同樣有助於引導鑿子完成高質量的切割。

一方面，鋸切榫頭時首先鋸切肩部會削弱榫頭的強度，因為如果鋸切得太深，長紋理區域會被切斷。另一方面，如果一個部件的兩端都需要切割榫頭，應優先鋸切頰部，因為肩部的位置決定了榫頭的長度。

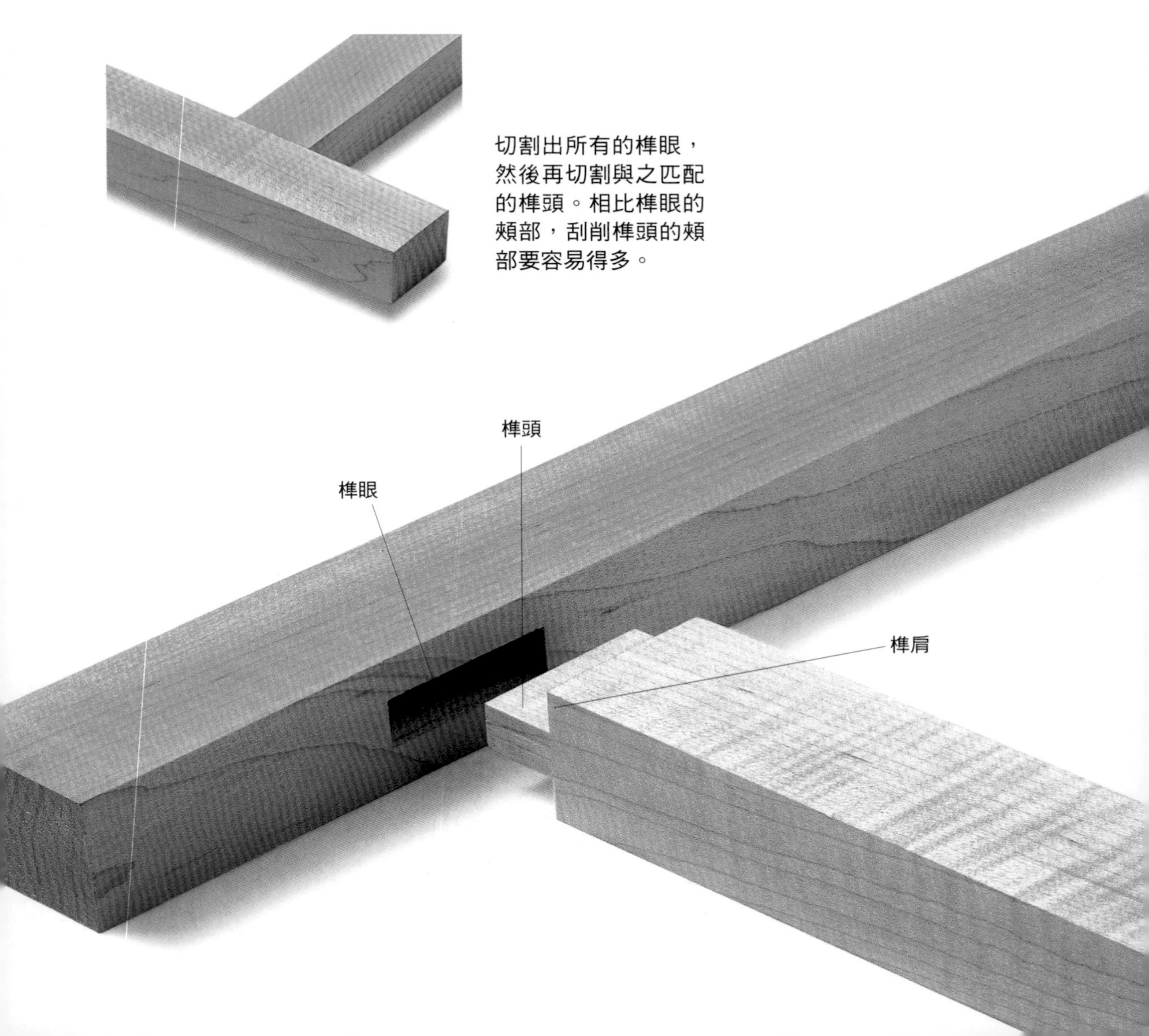

切割出所有的榫眼，然後再切割與之匹配的榫頭。相比榫眼的頰部，刮削榫頭的頰部要容易得多。

手工製作止位榫眼

1 將修齊的表面和邊緣對齊，在榫眼部件上勾勒出榫頭的輪廓線。為了防止切割時榫眼距離邊緣過近導致木料撕裂，需要暫時留出一段木料作為截鋸角。

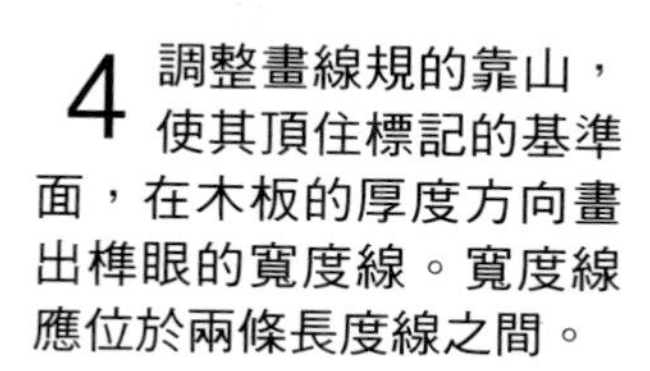

4 調整畫線規的靠山，使其頂住標記的基準面，在木板的厚度方向畫出榫眼的寬度線。寬度線應位於兩條長度線之間。

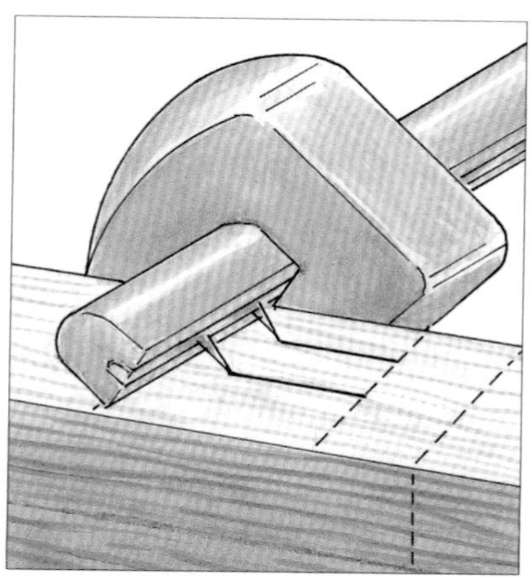

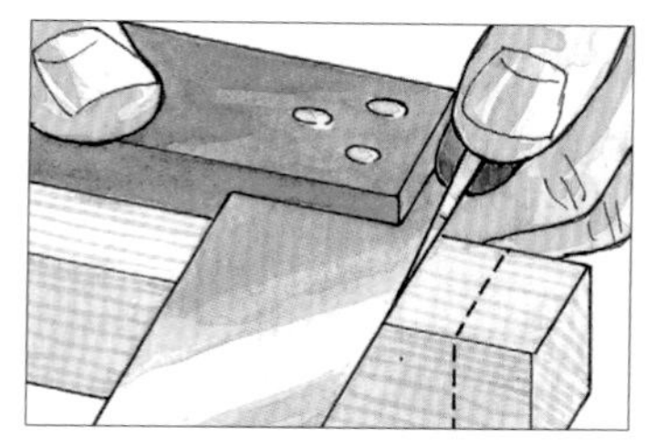

2 在以榫頭部件為模板畫出的輪廓線範圍內定位榫眼的長度。用畫線刀垂直於修齊的表面畫出榫眼的兩條長度線。

5 把畫好線的部件用夾具夾在木工桌的一條桌腿上方。操作者應正對基準面站立，這樣有助於通過視覺的輔助保持榫眼鑿的側面和背部垂直於操作面工作。

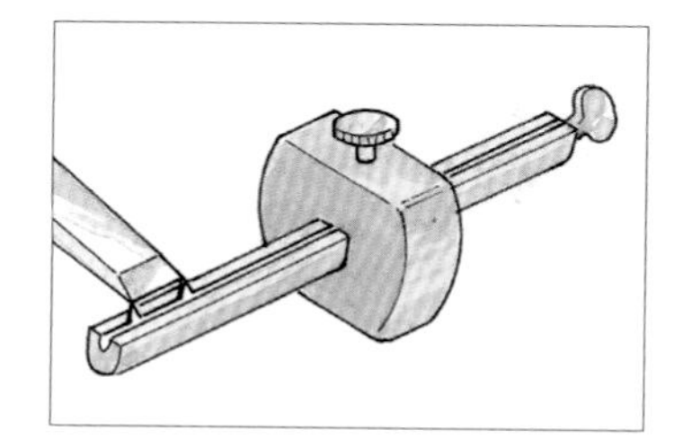

3 將榫規的鋼針設置為最接近木板厚度三分之一的鑿子的寬度尺寸。榫眼的每側頰部之外至少應留出木板的四分之一厚度。

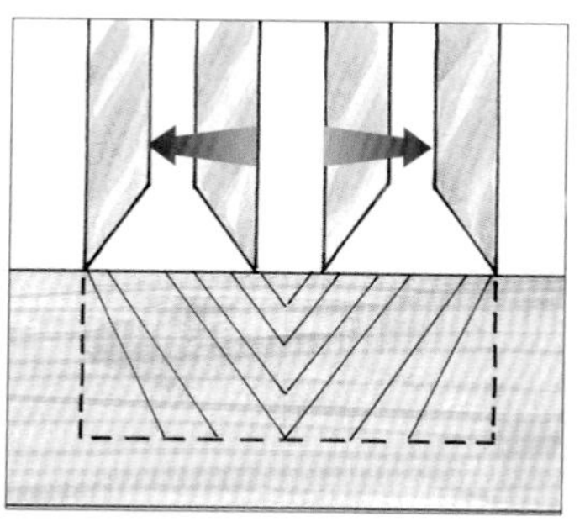

6 一種鑿切方式是從榫眼的中心起始切割，並隨著鑿子向榫眼末端的移動逐漸增加鑿切的深度，當鑿切推進到榫眼末端時，需要反轉鑿子進行切割。

變式

其他製作止位榫眼的方法

用榫眼鑿清除廢木料的另一種方法是，在榫眼區域鑽孔去除大部分廢木料，然後用臺鑿清理頰部。布拉德尖刺鑽頭和平翼開孔鑽頭效果都很好，但是平翼開孔鑽頭能夠留下平整的底部，易於判斷榫眼的深度。

可以將電木銑設置為水平方向開榫眼，一些更為簡單的解決方案可以參考下頁的內容。鑽頭必須有能力切割末端，而上螺旋槽則有助於從榫眼中清除木屑。以較淺的深度分幾次切割效果最佳。

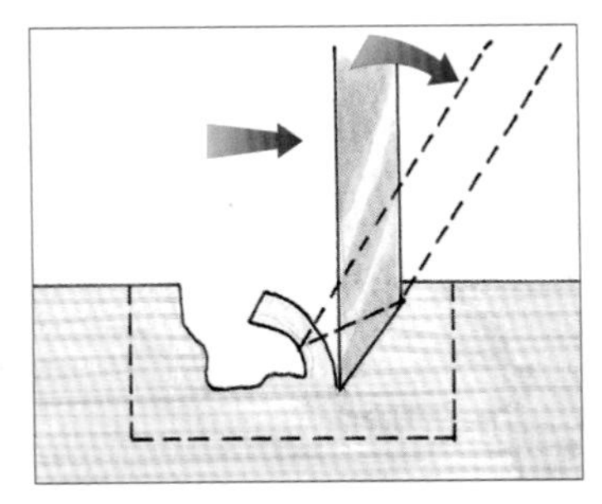

7 在第二種方法中，用鑿子部分地向下鑿切，並利用槓桿作用沿榫眼的長度方向撬動廢木料，逐層深入，直至最後完成榫眼末端的切割。

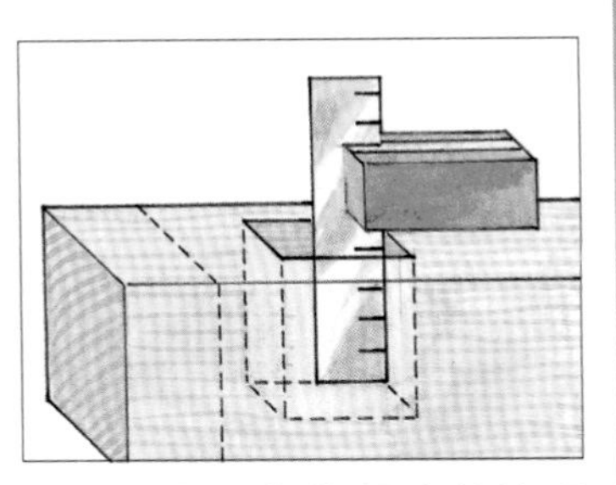

8 用鑿子把榫眼底部清理乾淨，然後插入一把直角尺，檢查頰部是否平整方正，深度是否正確。

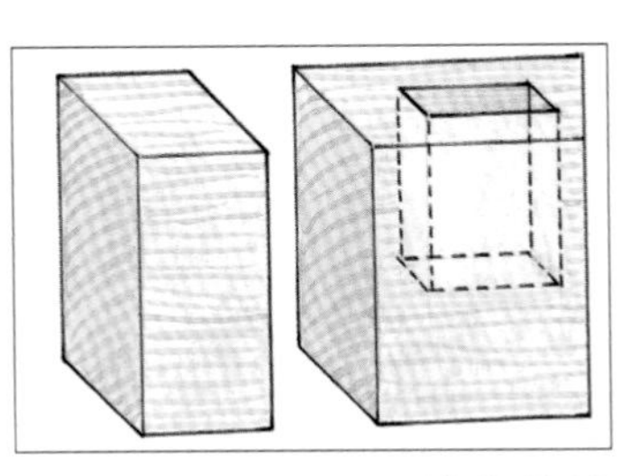

9 最後根據標記線修整榫眼末端，以清理任何撬動木料造成的邊緣破壞痕跡。膠合接頭，然後鋸掉截鋸角。

手工製作基本的榫頭

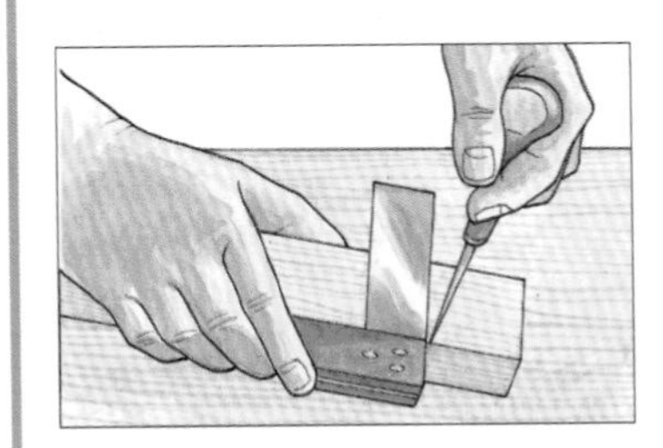

1 垂直於經過修整的邊緣，橫向於木板的基準面畫出肩線，然後將畫線擴展一周，標記所有肩部和榫頭的長度，以匹配榫眼的深度。

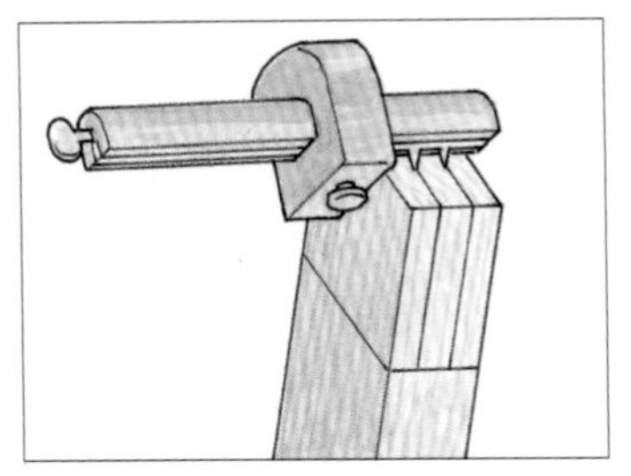

2 按照稍大於榫眼寬度的尺寸設置榫規，調整靠山以定位並圍繞部件畫出榫頭的厚度線。

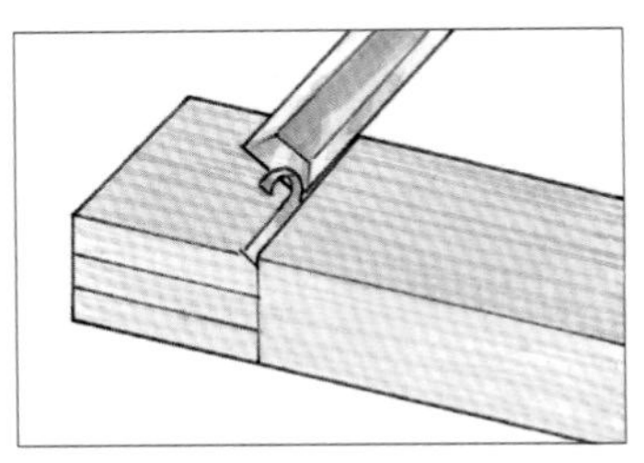

3 把肩線畫得深一些，用鑿子沿著面肩的廢木料側切削出一個小斜面，用來引導鋸片。

4 把部件和木工桌擋頭木的防滑條握在拇指和其他手指之間，用食指穩定鋸片，然後沿肩線鋸切榫頭。

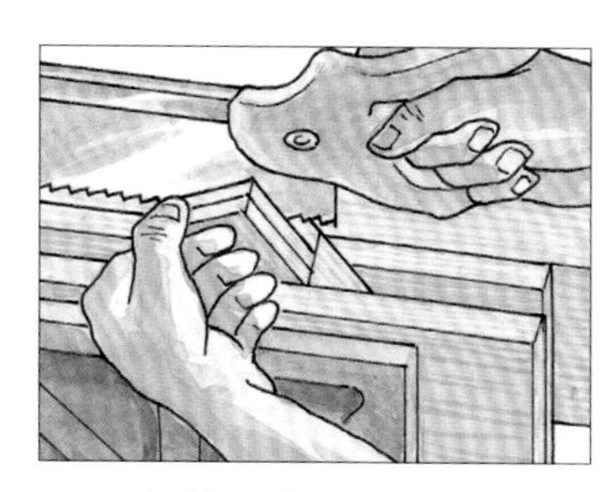

5 把榫頭部件立起並使其向外傾斜，夾緊，向下沿標記線鋸切，用拇指穩定鋸片，使鋸縫保持在廢木料一側。

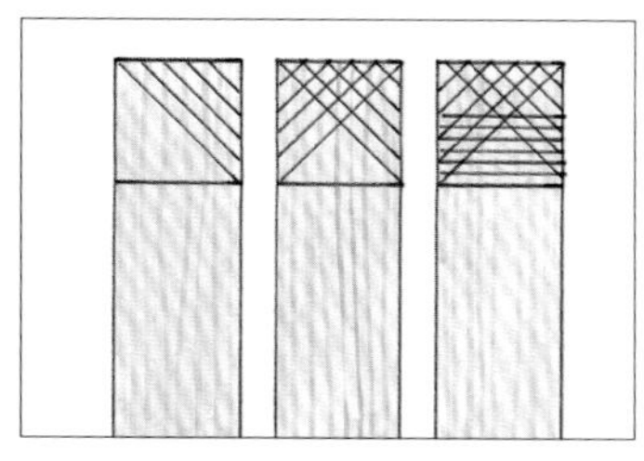

6 第一波鋸切形成的鋸縫可以為第二波鋸切提供引導，然後反轉部件用臺鉗夾緊，進行第二波鋸切。第三波鋸切則可以去掉殘餘的木料。

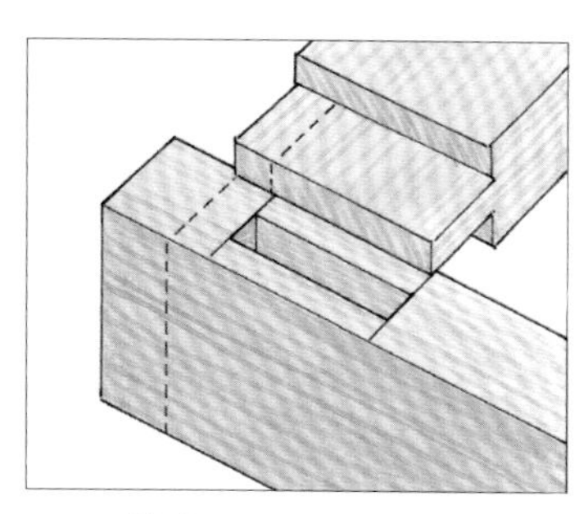

7 將榫頭與榫眼畫線對齊，並標記出第三個肩部的切割線，以各自的榫眼為參考測量每個連續的部分。

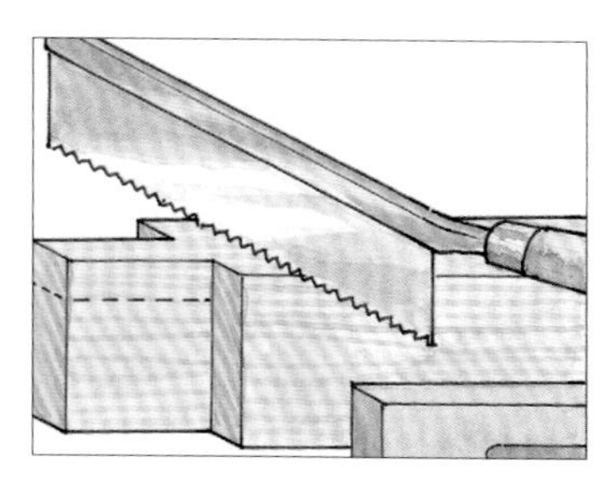

8 向下鋸切第三個肩部，直到標記線的位置，注意不要切入面肩部分，然後沿著榫頭的紋理繼續鋸切，移除廢木料。

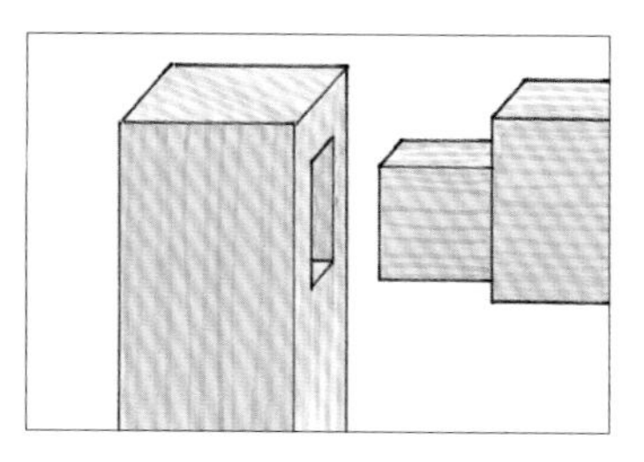

9 用臺鑿把榫頭削切到位，通過手壓檢驗其與榫眼的匹配情況，或者用槽刨將鋸切痕跡處理平滑，保證榫肩可以緊貼榫眼部件的表面。

變式

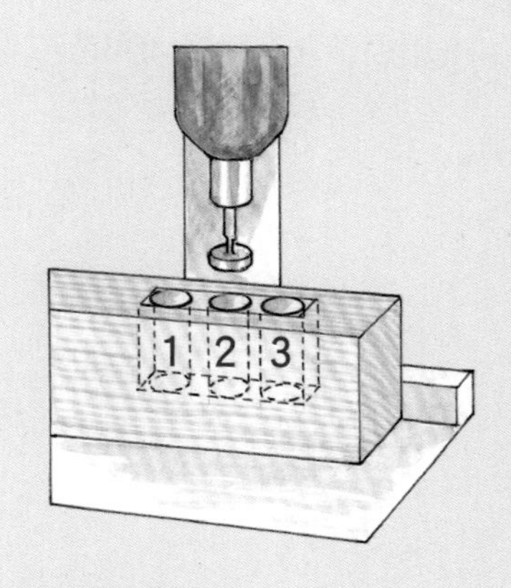

平翼開孔鑽

在用平翼開孔鑽清除廢木料並製作平整的底部時，應先沿榫眼的兩端向下鑽孔，然後再在中間鑽孔。鑽孔完成後用鑽頭和鑿子進一步清理去除殘留的廢木料。

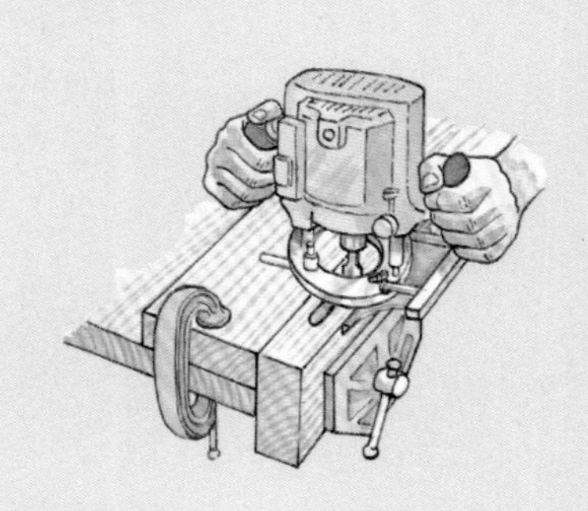

銑削榫眼

用臺鉗把榫眼部件夾緊，並在部件旁邊放上另一塊木板與其側面保持齊平，為電木銑讓開線路並提供額外的支撐，引導插入式電木銑完成銑削。

用搖臂鋸製作插入式榫眼

用搖臂鋸製作插入式榫眼的優勢在於，可以將部件水平放置完成操作，這在部件過長或過重，不宜用榫頭夾具固定在臺鋸上垂直切割的時候非常有用。根據原則，榫眼寬度不會超過木板厚度的三分之一，首先在木板的端面測量並畫線，然後將畫線延伸到兩個側面，根據榫頭的寬度標記出肩線。

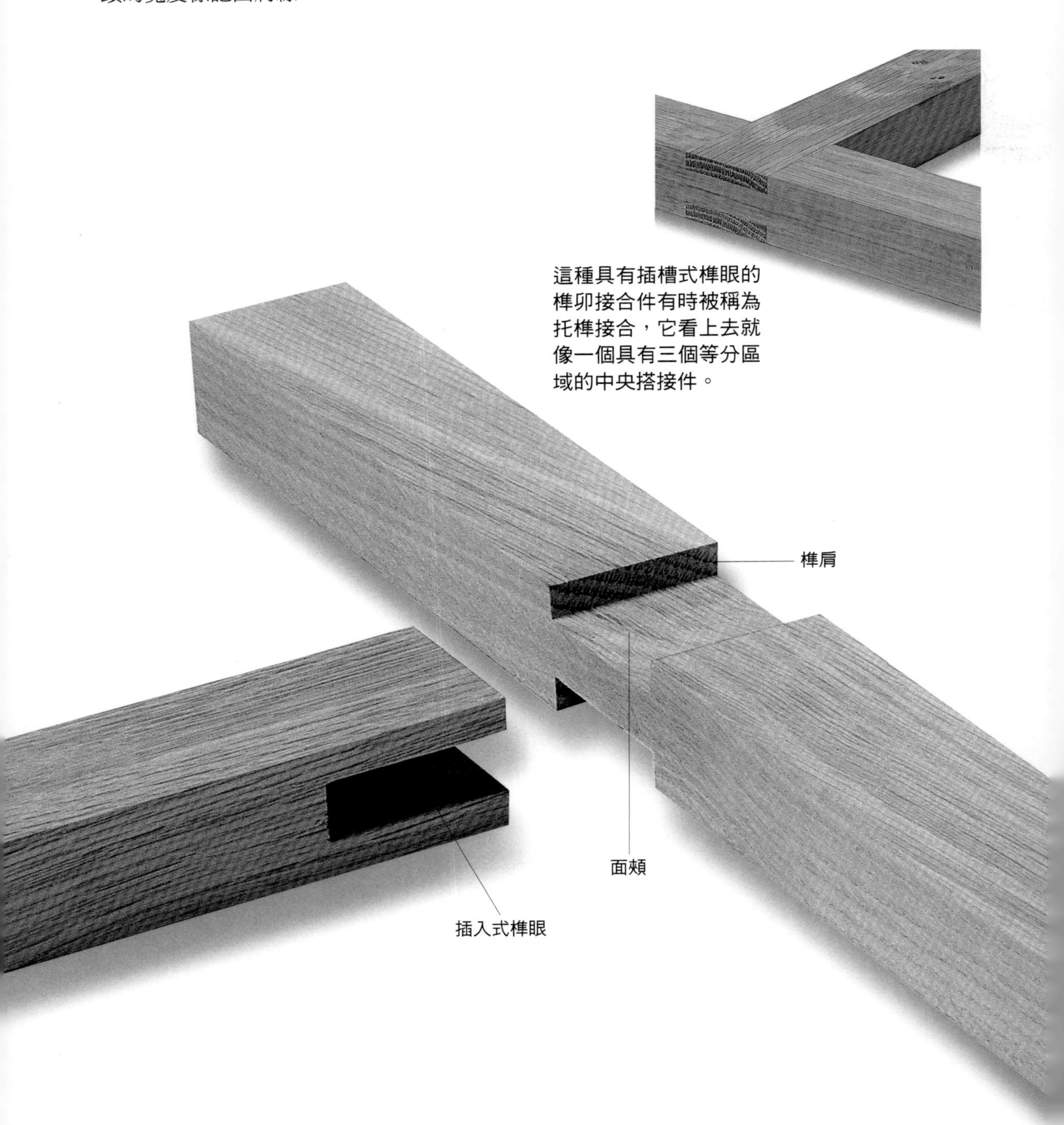

這種具有插槽式榫眼的榫卯接合件有時被稱為托榫接合，它看上去就像一個具有三個等分區域的中央搭接件。

製作步驟

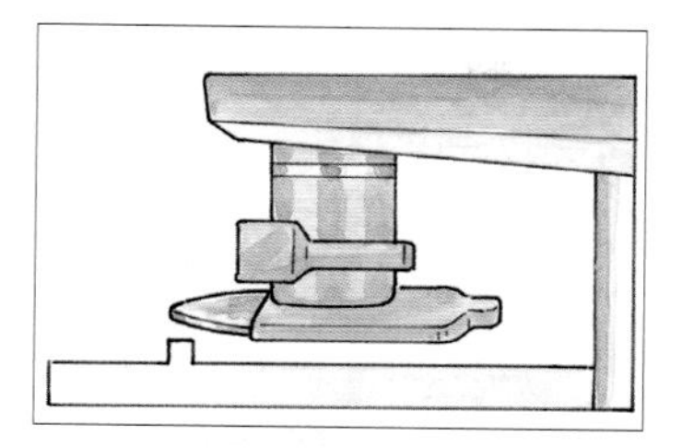

1 按照榫眼的寬度尺寸在水平位置鎖定一個組合刀頭，使刀片的外徑與鋸片靠山的前緣精確對齊。

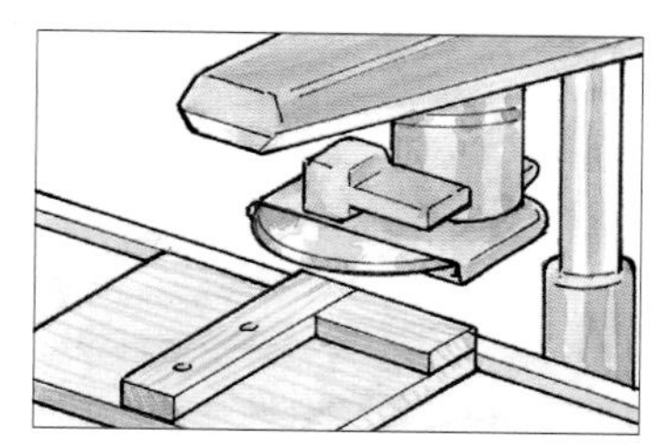

2 用膠合板廢料製作一個可滑動的夾具：切割一段木條，然後垂直於它加入另一塊邊緣方正的木條作為靠山，以防止手滑動碰到鋸刃。

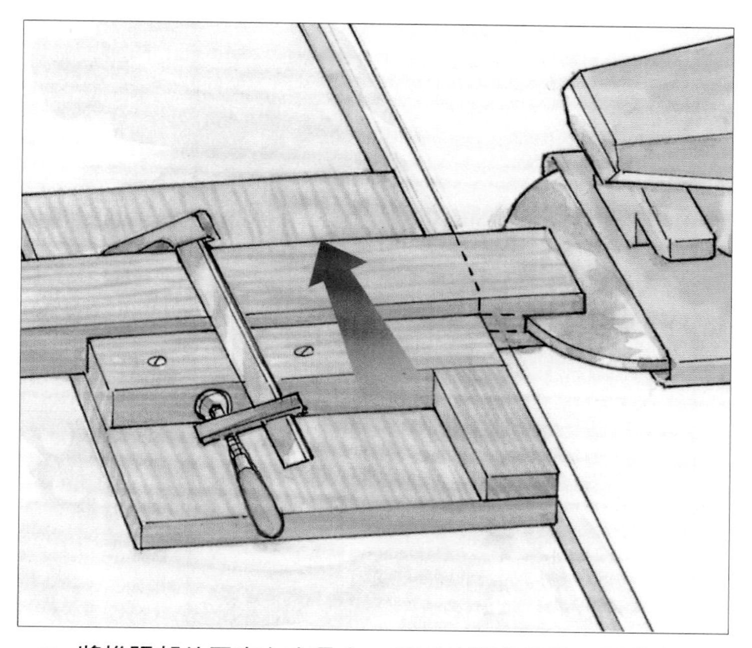

3 將榫眼部件固定在夾具上，使刀片對齊畫線，滑動夾具進料，使部件經過刀片以去除廢木料，直到標記的肩線與鋸片的靠山邊緣對齊。

變式

替代方法

一種替代方法是，在畫線的中央廢木料一側用手鋸鋸切插入式榫眼。另一種替代方法需要首先鑽一個孔，經過鋸切後再用鑿子進行修整。注意從兩邊向中心操作，將鑿子切入廢木料中，然後將木料碎片從端面分離出來。一種更簡潔的操作方法是，在臺鑽上使用平翼開孔鑽頭鑽孔，通過調整靠山，使鑽頭精確對齊榫眼的中心。操作要小心，相鄰的孔可以部分重疊，這樣經過一系列的開孔操作後，只留下很少的木料，最後用臺鑿將殘餘木料削掉即可。操作時可以用一塊廢木料支撐榫眼部件，以防止撕裂木纖維。

手工切割通榫榫眼

手工切割通榫榫眼唯一需要注意的就是（除了保持榫眼方正），防止未被榫頭肩部覆蓋的一側發生撕裂。為此，應標記出榫眼的輪廓線，並從外側向中心操作。

為了防止切割榫眼時撕裂木料，首先要在與榫頭肩部接觸的一側畫出較深的榫眼標記線。這樣鑽頭可以徑直鑽入木料並從對側鑽出，同時不會撕裂木料。如果需要從榫眼的兩側鑽孔，可以通過定位靠山使畫線位於鑽頭的正下方。為了保持精確的對齊，需要始終用相同的面頂緊靠山。

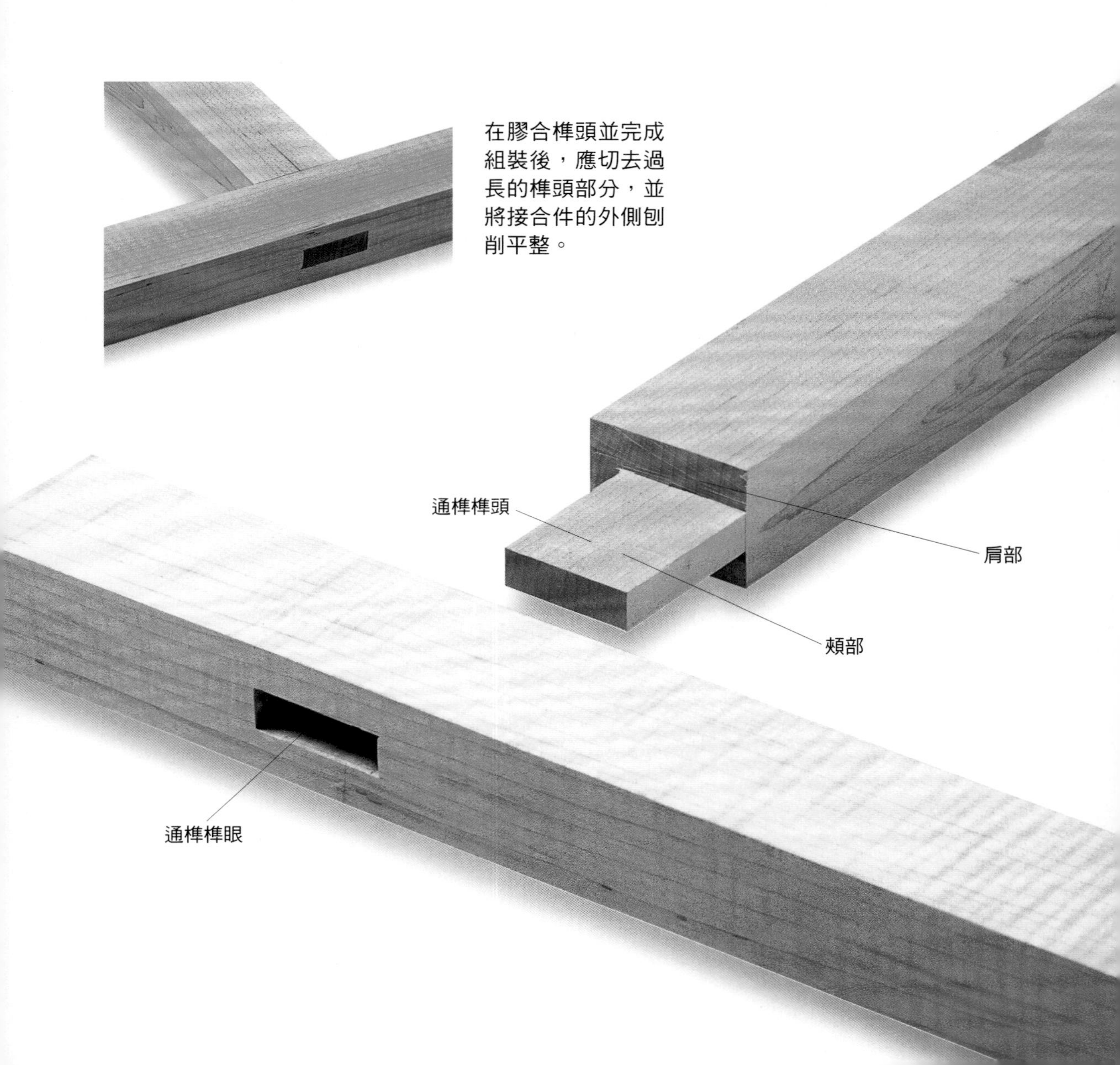

在膠合榫頭並完成組裝後，應切去過長的榫頭部分，並將接合件的外側刨削平整。

製作步驟

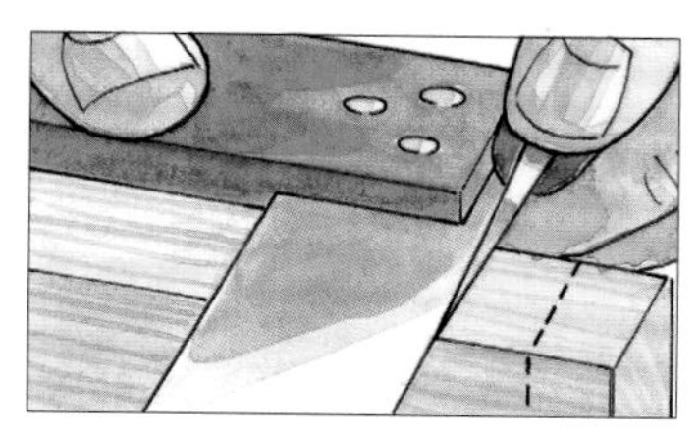

1 按照第75頁的榫眼畫線步驟操作，但這一次需要將榫眼的畫線延伸到其對側表面。

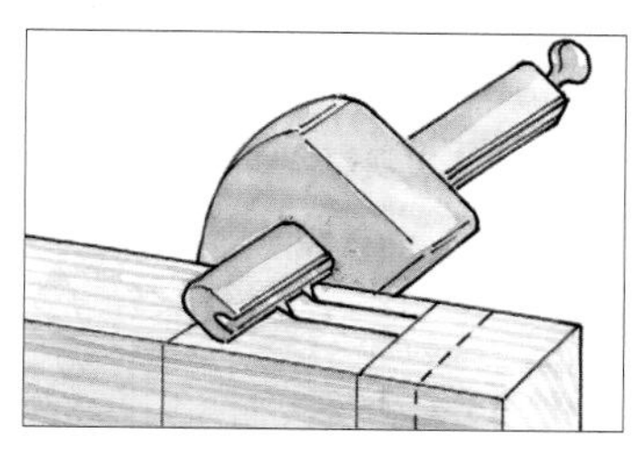

2 完成長度線的標記後，按照之前的步驟繼續操作，用畫線規標記出榫眼的寬度線，記得同樣要在對側表面畫出寬度線，並在標記時用相同的面頂緊靠山。

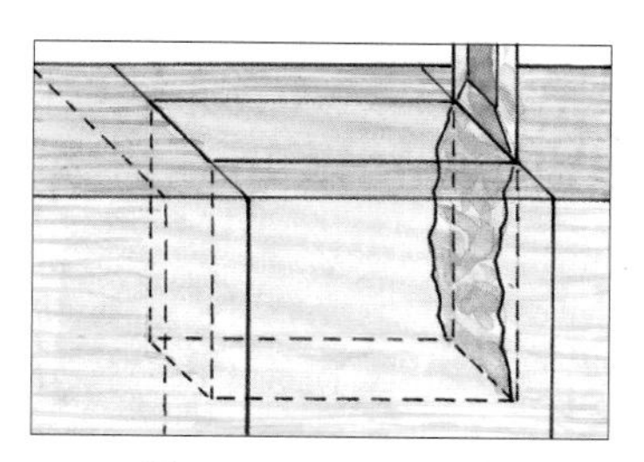

3 從四面向中間操作。把廢木料切碎，在榫眼的每一端形成略帶錐度的切割面，然後輕輕刮削，把榫眼壁修整方正。

變式

更多的開榫眼技術

銑削成角度的榫眼

為了用電木銑夾具引導電木銑銑削出成角度的榫眼，應首先在榫眼部件上標記出榫眼的角度，然後調整夾具，直至榫眼垂直於電木銑的底座，然後完成銑削。

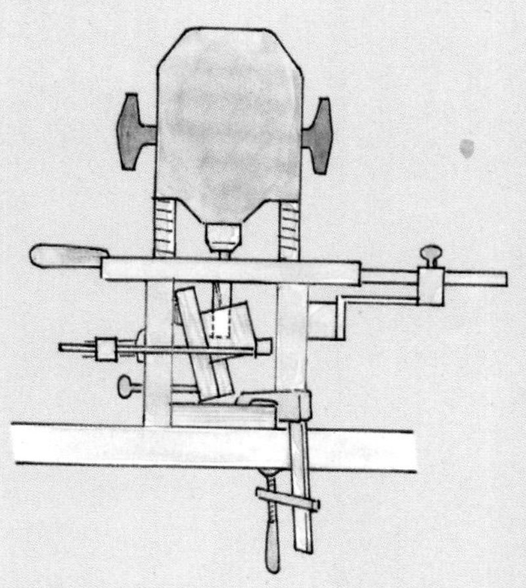

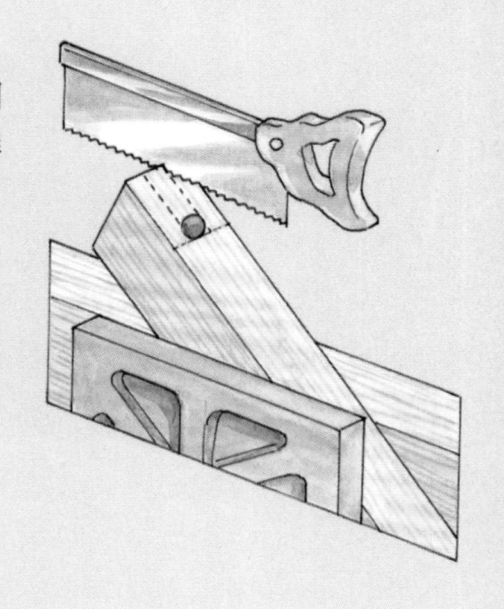

清理通榫榫眼

用布拉德尖頭鑽從榫眼的一側鑽入，鑽透榫眼以清除廢木料，然後用鑿子將榫眼壁修平。

清理插槽式榫眼

首先在榫眼的底部鑽一個孔，然後按照第77頁鋸切榫頭的步驟鋸切插槽式榫眼，並清除廢木料。

成角度的榫卯接合

當把一個成角度的榫眼從原尺寸的圖紙轉移到木料上時，榫眼的寬度和端面尺寸仍然是保持不變的。以同樣的角度把木料固定在臺鑽上，保持鑿子垂直向下手工完成鑿切。

一個向下操作的電木銑夾具箱可以用來切割成角度的榫眼。這種工具類似於沒有鋸槽的斜切輔鋸箱，可以通過一個由蝶形螺絲固定的鉸接架進行調整，將榫眼部件固定在所需的角度。從圖紙中獲得所需的角度，並在相應位置標記出榫眼的尺寸，調整部件的角度，直到榫眼成角度的側壁垂直於臺面。

在切割縱向傾斜的榫眼時，其開口必須向上傾斜，保持側壁與臺面成直角，就像用臺鑽鑽出廢木料那樣。在使用這樣的固定裝置銑削榫眼時，榫眼部件被固定在夾具箱的一側，電木銑則被放在夾具箱的頂部滑動，它的靠山緊靠在榫眼部件一側。

成角度的
榫頭頰部

門梃

成角度
的榫肩

冒頭

可滑動的斜面是製作成角度接頭的重要工具。

用臺鑽製作成角度的榫眼

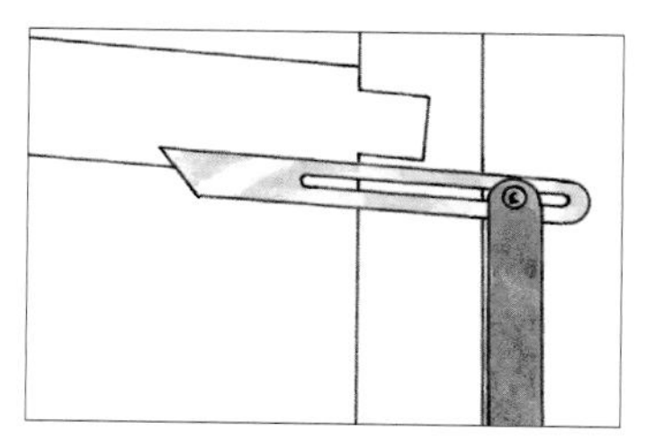

1 參照接合件的原尺寸圖紙將斜角規設置成榫眼所需的角度，並用它在榫眼部件的外側標記出這個角度。

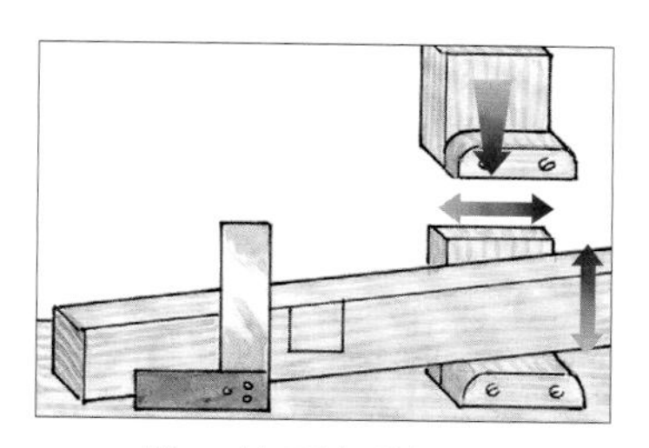

2 將一塊肩部導圓的階梯式木塊墊在榫眼部件下方，並沿著部件的長度方向滑動，逐漸抬高部件的高度，直到榫眼成角度的側壁畫線垂直於臺面。

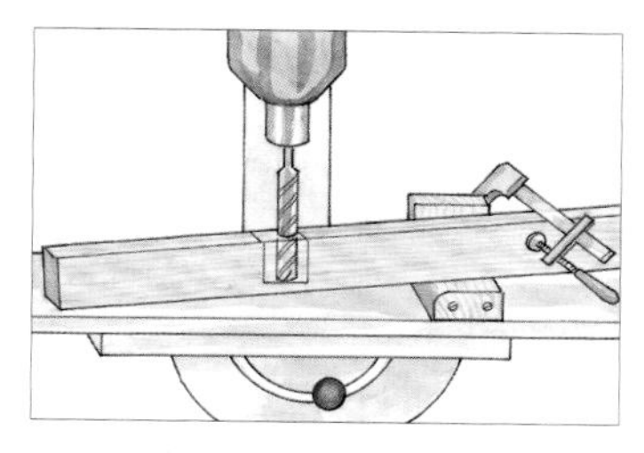

3 將部件固定到位，如有必要，可以用輔助臺面幫助支撐組件。根據榫眼的標記設置鑽頭的工作深度，鑽孔以去除榫眼中的廢木料，然後再用鑿子將其修整方正

變式

榫頭的製作方法

用機械加工基本榫頭的方法與製作端面搭接件的方法相似。唯一的區別在於畫線和調整刀頭的時候，要考慮榫頭具有兩側頰部而不是一側頰部。在斜角規的槽中滑動的可調節夾具是前面提到過的、帶有靠山的馬鞍形夾具的變種。安裝在兩個半片夾具之間的凹槽裡的導軌可以保持夾具平直地移動。

止位塊

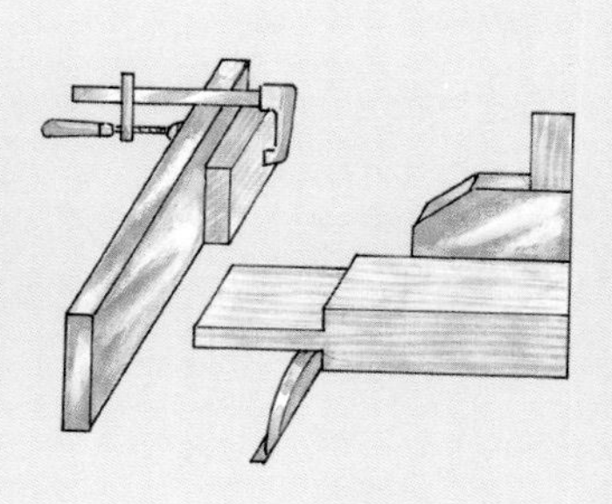

設置在臺鋸靠山上的止位塊將切割範圍限制在了肩線以內。將組合刀頭抬高到肩部寬度線的位置，並將部件推過刀頭，這樣剩下的就只有頰部的廢木料了。

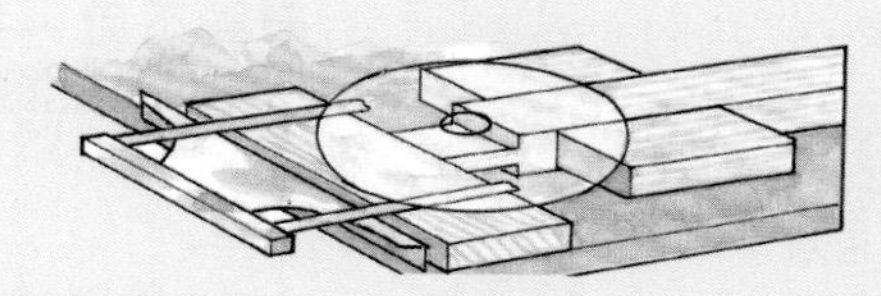

去除榫頭頰部的廢木料

用廢木料製作一個夾具並將其連接到膠合板的底板上，以固定部件並支撐電木銑。電木銑的導邊器則與肩線對齊。

榫頭夾具

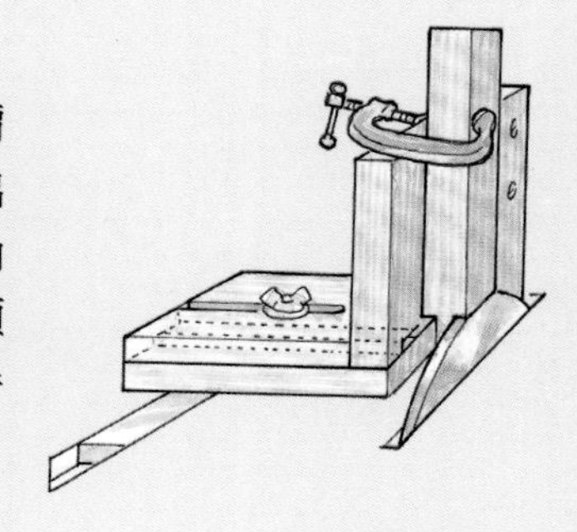

在將鋸片放低到榫頭的肩部寬度線位置鋸切鋸縫露出榫肩後，可以在一個沿斜角規的凹槽滑動的可調節榫頭夾具的幫助下，從外側入手去除頰部的廢木料。

製作成角度的榫頭

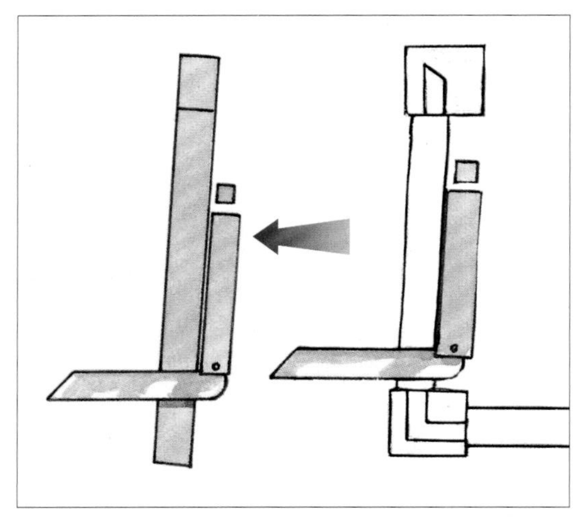

1 用一個可滑動的斜角規從原尺寸圖紙量取邊緣肩角並將其轉移到超長的木料上，注意使肩部保持正確的距離。

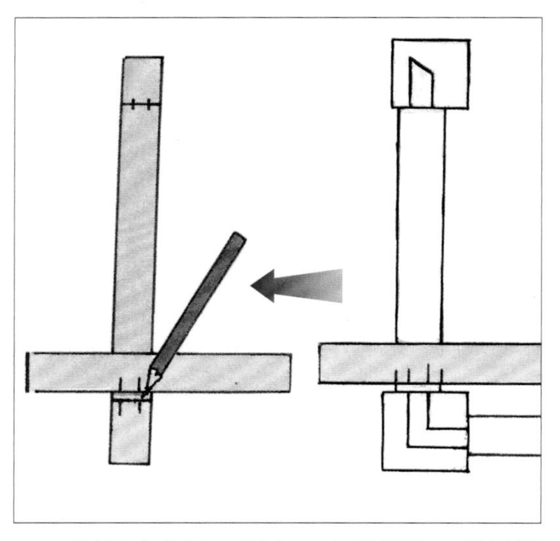

2 測量或使用一根木工高程標尺，將榫眼的偏移量和榫頭的厚度標記到成角度的榫肩標記線上。

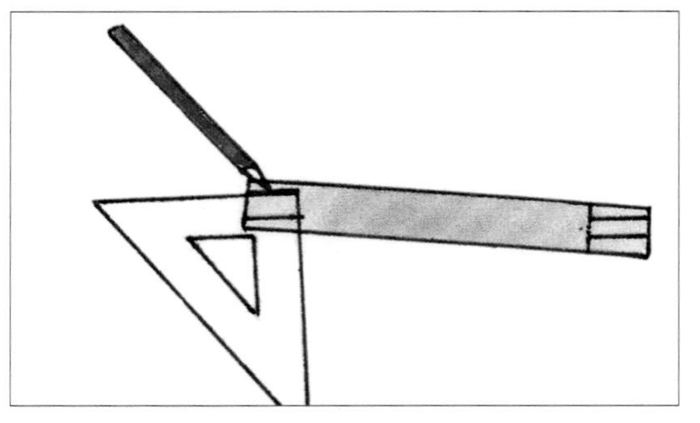

3 將建築師三角尺的直角與肩線標記對齊，並沿著部件的側面延伸肩線，畫出榫眼的側面厚度線。

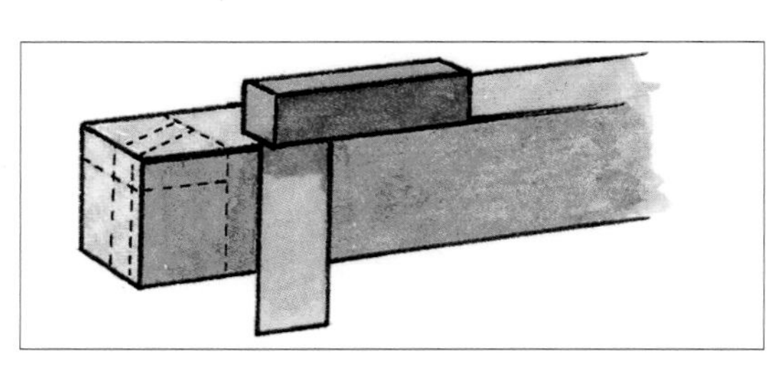

4 從側面厚度線與端面的交點出發，垂直於端面與側面的公共邊橫跨端面畫線，並在另一側面將邊緣肩角連接在一起。從這個角度出發擴展榫頭的輪廓線，標記出榫眼的厚度，開始鋸切。

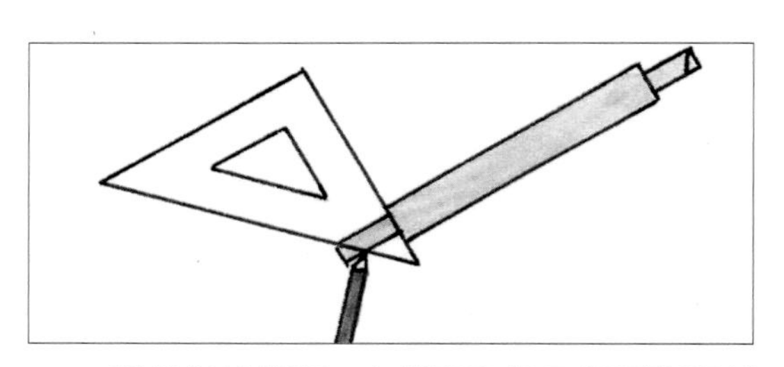

5 對於斜接榫頭，在榫頭和第三個肩部切割完成後，標記榫頭的長度，並用一個建築師三角尺在榫頭末端標記出45°的斜切線。

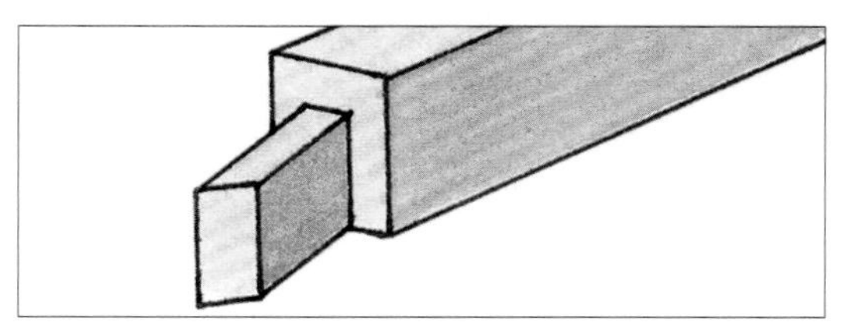

6 像製作常規榫頭那樣，修整榫頭端面，清理頰部和榫肩。

貫通式木楔加固榫

當作用於結構上的負載使榫卯接合處於張力狀態時，除非接合結構得到加固，否則黏合劑是唯一可以將接合件保持在一起的東西。釘入銷釘、木楔，或者楔入方栓或尖頭木條，是提高接頭抗張性能的基本方法。

擴展貫通榫眼的兩端，並在榫頭上切割鋸縫插入一個或多個木楔，這是經久耐用的手工接合結構的明顯標誌。用一種與榫眼部件顏色對比鮮明的木料製作木楔，並保持其紋理橫向於榫眼部件的紋理，以防止榫眼開裂。每個木楔的寬度不要超過榫頭的厚度。如果木楔較厚，則需要切除部分榫頭木料，將鋸縫加工成小錐度的V形槽。

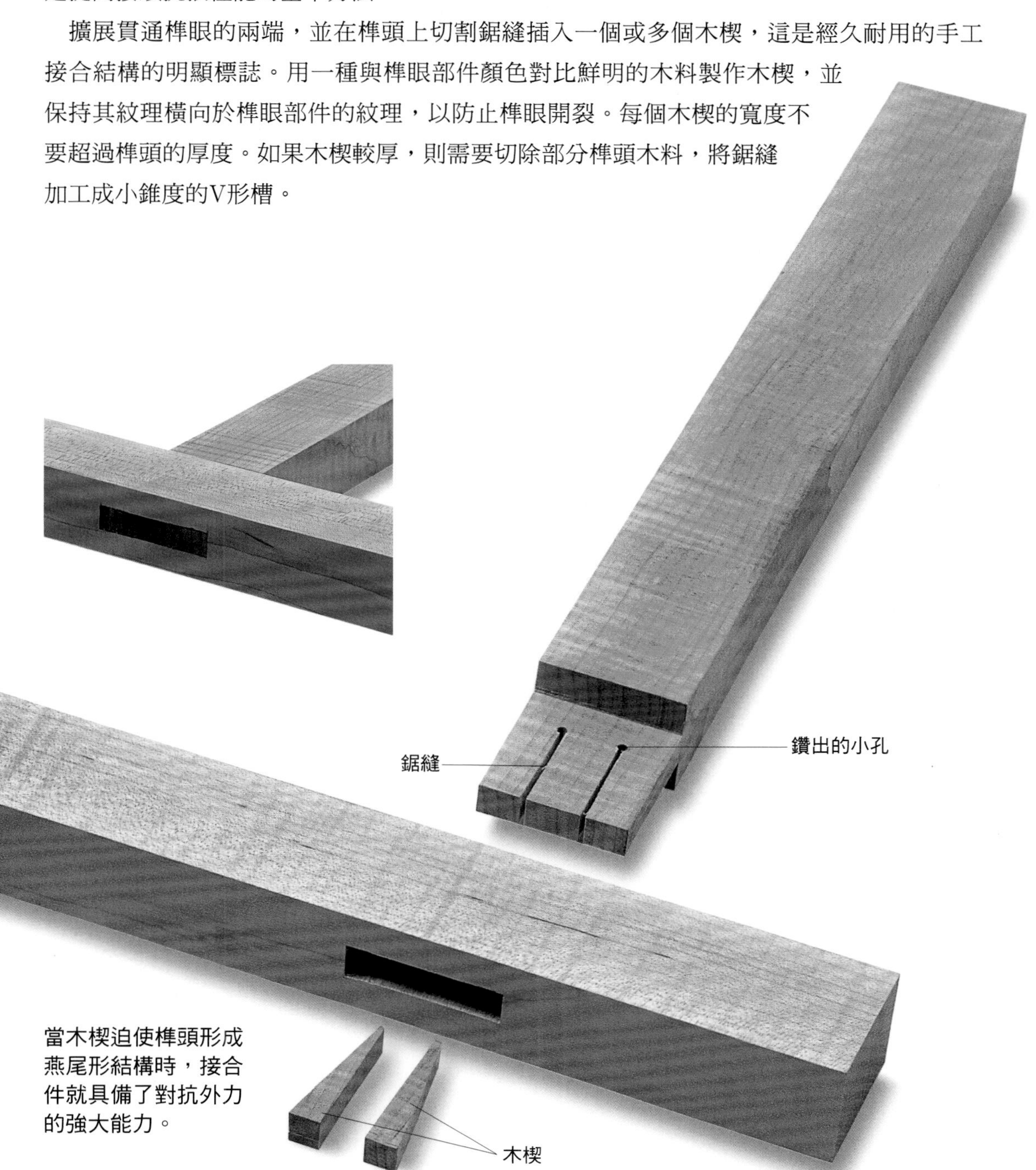

當木楔迫使榫頭形成燕尾形結構時，接合件就具備了對抗外力的強大能力。

製作技巧

更多加固措施

如果在臺鋸上切割木楔，可以使用一塊膠合板廢木料，按照木楔的錐度切出一個切口。當部件進入切口中時，膠合板可以在鋸片切割木楔的同時沿靠山滑動。這樣的夾具也可以定位手鋸完成操作。切割楔子通常是順紋理進行的，否則敲入的楔子很容易被折斷。建築師三角尺簡化了畫線的過程，並可以兼做設置鋸片角度的工具。

貫通榫頭的木銷應該靠近肩部，因為它們會限制木材的形變，並且如果木料本身不是非常堅固的話，最終可能會導致榫眼部件開裂。木銷的直徑應該較小，但較大的齊平式圓形木塞，或者圓形或方形的釘頭可用於裝飾。

製作步驟

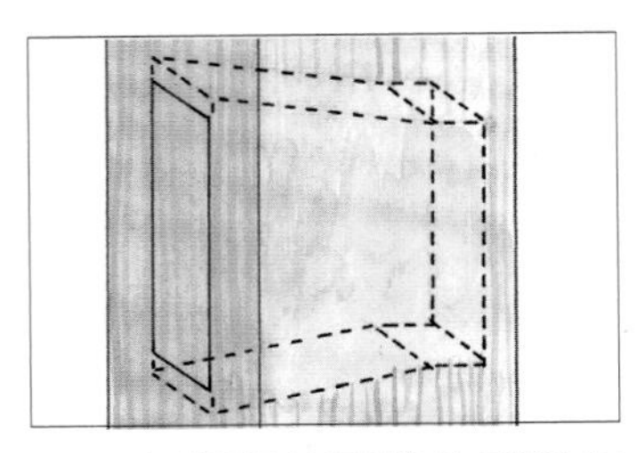

1 在榫眼的兩端分別增加1⁄16吋（1.6mm）的長度，並使榫眼內壁向前呈現一定的錐度與之對應，注意在榫頭進入的位置留下一段正常的平整區域。

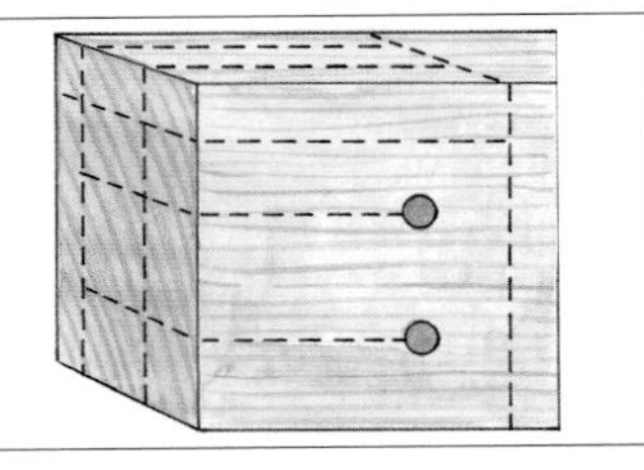

2 為榫頭的頰部、肩部和木楔的位置畫線，然後對準木楔的畫線，從距離肩部四分之一榫頭長度的位置鑽小孔，以確定每個木楔槽的底部位置。

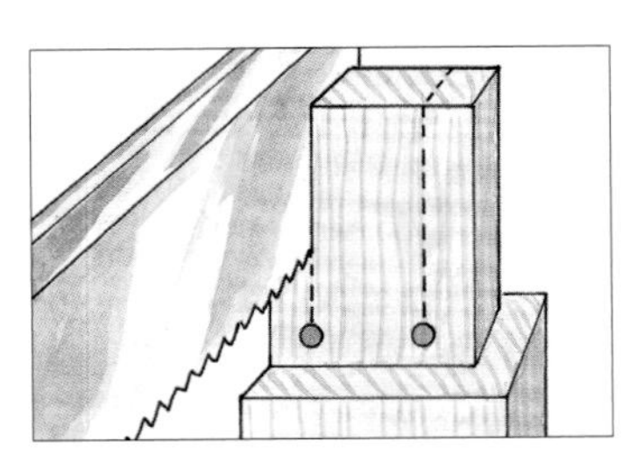

3 首先鋸切榫頭的頰部和肩部，然後沿著頰部的木楔畫線向下鋸切到小孔的位置。小孔可以防止在插入木楔時榫頭開裂。

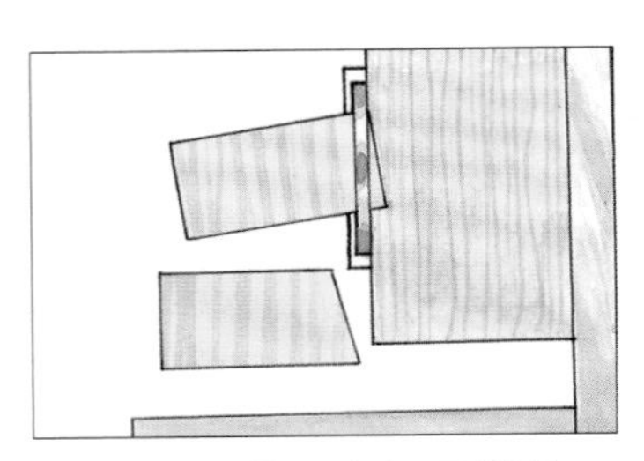

4 製作「更多加固措施」部分描述的夾具來切割木楔，順紋理切割木料，使木楔寬度與榫頭的厚度相同，每完成一次切割要翻轉木料。

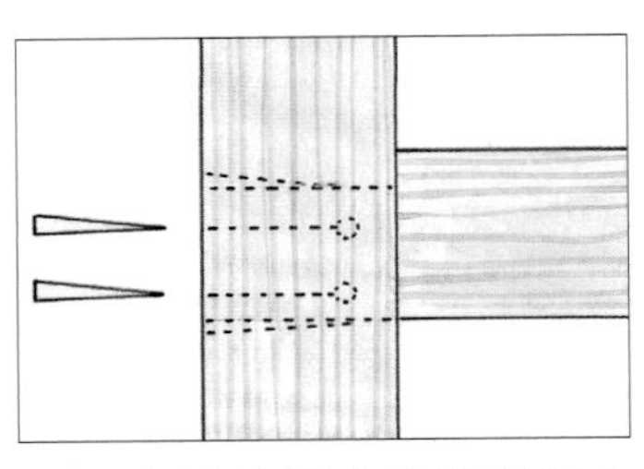

5 把塗抹膠水的榫頭插入榫槽，暫時夾緊肩部，直到可以夾緊頰部，然後把塗抹膠水的木楔敲入。交替敲打，這樣可以使兩個木楔穿入同樣的深度。

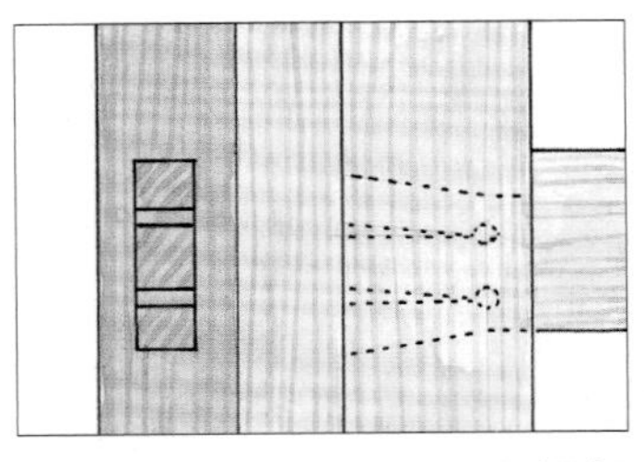

6 待膠水凝固後，從頰部取下夾具，鋸掉木楔突出的部分，然後打磨或刨削榫頭部分，使其與榫眼部件表面平齊。

用圓木榫加固的榫頭

可以在榫頭上鑽孔，插入帶有錐度的圓木榫，當圓木榫敲擊到位後，就可以把接合件拉緊。有時，錐度部件是方形的，需要被砸入以鎖定接合件。如果在榫眼上開孔，需要將第二個孔與榫頭上的孔對齊，將榫頭插入榫眼，然後將圓木榫釘入榫眼。圓木榫加固的方式更常見於鄉村風格的家具、新材作品或木框架，而不是精緻的作品中。

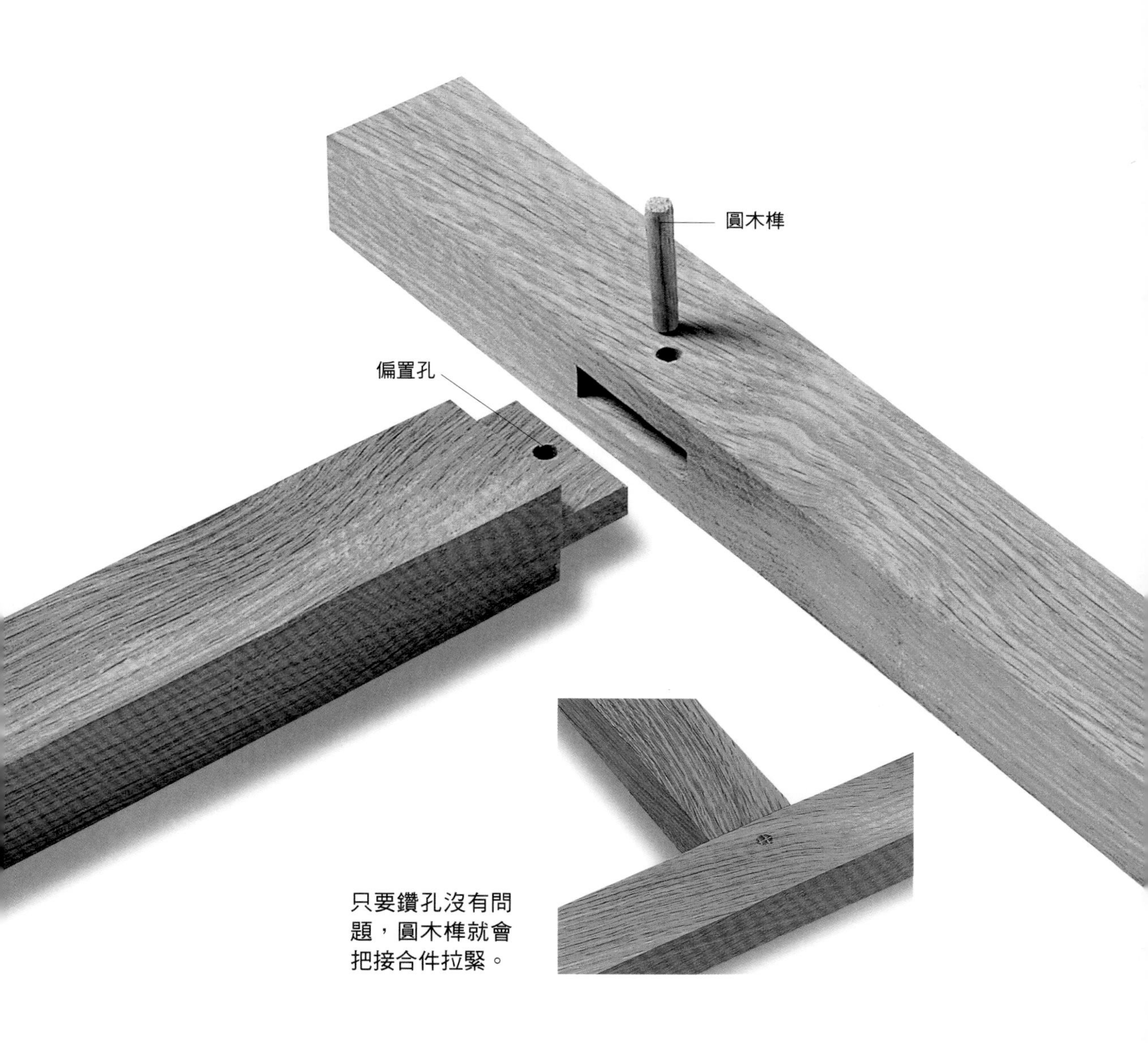

只要鑽孔沒有問題，圓木榫就會把接合件拉緊。

變式

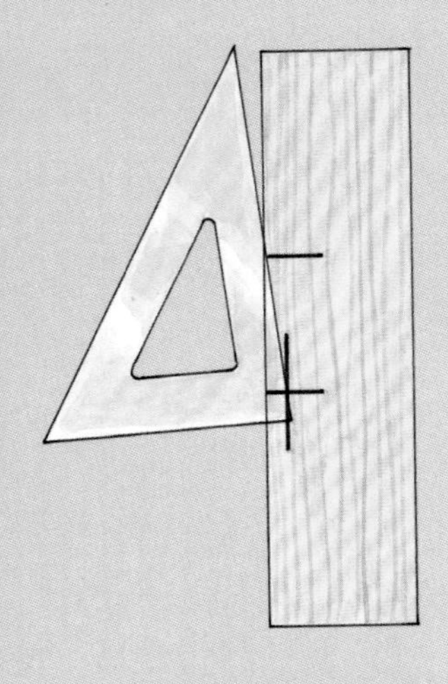

切割木楔

要製作切割木楔的夾具，應首先標記出楔槽的長度和厚度，接下來使用建築師三角尺連接兩個頂點，然後切割出其邊角輪廓。

釘入圓木榫

待接合件完成膠合且膠水凝固後，在靠近榫頭肩部的位置鑽取貫通榫眼部件的通孔，然後插入塗抹了膠水的圓木榫，並將圓木榫兩端修整平齊。

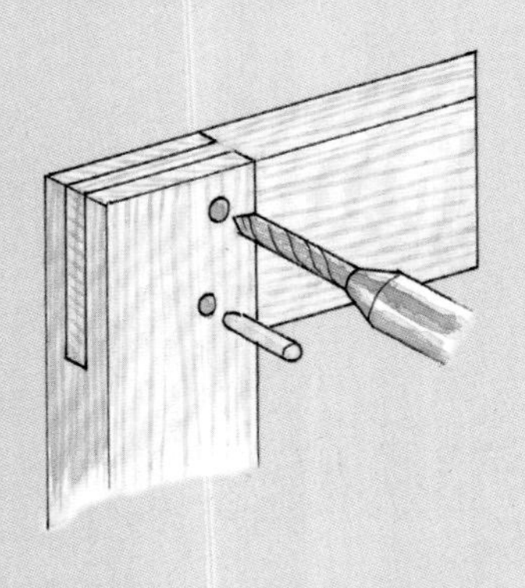

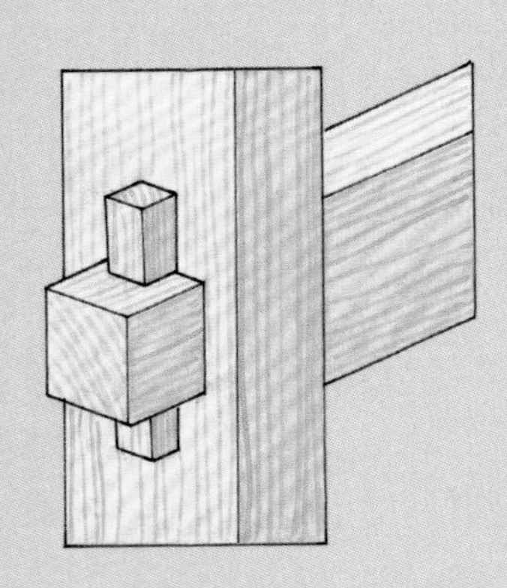

凸榫

可以用膠水組裝凸榫；如果家具是可拆卸的設計，可以不使用膠水完成組裝。

製作步驟

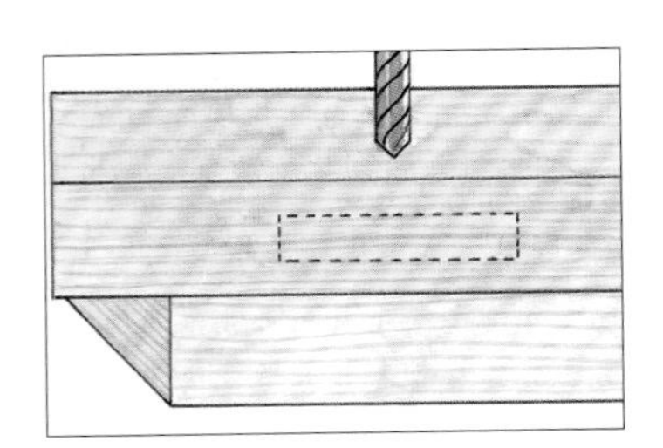

1 為榫眼畫線，用廢木料為其備份，從木料邊緣向內回退四分之一木料寬度的距離，在榫眼長度的中央鑽一個孔。

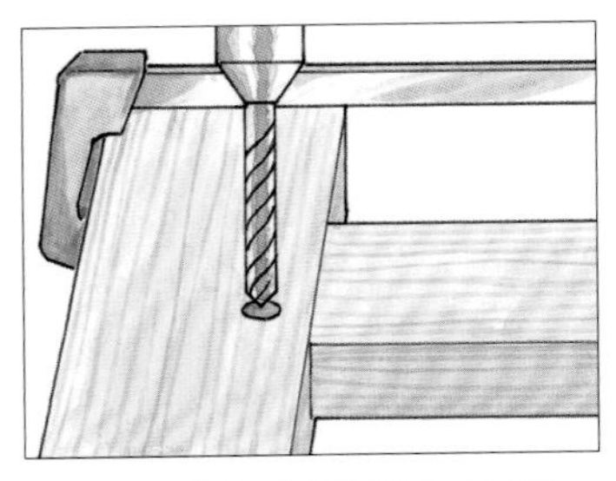

2 正常切割榫頭和榫眼，組裝並夾緊榫頭，然後將鑽頭插入孔中，以標記其在榫頭上的位置。

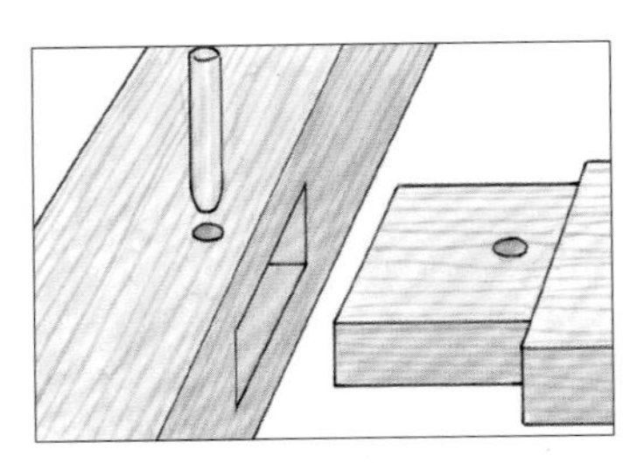

3 在榫頭上鑽一個孔，使其相比鑽頭標記的位置距離榫眼稍近一點，然後將接合件組裝起來，把一個帶有錐度的圓木榫插入其中。

成角度的榫頭和榫肩

成角度的榫頭或榫肩常見於橫擋連接到具有錐度的或傾斜的桌腿中，以及椅面的框架橫梁和橫擋接入椅子腿中的時候。當接合角度不同於90°時，全尺寸圖紙是輔助設置畫線工具和確定測量值不可或缺的工具。

成角度榫頭的邊肩或面肩沒有垂直於切割面，但榫頭通常是垂直於成角度的榫肩的，因此榫眼仍可以垂直於木料表面。因為榫肩成一定的角度，所以榫頭的走向不再平行於紋理，而是與其斜向相交。一個成角度的榫頭必須包含一些連續的長紋理區域才能保證接合強度。圖紙有助於直觀地呈現這一點，並計算出榫頭在木料中的尺寸。

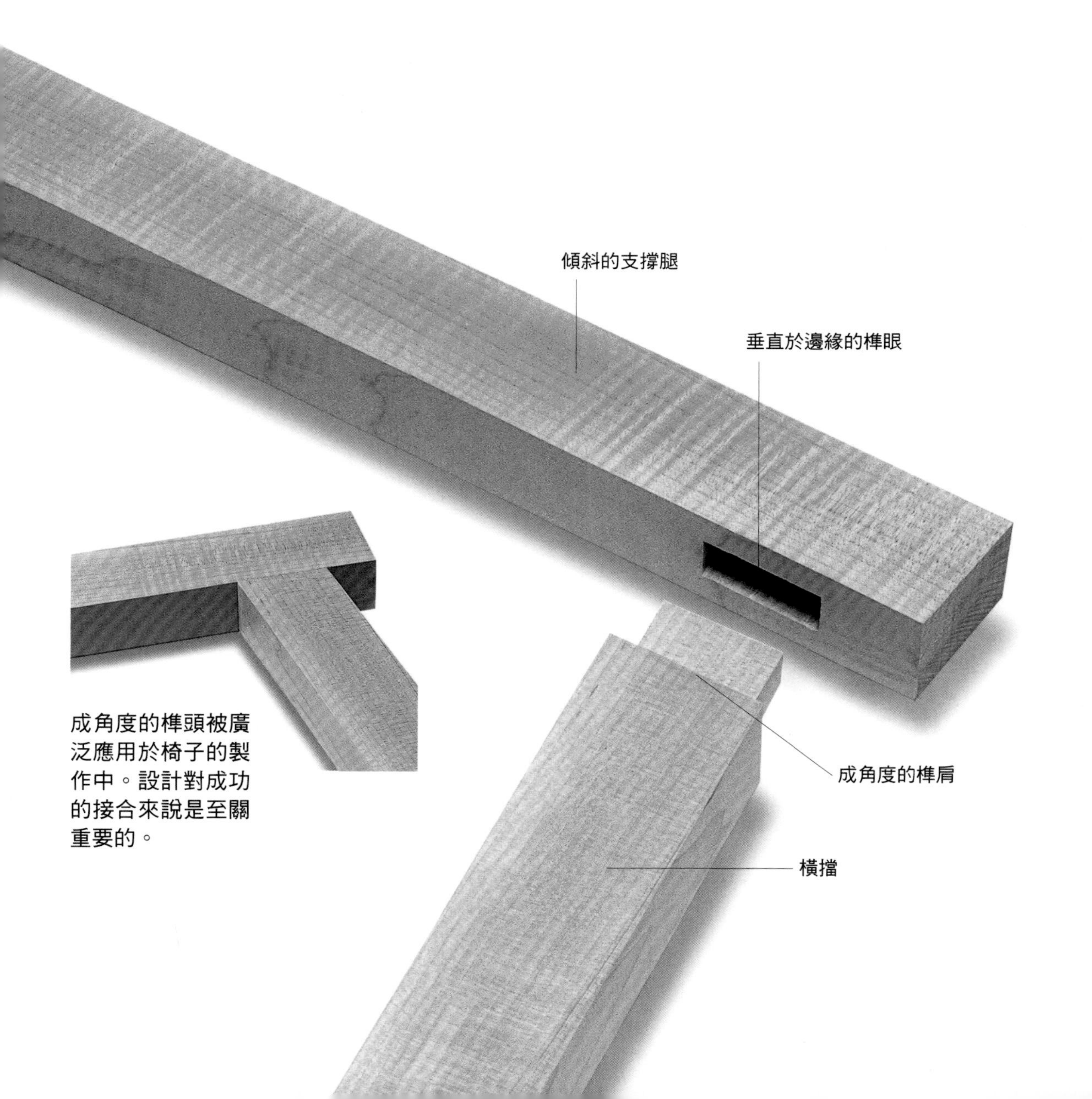

成角度的榫頭被廣泛應用於椅子的製作中。設計對成功的接合來說是至關重要的。

變式

更多的斜角榫

使用手鋸或帶鋸鋸切成角度的榫頭與鋸切正常榫頭的步驟是一樣的。使用搖臂鋸鋸切成角度的榫頭，需要將鋸片調整到水平位置，並在部件下方放上一個較高的桌子提供支撐。臺鋸的傾斜方向是可以調整的，所以榫肩距離臺面的高度也可能不同，在操作時，要麼傾斜鋸片，使用夾具垂直固定榫頭部件，要麼保持鋸片垂直於臺面，傾斜部件進行鋸切。

如果使用電木銑銑削成角度的榫頭，需要使用一個成角度的雙層電木銑階梯夾具，通過底層的防滑木條對齊部件，以去除榫頭的頰部至榫肩的廢木料。然後將夾具的第二層後移，後移距離等於銑頭的外徑與電木銑底座邊緣的距離。為此需要仔細測量，或者更簡單的做法是，將第二層夾具後移得稍遠一些，然後將銑頭精確對準第一級夾具，引導電木銑將部件邊緣修整平齊。

使用木楔形物

從全尺寸平面圖中量取錐度角，把木楔固定在具有垂直靠山的滑動夾具上設置榫頭的頰部角度。

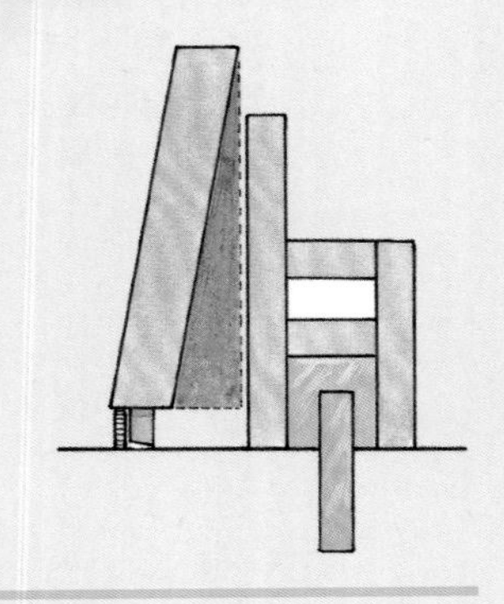

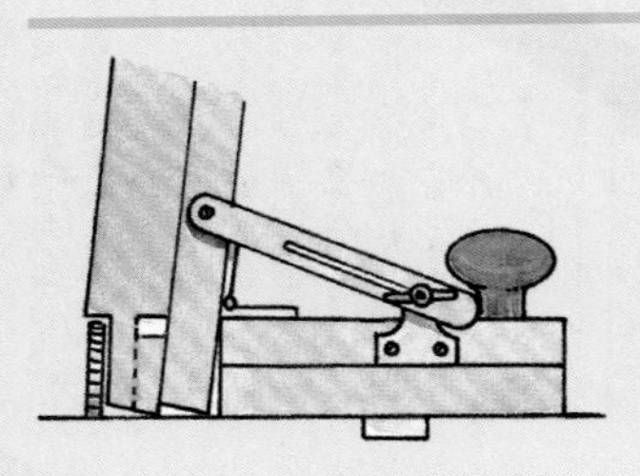

鉸接式夾具

在鋸切出榫肩後，使用一個可在斜角規的槽中滑動的、傾斜的可調節鉸接夾具將榫頭的頰部畫線與鋸片對齊。

階梯式夾具

如果用電木銑鋸切頰部，需要使用一個階梯狀的夾具鋸切榫肩的斜角，並通過夾具的階梯引導和停止電木銑。

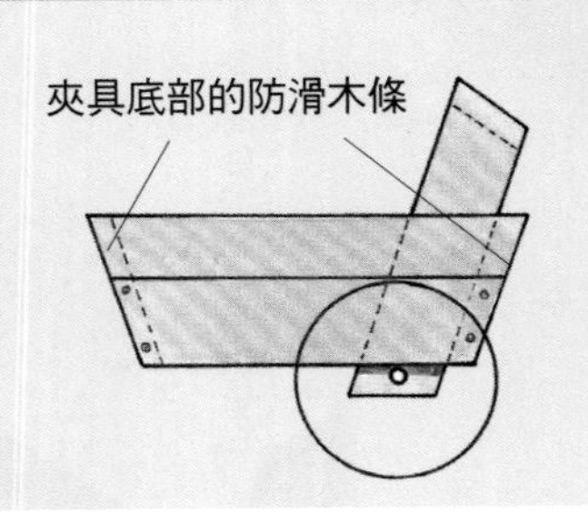

榫肩的製作步驟

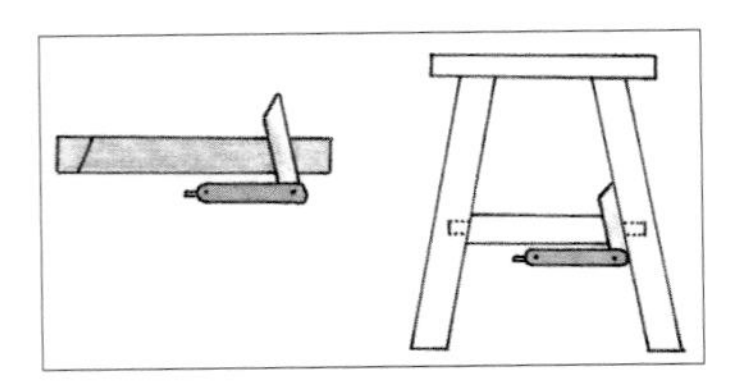

1 將木料鋸切到需要的長度，從全尺寸圖紙上測量出榫肩的角度，並將其標記到木板的準確位置，然後按照該角度設置臺鋸床上的斜角規。

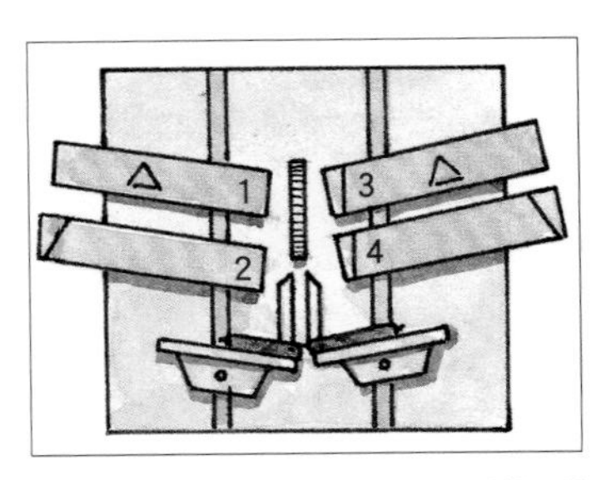

2 將組合刀頭抬高到榫肩的寬度線，去除頰部1的廢木料，然後翻轉木料，去除頰部2的廢木料。接下來按照右邊的角度重新設置斜角規，去除頰部3和4的廢木料。

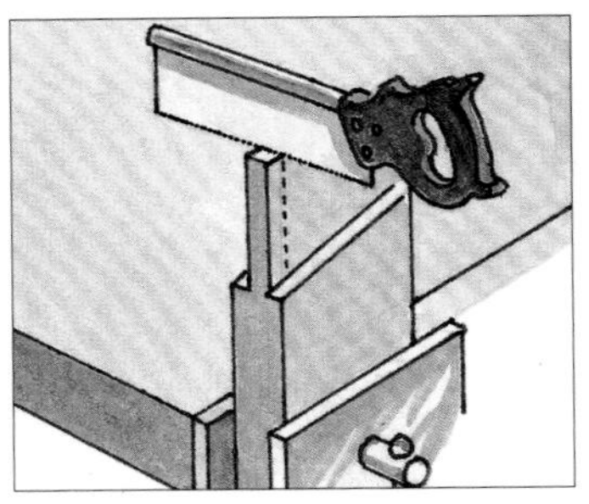

3 向下鋸切榫頭到寬度線的位置，然後橫向於邊肩，沿著這個角度鋸切，清除廢木料。

栽榫

栽榫直譯的話叫作「可滑動榫頭」或「鬆散榫頭」，前者很容易與插槽式榫眼或滑動接頭混淆，後者則很容易與沒有使用膠水，而是經過方栓或尖頭木條加固的通榫榫頭混淆。在這裡，栽榫是指可以把兩個榫眼部件橋接起來的單獨的、可浮動的接頭。

栽榫是基於機器製作技術設計的。將一個直徑等於榫眼寬度的圓形銑頭插入榫眼的一端，沿著榫眼的長度方向銑削榫眼，待其到達榫眼的另一端時將其拉出，留下圓形的榫眼末端。令人困惑的是，這種類型的榫眼也被稱為插槽榫眼，但其明顯不同於我們之前講到的插槽式榫眼。

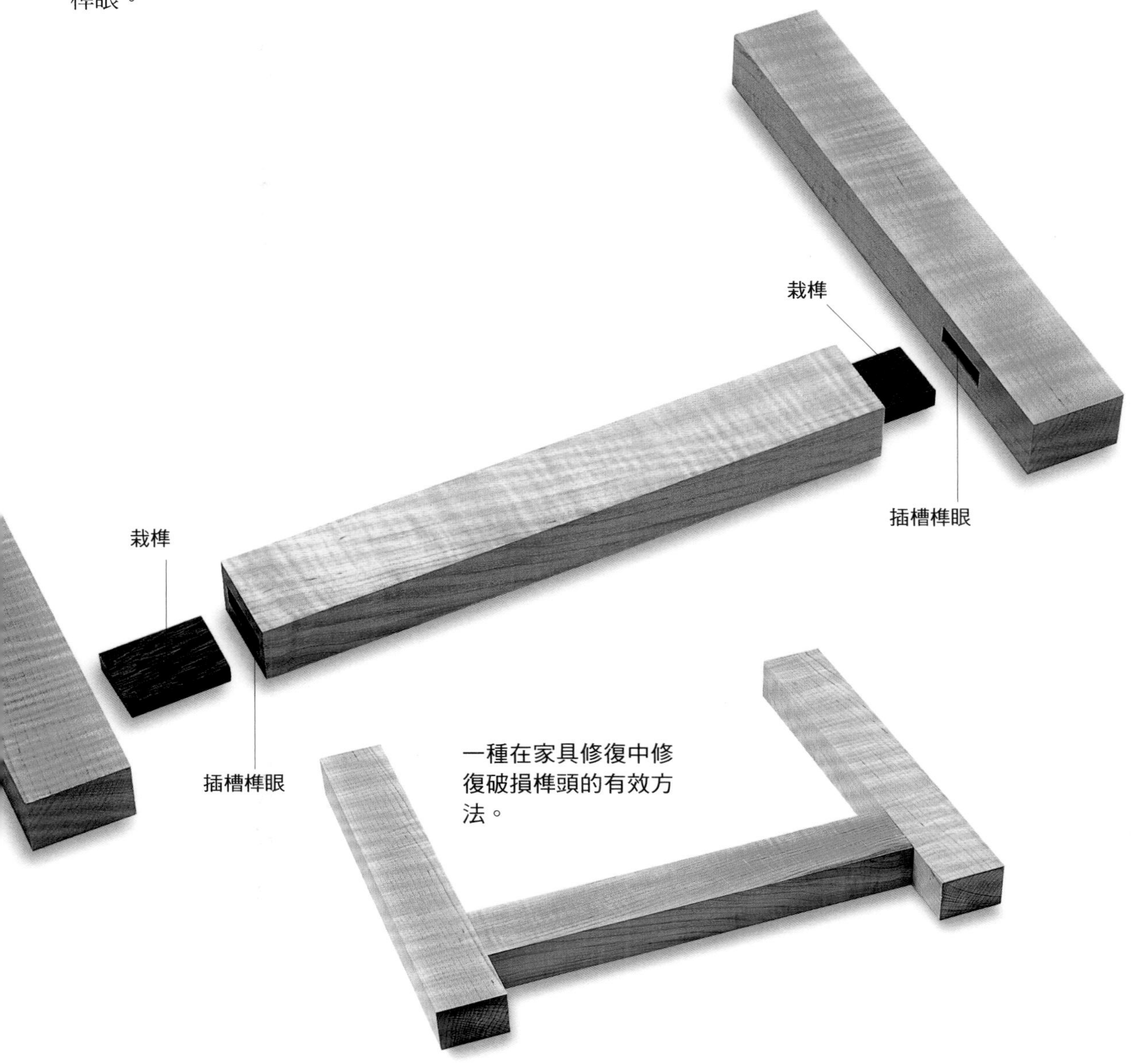

一種在家具修復中修復破損榫頭的有效方法。

變式

圓木榫和圓形木料

圓木榫可以通過在成對的接合部件上鑽孔，並使用圓木榫或定位銷作為栽榫完成接合。要想製作一個完整的圓形榫頭，可以在鋸切出榫肩後，把一個木塞鑽頭對準部件端面的中央，在臺鑽或車床上完成加工。

下一頁的內容展示了一種在水平方向銑削圓頭榫的方法，但垂直方向的銑削需要使用滾珠軸承半槽鑽頭和特定的夾具。這項工作可以把待加工的部件固定，通過移動手持式電木銑完成銑削，或者也可以使用電木銑臺固定銑頭，把待加工的部件固定在可移動的夾具上完成銑削。為圓木榫鑽孔是相當簡單的，但需要使用一個V形塊標記和固定部件。圓木榫可以正常榫接到榫眼中，而且一個平坦的肩部用來接受一個矩形的肩部在結構上也是穩定的。

製作步驟

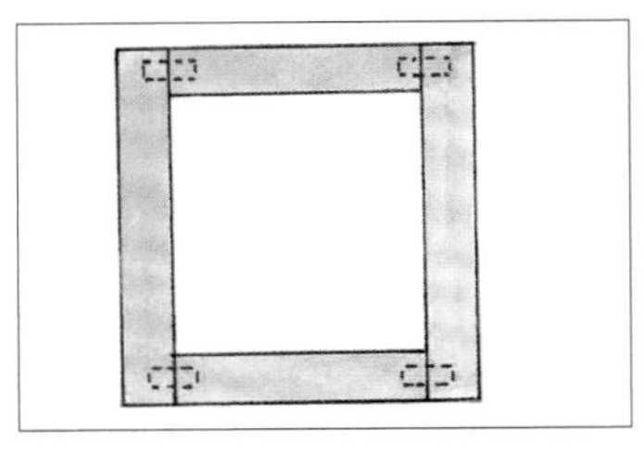

1 製作一個全尺寸圖紙來確定部件的寬度、長度以及榫接的位置，然後將垂直部件及其之間的水平部件切割到指定長度。

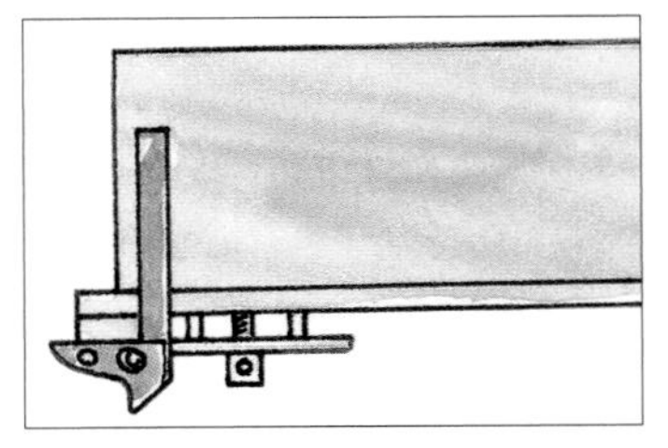

2 用臺鉗將一個邊角的水平部件垂直夾緊，並將對應的垂直部件水平排列，在水平部件的端面和垂直部件的側面同時標記出榫眼。在每個邊角重複該操作。

3 可以按照第75～76頁的一種方法進行設置。在這個例子中，輔助臺鉗的鉗口通過螺栓孔連接，並擴展了鉗口的高度。

4 夾緊部件，使其與臺鉗鉗口齊平，將用於端面切割的直邊銑頭與頂住鉗口的電木銑的導邊器對齊，並通過幾次銑削完成每一個榫眼。

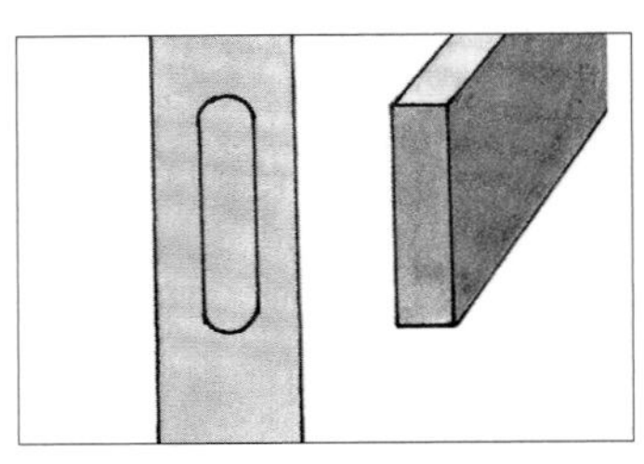

5 銑削出榫頭的長度，其寬度尺寸等同於榫眼的長度，其厚度尺寸與榫眼的寬度一致。

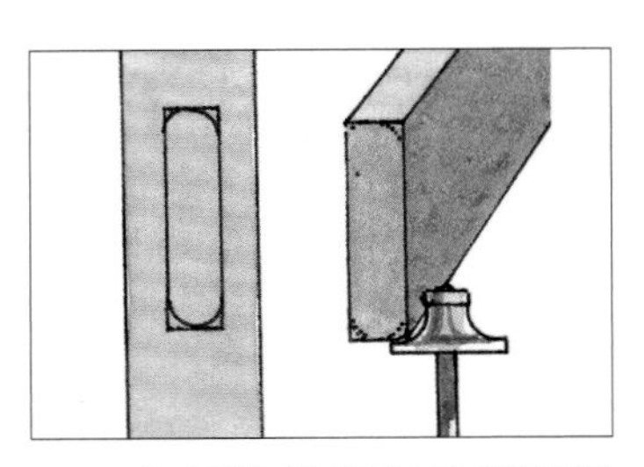

6 為了將榫頭部件與榫眼匹配在一起，可以將榫眼的邊角加工方正，或者將榫頭的邊緣磨圓。

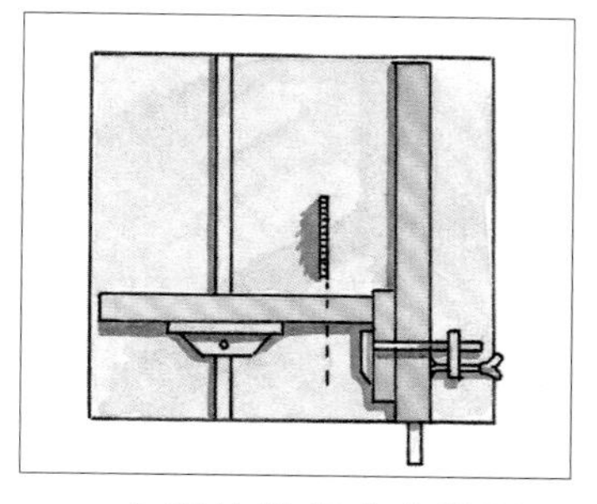

7 在鋸片的靠山上設置一個限位塊，重複切割榫頭，使其長度略小於榫眼深度尺寸的2倍。

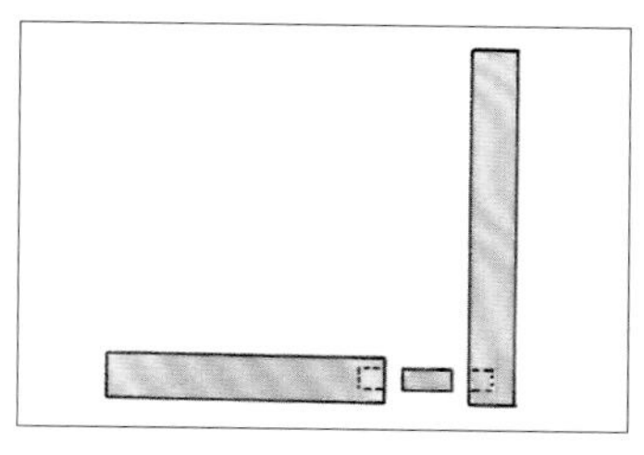

8 在榫眼內壁和榫頭表面均勻塗抹膠水，然後把每組接合件組裝起來，製出框架並夾緊。

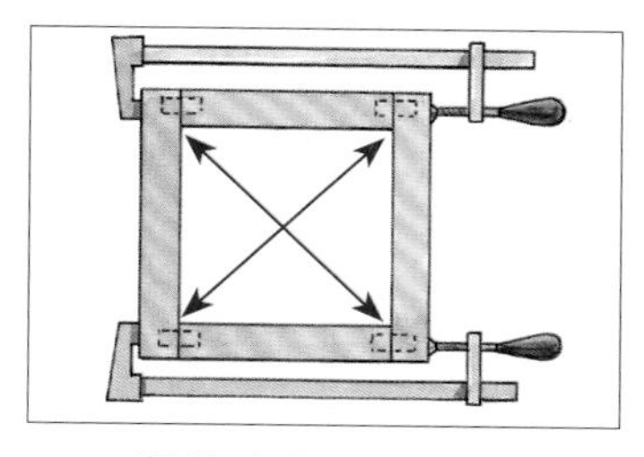

9 調整夾具，直到框架的每個對角線取得相同的測量值，確保框架是方正的，並可以不受干擾地完成乾燥。

變式

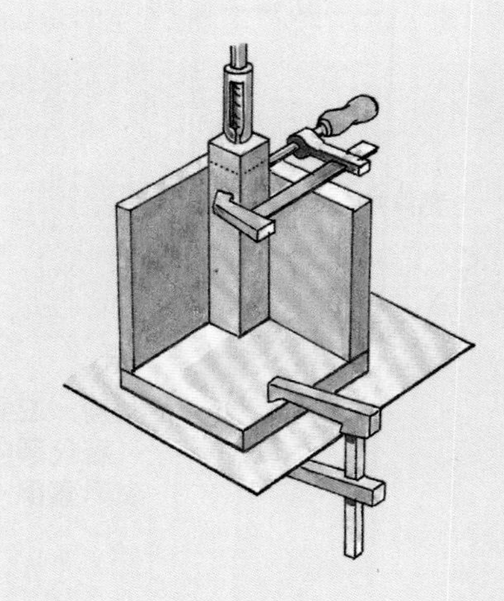

角夾具

首先鋸切出榫肩，然後使用可以隨臺鑽的臺面降低的角夾具搭配木塞刀頭在木料的端面製作出圓榫頭。

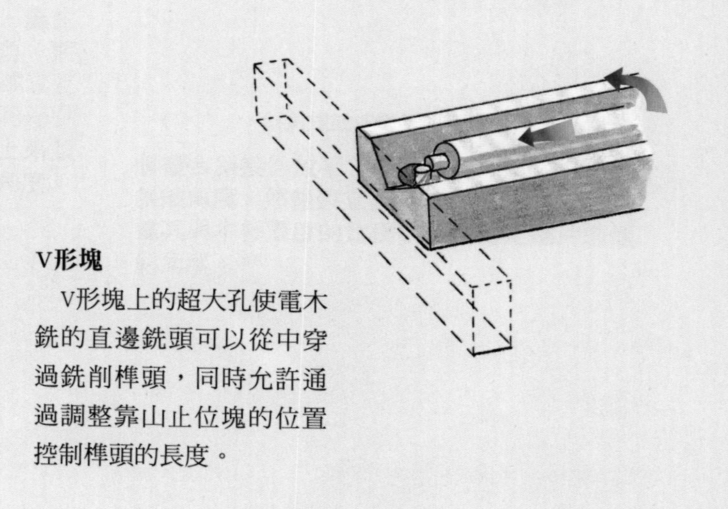

V形塊

V形塊上的超大孔使電木銑的直邊銑頭可以從中穿過銑削榫頭，同時允許通過調整靠山止位塊的位置控制榫頭的長度。

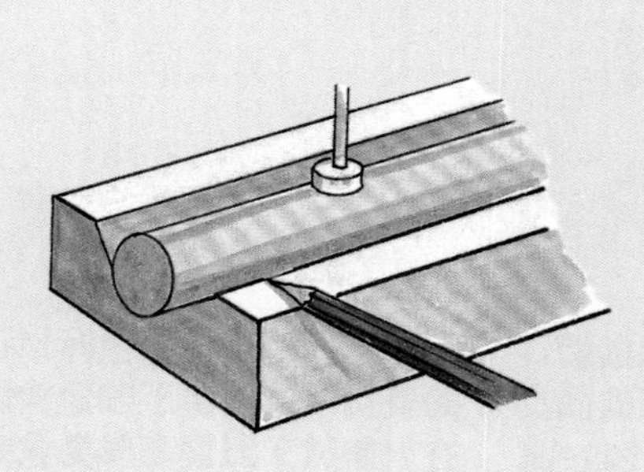

圓榫眼

用V形塊夾住圓木榫鑽取圓榫眼，或者可以沿著圓木榫的邊緣滑動標記工具製作平行線，用來製作傳統的榫眼。

加腋榫

榫頭的邊肩和面肩增加了榫頭對扭曲的機械抗性。但是，肩部區域也減少了榫頭的木料，並用缺乏膠合強度的端面部分代替了這些木料。深的邊肩會削減榫頭頰部的膠合區域，使寬大的部件更易發生扭曲，進而破壞肩部端面的膠合。木料的形變和接頭的收縮也會給膠合面帶來壓力。拱腋和多榫頭設計有助於解決這些問題。

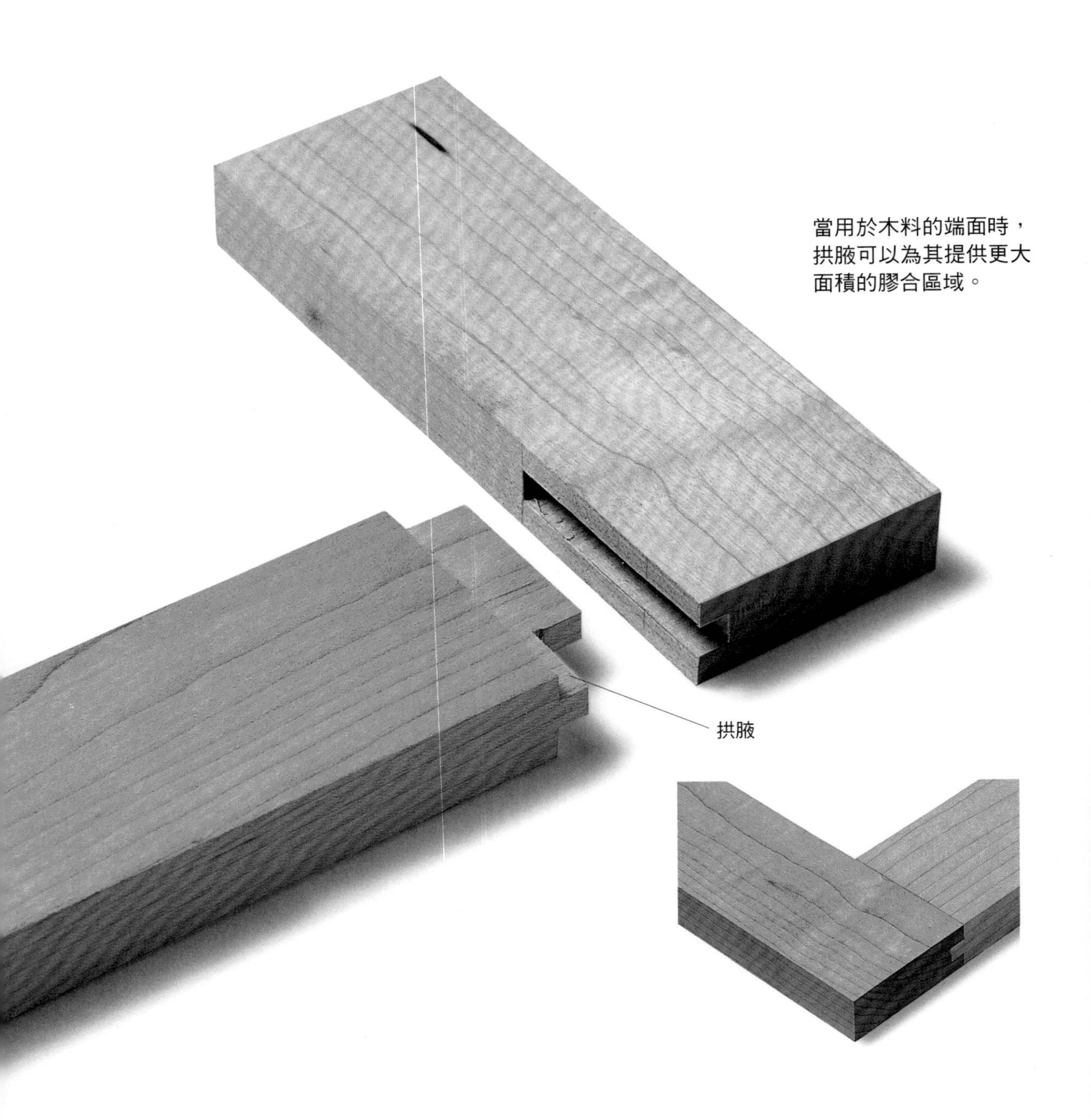

製作步驟

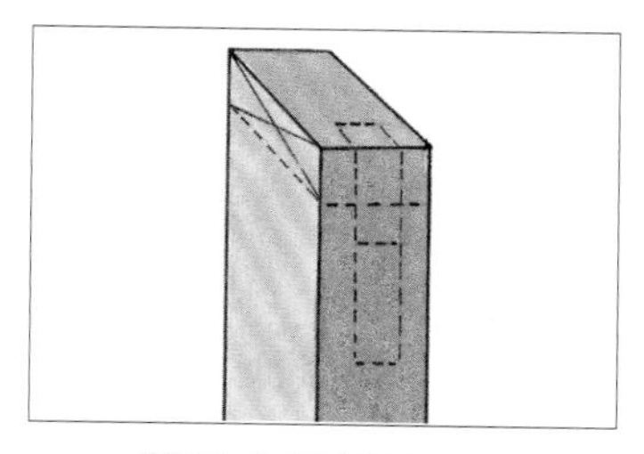

1 測量木板側面和端面截鋸角的榫眼寬度，並使榫眼深度等於榫眼寬度，榫眼自身的寬度線從截鋸角切割線處起始。

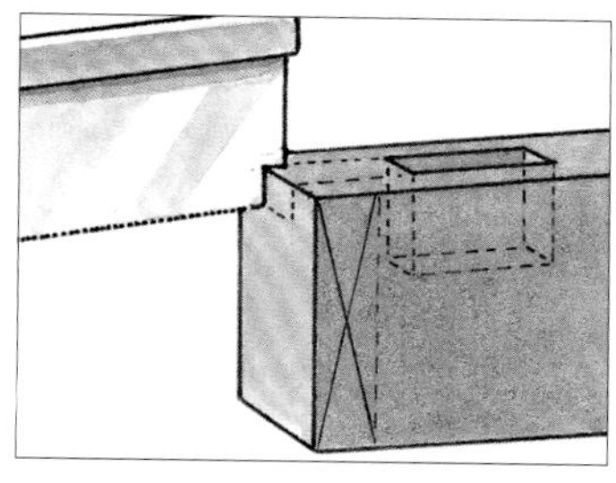

2 切割榫眼，然後從截鋸角位置的側面延長線出發，沿畫線向下鋸切，一直切割到端面深度線的位置。

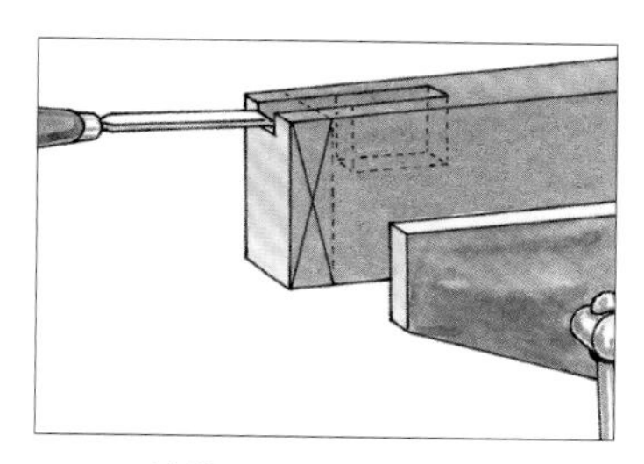

3 將鑿子輕輕敲入兩側鋸切線之間的端面，沿深度線將廢木料切掉，並修整淺槽的底部，使其平行於表面。

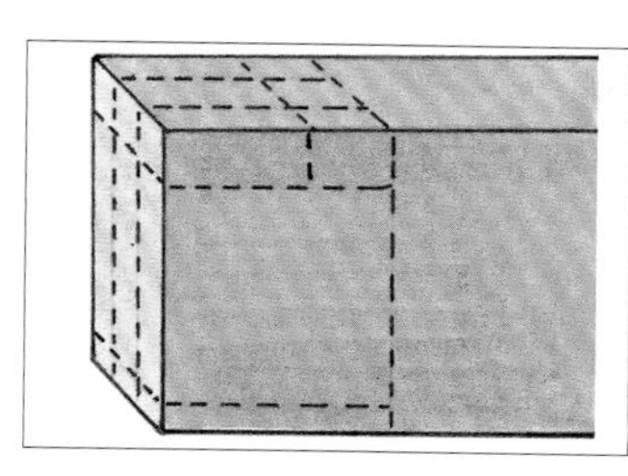

4 畫出榫頭的標記線以匹配榫眼，橫向於榫頭的外側面畫出拱腋的肩線，並將該線延伸到邊肩的畫線處，使其寬度等同於榫頭的厚度。

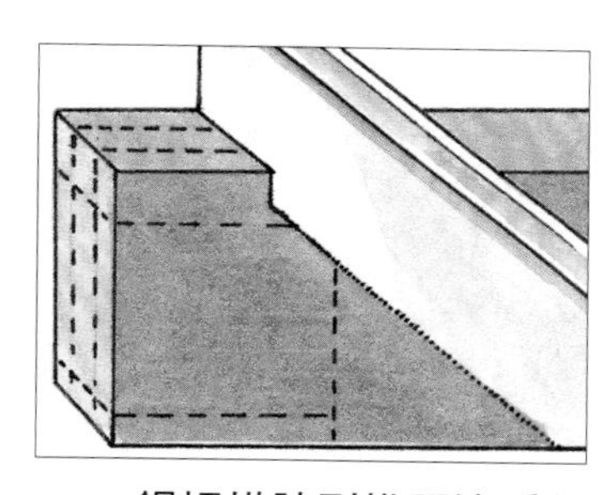

5 鋸切拱腋到榫頭邊肩的畫線處，然後沿面肩、邊肩的底部和頰部畫線鋸切，加工出榫頭。

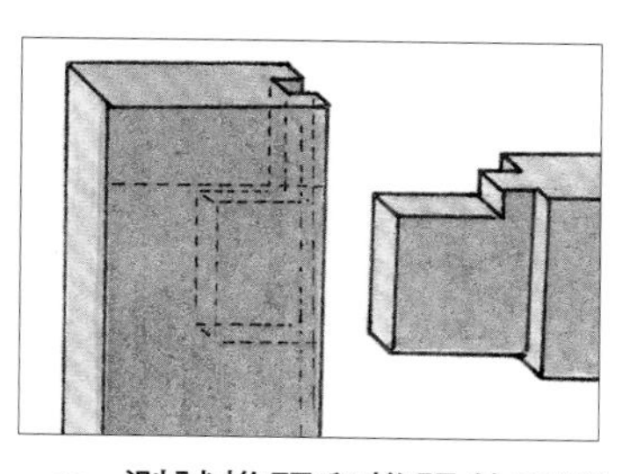

6 測試榫頭和榫眼的匹配程度，確保拱腋和榫頭的長度都不會妨礙榫肩緊密貼合榫眼部件的表面，匹配無誤後膠合接合件並切斷截鋸角。

變式

更多穩定的榫頭

為寬大的榫頭整體製作拱腋是保持榫頭抗扭曲性能，同時無須切掉大量榫眼木料的另一種方法。通常榫頭對應的榫眼之上有一層較淺的榫眼，用來容納拱腋。榫頭的製作通常是在拱腋被標記並完成切割、與較淺的榫眼匹配無誤後進行。將榫頭鋸切到與拱腋相同的深度可能是最容易的做法。

雙榫通常出現在橫截面比矩形更為方正的木料上。它們能夠保持榫頭具有寬大的基部對抗扭曲，使膠合面積加倍，並保持榫頭與榫肩的正常比例。確定雙榫的方向，使負荷作用在榫頭的側面，而不是面頰上。

斜面加腋榫

在框架－面板結構中，相比穿過垂直部件的端面安裝面板凹槽更為重要的是，用來容納拱腋的次級淺榫眼可以讓邊肩進入，同時不會削弱部件的端面。這種設計創造出了用於膠合的長紋理面的頰部，而這正是任何木工接合的主要目標之一。然後，邊肩和榫頭獲得了機械支撐以對抗扭曲，並能與榫眼的頰部有效膠合在一起。

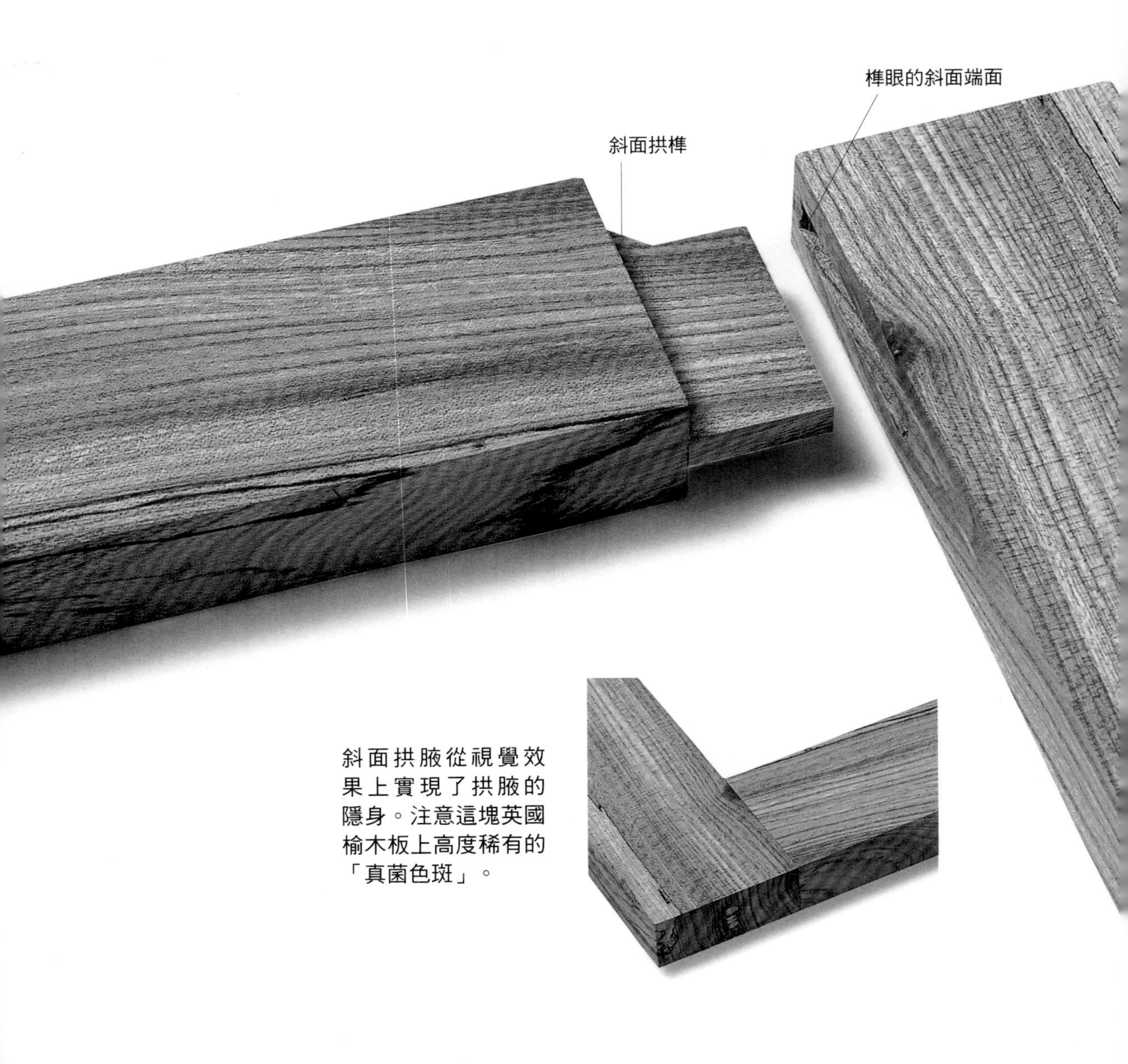

斜面拱腋從視覺效果上實現了拱腋的隱身。注意這塊英國榆木板上高度稀有的「真菌色斑」。

製作步驟

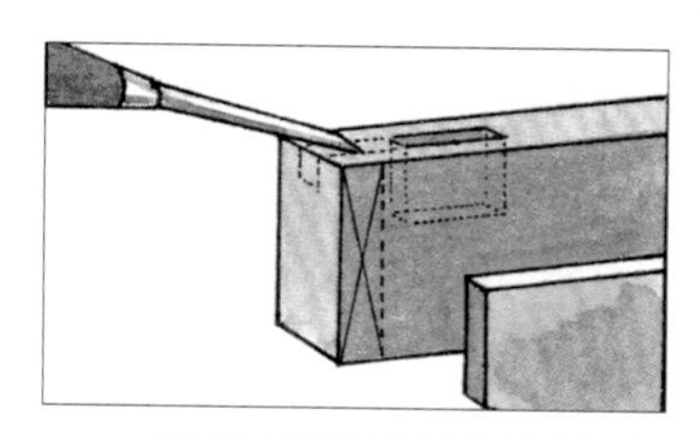

1 畫出榫眼線並切割出榫眼，然後從截鋸角的切斷線向內，向著榫眼方向成角度鑿切，其深度等同於榫眼的寬度。

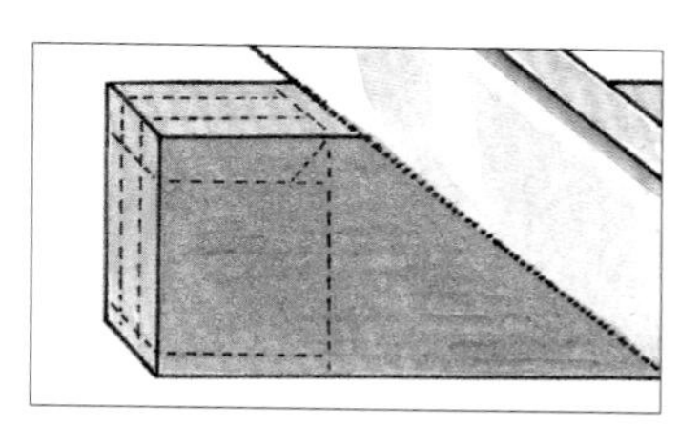

2 為榫頭畫線，首先橫跨頂部側面向下鋸切出斜面，然後從面肩線起始，一直鋸切到邊肩線上等於榫頭厚度的位置。

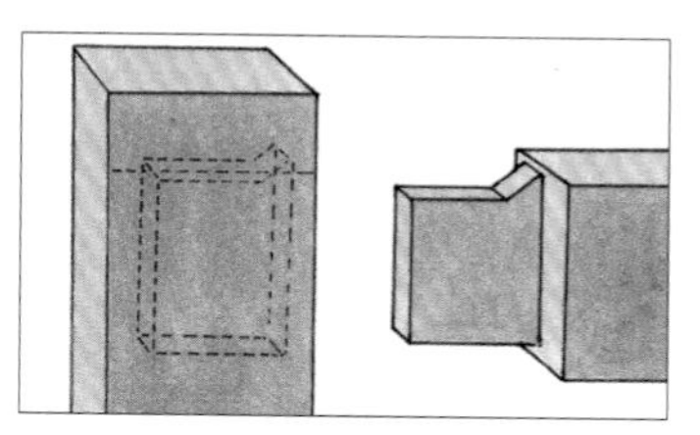

3 從頂部側面起始輕輕向下切削斜面（匹配斜面從畫線內側起始的插槽），清除廢木料，並完成榫頭的加工。

變式

減少榫頭寬度

在寬大的榫頭上切割拱腋以減少榫頭的寬度，可以使榫眼部件保持強度，並防止過多的空間衝突破壞膠合。

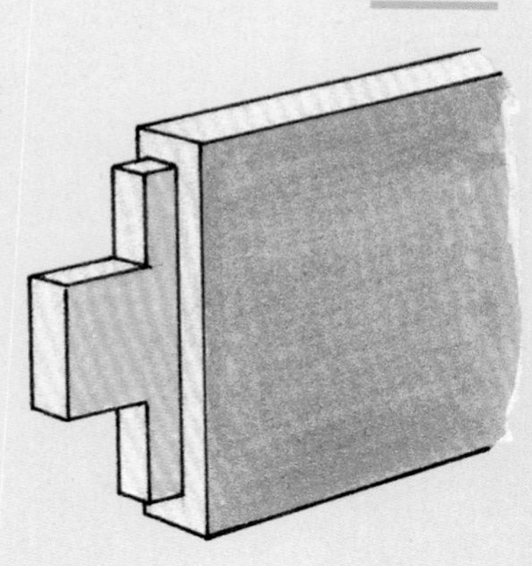

雙榫

設置電木銑臺，沿靠山推動木料，銑削出兩側榫肩及兩個榫頭之間的榫肩，這種雙榫結構可使膠合面積加倍，同時增強接合件的抗扭曲力。

切割的切口

對於能夠在接合線處抑制形變的榫頭，需要沿其頰部鋸切出四個到榫肩的鋸縫。然後將薄榫舌鋸短，使其匹配榫眼部件的插槽並膠合。

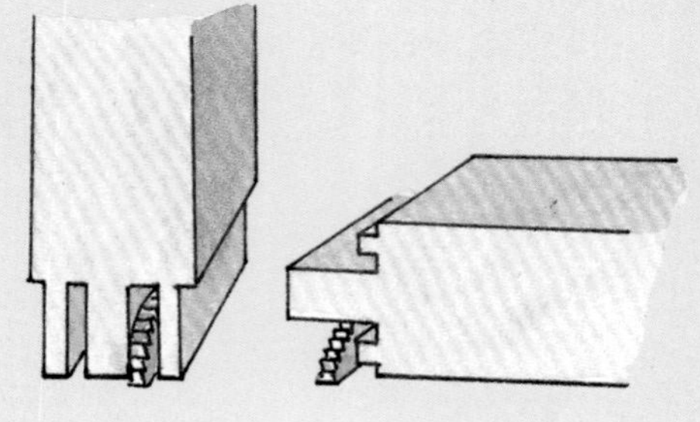

包含面板凹槽的榫卯

框架一面板結構中的基本接合方式是凹槽封裝或者面板帶有止位木塊的半邊槽封裝。重要的是，要知道框架中的榫卯接合是如何與之匹配的。

凹槽沿著框架的內邊緣中心延伸，正好位於榫眼的上方。凹槽寬度約為木料厚度的三分之一，槽的深度與寬度大致相同，這樣可以保持榫眼部件的強度。拱腋的方正輪廓可以整齊地填充在框架一面板結構中穿過垂直部件的端面延伸的面板凹槽中。

這種結構常用於櫥櫃門，凹槽用於定位裝飾鑲板或平板。

製作步驟

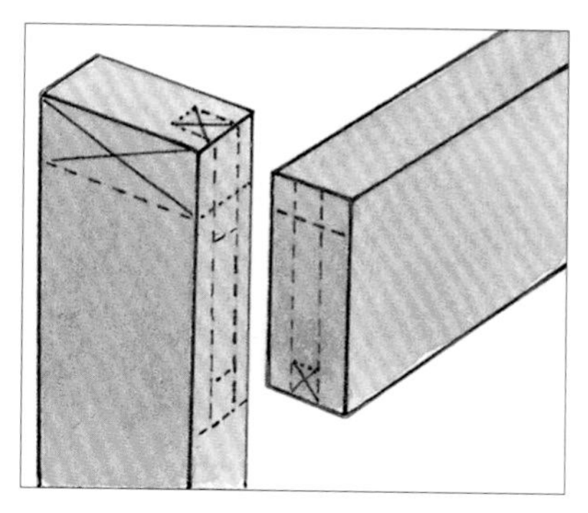

1 選擇凹槽寬度，在榫眼部件的側面和榫頭部件的端面畫出頰部的輪廓線。在榫頭下方標出頰部的深度線以確定榫頭的寬度，並在榫眼上畫出對應的位置線。

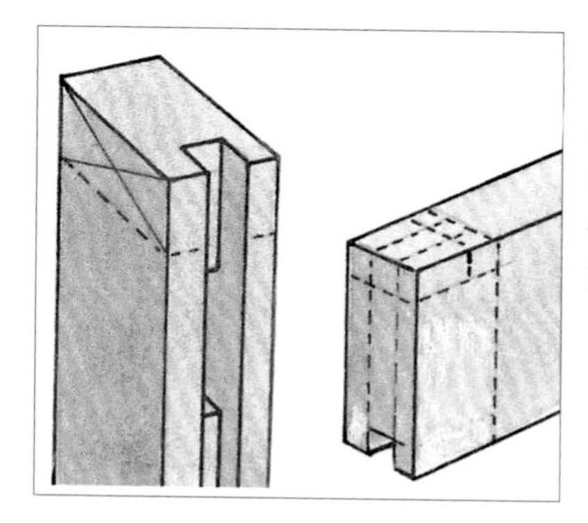

2 切割榫眼，並在榫眼之外，沿所有部件的內側邊緣切割出凹槽。完善榫頭的切割線，使拱腋的長度匹配凹槽的深度。

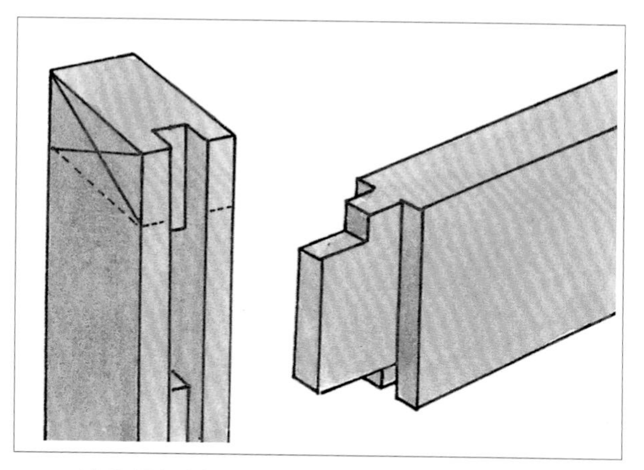

3 首先鋸切拱腋的肩部，然後是面肩和榫頭的頰部。把接合件膠合在一起，最後鋸掉截鋸角。

變式

更多的框架榫頭

用來分隔面板的框架被榫接到兩個側面均有裝飾線延伸的中央冒頭或窗格條中。無論框架圍繞面板的是凹槽還是半邊槽，裝飾線都要環繞每一個單獨的面板分割區，形成閉合迴路，為此榫眼部分的裝飾線會被切掉，並通過斜接的方式與榫頭部件的裝飾線實現匹配。切掉部分裝飾線可以增加榫肩的長度。此外，斜接的榫肩增加了進入到榫眼部件中的接合面的長度，可以減少弧形的冒頭或窗格條上較為脆弱的短紋理區域的影響。

半邊槽框架的榫卯接合

榫眼寬度和榫頭厚度應與凹槽的寬度匹配。首先確定這個寬度值，為榫頭和榫眼畫線。然後在榫眼部件的端面標記出凹槽的深度，把其餘部分分配給榫頭和拱腋。這決定了配對部件上榫眼的長度和位置。在榫頭部件的端面標記出半邊槽的寬度，以確定榫頭寬度，繼而確定榫眼的長度和位置。應將榫眼部件的半邊槽中約三分之二厚度的木料移除，以容納面板及止停件，槽的寬度應按照不少於部件厚度的三分之一切入。在框架的正面，榫肩應後退一定的距離，用來容納榫眼處半邊槽的凸出唇部。

半邊槽可以用來安裝玻璃，然後用膩子固定到位。

製作步驟

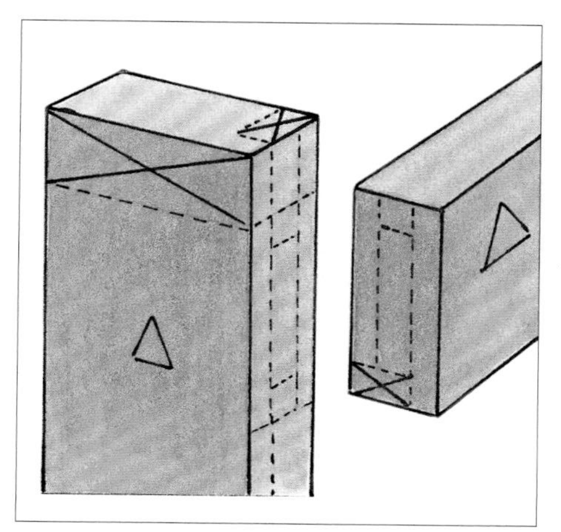

1 確定在斜面加腋榫榫頭下方的半邊槽的尺寸，並以此確定榫眼的尺寸和位置，然後為榫眼畫線並完成切割。

2 切割出沿接合件的正面頰部延伸的半邊槽，然後標記榫肩，設置面肩的後退尺寸，以容納半邊槽的凸出唇部。

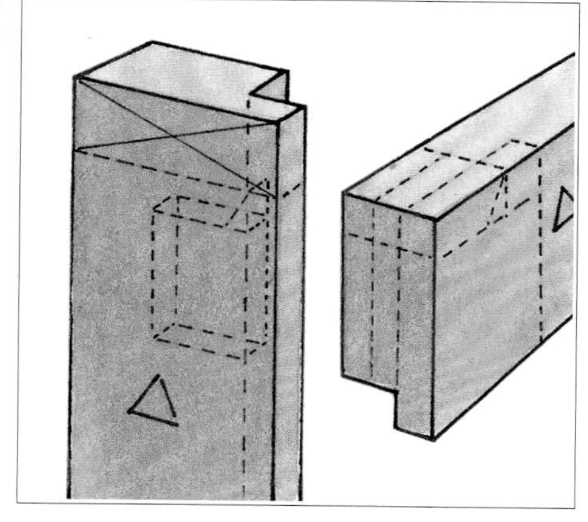

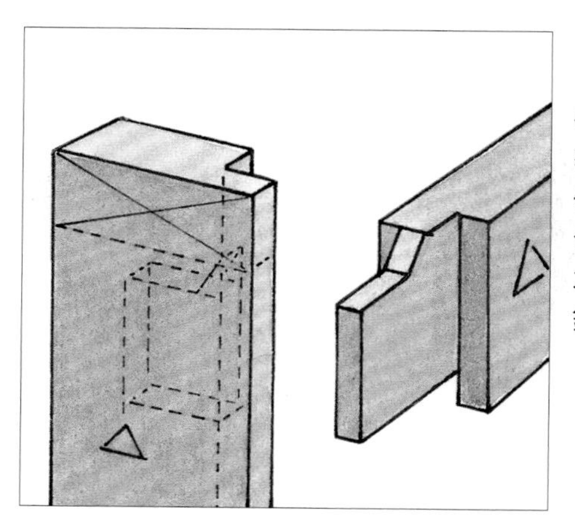

3 首先鋸切斜面拱腋，然後鋸切兩側榫肩，並沿著榫頭的厚度線鋸切頰部。匹配並膠合接合部件，待膠水凝固後，鋸掉截鋸角。

變式

裝飾線細節

用來分隔多個面板的框架結構，其上的裝飾線像凹槽一樣，沿著中央冒頭或窗格條的兩側邊緣延伸，並通過斜接形成閉合迴路。

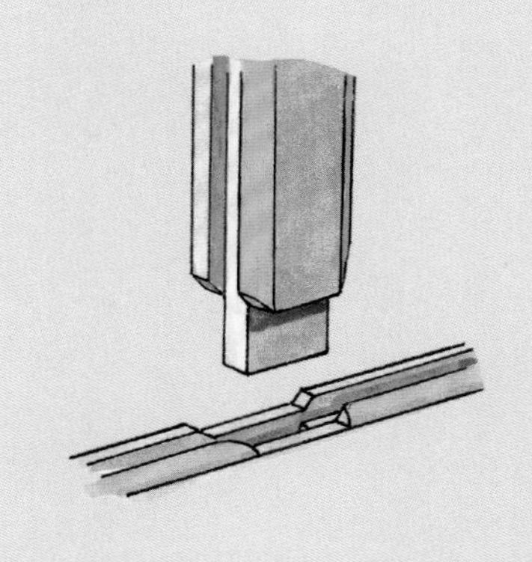

切割小斜面

為了防止在弧形部件上出現強度較弱的短紋理區域，可以在榫頭的肩部切出一個小斜面，插入榫眼的肩部。

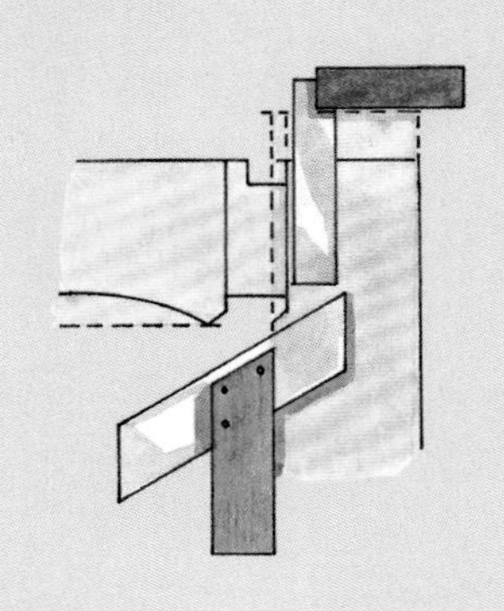

裝飾線框架的榫卯接合

有些框架的內側邊緣具有裝飾線，並且它們通過斜接形成連續的環形或閉合迴路。在榫接後，形成的半邊槽的深度與裝飾線的寬度相等。但是，不需要把榫頭的面肩後退切割以容納榫眼部件凸出的唇部，只需去掉裝飾線，使其與榫眼和半邊槽保持平齊，然後以斜接的方式匹配榫頭。

正面裝飾線

斜接的斜面

拱腋

製作一個鑿子引導件，以確保需要斜接的兩部分裝飾線可以精確匹配。

製作步驟

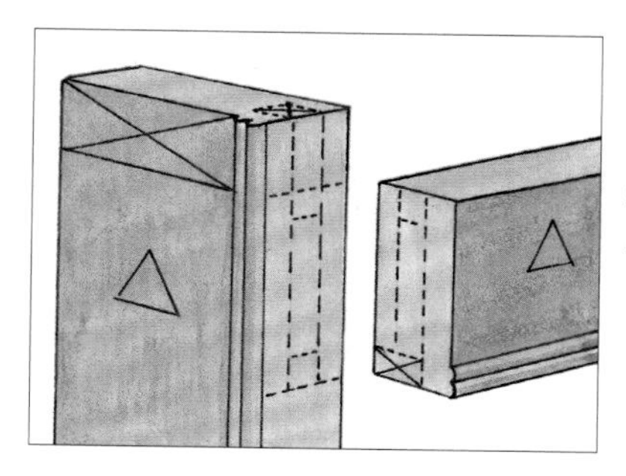

1 在木料的內側邊緣加工出連續的裝飾線，標記出半邊槽和加腋榫榫頭及其榫眼的位置，這樣它們就會在裝飾線處停下並對齊。

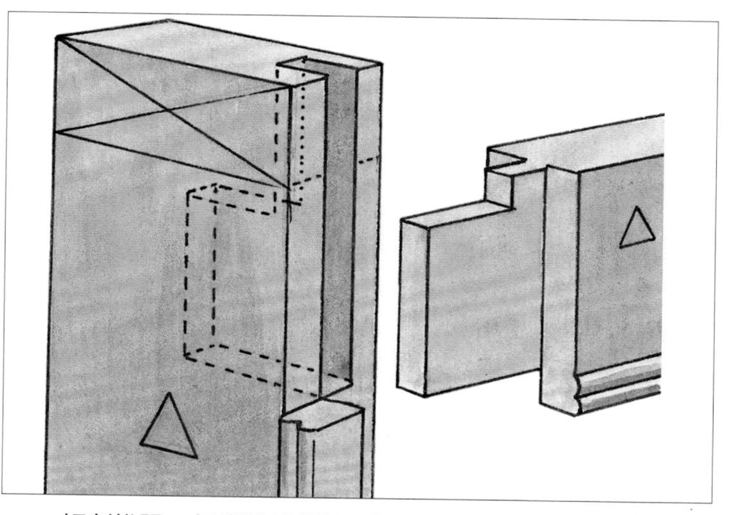

2 切割榫眼，把半邊槽鋸切到裝飾線邊緣。完成榫頭的畫線並鋸切榫頭，然後鋸切掉榫眼周圍的裝飾線，將榫眼表面修整平齊。

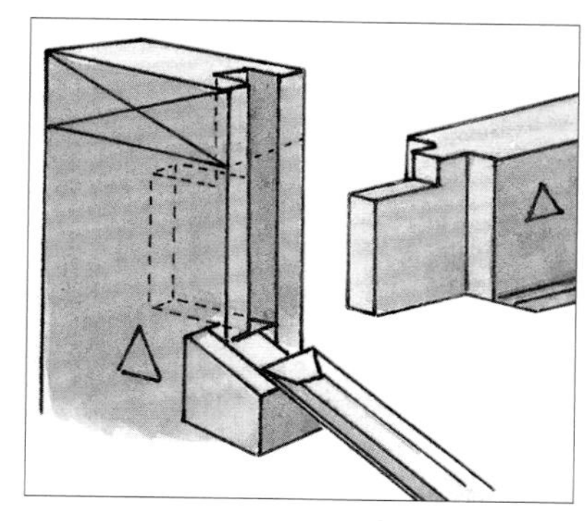

3 將45°的鑿子引導件緊靠在木料的邊緣，向遠離榫肩和榫眼的方向加工裝飾線的斜接面，然後把接合件組裝在一起。

變式

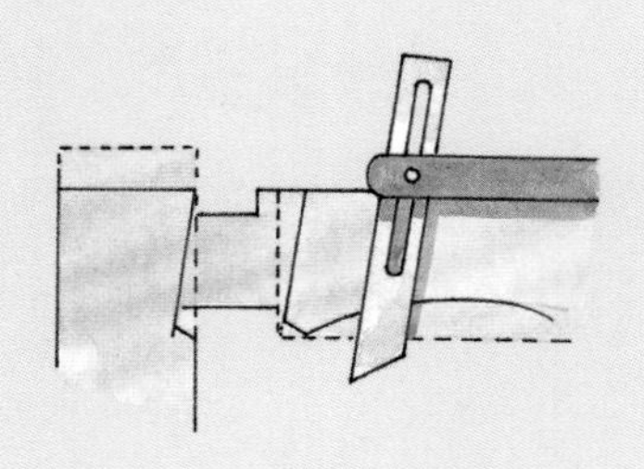

斜角榫

另一種避免出現較弱的短紋理區域的方法是，把小斜面和斜角榫肩插入榫眼部件的輪廓內。一種特別優雅的邊角接合方式的最終變式——斜接的榫眼和榫頭——常用來製作餐桌。對門梃的兩端進行45°斜切，將冒頭部件的榫肩也鋸切成45°。然後切掉邊肩，這樣榫頭的長度不會延伸到斜接面的尖端。最後小心加工出榫眼以實現接合的匹配。

第六章

斜接和斜面

斜接和選擇斜面

有三種基本的斜接類型，在組合使用它們時可以創建第四種類型。切割斜接框架時，刀片是以垂直於正面的路徑橫向於木料的寬度方向切割的。在切割交叉斜接和長度斜接件時，刀刃是向木料正面傾斜的，實際上只是斜切。二者的區別在於，切割交叉斜接件的路徑垂直於木料邊緣，切割長度斜接件的路徑則是平行於木料邊緣。第四種類型是複合斜接。它融合了斜面和帶有傾斜角度的切割路徑（橫向於紋理的或順紋理的）。

斜接的邊角從視覺上延續了木料紋理，產生了協調的設計效果。

長度斜接的膠合表面全是長紋理區域，但其他類型的斜接就很脆弱了，因為它們的膠合表面都是端面區域。因此，需要對斜接進行強化。而且，即使膠合方向很明確，夾緊力也會造成斜接件滑動偏離膠合位置，除非引入方栓或使用融合了其他機械限制措施的特殊的夾緊技術。

不準確的斜接接合很難糾正。在實際進行切割之前，花些時間用來調整機器和用廢木料進行測試是十分必要的。

固定式機器自身配備的角度規通常不夠精確，因此，斜接催生了精密量規和夾具的市場，以及無數的訂製設備和輔助精確工作的設置方法。

在用機器切割斜接面和斜面時會產生拉伸或擠壓木料的額外應力，導致其在切割過程中滑動，偏離正確的位置。鋒利的刀片、夾緊力、斜角規上的限位塊，以及用砂紙打磨木料表面，都可以減少木料滑動和出現事故的概率。

斜接類型

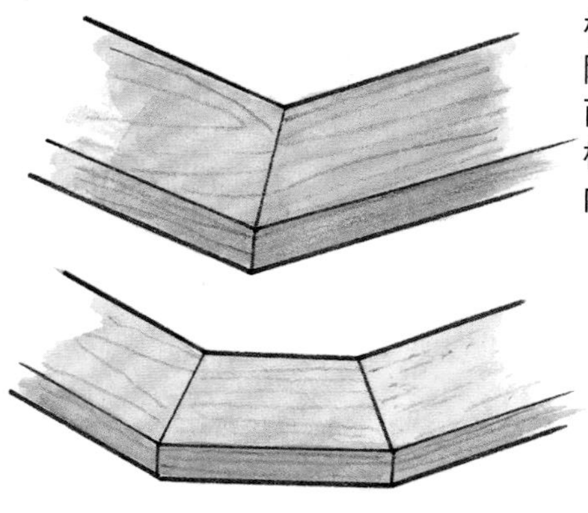

框架斜接件的角度會隨著框架結構的邊數而變化，但切割總是橫向於木板的寬度方向進行的。

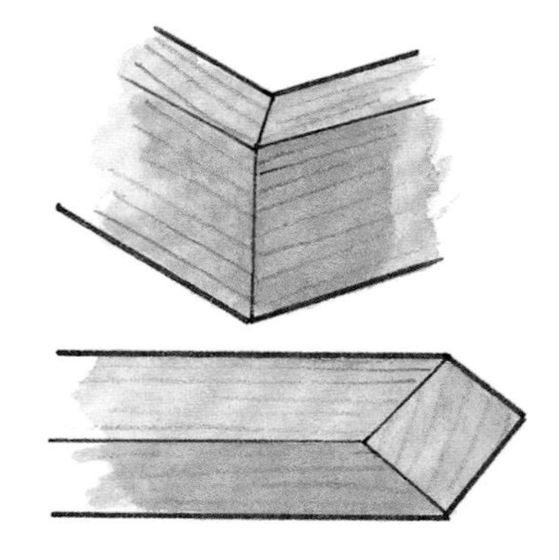

複合斜接融合了斜面切割與框架斜接或框架邊角的錐度切割，常用來製作較淺的盒子或其他側面傾斜的物件。

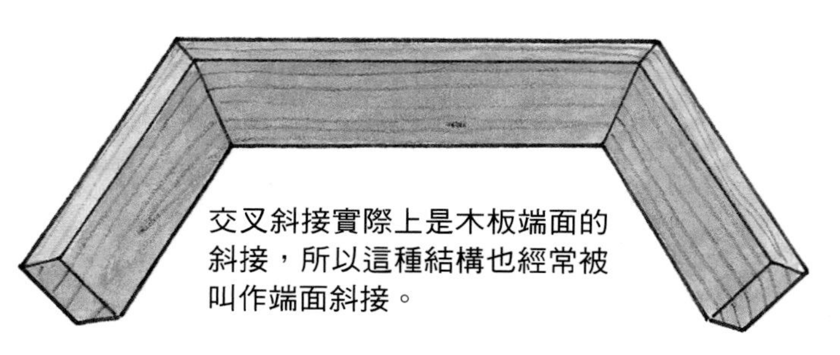

交叉斜接實際上是木板端面的斜接，所以這種結構也經常被叫作端面斜接。

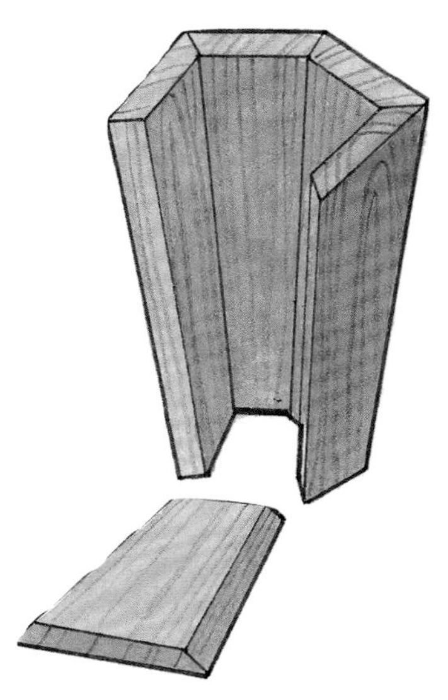

長度斜接的斜面角度（也稱為側斜面），就像其他斜接結構那樣，會隨著結構中擁有的側面的數量而變化。

設置和檢查斜接

要檢查45°斜角尺的精確度，可將一個建築師三角尺與之對齊，然後固定三角板，並將斜角尺翻轉到另一側，這樣任何誤差都會加倍並以間隔的形式呈現出來。

檢測一個45°的斜角規的設置是否精確，可以切割一塊廢木料的端面，然後翻轉廢木料進行第二次切割，檢查切下的三角形的頂角是否為直角。

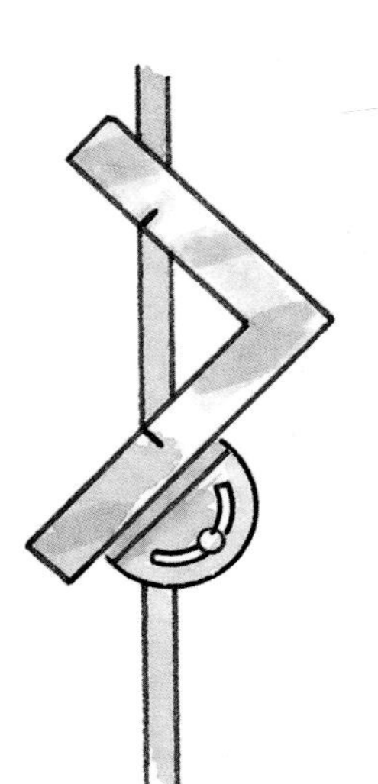

將木工角尺的兩臂設置成相同的數值並與斜角規的滑槽對齊。將斜角規設置為45°，使用較長的長度可以保證設置的精確性。

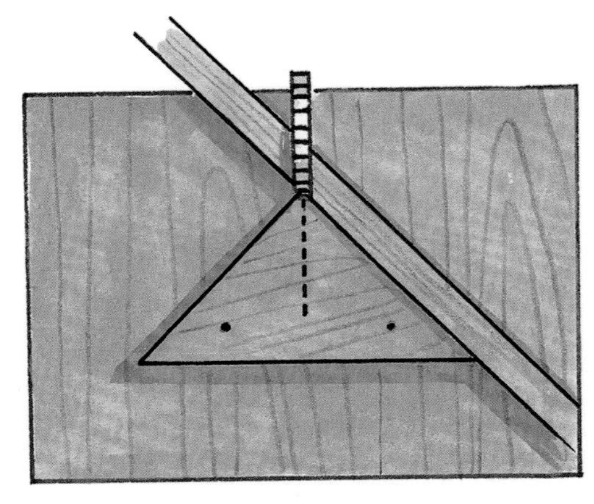

訂製夾具可以在臺鋸上的斜角規滑槽中滑動，或者是固定在搖臂鋸的臺面上幫助切割精確的斜接部件，特別是較大的斜接部件。

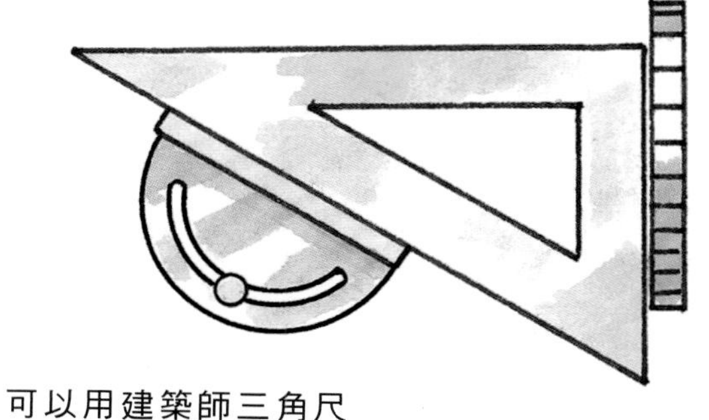

可以用建築師三角尺直接設置超過45°的角度，或者可以將圖紙上的角度轉移到木料的下表面，並將斜角規設置為該角度。

將部件固定到位緊貼直角尺來檢測斜面的匹配程度（對於更大的角度，可以根據圖紙使用可滑動的T形角度尺設置得到），然後調整鋸片的傾斜角度進行修正。

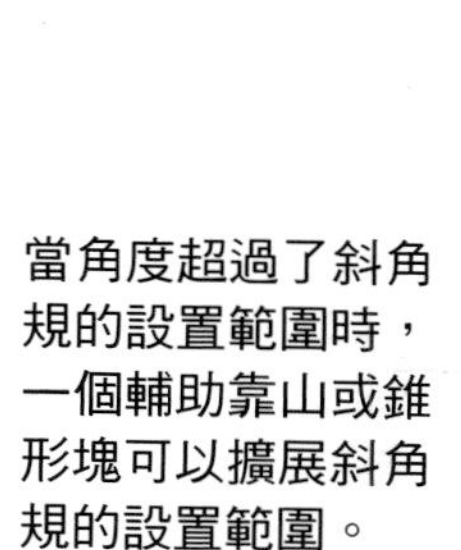

當角度超過了斜角規的設置範圍時，一個輔助靠山或錐形塊可以擴展斜角規的設置範圍。

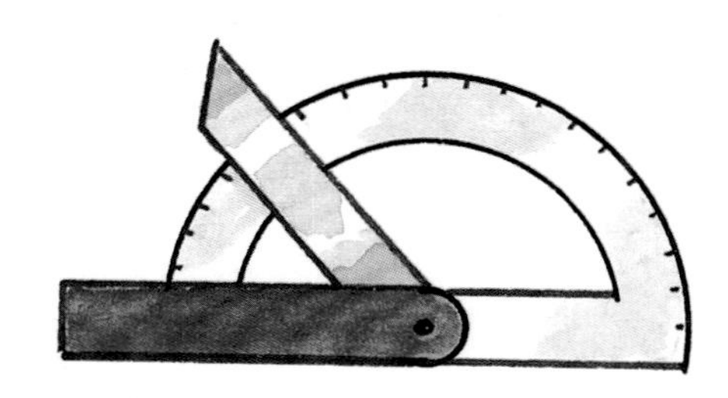

根據量角器的角度設置可滑動的T形角度尺的角度，並用其為臺鋸或搖臂鋸的鋸片設置傾斜角度或斜切角度。

計算斜接和斜面角度

沒有其他接合方式需要像斜接這樣運用如此之多的數學知識。

框架斜接和斜面接合件的切割角度是根據結構的側面數劃分360°圓周的結果得到的。切割角度是這個的數值的一半。根據角度或機器的校準情況，量規、鋸片、搖臂或者直接被設置為切割角度，或者設置成切割角度的互補角度（90°減去切割角度的餘量）。為了提高斜角規的精度，可以考慮使用木工角尺和小的幾何造型在臺鋸的臺面上為常用的切割角度設置永久性的標記，首先確保臺鋸鋸片與斜角規的滑槽平行。

用直尺將斜切靠山延伸到等分線上標記的某個點上，鎖定設置，用設計工具或精確細緻的圖紙來檢測切割精度。沿等分線的測試點位置愈遠，量規設置的調整就愈好。當找到正確的設置後，在桌面上做一個永久性的凹痕標記。

三角函數

三角函數在切割不常見的角度時是很有用的。可以直接使用它來設置搭配木工角尺的斜角規，或者在一個夾具或一張紙上畫出角度對應的高和寬，然後用設計工具將數值轉移到機器上。三角函數也有助於確定一個現有物品的框架的內部或外部長度，或者使框架適合限定的空間。

複合斜接件需要在搖臂鋸或臺鋸上綜合兩種設置。本章給出了兩種繪圖方法，用來確定斜面角度和斜接角度。

斜接和數學

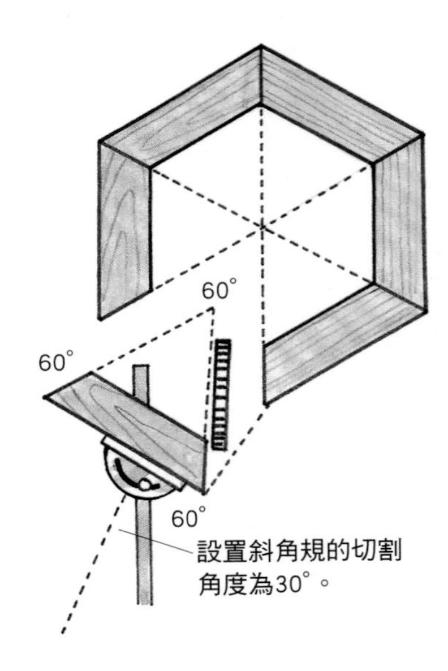

確定斜接角度或斜面切割角度的公式是：用360°除以結構的側面數n，然後再除以2。

（360÷n）÷2＝切割角度

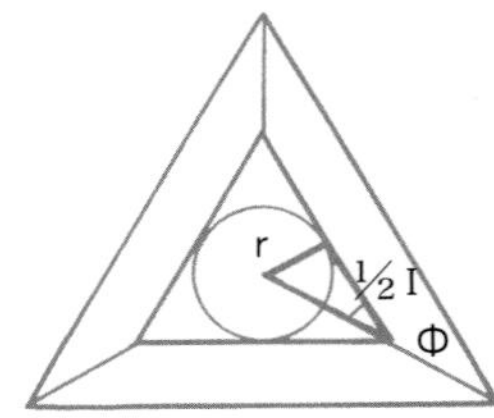

確定同心正多邊形的內邊長度的公式是：內邊長度l等於多邊形內切圓的半徑除以斜接角的正切值，再乘以2。

l＝2r÷tanΦ

找到同心正多邊形的外邊長度的公式是：外邊長度L等於多邊形的外接圓半徑乘以斜接角的餘弦值，再乘以2。

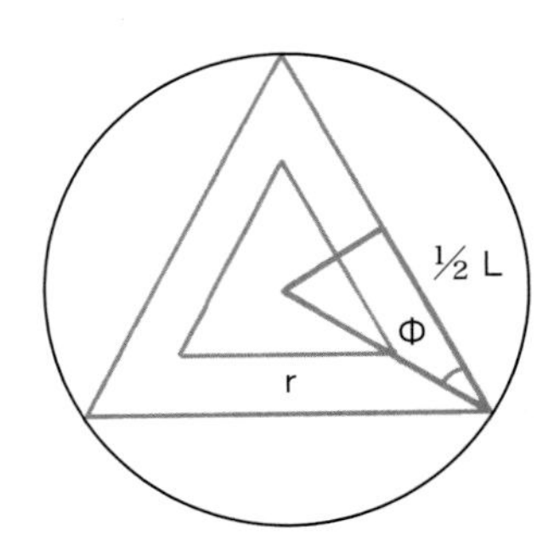

L＝2r cosΦ

利用幾何圖形設置機器

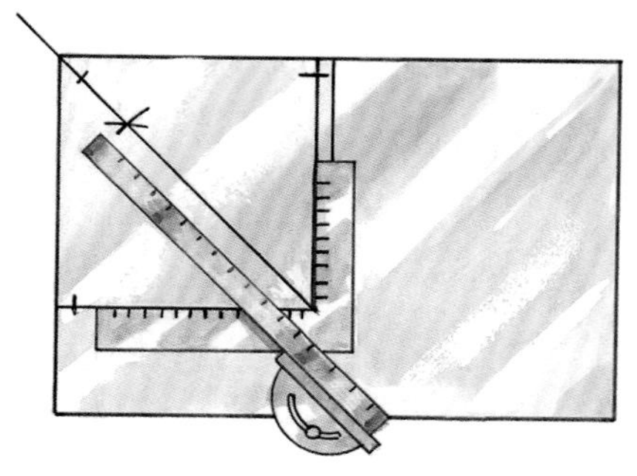

要在臺鋸上確定45°角的位置，要建立一條垂直於斜角規滑槽的垂線，以及直角的等分線，然後在等分線上製作一個凹痕標記，用直尺來設置斜切靠山。

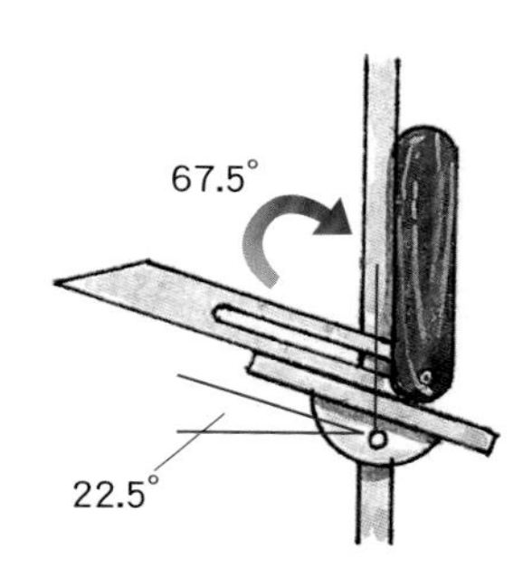

將45°角平分，產生精確的22.5°角，將任何標記角度或其互補角度轉移到可滑動的T形角度尺上來設置鋸片的傾斜角度。

通過繪圖尋找角度

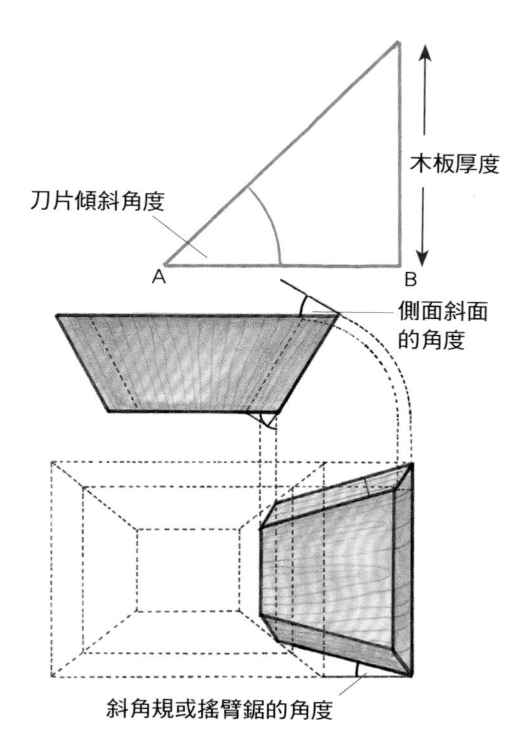

將複合斜接件放平，以觀察其真實的形狀和斜接角度，然後建立垂直線AB，測量，並根據其與木板厚度的比例關係來確定鋸片的傾斜角度。

利用三角函數斜切

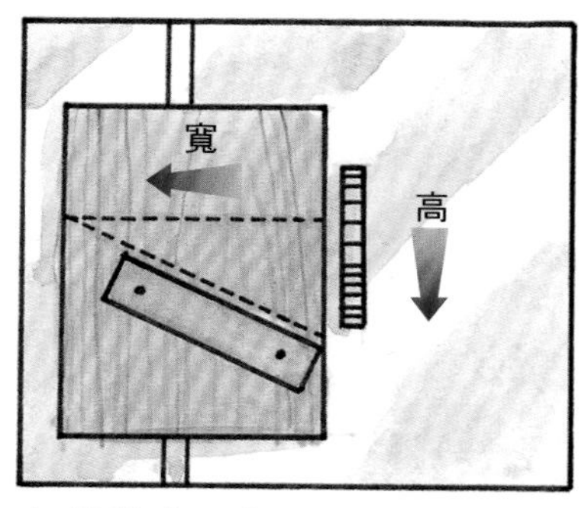

如果將木工角尺兩臂上的高寬刻度值與斜角規滑槽對齊，也可以利用三角函數的比率來設置斜角規。

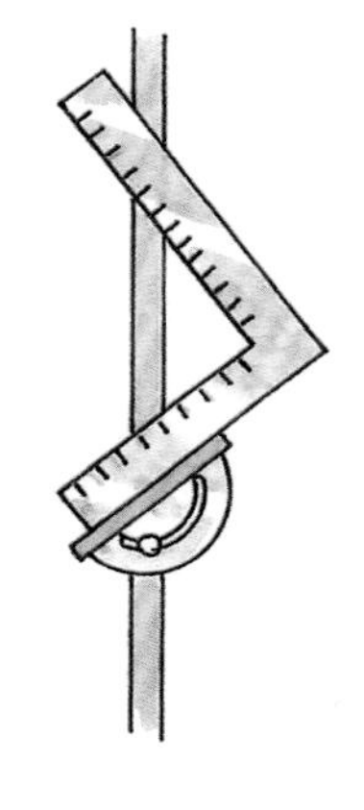

可以利用三角函數表查找所需角度的正切值，也就是斜接角度的高寬比。然後，在可滑動的夾具上標記出這些點，夾具的靠山則是與直角三角形的斜邊對齊的。

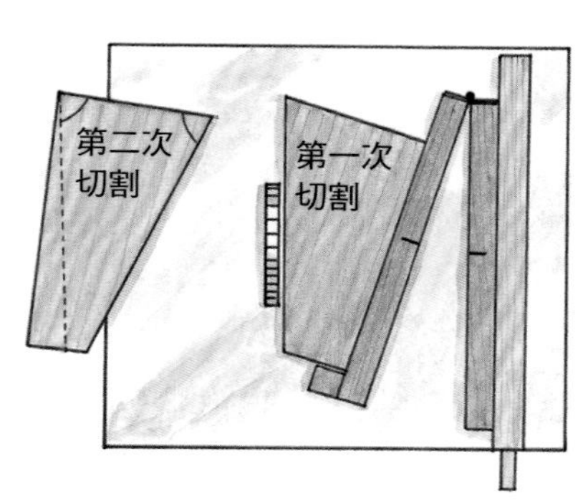

打開錐度夾具的支撐腿，調整夾具的角度，使每個支腳距離樞軸點12吋（30.48cm）。鋸切錐度角，然後將夾具的開度加倍，翻轉木板進行第二次切割。

手工製作框架斜接

以刀片垂直於木料表面的方式，橫向於紋理切割斜接件，可以為面板或照片製作平面框架。常見的45°斜接件可以製作正四邊形框架。六邊形或八邊形也是人們熟悉的形狀，並為進一步製作橢圓和圓形框架──比如桌面的鑲邊──奠定了基礎。

簡單的框架斜接本質上是一種端面對接，其強度的唯一來源是將它黏合在一起的膠水。非常輕的框架可以在只用環氧樹脂黏合的情況下保持對低應力的適應，但是大多數的斜接框架都需要加固才能持久使用。

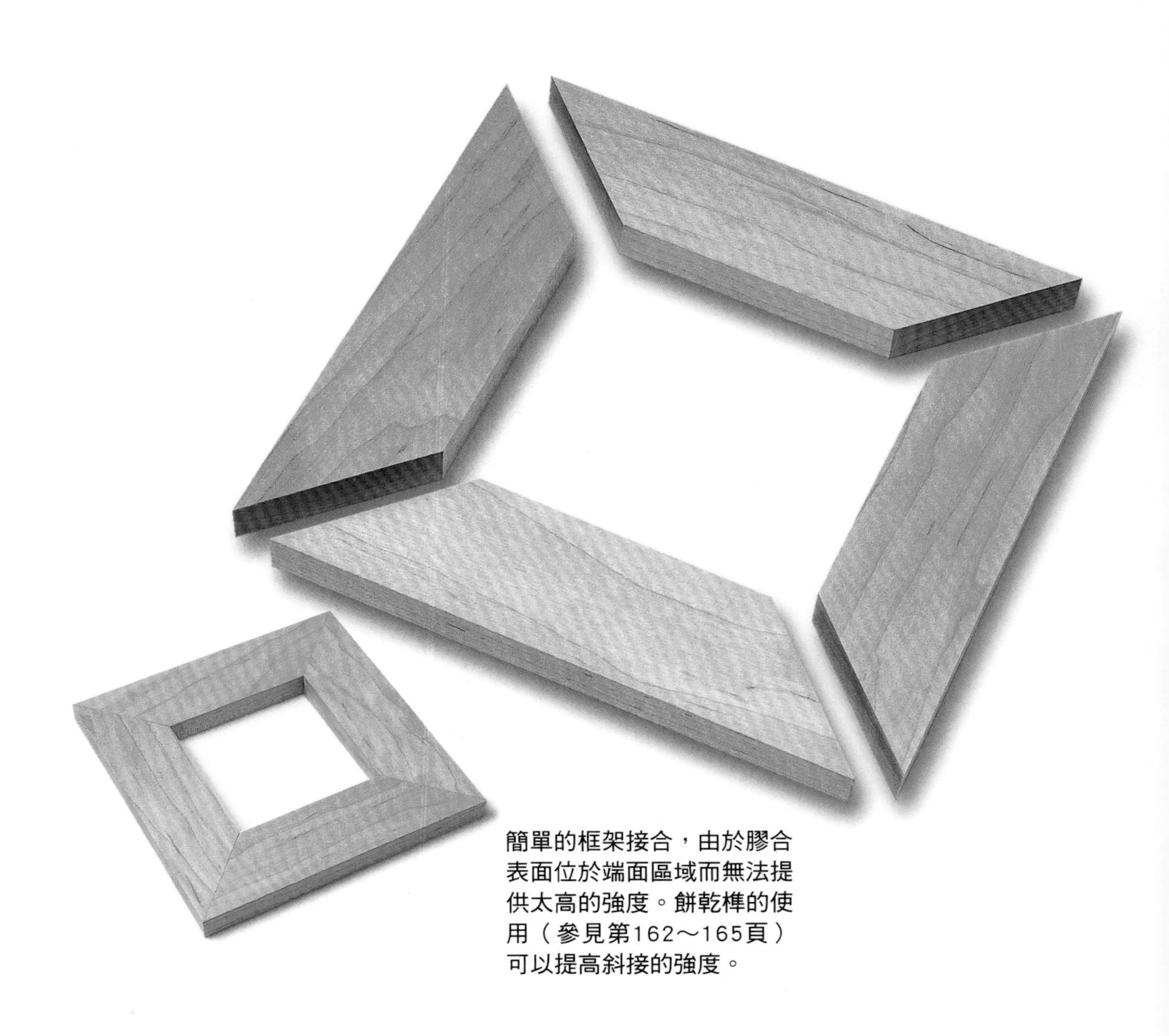

簡單的框架接合，由於膠合表面位於端面區域而無法提供太高的強度。餅乾榫的使用（參見第162～165頁）可以提高斜接的強度。

製作步驟

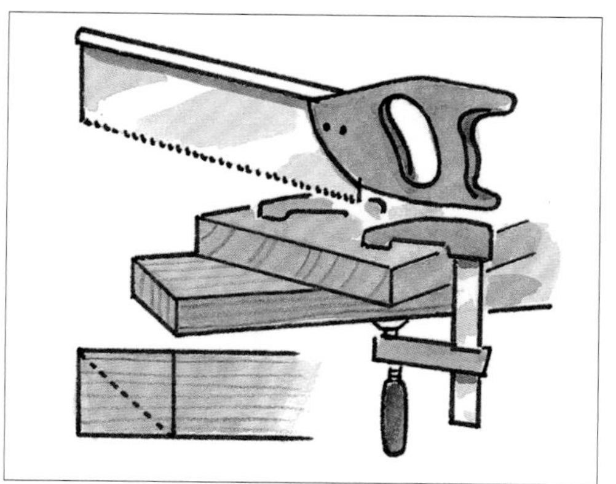

1 用畫線工具標記45°角，或者沿正方形的對角線畫線，正方形的邊長等於木板的寬度。可夾上一塊木塊引導鋸片鋸切。

2 在斜面刨削臺上用槽刨或其他類型的刨子輕輕刮削鋸切的表面，可以在靠山和部件之間插入一張撲克牌作為墊片，以糾正可能存在的不匹配。

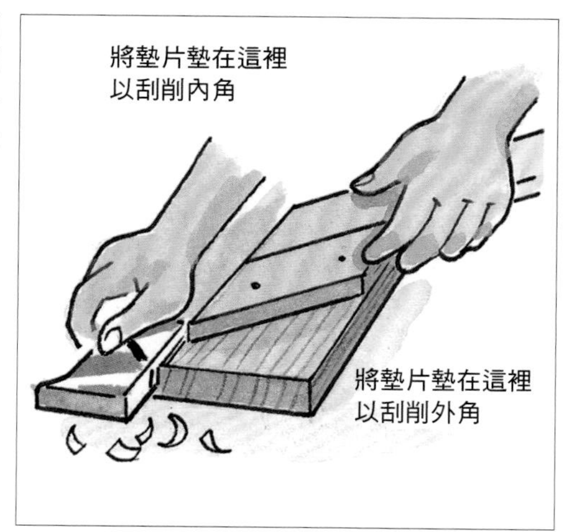

3 在端面區域塗抹厚厚的一層膠水。然後使用類似於圖中的可調節訂製夾具夾緊框架，以防止夾具夾緊時部件出現滑動偏離正確位置。

變式

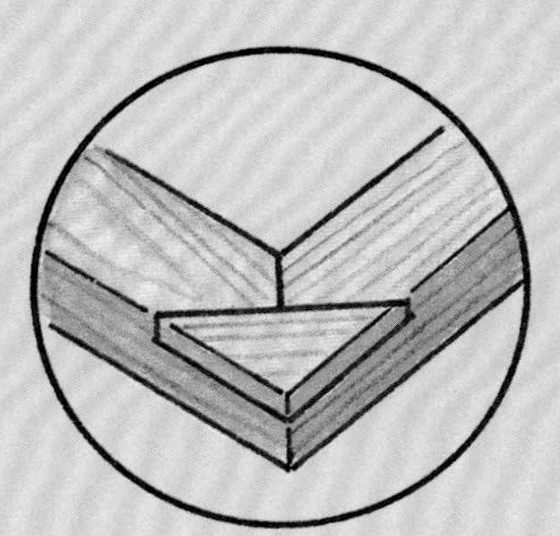

框架斜接

借助靠山夾具幫忙，用臺鋸切掉一個斜角，或者只切掉邊角背面的部分，然後用膠水黏上一塊強化接合的角撐板。如果需要隱藏加固件，可以使用一個或多個餅乾榫，見第162～165頁。

專業的相框製作器會使用一系列專門設計的壓入式連接器。

用搖臂鋸製作薄邊斜接

斜接框架的加固件要麼是接頭的組成部分，要麼可以在膠合後增強組件的強度。方栓或者像搭接斜接這樣可以創造長紋理膠合面的接合方式是常見的整體加固方式。

與這裡展示的搖臂鋸鋸切技術類似，可以用手鋸鋸切2～3道切口，並將顏色對比鮮明的薄板插入切口完成膠合，為薄邊框架製作具有裝飾效果的邊角。如果使用釘子，需要將它們穿過框架的側面釘入斜接面中，這樣框架的重量才不會把它們拉出來。

使用具有對比效果的木料，這個例子中使用了楓木和雞翅木的搭配，可以產生吸引人的裝飾效果。

製作步驟

1 將搖臂鋸設置到斜切角度，首先完成每個部件一端的鋸切，然後在靠山上夾上一個限位塊，用來精確地測量加工部件的最終長度。

2 將搖臂鋸鋸片調整到水平方向，使刀片切入邊角斜面的三分之一長度，然後把框架放在高度輔具上使框架滑向鋸片，獲得貫穿成對膠合邊角的切口。

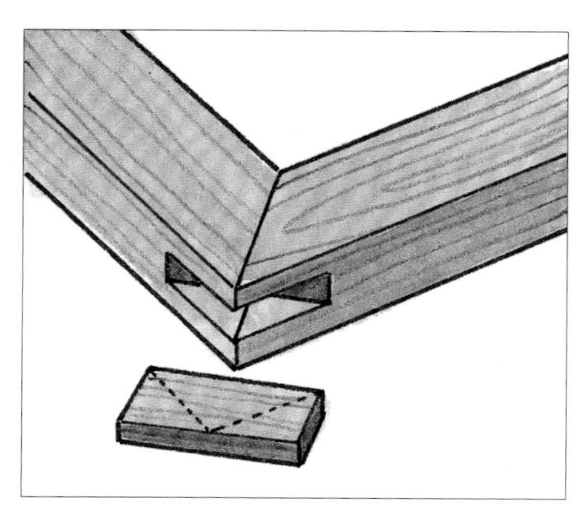

3 方栓的厚度應該與切口的寬度匹配。將方栓切割到指定長度，插入切口並完成膠合，待膠水凝固後，用鋸和砂紙將表面處理平齊。

製作技巧

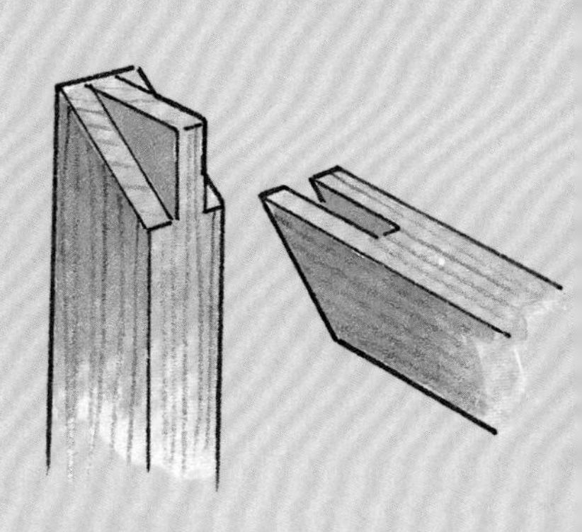

托榫斜接

當門梃具有兩側榫肩，冒頭具有插槽式的榫眼與之斜接匹配時，托榫斜接可以使其膠合面積成倍增加。這種優雅的加固件適用於門梃和冒頭等厚度不相同的框架結構，並且比半搭接的斜接結構更牢固。

搭接斜接

搭接斜接是傳統的端面搭接（參見第43頁）的一種優雅變式。它的優點是比傳統的斜接具有更高的強度，並提供了類似「相框」的外觀，儘管只是在正面。其強度的提高來自於膠合面積和長紋理區域的大幅增加。

可以用臺鋸搭配一個如圖所示的簡單的訂製可滑動夾具，精確、快速地製作搭接斜接件。如果鋸切之後仍留有少許的凸出部分需要修整，那麼可以用鑿子清理接合件，去除多餘的木料，即使是軟木，最終也能達到完美的匹配。尤其要注意的是，橫向於木料正面的鋸切不要太深。鋸切太深會削弱接合強度，也會破壞成品的外觀。

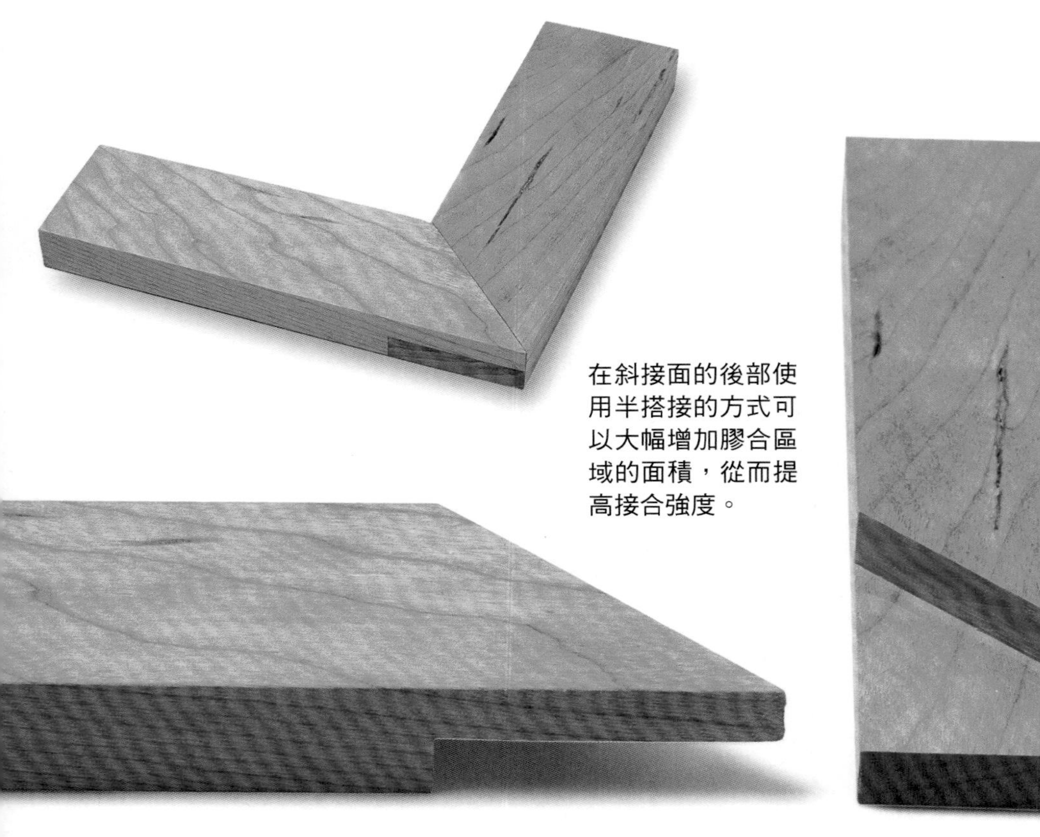

在斜接面的後部使用半搭接的方式可以大幅增加膠合區域的面積，從而提高接合強度。

製作步驟

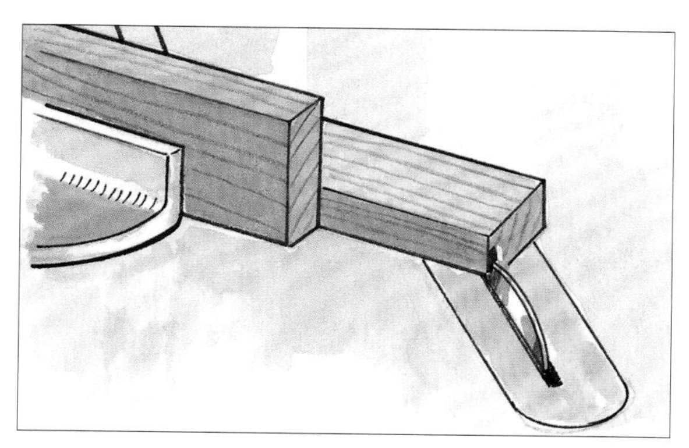

1 將部件切割到最終的長度，並將切割深度設置為木板厚度的一半，然後在框架垂直部件的正面邊角處以45°角橫向於紋理鋸切。

2 使用可滑動的靠山夾具和限位塊將部件固定在與臺鋸臺面成45°角的位置，切掉端面與鋸縫之間一半的厚度，但不要讓鋸片碰到肩部。

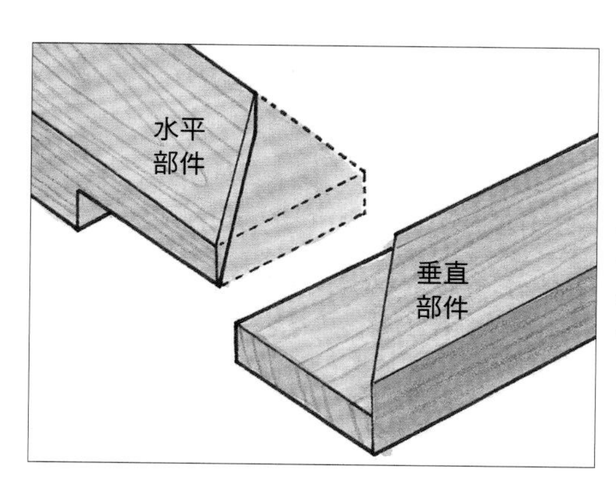

3 將水平部件切割成方正的端面搭接件（參見第49頁），然後對接頭進行45°斜切，切掉一半木料，與垂直部件的肩部匹配。

製作技巧

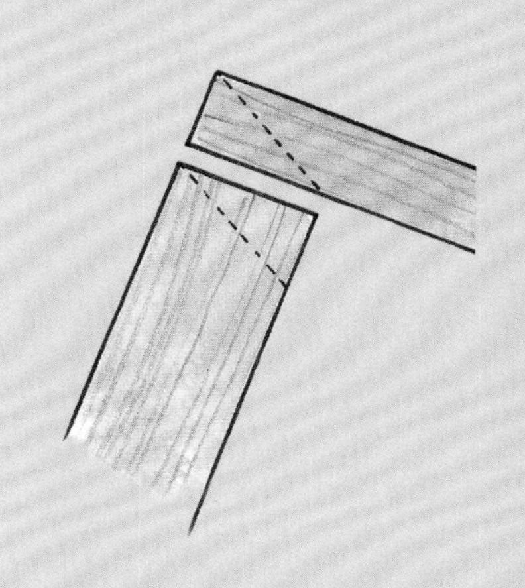

斜接角度

如果在一個部件上畫出斜接的角度，並使用可滑動的T形角度尺將該角度轉移至另一個部件上，可以通過斜接匹配不同寬度的框架部件。

接合部件的寬度差別愈大，精確製作接合件的難度就會愈高，接合的強度也會變得愈弱。如果兩個部件的寬度比值超過了2：1，則不推薦通過斜接進行接合。

封裝半邊槽斜接

橫向於紋理斜切製作的交叉斜接與框架斜接類似，由於膠合面為端面，因此其固有的接合強度較弱。幸運的是，它們也像框架斜接一樣，更多地用於輔助而非承重結構。大多數框架斜接的加固技術也適用於交叉斜接，只是裝飾性的蝴蝶榫被燕尾鍵所取代（參見第144頁），這使得交叉斜接可以獲得類似燕尾榫的外觀。

封裝半邊槽斜接並沒有為交叉斜接件增加額外的長紋理膠合面。它的較為細窄的肩部增加了一些膠合強度和抗扭曲能力，但斜接件真正的強度是由從外面釘入、貫穿接合部位的圓木榫或者接合件的長紋理區域提供的。

這種優雅的接合結構起源於日本。使用顏色對比鮮明的木料製成的圓木榫可以提供裝飾效果。

製作步驟

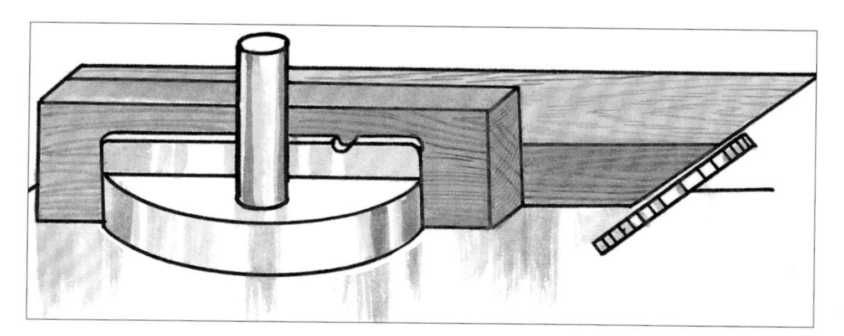

1 使用與配對邊角厚度相同的木料（或者像這個抽屜側板一樣較薄的木料），將其端面斜切為45°。

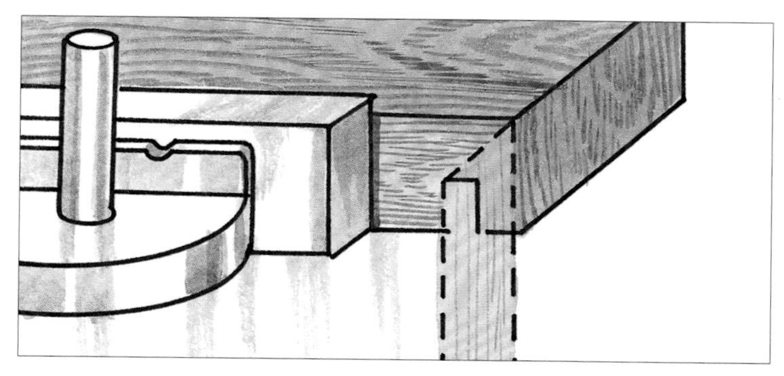

2 把抽屜的正面面板切割到需要的長度，然後在其內側面對應側板厚度的範圍內橫向鋸切，將鋸縫鋸切到一半斜面高度的位置。

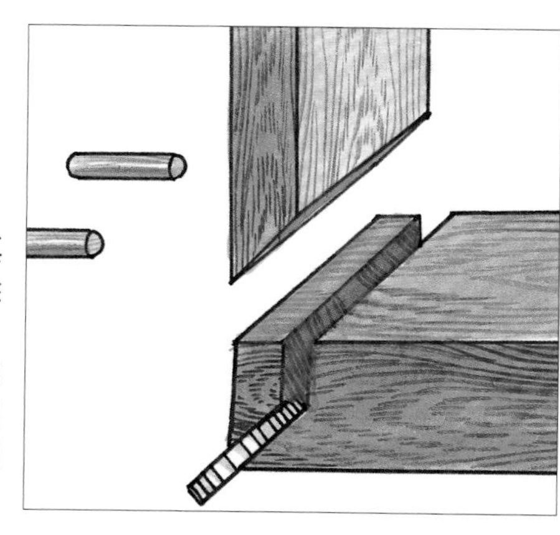

3 調整鋸片，使其傾斜45°，以清除正面面板的廢木料，然後將接合件膠合在一起，待膠水凝固後，用圓木榫穿過側板完成加固。

變式

加固的交叉斜接

保持鋸片傾斜45°，在交叉斜接的端面膠合表面的外側四分之三的位置為方栓鋸切切口。

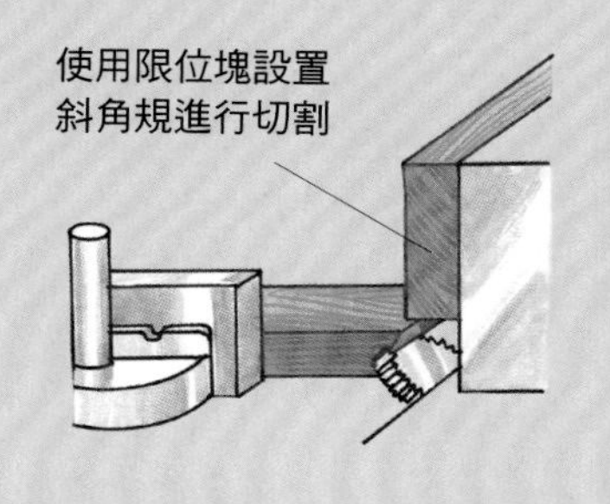

其他角度

對於45°以外的其他角度的交叉斜接，需要在電木銑臺或臺鋸上加工其端面，操作過程中應保持鋸片垂直於加工面，斜面平貼臺面。

互鎖斜接

對於L取向的端面與端面的接合，除非將其與指接榫相結合（參見第53頁），否則很難通過修飾改變交叉斜接件的長紋理接觸面。除非是具有六個或八個側面結構，接頭角度大於120°的部件，否則即使是內部的方栓也不能形成長紋理的接觸面。貫穿邊角的薄邊裝飾確實能夠增強交叉斜接件的長紋理區域的強度。

這裡展示的用臺鋸加工的互鎖接頭能夠自動互鎖，所以這種結構對膠水的依賴性更低，但只有當部件取向正確時才能有效對抗張力。互鎖斜接是抽屜常用的接合方式，因為它們的強度能夠有效對抗對抽屜正面面板的抽拉，並且其正面或側面沒有端面露出在外。

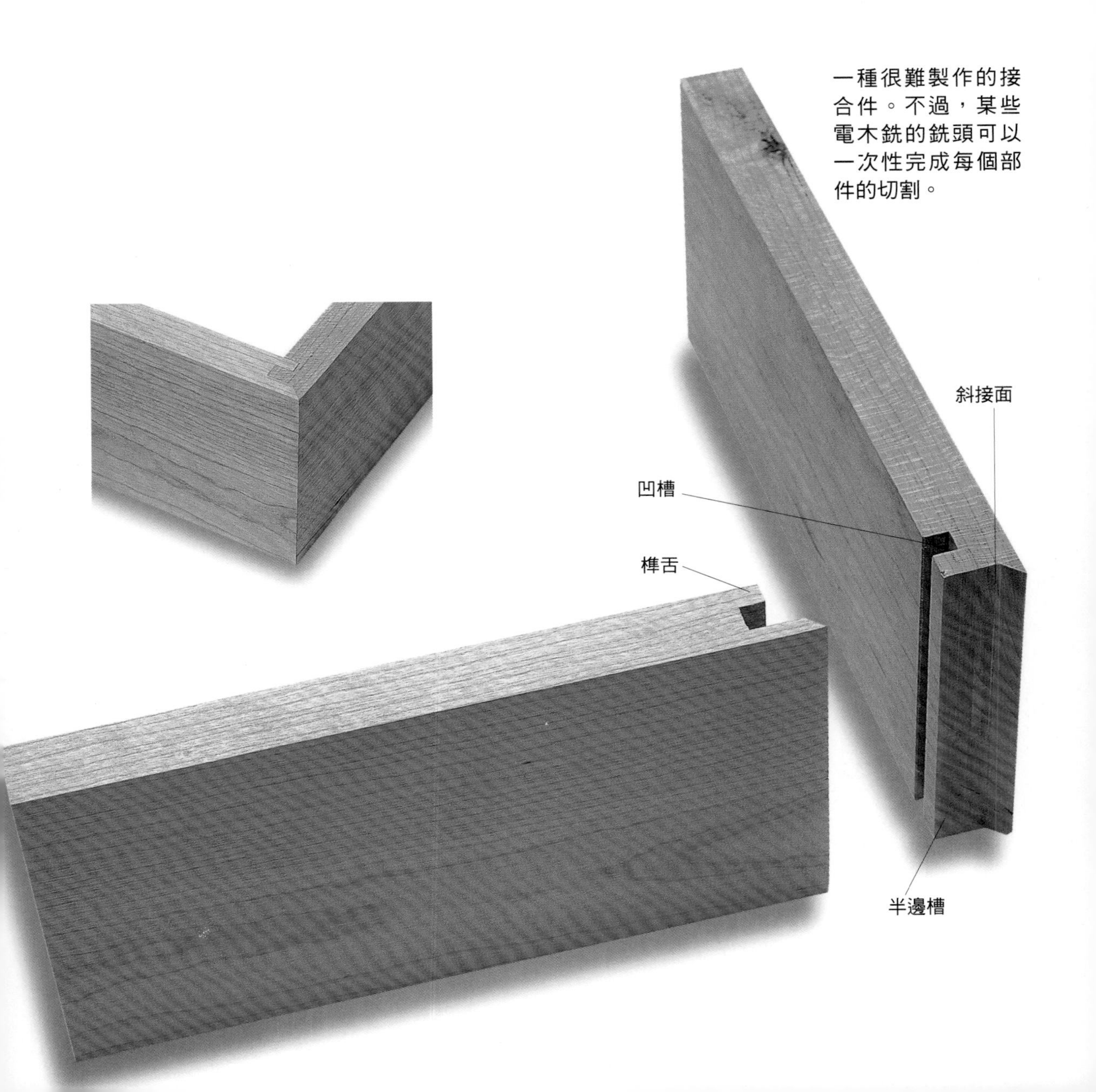

製作步驟

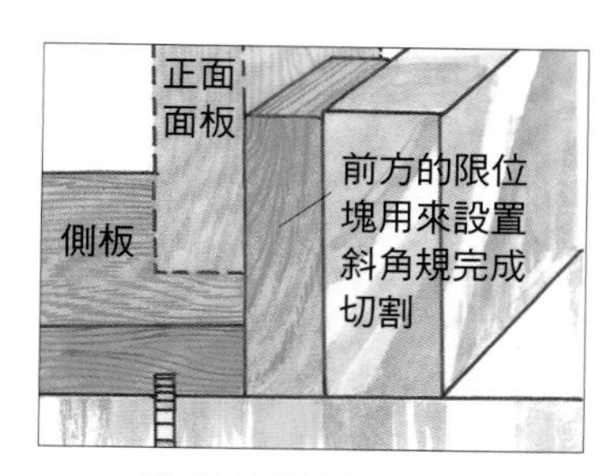

1 將鋸片設置到與抽屜面板的厚度尺寸對齊的位置，並將其高度設置為側板厚度尺寸的三分之一，沿側板的內表面鋸切出一個切口。

2 重新設置鋸片，使其高度等於側板的厚度，凹槽寬度大約是面板厚度的一半，並在靠近邊緣的位置留下一個細窄的舌部，以匹配側板上的切口。

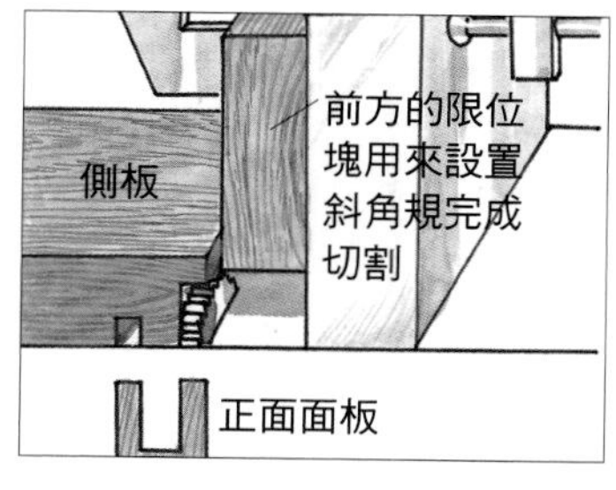

3 設置限位塊，將開槽刀片的高度降低到側板厚度的三分之二處，然後切出一個半邊槽，使其舌部可以匹配面板上的凹槽。

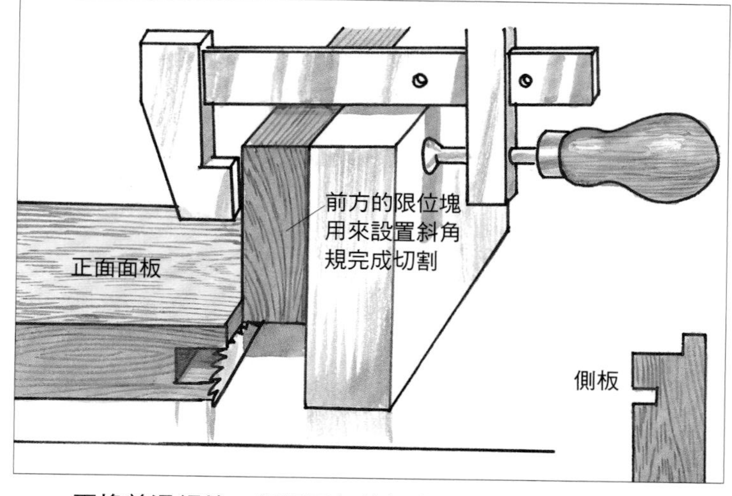

4 更換普通鋸片，鋸切面板的細窄舌部，將其修整到能夠與三分之一側板厚度的側板切口匹配的尺寸。

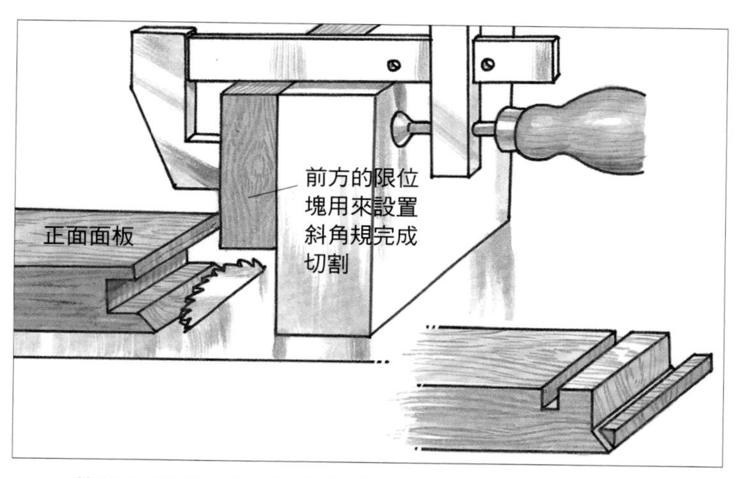

5 將鋸片傾斜45°，並在靠山上加入一個限位塊，控制在面板和側板的凸出舌部鋸切斜面的操作。

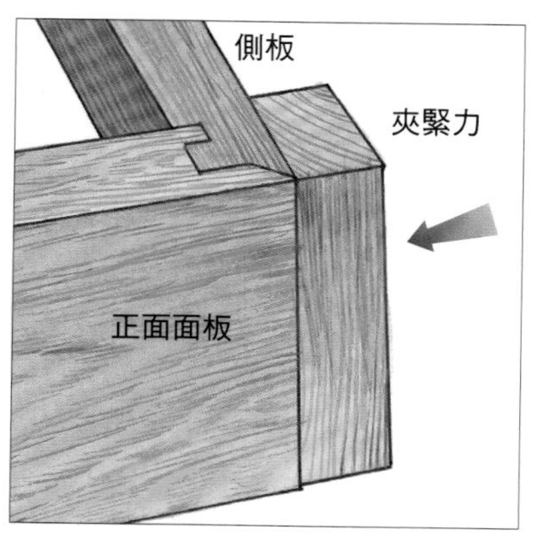

6 與大多數斜接不同的是，互鎖斜接只需要在一個方向上施加夾緊力，但需要一個墊塊將施加的壓力分散均勻。

瀑布式斜接

順紋理方向鋸切得到的長而平滑的斜面帶來了一種和諧的接合氣氛，其接合線與木料的輪廓渾然天成，兩個接合部件完美地融為一體。長度斜接（或者叫作斜面接合）也可用於諸如傘架、花架和萬花筒這種需要分段拼接的結構。長度斜接具有順紋理的取向，因此具有較大的膠合面，在塗抹膠水並用夾具夾緊時能夠產生很高的黏合強度。

瀑布式接合利用了轉角處斜接件可以使紋理平滑過渡的能力，特別適合用來訂製背板可見的膠合板櫥櫃。背板是從膠合板的中心裁取的，通過瀑布式接合與側板的端面相連，並附有面框結構。

「瀑布」這個名字源自這樣一個事實：直角接合處的紋理樣式看起來就像是從上向下翻滾下來的。

製作步驟

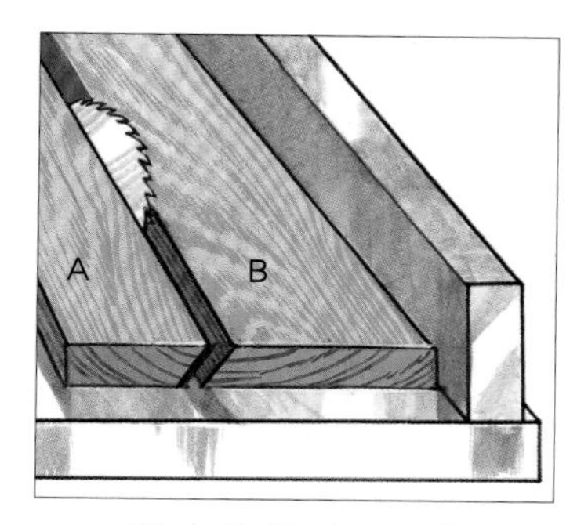

1 將鋸片傾斜45°縱切斜面，使外側部件的斜面朝向靠山傾斜，或者內側部件的斜面向外傾斜。

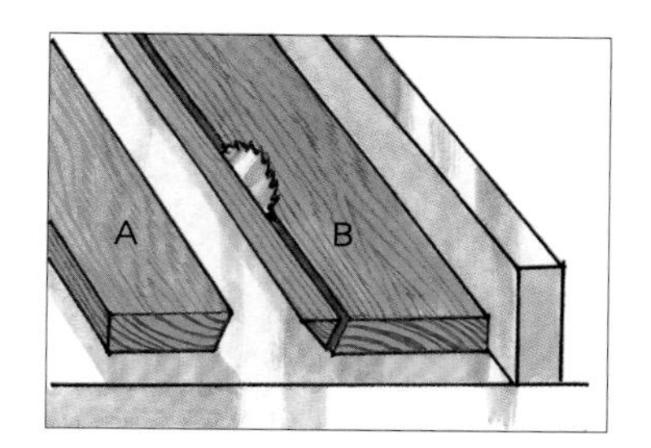

2 將緊貼靠山的木板上下翻轉，再次鋸切木板邊緣，切下一條截面為三角形的廢木料。

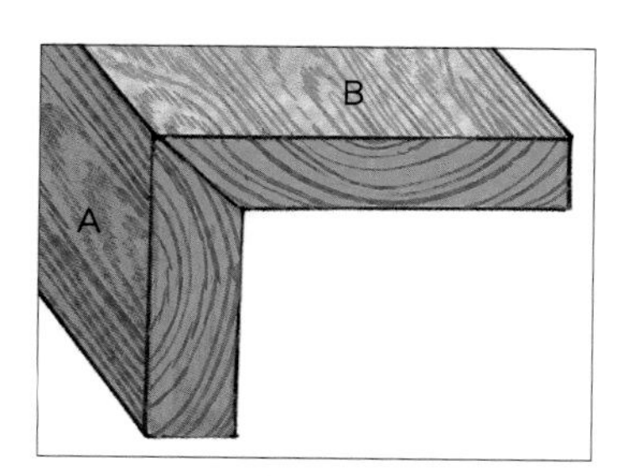

3 再次上下翻轉緊貼靠山的木板，將其與第一塊木板接合在一起，得到近乎完美的紋理匹配。

製作技巧

分段

分段式結構更容易成對膠合在一起，這是因為斜面接合件沿整個長度方向具有充分的接觸表面。

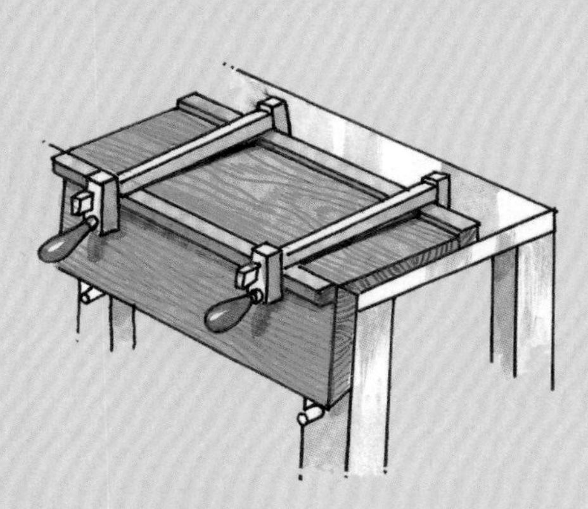

角度指板

使用45°的凹槽斜面設置鋸片的角度，並夾住一個角度指板，鋸切，直到指板可以靈活地將部件垂直頂在靠山上。

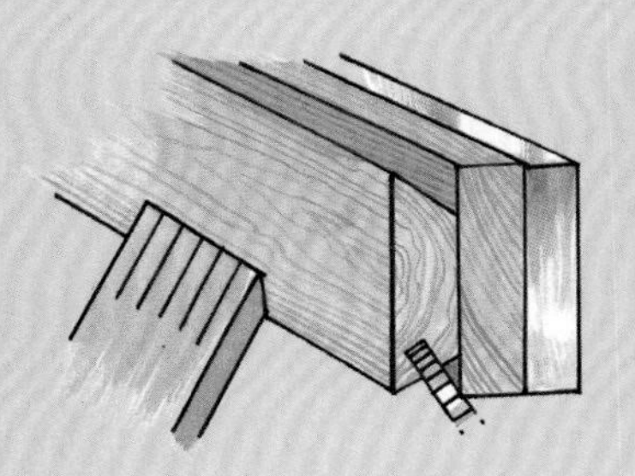

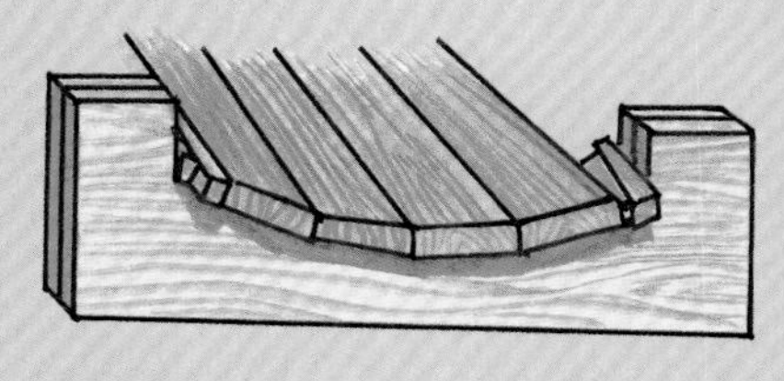

製桶

這種技術使用帶有斜面的部件，將弧形的分段部分沿寬度方向連接成一個整體。在膠水凝固後，可以將組合件翻轉，將每個小平面刨削平滑。

半邊槽斜接

長度斜接有一個很長的膠合線，因此斜面在受到壓力時很容易出現滑動。方栓（參見第27頁）或餅乾榫（參見第162頁）可阻止其滑動，但是如果夾緊力的作用方向存在偏差，仍然難以防止接合件向內或向外開口。當箱式結構的分段部件超過四個時，分段黏合斜面接合件會更容易進行，每次黏合兩個部件。

半邊槽斜接具有自我調節方正的能力，其內部階梯緊挨斜面，能夠將接合件保持在正確的位置，這對方正的結構來說是一種有用的選擇。儘管如此，斜面接合件在夾緊時仍然需要在外角夾上墊塊。這種接合件可以在電木銑臺上使用直邊銑頭和倒角銑頭進行加工。

這種接合件在夾緊階段需要一些創造力和耐心。

製作步驟

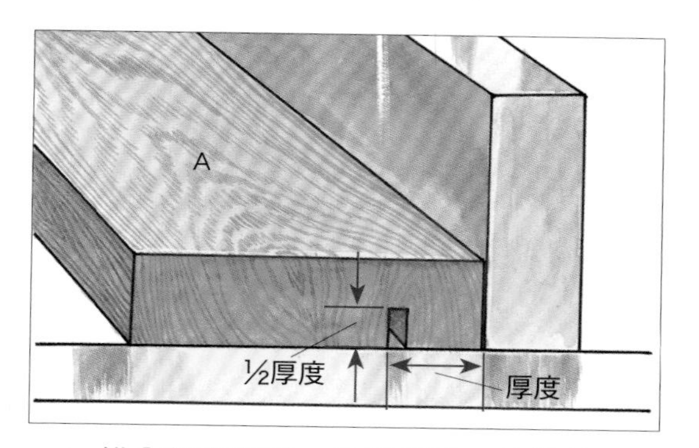

1 沿內側面鋸切，設置鋸片，使其外側與靠山之間的距離等於木板厚度，其高度為木板厚度的一半。

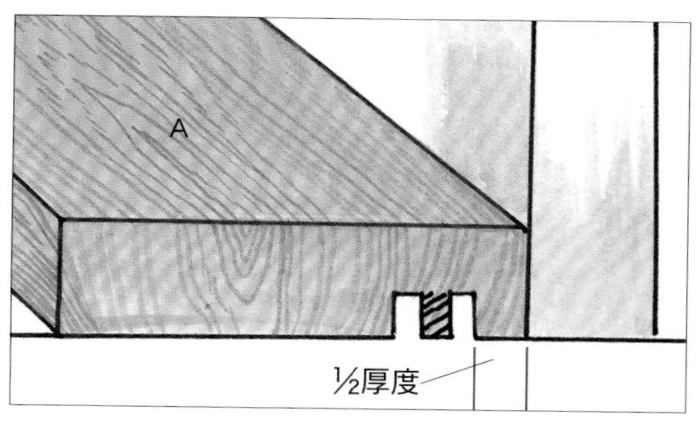

2 移動靠山，使鋸片內側距離靠山的距離變為木板厚度的一半，再次鋸切，然後再次移動靠山，去除兩個切口之間的廢木料。

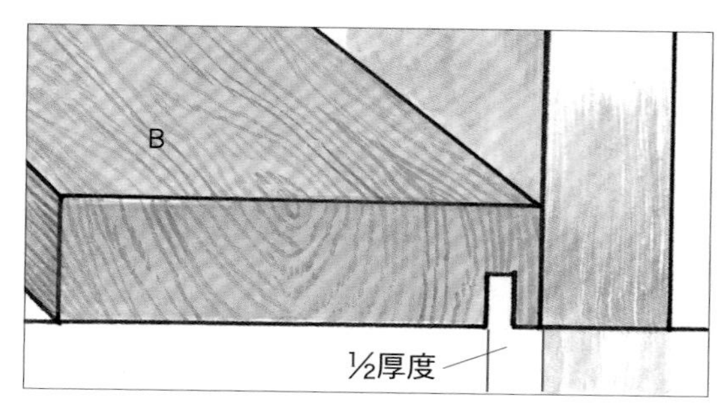

3 無須改變鋸片的高度，移動靠山，使其回到與鋸片外側的距離是木板厚度一半的位置，沿第二部件的內側面鋸切。

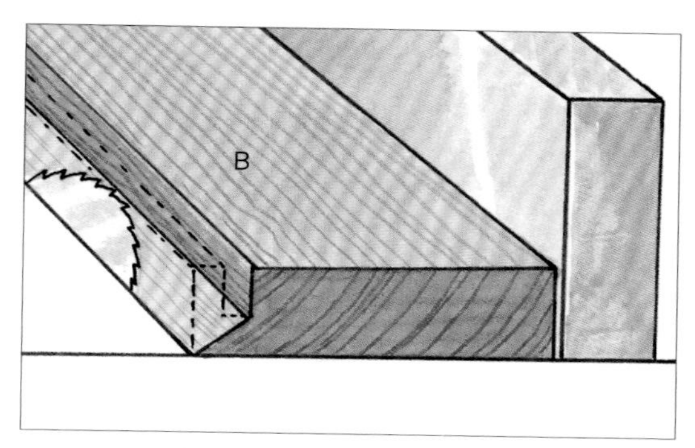

4 將第二部件左右翻轉，這樣其內側面會朝上，將鋸片傾斜45°進行斜切，以去除廢木料。

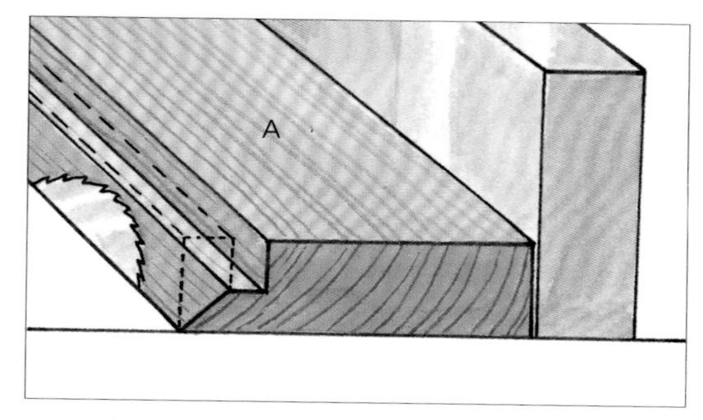

5 左右翻轉第一部件，使內側面朝上，同樣進行45°斜切，切除廢木料，留下凹槽。

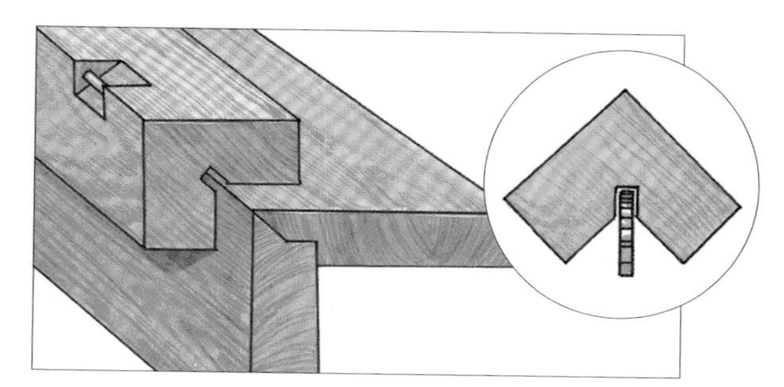

6 垂直於一塊長木料的相鄰側面做兩次切割，切掉木塊的一角製成夾緊塊，並鋸切其內側直角，以防止膠水受到擠壓黏在斜角處。

用機器製作複合斜接件

將斜切角度與傾斜的鋸片組合起來可以產生複合斜接。這種斜接方式可以使盒子的側面和壁板結構向內或向外傾斜。傾斜角度（向外或向內的傾斜度）不是關鍵，合適的斜接角度和鋸片傾斜角度才是使作品匹配在一起的關鍵。

一旦經過廢木料的測試完成了設置，就可以用臺鋸或搖臂鋸快速完成複合斜接件的切割。就像任何斜接一樣，切割的準確性是至關重要的。每次切割即使只出現1°的誤差，總體誤差也會隨著作品側面數的增加而成倍增長，最終導致無法將作品組裝在一起。膠合時的一兩個輕微的錯位都會導致接合失敗。

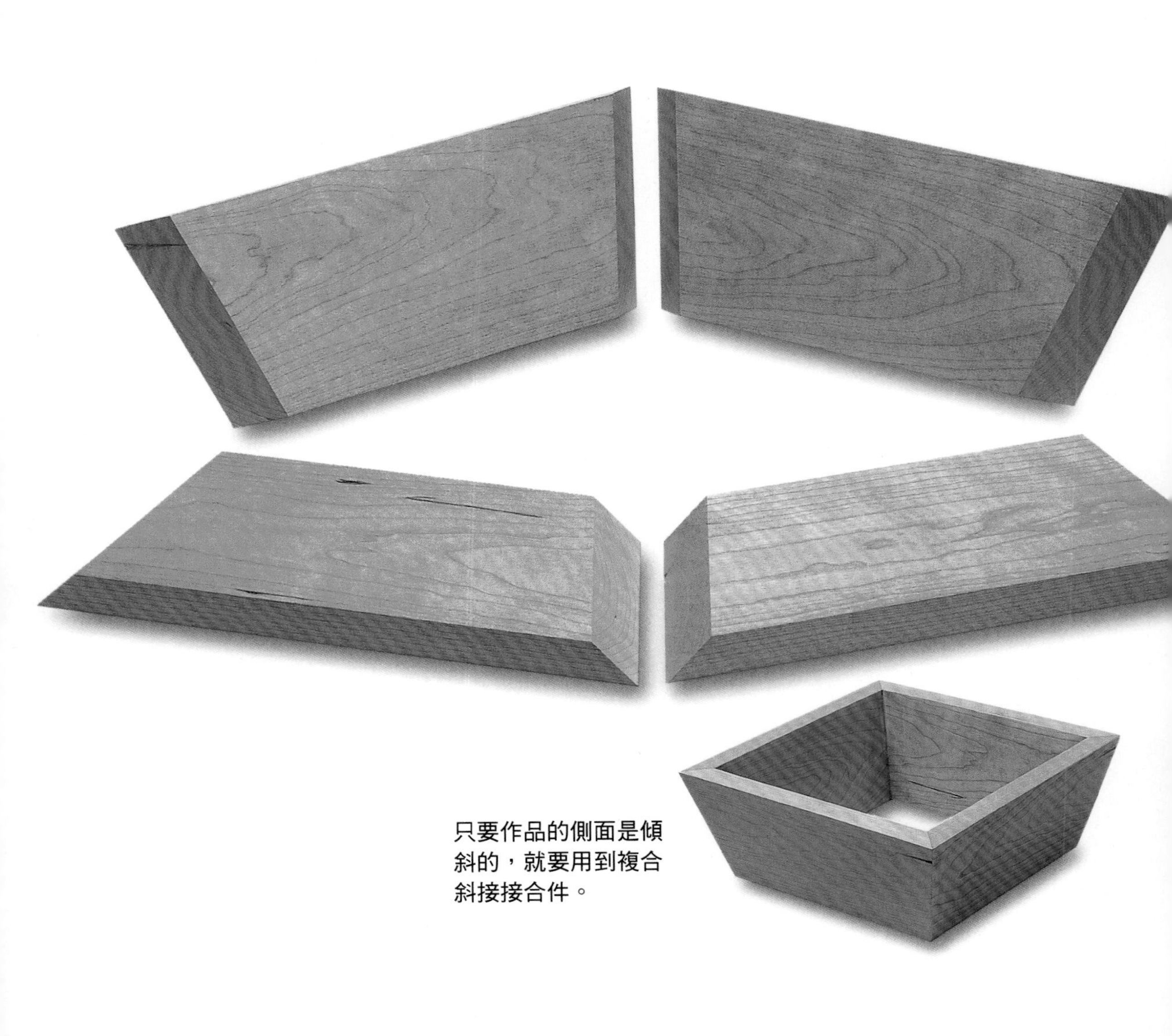

只要作品的側面是傾斜的，就要用到複合斜接接合件。

製作步驟

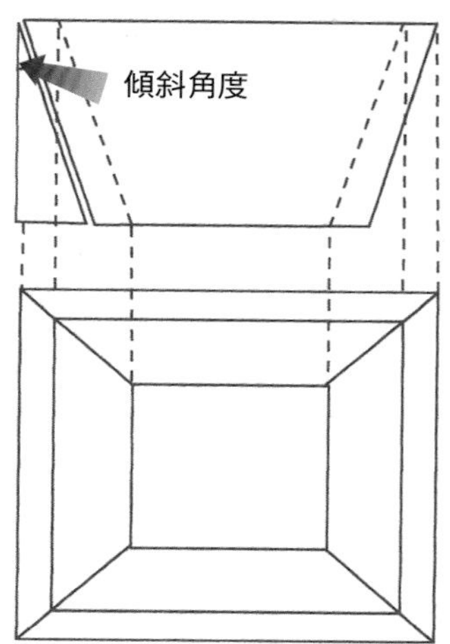

1 以預定的傾斜角度畫出一張全尺寸的立面圖，同時繪製出一個俯視圖。

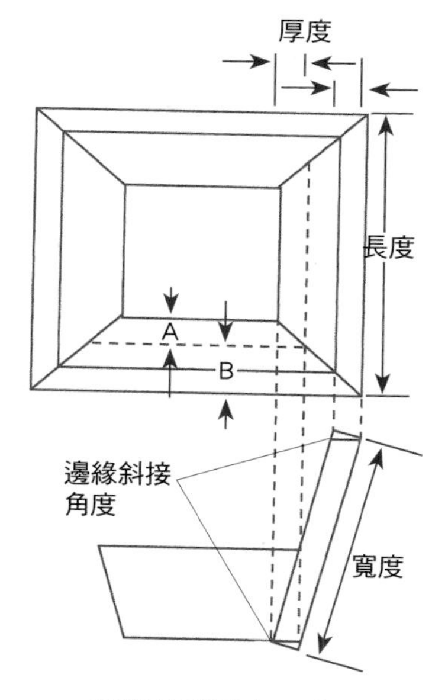

2 通過俯視圖向下畫垂線，並橫向於這些線畫出傾斜角度，以確定平放狀態下實際部件的寬度和斜接角度。

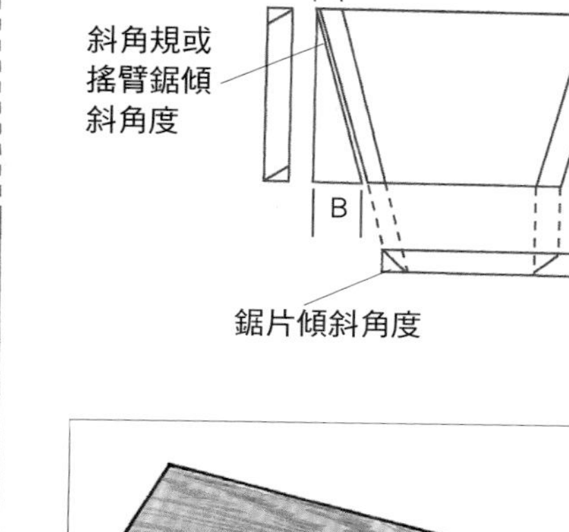

3 使用側視圖畫出投影線，並通過標記A和B的測量值畫出斜接角度，如圖延長角度線及其平行線，確定鋸片的傾斜角度。

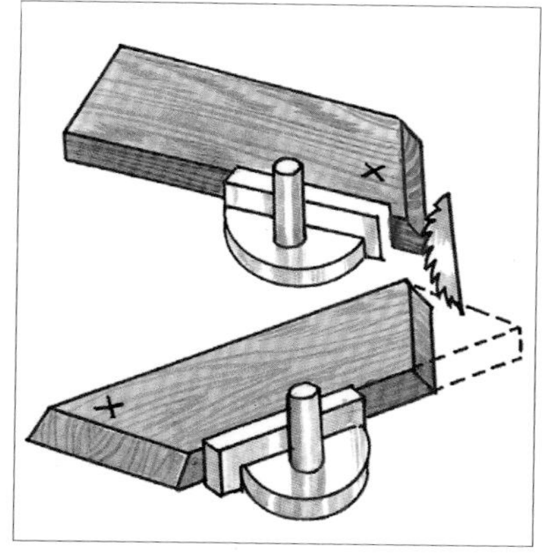

4 設置好鋸片和斜角規的角度，對所有部件的一端進行斜切，然後反方向傾斜斜角規，繼續斜切木料的另一端，並得到最終的部件長度。

5 將部件平放，鋸切頂部和底部的斜接角度，如有必要，可以適當移動靠山，以免斜角的尖端滑入靠山下面。

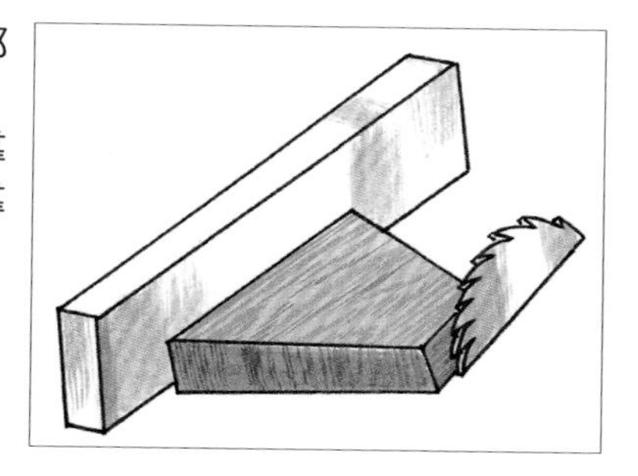

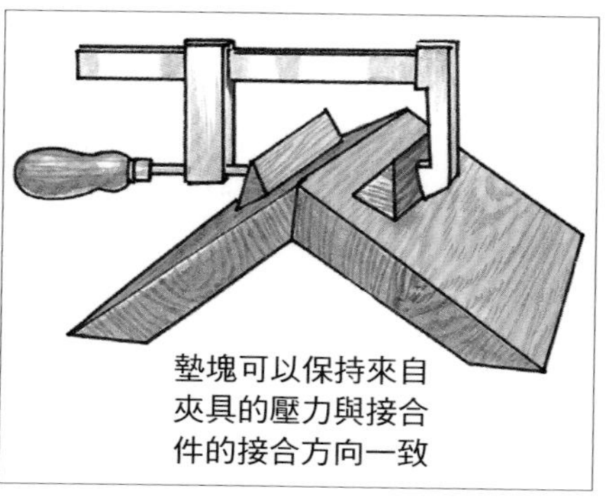

6 用便於拆卸的膠紙暫時黏在斜面上，以確定夾緊力在接合部位的作用方向。之後分段膠合部件。

手工製作複合斜接件

製作任何作品都應首先繪製俯視圖和立面圖，在開始鋸切之前解決細節問題。但是，這兩種作品視圖都不能直接顯示零件的實際形狀，以及實際的斜接角度和鋸片傾斜角度。

手工製作複合斜接件並非不可能，但這種方式不太適合側面或分段過多的作品。手工製作複合斜接件能否成功取決於手工刨的使用技術是否熟練。

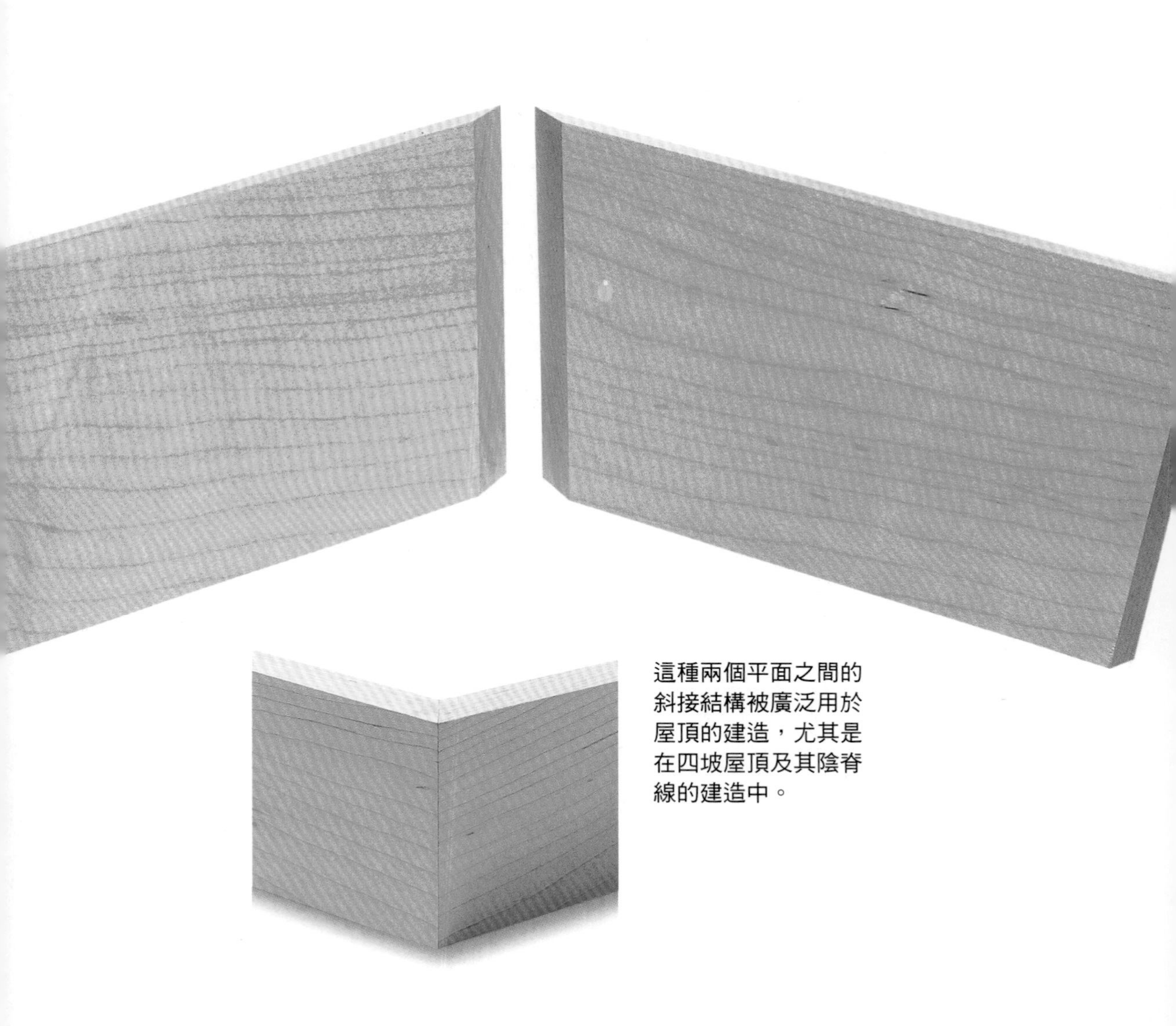

這種兩個平面之間的斜接結構被廣泛用於屋頂的建造，尤其是在四坡屋頂及其陰脊線的建造中。

製作步驟

1 使用第125頁的繪圖方法找到斜面角度，在引導木塊的每一端做出標記，並將其刨削到指定角度。

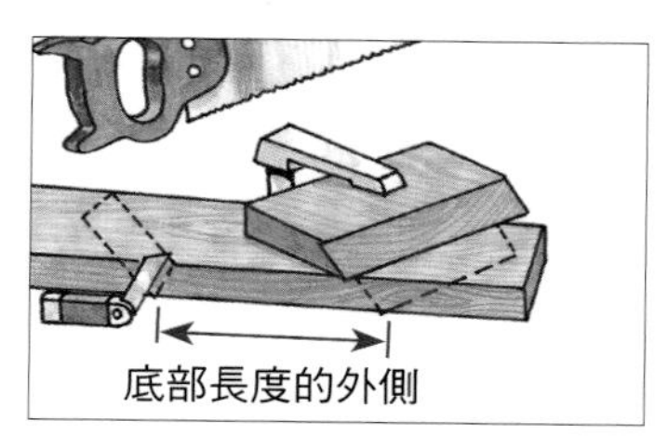

2 根據斜接角度將鋸片引導木塊橫向夾在部件內側，引導鋸片向著部件的長度外側鋸切。

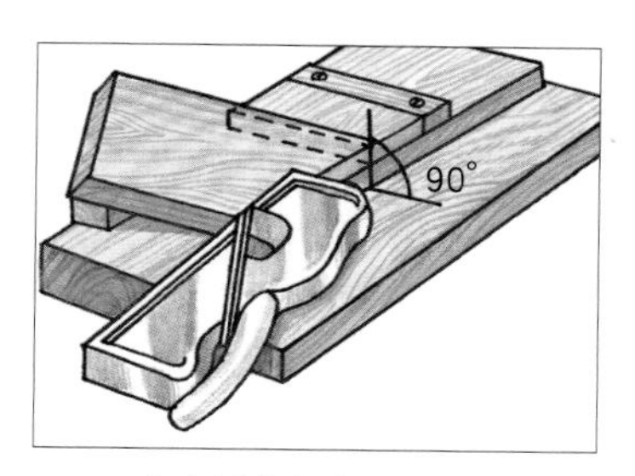

3 在刨削臺上，用雙面膠帶固定錐形的靠山木塊，其作用是使部件的斜面與木條的側面對齊，並與臺面成90°角。然後將斜面刨削到匹配的角度。

製作技巧

壓頂和斜接線腳

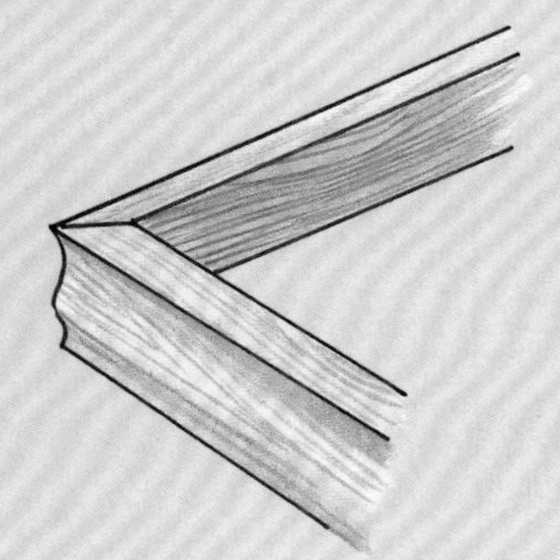

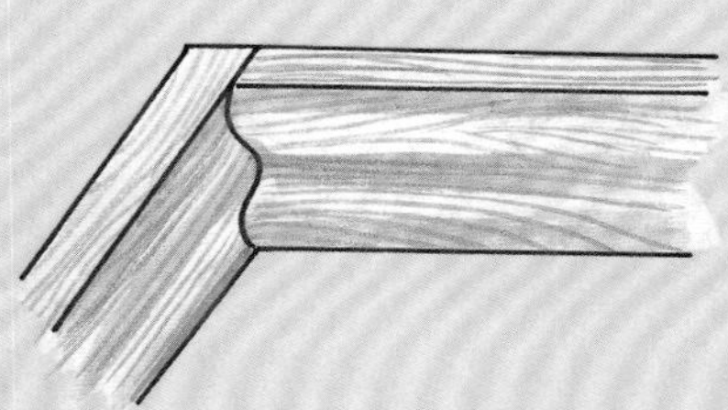

外角通常必須斜接，但內角可以以壓頂的方式處理。

懸垂式線腳只能進行斜接。

後掠式線腳通常可以以壓頂的方式進行處理。

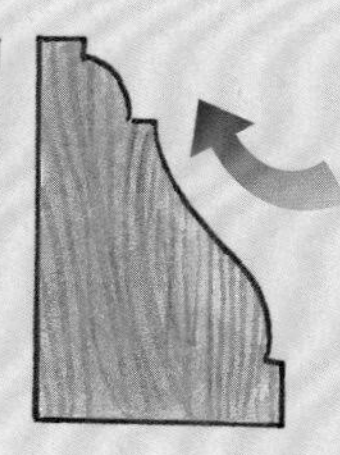

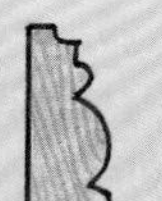

為了以壓頂的方式處理線腳，橫跨正面斜切以顯示輪廓線，然後沿輪廓線垂直鋸切或稍做底切，最後用砂紙或銼刀處理輪廓線，實現匹配。

要切割冠狀線腳，在線腳底部標記出櫥櫃的寬度，並將畫線與斜接輔鋸箱的斜切槽對齊，然後將線腳部件上下顛倒，使其平貼靠山，以鋸切出斜接面。

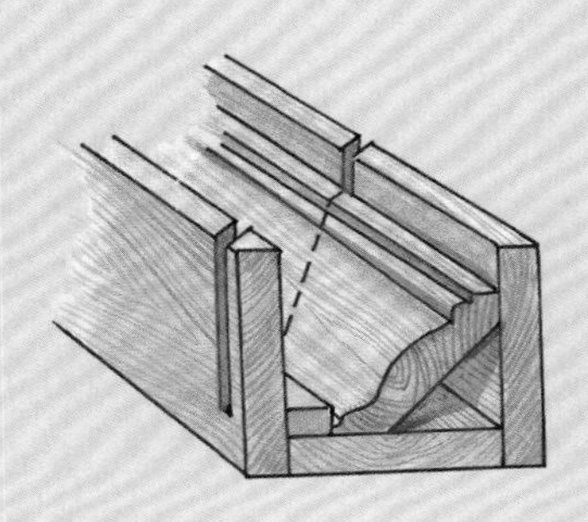

第七章

燕尾榫

燕尾榫的選擇和使用

燕尾榫是一種具有很高機械強度的互鎖式接合件，通常被認為是做工精細的木工作品的標誌。這種接合結構是由成角度的燕尾形凸起部分以及與其形狀類似和匹配的凹形插口組成的。最著名的燕尾榫接合結構出現在端面與端面的邊角接合中，一系列的燕尾榫接頭剛好插入到一系列的插口中。

插口之間的部分被稱為銷件。它們就像榫頭一樣匹配並插入尾件之間的空隙中。加寬的燕尾支撐著接頭對抗張力，並為尾件與銷件之間的長紋理膠合面增加了巨大的機械強度。

經典的手工製作的燕尾榫非常牢固，並且沒有看上去那麼難做。

燕尾榫有三種基本的邊角接合方式，分別是全透燕尾榫、半透燕尾榫（搭接燕尾榫）和全隱燕尾榫（雙搭接燕尾榫）。需要使用何種類型的燕尾榫取決於家具的風格和強度要求。在古董家具中，最牢固的全透燕尾榫（其端面貫穿並顯露於木板的表面）被隱藏在線腳之下。半透燕尾榫或全隱燕尾榫則可以保持燕尾榫頭的端面部分或全部處於隱藏狀態。當代設計會通過在箱體的邊角和抽屜上凸顯通透燕尾榫來彰顯手工製作的特點。可調節的現代燕尾形夾具可以模仿手工製作的效果，形成間距不同的燕尾，需要仔細辨別才能區分「手工製作」的外觀。

燕尾形狀的榫頭改變了接合件的強度，增強了抗張性能。滑動燕尾榫同樣為凸出的榫舌或榫頭帶來了改變，以匹配凹陷的封裝槽。在搭接接合家族中，被改造成燕尾形的端面搭接件可以用來緩解膠合面的張力，而端面邊緣搭接件通過引入燕尾形榫肩為缺少支持的端面部分提供了有效支撐。

經過改造的搭接件和可滑動的榫舌和榫頭有兩種形式：裸露在外、只包含一側成角度側面和榫肩的單燕尾頭；具有完整的燕尾形狀、通常每側具有榫肩和成角度側面的雙燕尾頭。

燕尾榫方栓可以像普通方栓那樣用來連接木料。蝴蝶榫和燕尾鍵是具有裝飾效果的功能性強化組件，可插入匹配的插口中。

燕尾榫術語

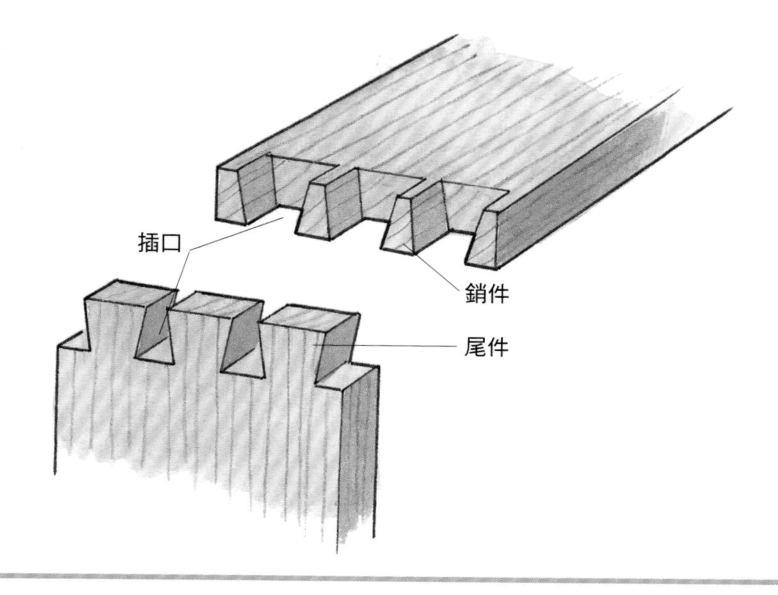

基本的邊角燕尾榫

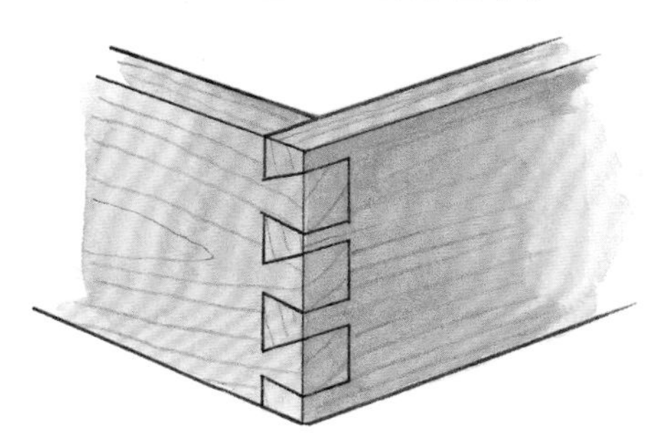

全透燕尾榫可以在接合處形成最大的膠合表面，但是木板的端面會穿過配對木板裸露在外。

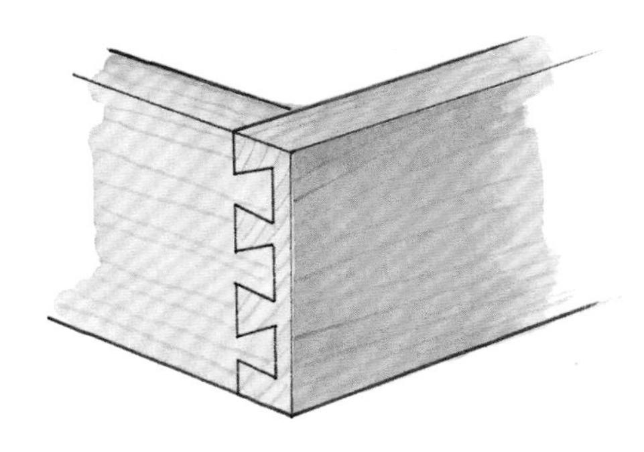

半透燕尾榫可以把抽屜的正面面板與兩塊側板接合在一起，並且不會將側板的端面暴露在抽屜正面。

一組全隱斜接燕尾榫可以在強化邊角接合的同時隱藏接合部位，使接合區域周圍的紋理形成完整的、連續的視覺效果。

全隱燕尾榫的尾件不會像半透燕尾榫的尾件那樣兩面切透，無論是銷件或尾件，都通過搭接結構將接合部位隱藏在內。

裝飾性的燕尾形加固件

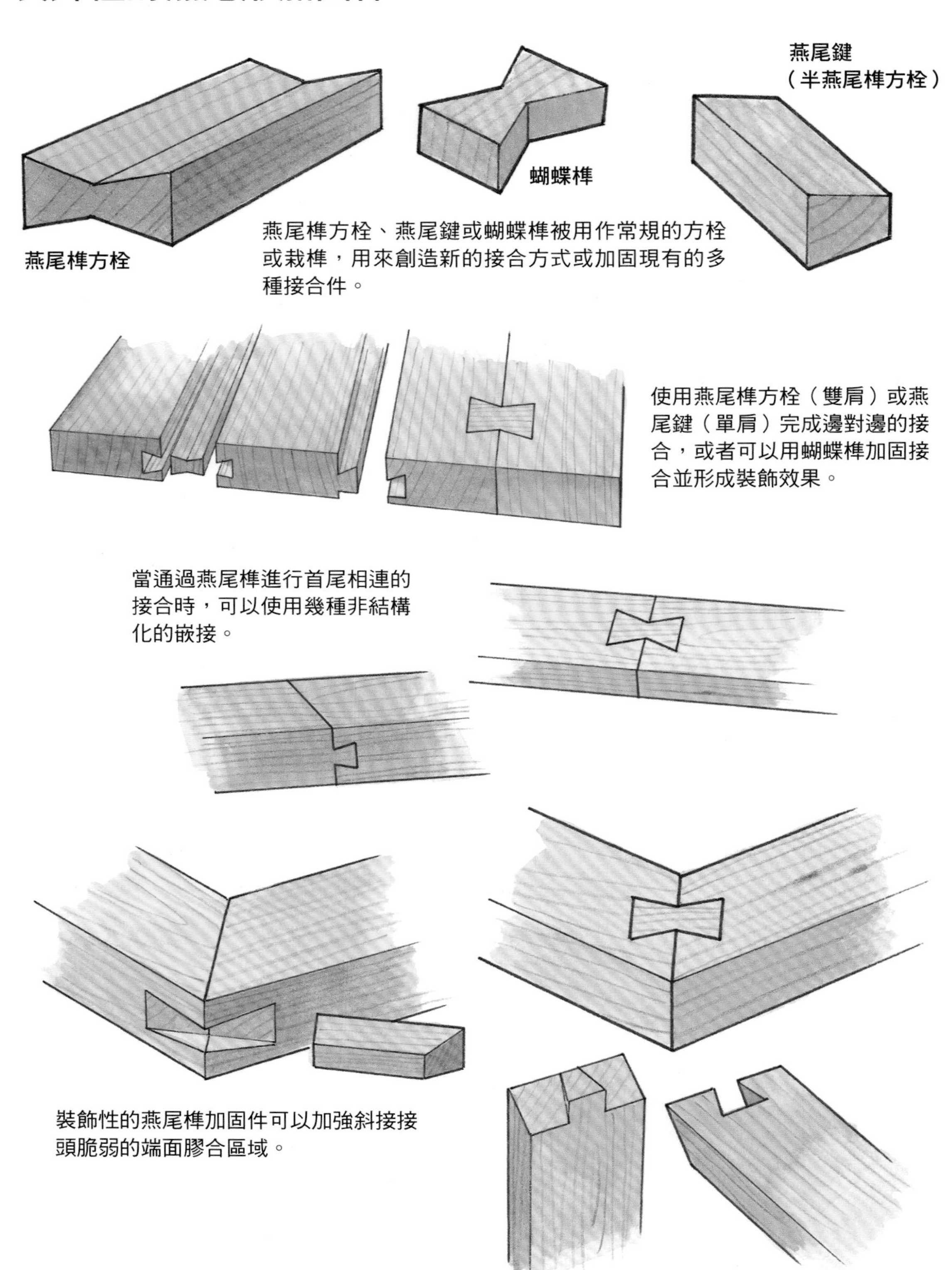

燕尾榫方栓、燕尾鍵或蝴蝶榫被用作常規的方栓或栽榫，用來創造新的接合方式或加固現有的多種接合件。

使用燕尾榫方栓（雙肩）或燕尾鍵（單肩）完成邊對邊的接合，或者可以用蝴蝶榫加固接合並形成裝飾效果。

當通過燕尾榫進行首尾相連的接合時，可以使用幾種非結構化的嵌接。

裝飾性的燕尾榫加固件可以加強斜接接頭脆弱的端面膠合區域。

經過燕尾榫改進的接合件

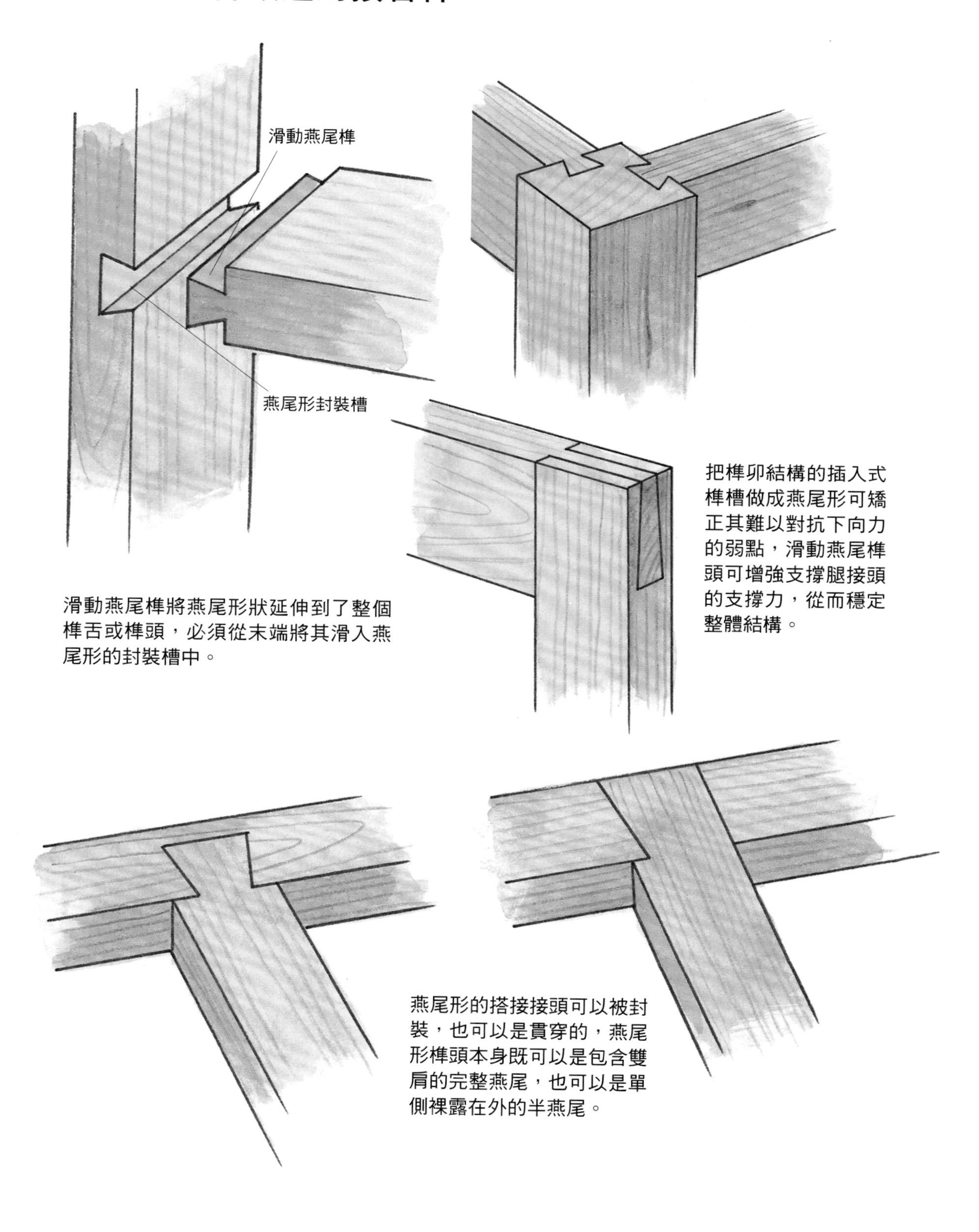

滑動燕尾榫將燕尾形狀延伸到了整個榫舌或榫頭，必須從末端將其滑入燕尾形的封裝槽中。

把榫卯結構的插入式榫槽做成燕尾形可矯正其難以對抗下向力的弱點，滑動燕尾榫頭可增強支撐腿接頭的支撐力，從而穩定整體結構。

燕尾形的搭接接頭可以被封裝，也可以是貫穿的，燕尾形榫頭本身既可以是包含雙肩的完整燕尾，也可以是單側裸露在外的半燕尾。

全透燕尾榫

在設計一個邊角燕尾榫的時候，銷件最寬的部位約為木板厚度的一半（或者更寬），間隔均勻的尾件的寬度約為銷件最大寬度的2～3倍。

對於間距可變的接合件，可在中心處製作較寬的尾件，在兩端製作較窄的尾件，從而增加兩端的銷件膠合面，此時的銷件沒有必要與尾件成比例。這樣可以把牢固的部分放在最需要的地方，並有助於在木材乾燥時抑制杯形形變。設計時應將心材定位在外側，以補償木材乾燥的影響，這樣當側板向外發生杯形形變時，抽屜仍能保持結構的緊湊。

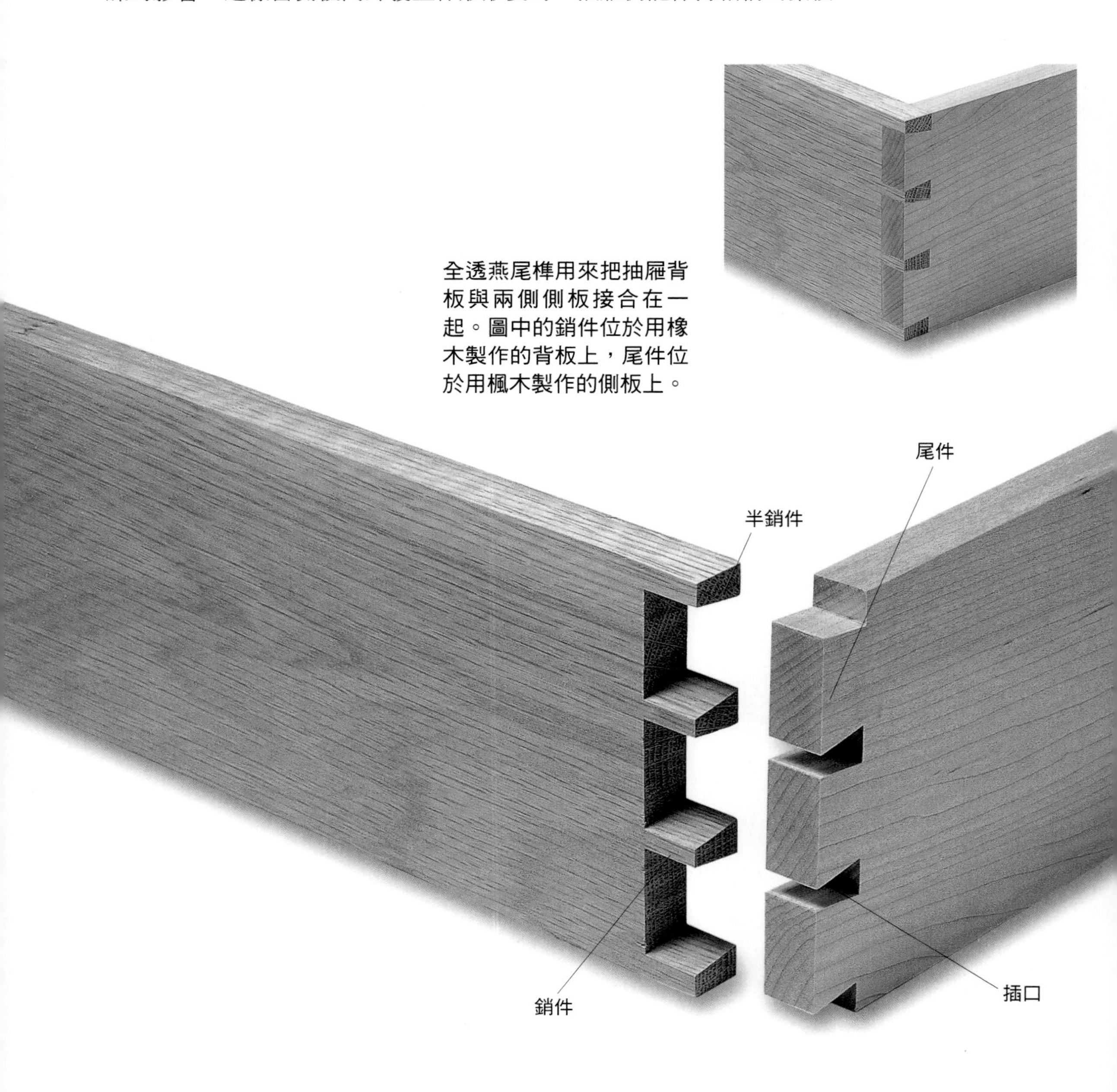

全透燕尾榫用來把抽屜背板與兩側側板接合在一起。圖中的銷件位於用橡木製作的背板上，尾件位於用楓木製作的側板上。

銷件的製作步驟

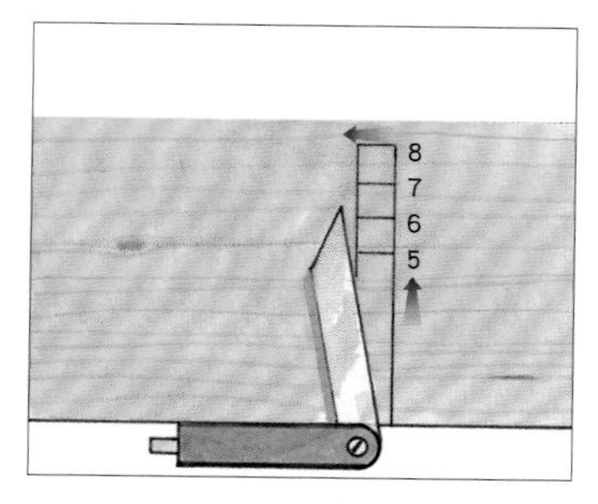

1 考慮到木料的類型和種類，將一個可滑動T形角度尺主幹對接在木工桌邊緣，設置燕尾頭的角度，使其對應的斜率在5和8之間。

4 面對木板的內面，用畫線刀畫出每個銷件的中心線，在中間線兩側標記出銷件最寬處的線，並在廢木料部分做標記。

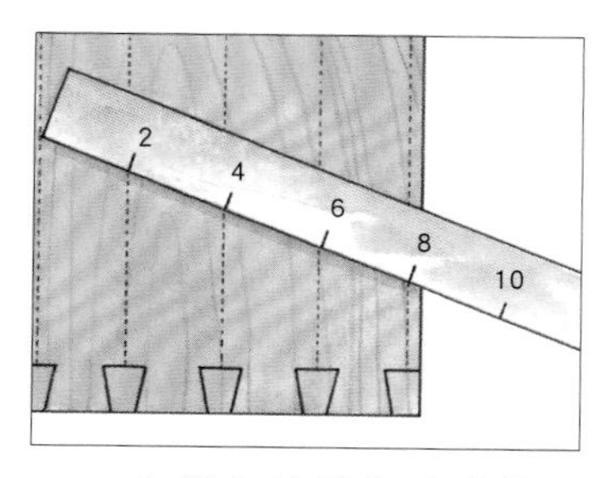

2 在紙上繪製全尺寸的圖紙。傾斜直尺，使相應刻度對準每個銷件的中心線，是一種設置相等間距的簡單方法。

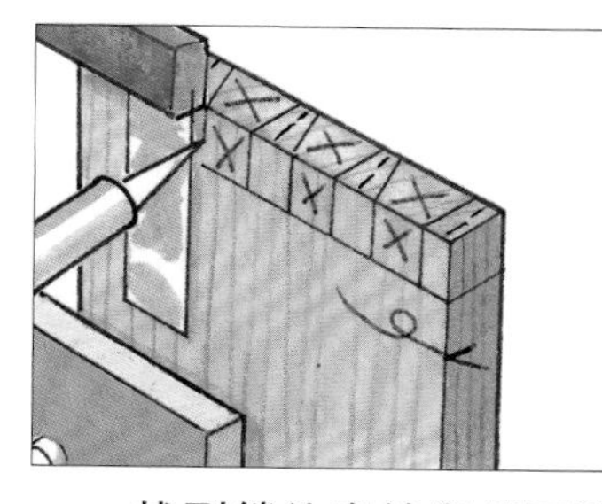

5 找到銷件畫線與端面邊緣的交點，以其作為起點，用畫線刀分別在木板的正面和背面垂直於端面邊緣畫線，並清楚地標記出廢木料。

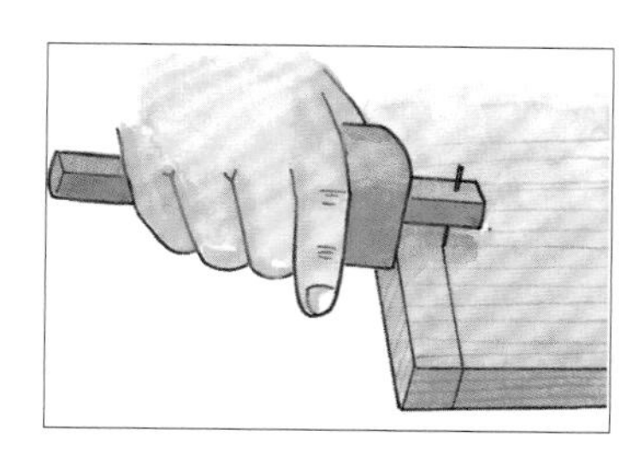

3 將木料打磨光滑，按照稍大於尾件木料厚度的數值設置畫線規。然後環繞銷件的端面，在木板的正面、背面和側面畫肩線。

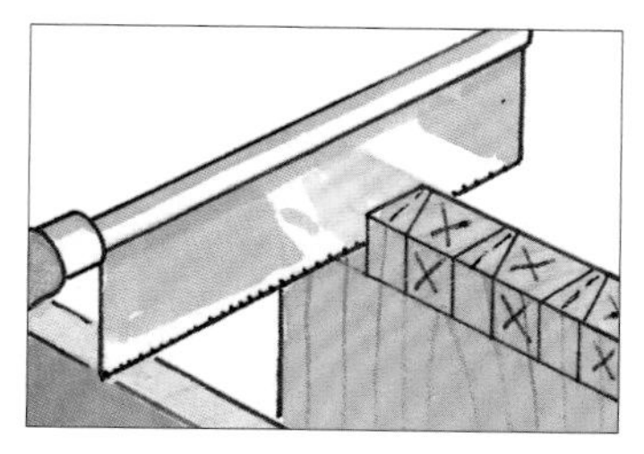

6 從銷件畫線廢木料側的前角開始，從木板的正面和端面切入，一直鋸切到與肩線平齊的位置。

製作技巧

簡單的夾具

按照燕尾頭的角度鋸切一塊廢木料，並在其兩端分別連接一塊擋頭木，這樣的夾具有助於畫線，並能保證每處傾斜角度保持相同。

用臺鋸鋸切銷件

將鋸片放低到肩線的高度，設置斜角規成指定角度，並將切口與燕尾榫的角度對齊，用臺鋸鋸切銷件。

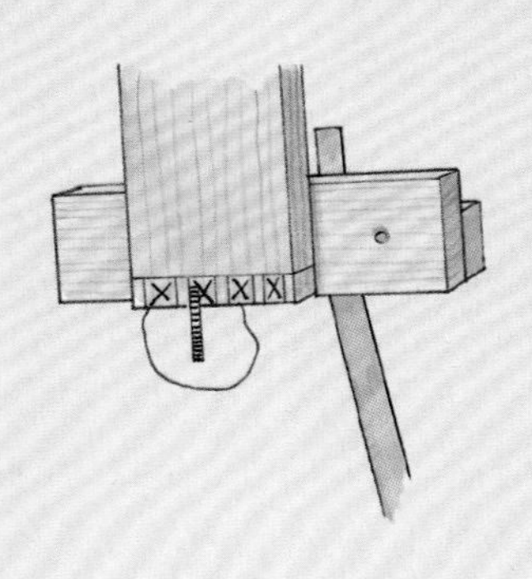

製作技巧

用帶鋸鋸切銷件

要用帶鋸鋸切銷件，可以傾斜帶鋸本身，或者做一個傾斜的夾具，並在肩線位置夾緊一個限位木塊進行切割。

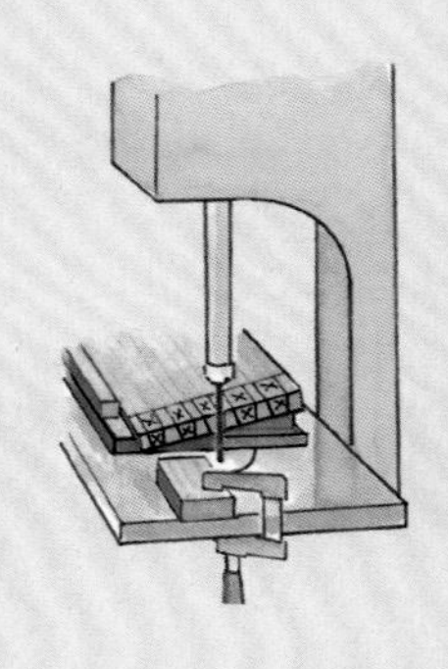

畫線工具

可以使用自製的燕尾榫畫線工具設置尾件和銷件的角度，並垂直於端面的邊緣在木板的正面和背面畫出引導線。

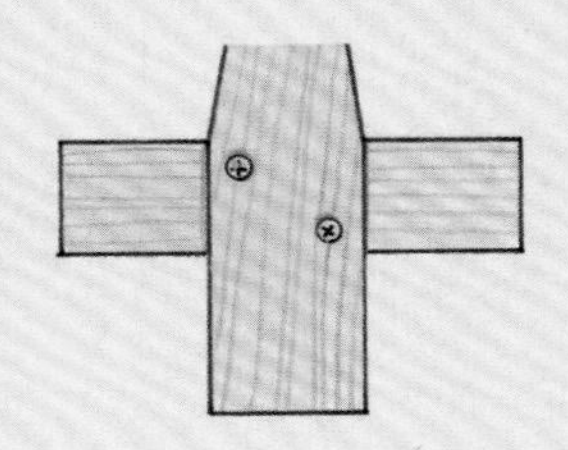

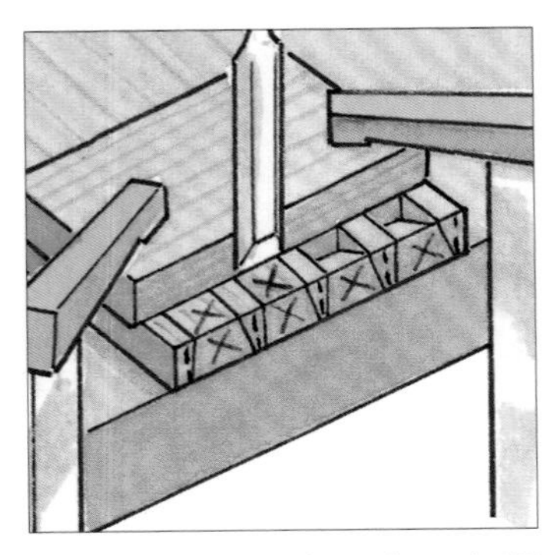

7 將部件固定在木工桌腿的上方，並在肩線處夾上引導木塊，沿畫線向下鑿切，鑿掉一半的廢木料，在靠近端面處形成一個斜面。

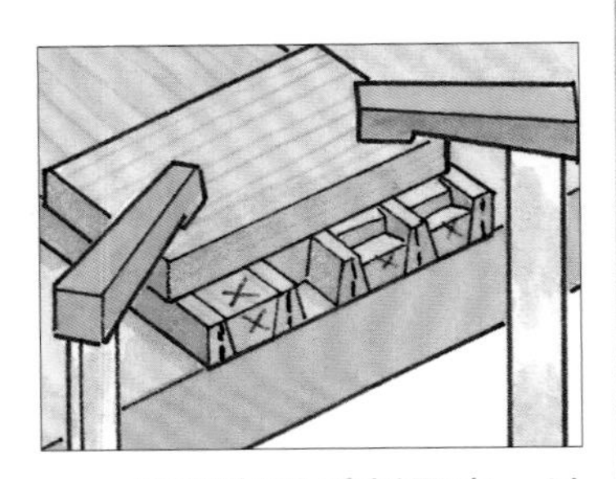

8 翻轉部件重新固定，以小步幅逐步切掉剩餘的廢木料，注意從前向後移向肩線並向下切入廢木料，直到所有的廢木料被清除掉。

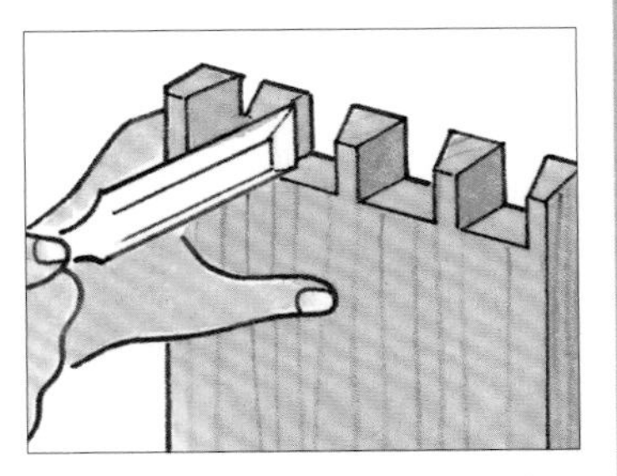

9 把銷件內部清理乾淨，確保頰部平整並且垂直於端面，最後將端面修平或略做V形底切。

尾件的製作步驟

1 將木料打磨光滑，然後按照稍大於銷件木料厚度的數值設置畫線規，圍繞尾件端面畫出一圈肩線。

2 將銷件的寬邊一側抵在尾件的肩線上，在尾件的內側標記出銷件的位置。

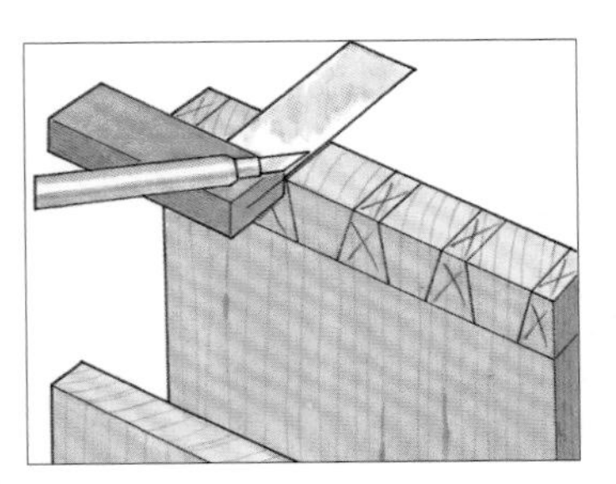

3 找到尾件畫線與端面邊緣的交點，以其作為起點，用畫線刀分別在木板的正面和背面垂直於端面邊緣畫線，並標記出銷件對應的廢木料部分。

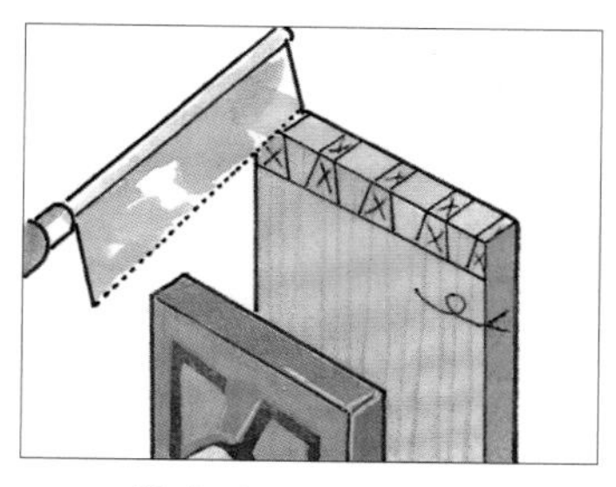

4 從廢木料側的前角開始鋸切，同時切入木板的正面和端面，如果喜歡，可以傾斜木板在垂直方向上鋸切。

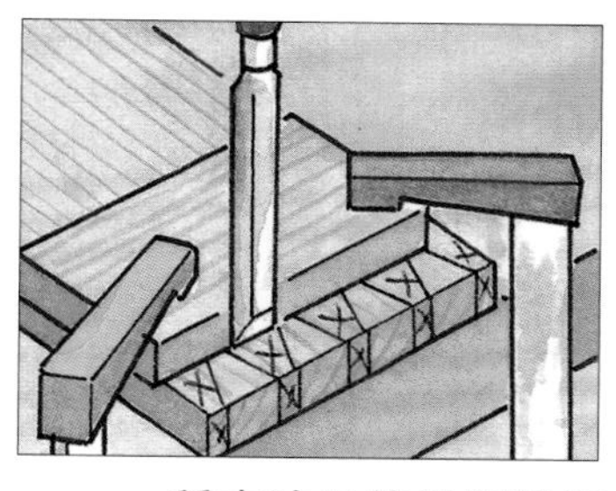

5 一種方法是使用與鑿切銷件一樣的過程，用窄鑿去除廢木料，如果需要底切端面，應使鑿子稍微傾斜。

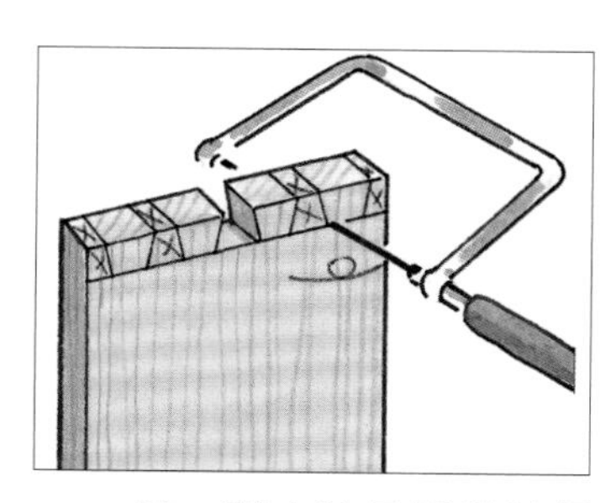

6 另一種方法是用鋼絲鋸鋸切到畫線附近來清除廢木料，然後再用鑿子將端面修齊到肩線位置。

7 清理燕尾頭之間的插口，如有必要，可以使用特殊的斜切鑿或具有成角度斜面的燕尾鑿，這種鑿子可以到達燕尾懸垂部分的底部。

8 塗抹膠水，用一塊木塊為接合件提供保護，確保銷件和尾件與各自的插口對齊，輕敲木塊，確保接合件的寬大端面不會由於過緊而撕裂木料。

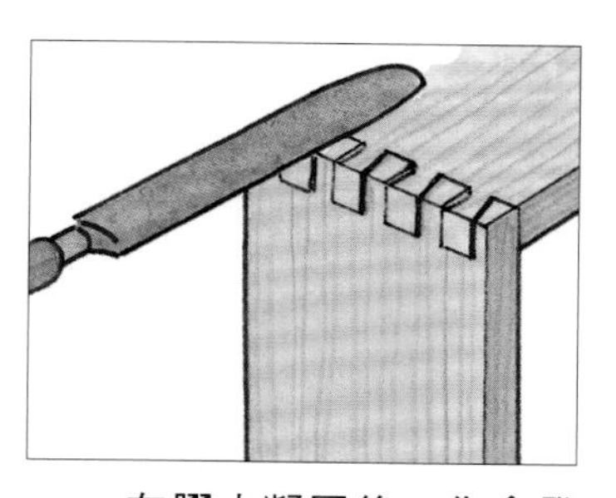

9 在膠水凝固後，你會發現，銷件和尾件的末端凸出於接合表面，這是按照比木板厚度稍大的尺寸設置畫線規造成的。用銼或打磨塊將凸出部分去掉即可。

製作技巧

抽屜燕尾榫

為抽屜設計的通透燕尾榫，可以讓底部的凹槽在一個燕尾頭下滑出，並穿過底部的銷件，這裡也是位於抽屜側板的插槽插入的位置。

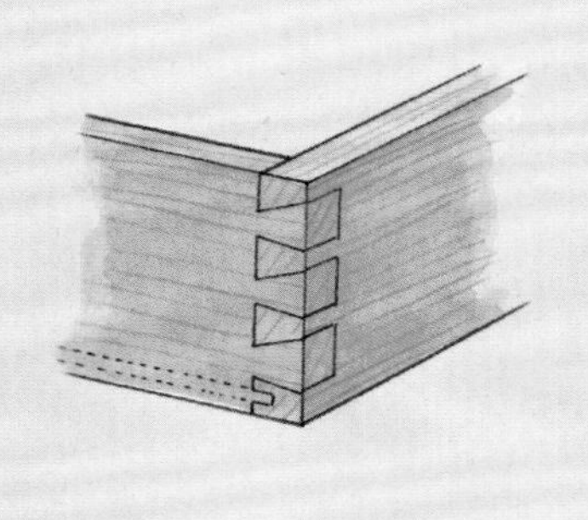

斜接設計

一個邊角斜接燕尾榫需將半銷件從邊緣插入，但是半銷件的內側面沒有經過鋸切，而是為了完成斜接對多餘部分的木料進行了斜切。

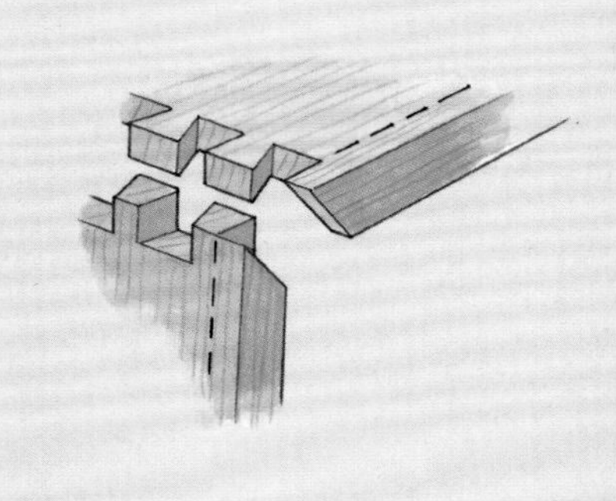

半透燕尾榫

半透或全隱燕尾榫與通透燕尾榫的最大不同在於，前者具有搭接結構，可以幫助隱藏全部或部分接合部位。製作半透燕尾榫，不管部件的厚度如何，都需要設置兩種畫線規的尺寸，製作通透燕尾榫只需設置一種畫線規的尺寸，除非兩個部件的厚度不同。當為半透燕尾榫畫線時，端面畫線不僅設置了尾件的長度，而且還建立起基於膠合面和機械阻力的接合強度。對半透燕尾榫而言，要按照準確尺寸在尾件上畫出肩線，千萬不要以稍大的尺寸畫線，或者在沒有對齊肩線時標記燕尾，否則無法獲得緊密匹配的接合件。

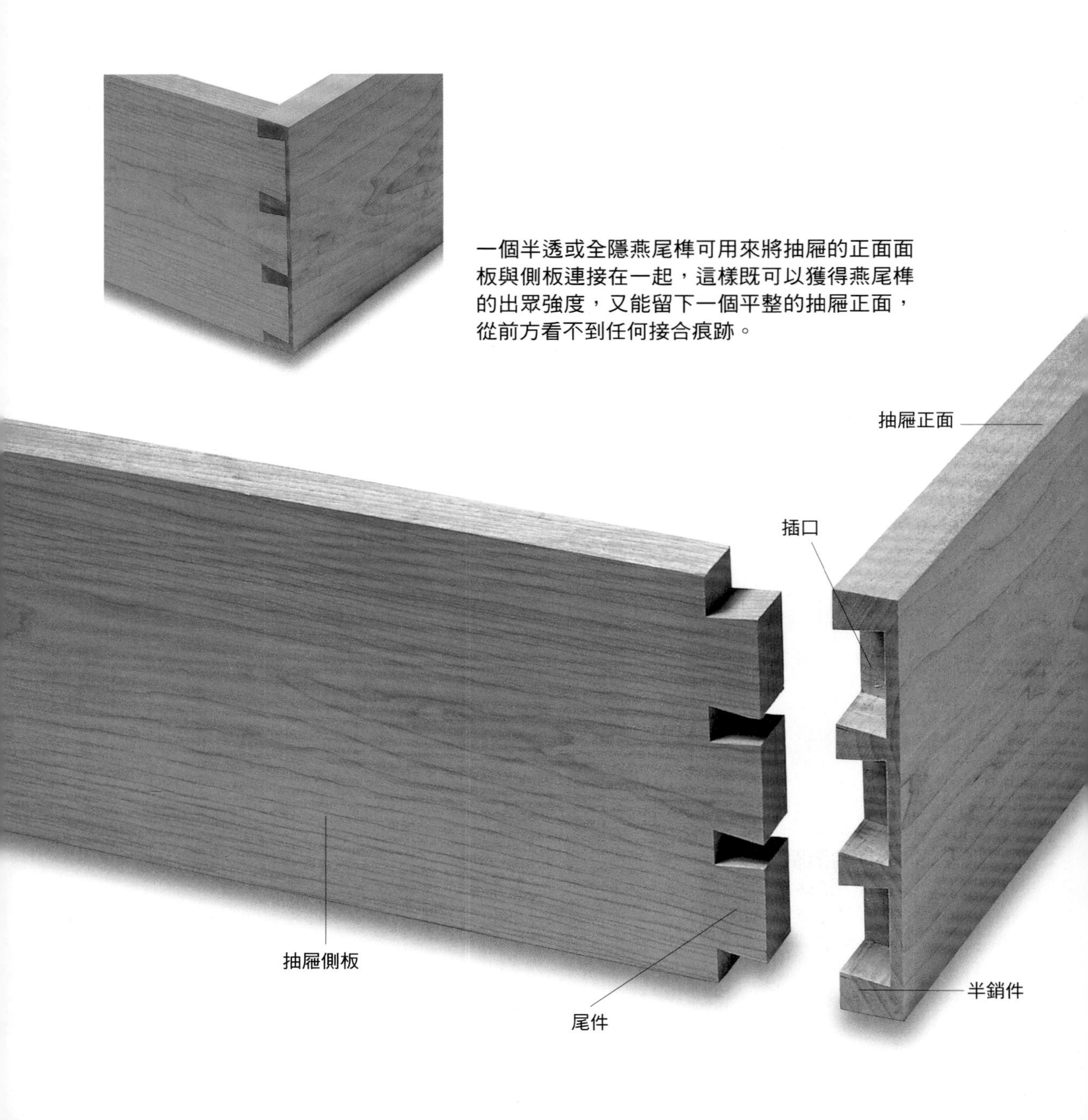

一個半透或全隱燕尾榫可用來將抽屜的正面面板與側板連接在一起，這樣既可以獲得燕尾榫的出眾強度，又能留下一個平整的抽屜正面，從前方看不到任何接合痕跡。

製作步驟

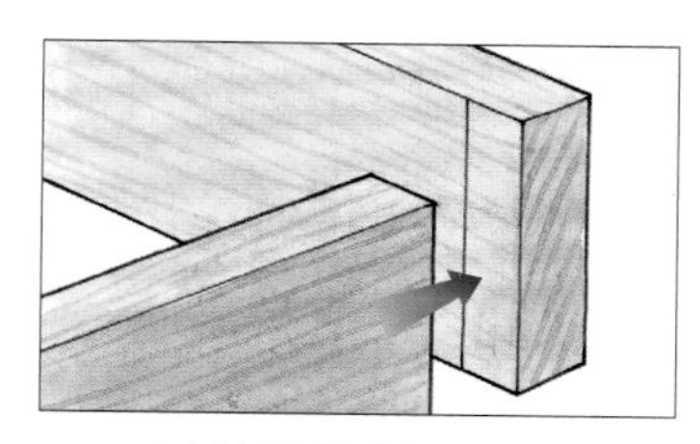

1 以抽屜為例，首先把木板處理方正、打磨平滑，然後按照側板的厚度設置畫線規，在面板的內側畫線。

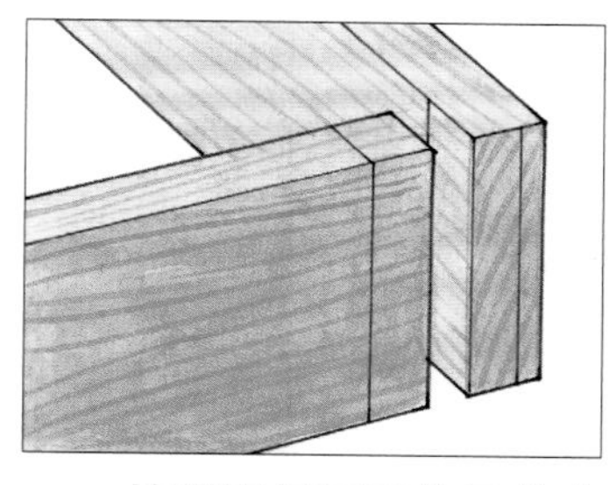

2 按照面板厚度的三分之二重新設置畫線規，在面板端面畫線，並使用同樣的設置圍繞側板的端面在側板正面和側面畫一圈線。

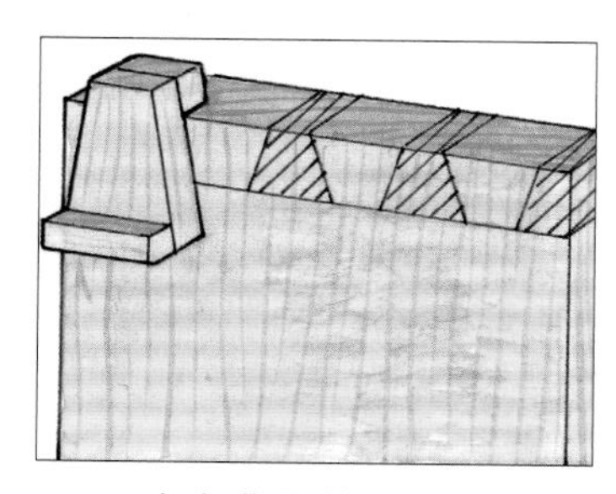

3 確定燕尾榫的間距和大小，使用模板或可滑動的斜角尺在側板的正面（朝外的面）畫出尾件的角度。從端面的邊緣出發，垂直於邊緣畫橫跨端面的延長線。

4 通過鋸切和鑿切做好每一個尾件，然後固定尾件，以其作為模板在面板的端面精確地畫線。

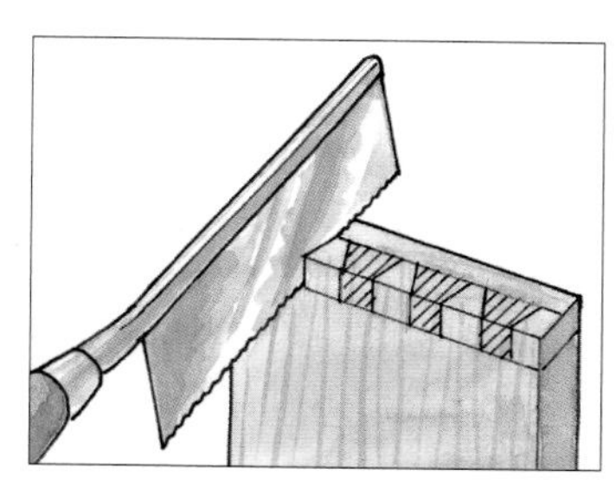

5 將面板端面對應尾件的部分標記為廢木料，然後傾斜鋸片從前角切入，直到鋸縫抵達兩條畫線處，但不能越過它們。

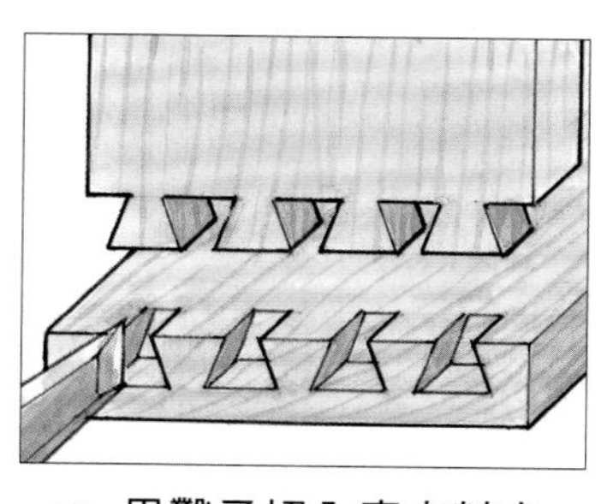

6 用鑿子切入廢木料中，從端面將其切下，引導鑿子緊貼銷件的側面，到達未經鋸切的內角處。完成鋸切，然後測試銷件與尾件的匹配程度。

製作技巧

封邊的抽屜

圍繞抽屜面板的邊緣切割半邊槽，將側板的燕尾榫頭插入其中。可以用模板標記銷件，也可以首先製作尾件，然後以尾件為模板標記銷件。

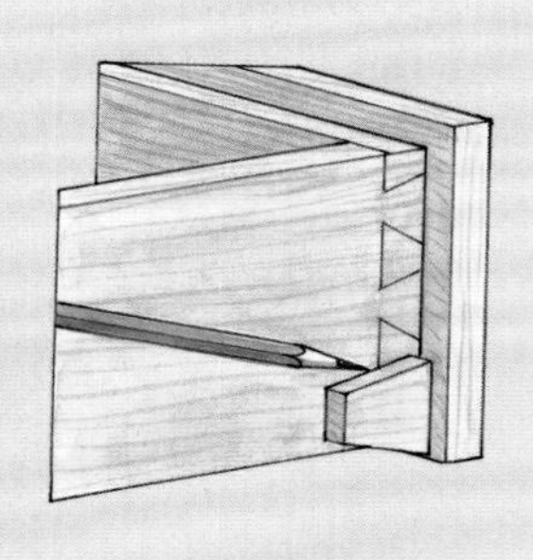

導軌凹槽

如果使用半透燕尾榫結構，需要在側板上設計懸掛抽屜的導軌凹槽，這樣就可以把抽屜面板作為止停部件使用。

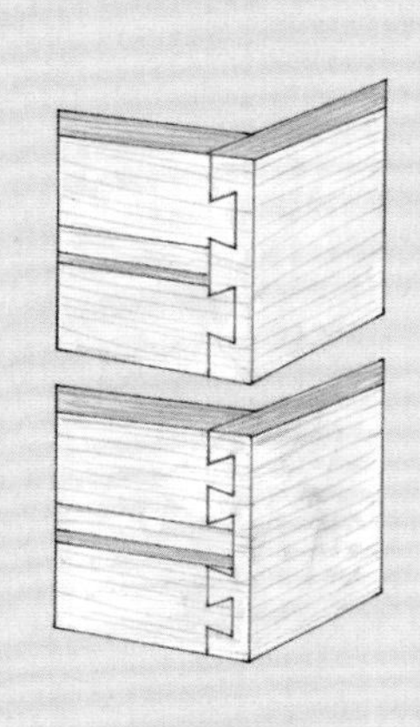

全隱斜接燕尾榫

全隱斜接燕尾榫的尾件和銷件部分的最初設計與半透燕尾榫是相同的。兩個部件的厚度相同，並且都在距離內側表面三分之二的厚度位置為半邊槽畫線。

沿著45°肩線在部件邊緣畫線，半邊槽的寬度線和深度線應該相交於一個點。然後，就像邊角斜接燕尾榫那樣，沿半邊槽畫出銷件的輪廓線，然後以其作為模板畫出尾件。

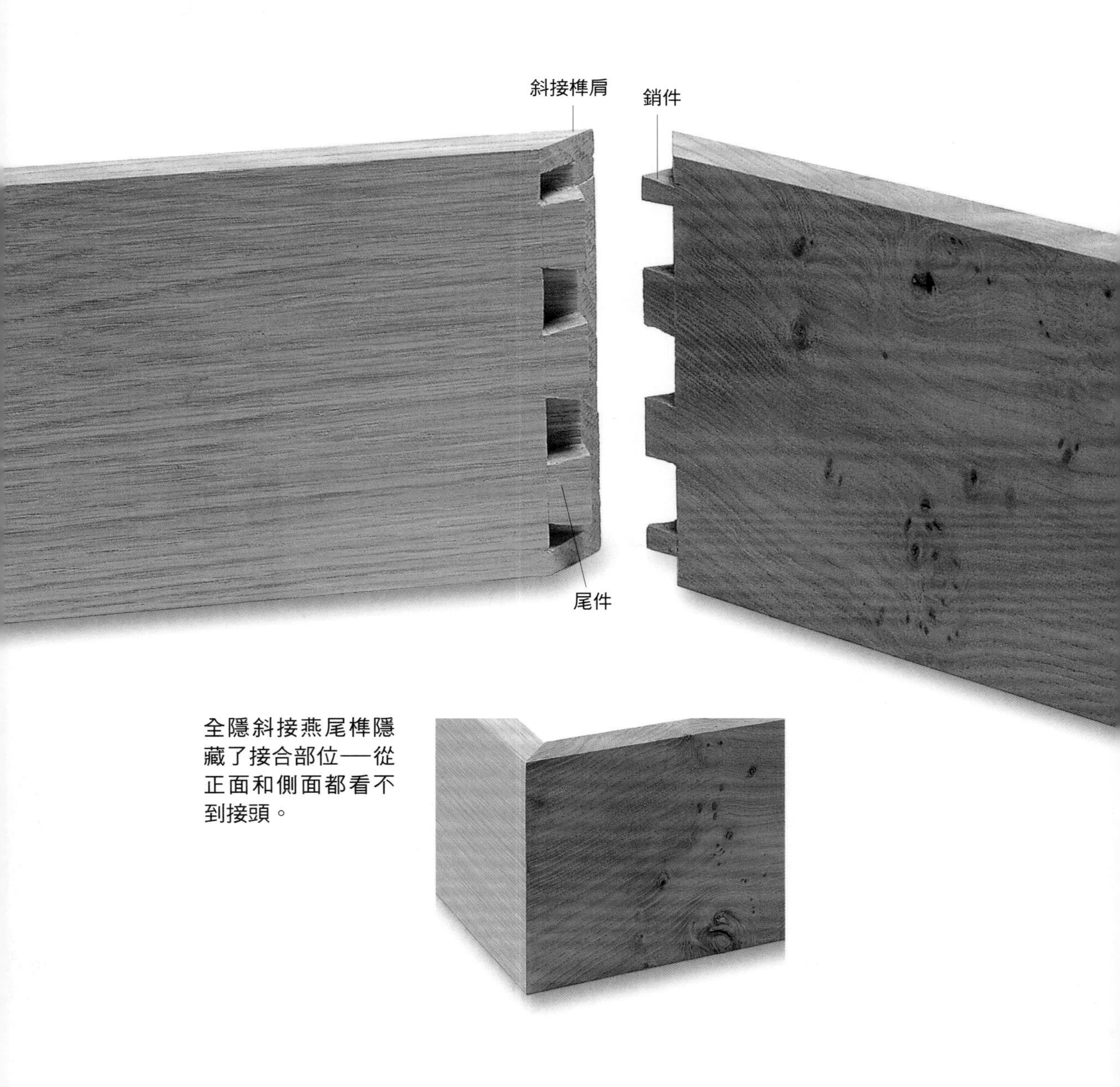

全隱斜接燕尾榫隱藏了接合部位──從正面和側面都看不到接頭。

製作步驟

1 在每個部件的內側精確標記出厚度線，並在每個側面畫出45°線，然後在距離正面三分之一厚度的位置為半邊槽畫線，但不能讓半邊槽的深度線越過45°線。

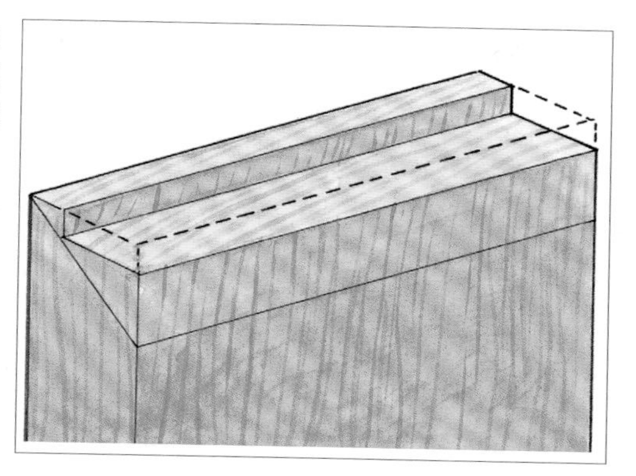

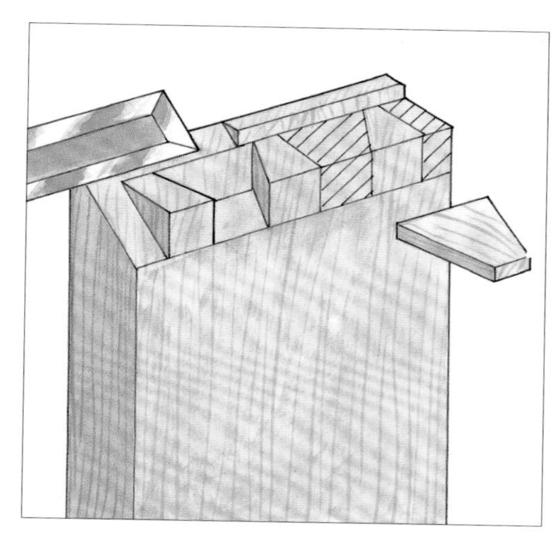

2 用模板為銷件畫線，在半銷件外側預留出部分木料用於斜接，就像製作斜接邊角燕尾榫那樣。把插口清理乾淨，鋸切出邊緣的斜接榫肩部分，最後斜切端面的封邊，切掉半邊槽的凸出部分。

3 以銷件作為模板，將其對齊在尾件的正確位置為燕尾畫線，然後清除插口的廢木料，並斜切榫肩和端面的封邊。

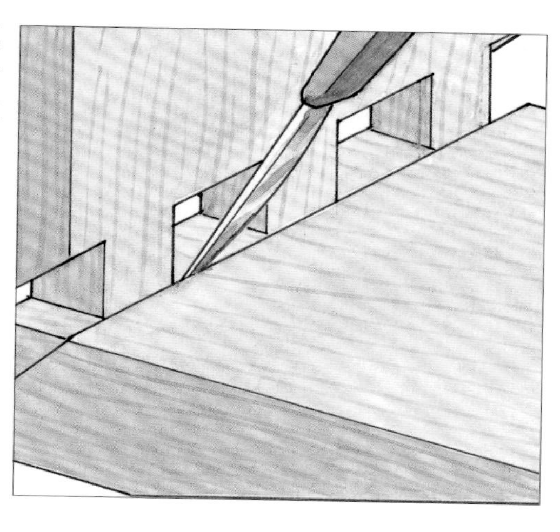

變式

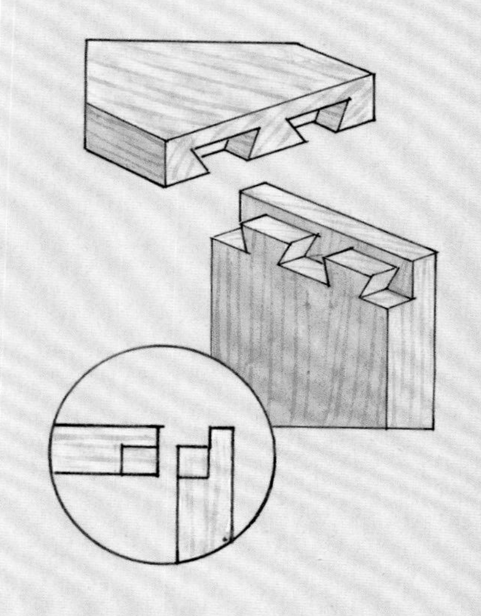

全隱燕尾榫

這種燕尾榫在結構上與半透燕尾榫和全隱斜接燕尾榫類似，無論是銷件還是尾件均設計有搭接部分，這樣的設計可以使接頭全部隱藏在內部。需要注意的是，如果需要部件承重，那麼這個部件必須是銷件。

手工製作止位錐度燕尾榫

滑動燕尾榫是一種改進形式，可以從機械角度加強某些榫舌或榫頭的抗張性能。最古老的手工製作的版本包含錐度滑動燕尾榫和一個封裝槽，現在這些結構正逐漸被銑削的版本所取代，後者通常沒有錐度。銑削的版本相比有錐度的版本更難以滑動，後者只有在滑動到位前的最後一段距離才開始收緊。

有多少木匠就有多少種銑削滑動燕尾榫，但無論接合件如何製作，木料的平整度都會影響銑削的精度，進而影響最後的組裝效果。

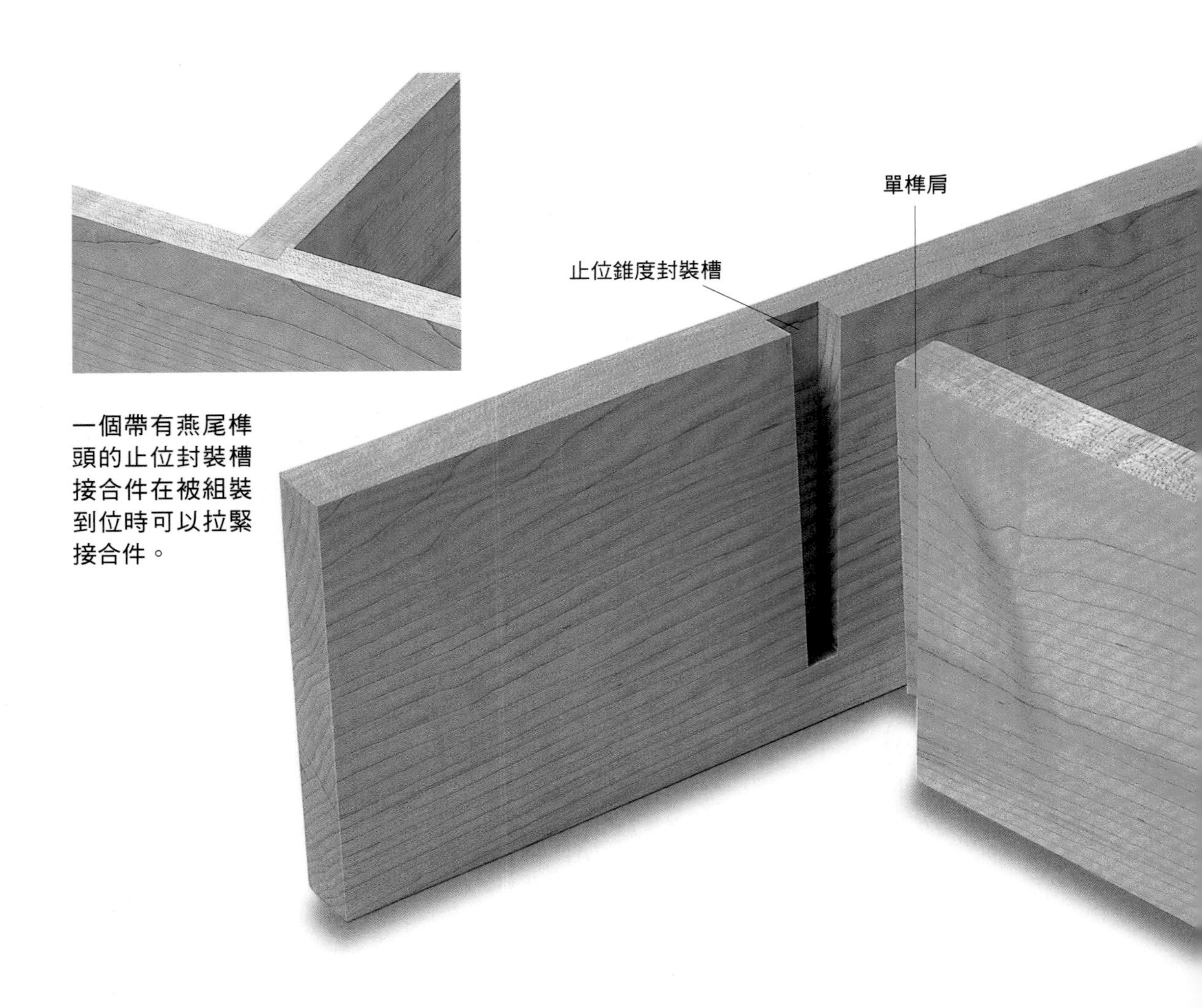

一個帶有燕尾榫頭的止位封裝槽接合件在被組裝到位時可以拉緊接合件。

製作步驟

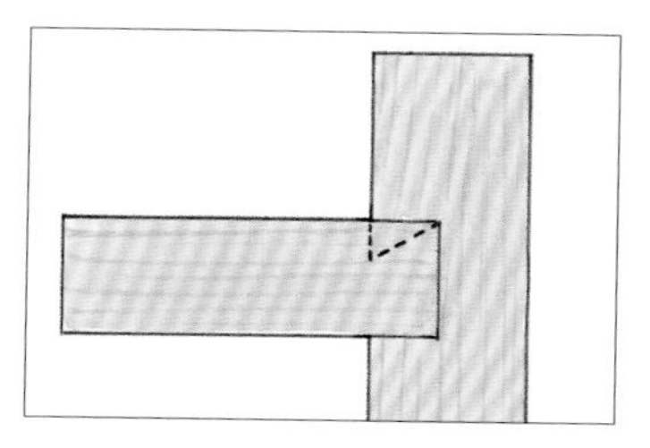

1 將燕尾榫的角度與燕尾榫鋸和手工刨匹配，然後確定燕尾頭的寬度，並使該尺寸與木板厚度匹配，留下一個小榫肩。

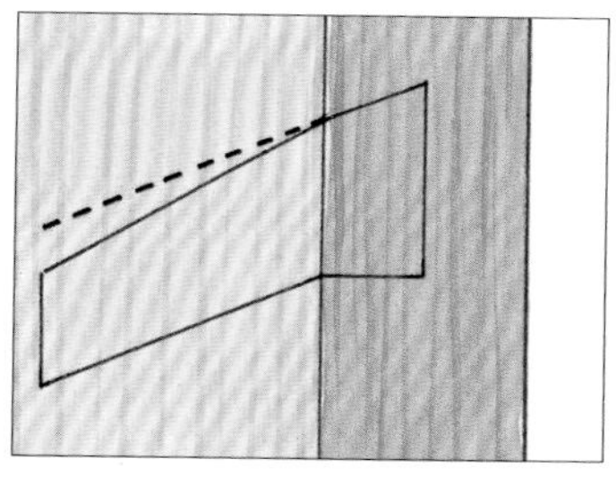

2 在封裝槽部件的後側面畫出燕尾榫的寬度，並使其尺寸小於木板厚度的一半。垂直於後側面的邊緣，從畫線與邊緣的交點出發畫線，注意頂部的畫線應與垂線成一定角度，向前逐漸收窄封裝槽。

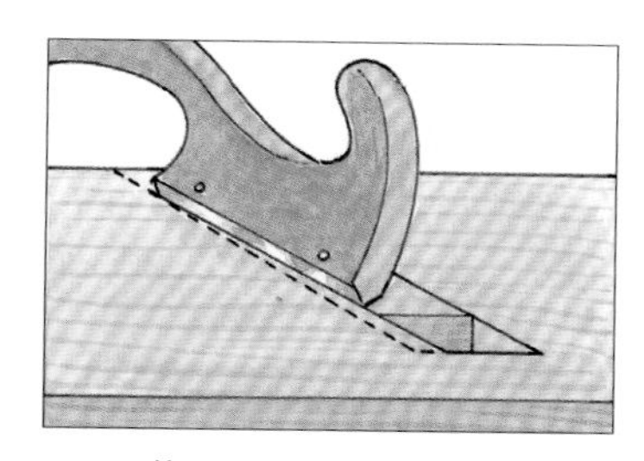

3 像切割其他封裝槽那樣，先鑿一個小孔允許鋸片切入，將直榫肩鋸切到正確的深度，然後使用成角度的燕尾榫鋸鋸切榫肩。

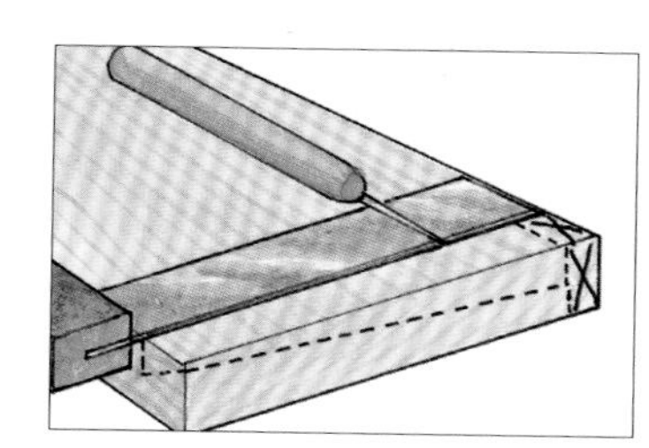

4 標記出燕尾榫的深度線，並以其為起點，垂直於擱板正面的邊緣畫線，在後側面上標出燕尾榫的輪廓，然後從燕尾榫的尖角引線，橫跨整個端面標記出與封裝槽相同的錐度。

5 使用燕尾榫刨來清除榫肩的廢木料，並修整燕尾形榫舌的錐度，直至端面的畫線處。

6 把榫舌修齊到與止位槽匹配的位置，然後將榫舌滑進封裝槽檢驗匹配程度，榫舌滑動到位前會一直鬆動，這時可用夾具將其拉緊。

製作技巧

引導木塊

在沒有特殊工具的情況下，可按照燕尾榫的角度縱切或刨削出一個引導木塊來設置封裝槽的角度，引導鑿子和鋸片製作封裝槽和榫舌。

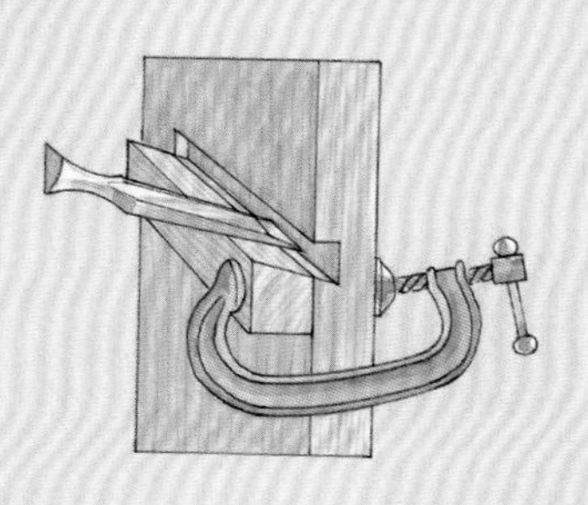

銑削封裝槽

製作銑削版本的燕尾形封裝槽需要使用一個馬鞍形夾具引導組合刀頭，然後再換用燕尾銑頭將封裝通槽或止位封裝槽的前端加工成燕尾形。

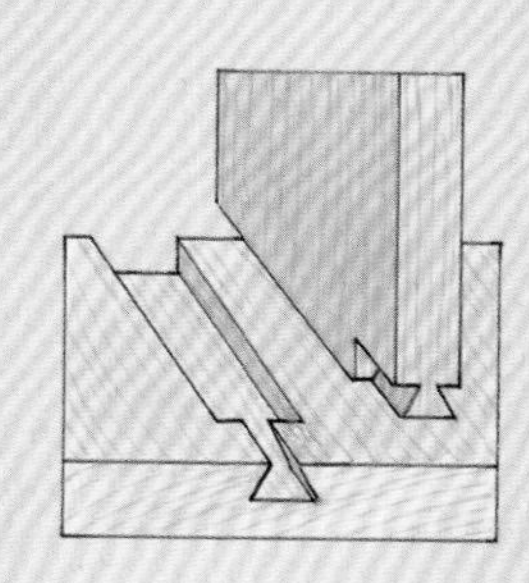

接合抽屜的滑動燕尾榫

一些經典的設計中會使用滑動燕尾榫來接合抽屜的側板和背板。傳統上，抽屜的側板會延伸越過背板，這樣可以在抽屜完全打開時防止其滑落，因此滑動燕尾榫的強度不會因為封裝槽過於靠近端面形成脆弱的短紋理區域而被削弱。燕尾榫能夠保持側板對抗來自膨脹的內容物和木材乾燥產生的應力。抽屜的正面面板在設計上需要在每側端面加一個封邊，這樣一來，燕尾形封裝結構隱藏在內，同時接合強度不會被短紋理區域削弱。

夾具有助於將長的滑動燕尾榫拉緊，並且這種結構在擱板上使用時無須在全部長度上塗抹膠水。在前邊緣塗抹膠水，將部件保持在正確的位置通常已經足夠了。

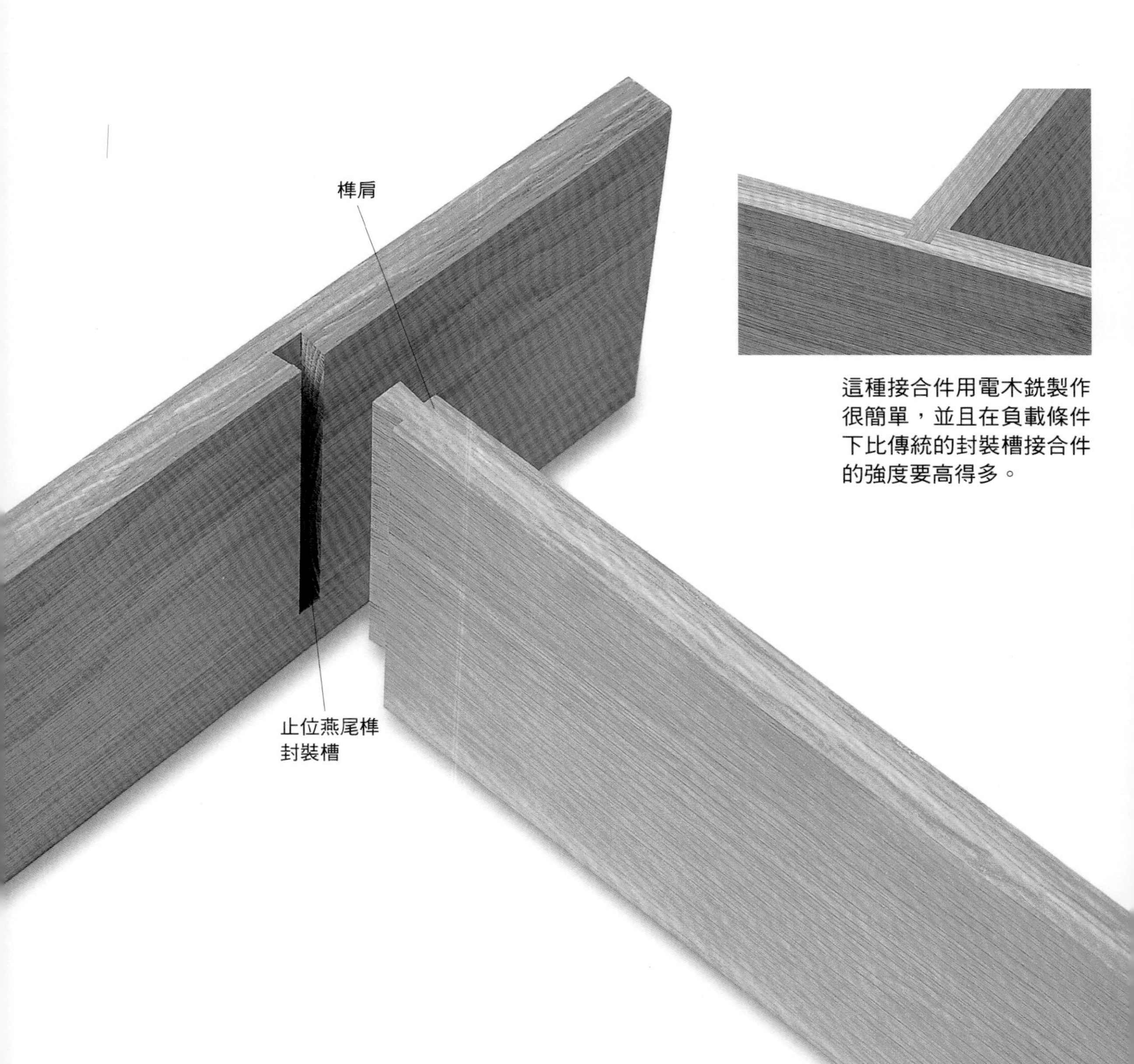

這種接合件用電木銑製作很簡單，並且在負載條件下比傳統的封裝槽接合件的強度要高得多。

製作步驟

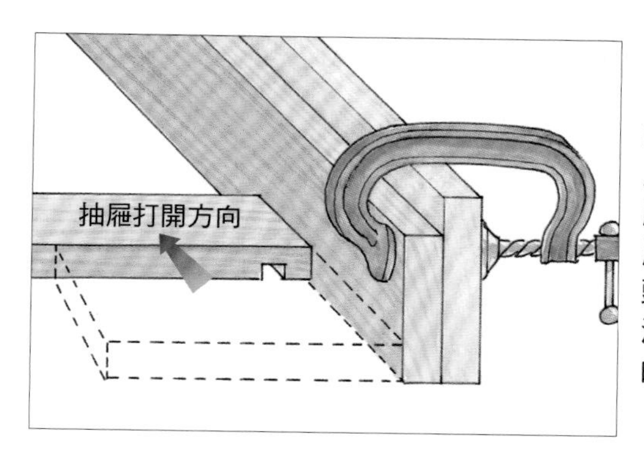

1 在一個帶有輔助木製靠山的電木銑工作臺上，用一塊方正的膠合板固定一個抽屜，然後用直邊銑頭銑削凹槽，使其深度約為木料厚度的一半。

2 對於單肩燕尾榫，更換燕尾榫銑頭銑削成角度的榫肩，注意不要讓銑頭碰到外側的直邊榫肩。

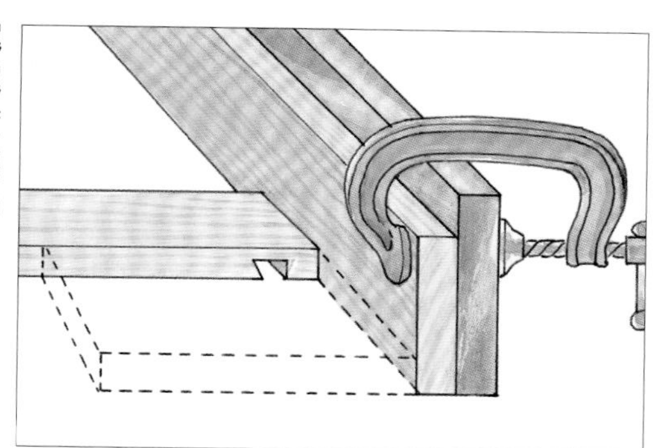

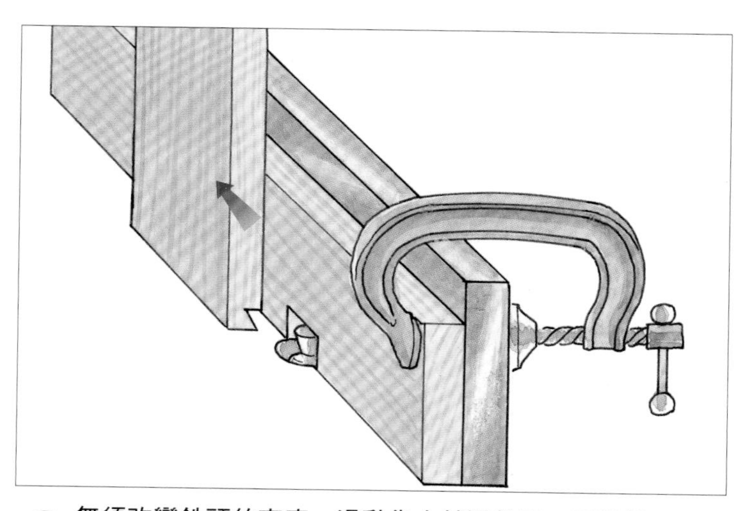

3 無須改變銑頭的高度，滑動靠山越過銑頭，只將銑頭的一部分留在外側，用來銑削抽屜側板端面的榫舌，直到榫舌與燕尾形封裝槽匹配。

變式

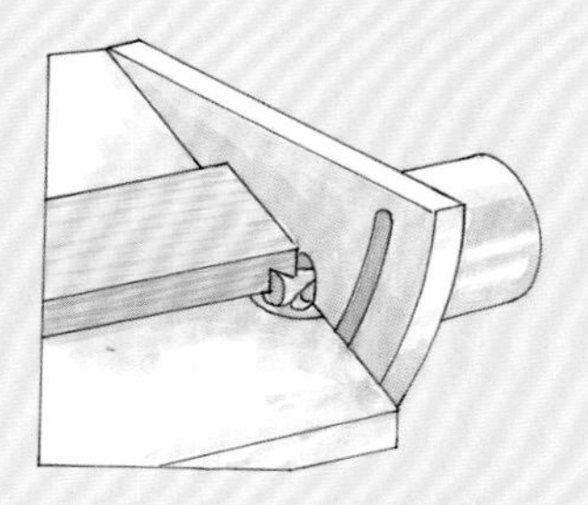

銑削榫舌

用一個安裝在可旋轉靠山上的電木銑水平銑削榫舌。靠山被一個旋鈕固定在桌子的邊緣，這樣就可以抬高銑頭切割第二個榫肩。

傳統上，抽屜的側板應向後延伸越過背板，並對側板頂部邊緣進行錐度切割，這樣抽屜在完全打開時會略向下傾斜。可以將一塊廢木料切割到抽屜側板的深度，來判斷理想的錐度。

燕尾鍵

燕尾鍵、方栓和蝴蝶榫這些燕尾形的加固件都是很受歡迎的兼具加固效果和裝飾性的部件。蝴蝶榫甚至成了某些工藝運動和工藝建造者的標誌性加固件。

為了牢固，燕尾鍵是順紋理方向切割的。它的一種用途是創造類似燕尾榫的構造，加強邊角的斜接接合。燕尾鍵可以使用一種顏色對比鮮明的木料製作，但即使是相同的木料也會產生顏色的差異，因為經過修整的燕尾鍵顯示在外的都是端面。

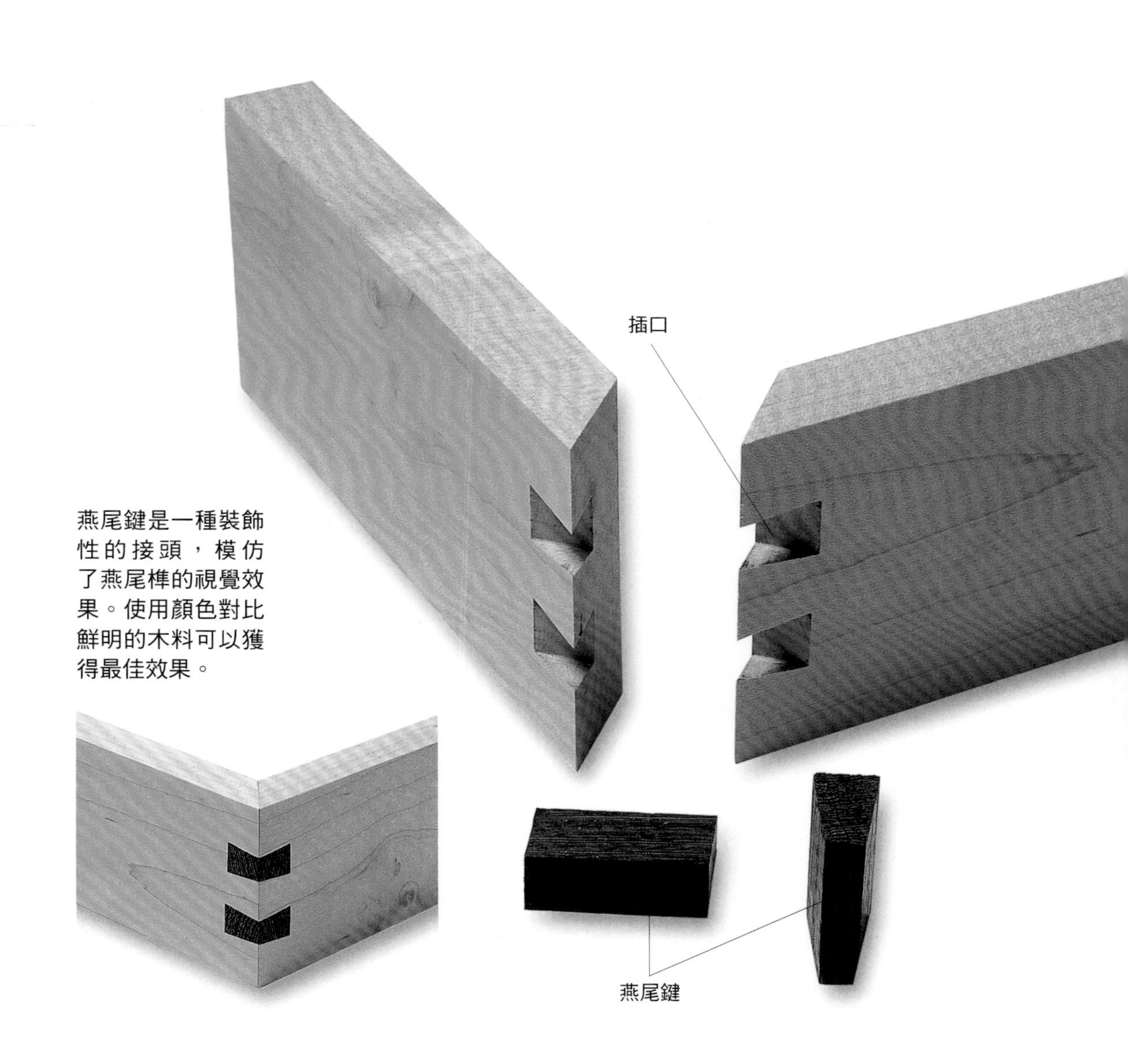

燕尾鍵是一種裝飾性的接頭，模仿了燕尾榫的視覺效果。使用顏色對比鮮明的木料可以獲得最佳效果。

製作步驟

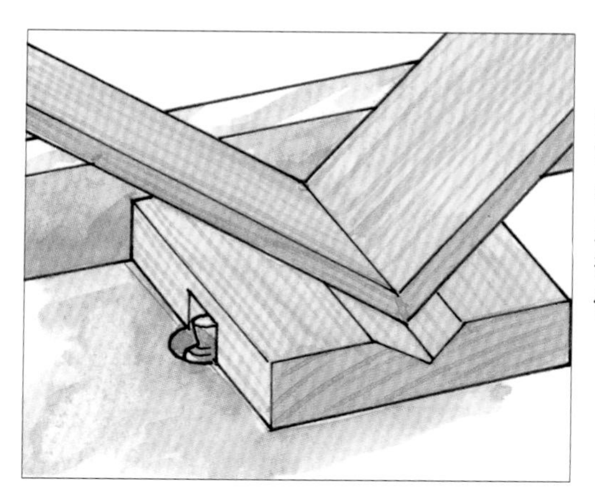

1 在斜接的邊角位置，使用一個帶有橫向通槽的V形塊進行銑削。在銑削出一側的燕尾形插口後，掉轉部件，銑削出另一側的插口。

2 將臺鋸鋸片設置到燕尾的角度，並在靠近邊緣的位置順紋理切割出兩條鋸縫，以創造出匹配的燕尾形。通過縱切得到燕尾鍵。

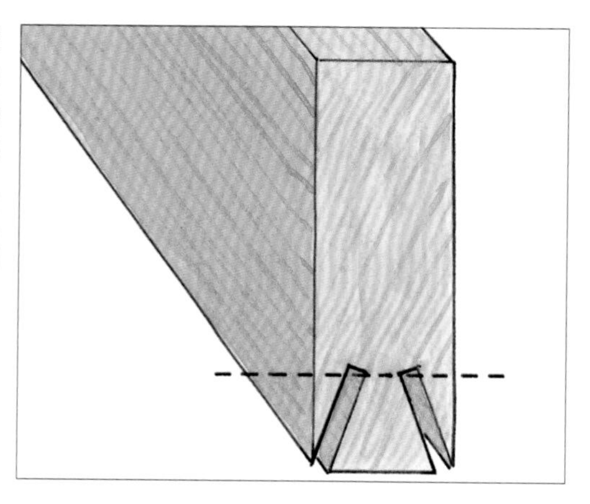

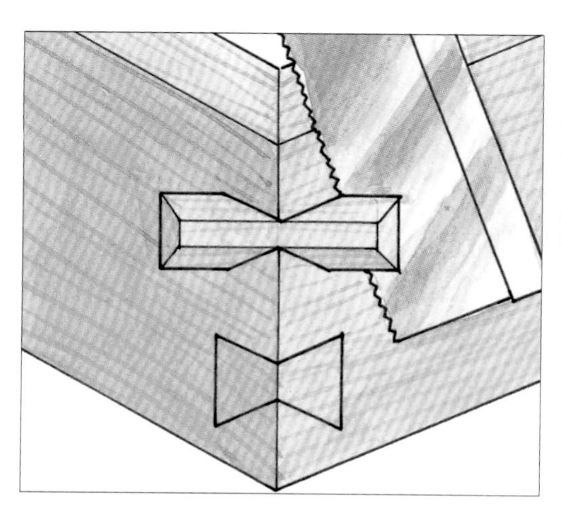

3 在燕尾鍵的表面塗抹膠水，敲打窄邊使其嵌入插口中。待膠水凝固，用手鋸鋸掉多餘部分，然後將表面打磨平整。

變式

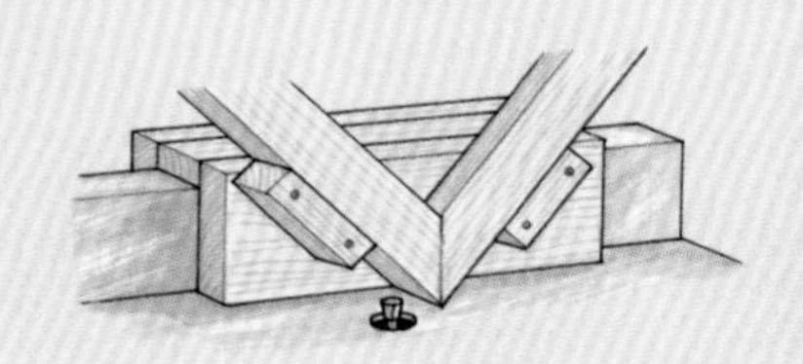

可滑動靠山夾具

使用可滑動靠山夾具（具有兩個45°角的限位塊，分別位於兩側），在框架邊角緩慢銑削燕尾鍵所需的插口。如果框架的兩個組件很長，最好用兩個板條暫時將它們固定在一起，以確保插口與燕尾鍵的匹配。

蝴蝶榫（銀錠榫）

製作蝴蝶榫時，其紋理走向是平行於正面的長度方向的。如果橫向於紋理設置，當設計它們的長度時，會產生一個細小的尺寸衝突。蝴蝶榫的厚度可以根據基材（蝴蝶榫將要嵌入的木料）的情況成比例變化。

為了節省木料，減少鑿切的損失，可以將電木銑模板分成兩部分製作，以便容易地按形狀鋸切。中密度纖維板（MDF）是製作模板的優質材料。

一個修齊用的承壓軸承銑頭可以消除以模板作為引導的偏移量，因此可以按照蝴蝶榫的實際畫線尺寸切割模板。電木銑會在插口中留下圓角，可以用鑿子將其鑿切方正，或者可以將蝴蝶榫導圓角。

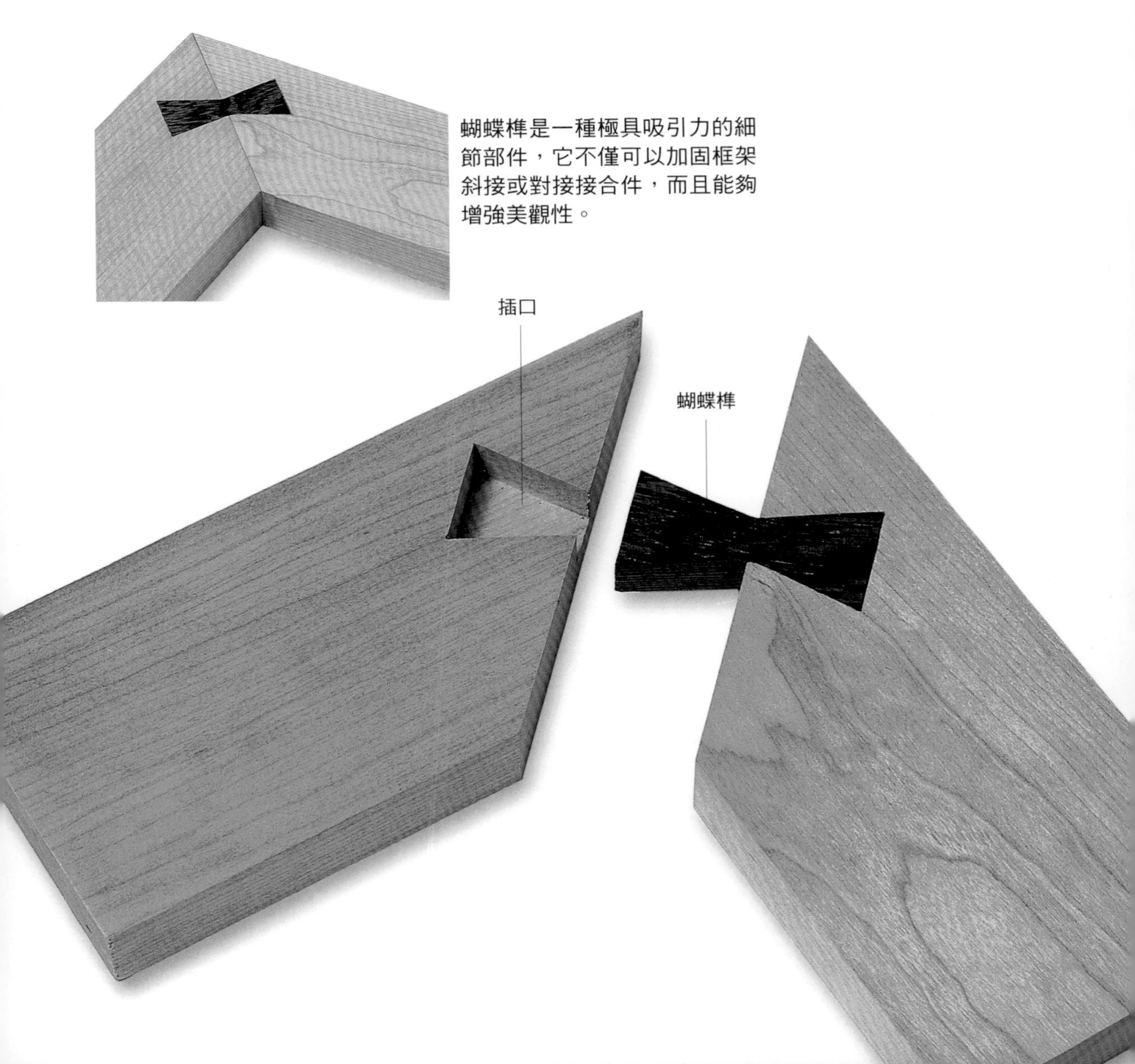

蝴蝶榫是一種極具吸引力的細節部件，它不僅可以加固框架斜接或對接接合件，而且能夠增強美觀性。

製作步驟

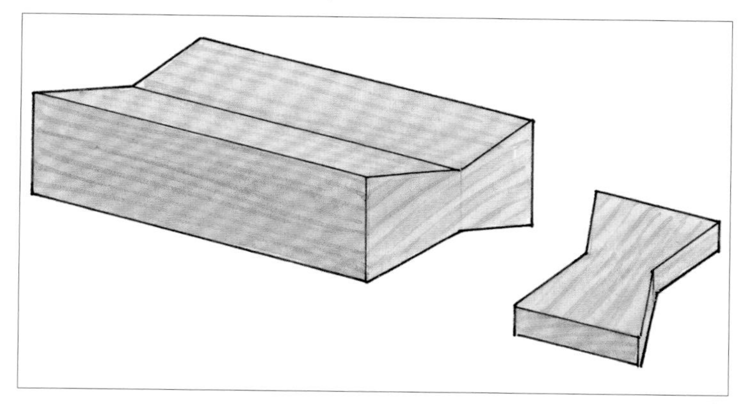

1 首先製作一個較長的燕尾榫方栓，然後像切麵包片一樣切出蝴蝶榫，其厚度約為嵌入木料厚度的三分之一。

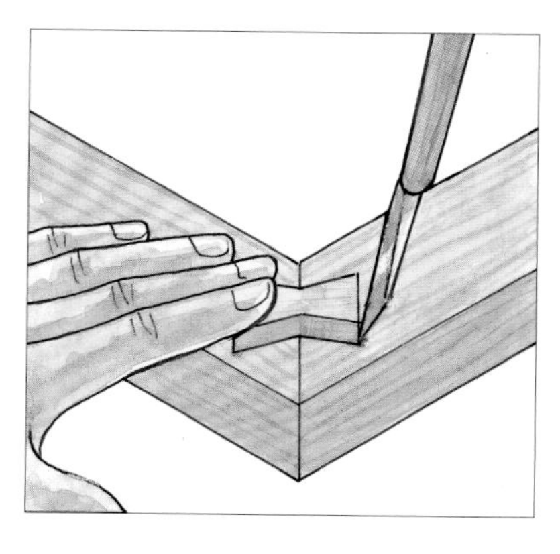

2 將準備內嵌的加固蝴蝶榫塊按在或夾在需要嵌入的位置，並以木塊為模板沿其周圍畫線。操作時畫線刀的刀柄應向遠離蝴蝶榫的方向傾斜，這樣畫線刀的尖端斜面就會緊貼蝴蝶榫。

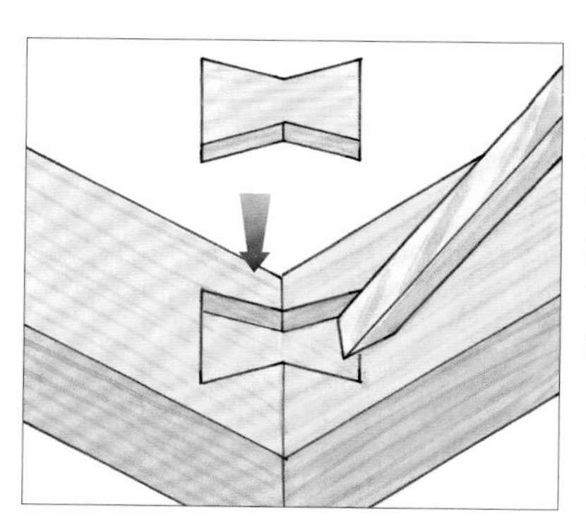

3 分別將兩部分的輪廓切得更深些，然後使鑿子的斜面朝下將廢木料撬出。在蝴蝶榫上塗抹膠水，如有必要，可以對其嵌入部分進行斜切處理，待膠水凝固後將表面刨削平整即可。

製作技巧

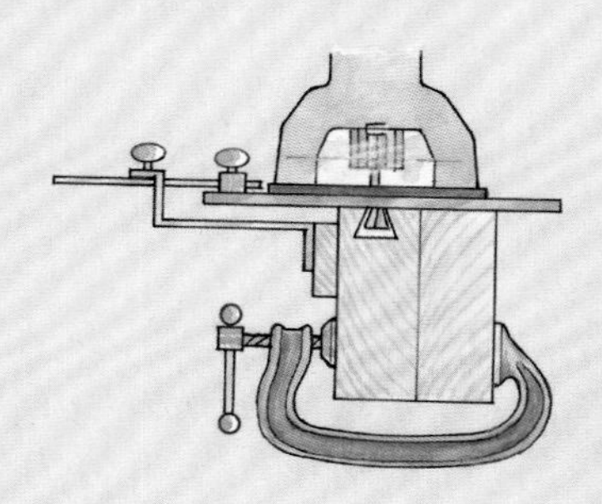

支撐電木銑

在銑削燕尾形封裝槽和榫舌的邊緣和端面時，可以在其周圍夾緊額外的材料來支撐電木銑（保證受力均勻），並將切割部位與電木銑的邊緣引導件對齊。銑削必須是通過式的，因此不可能把燕尾形銑頭用力插入。此外，電木銑的深度設置必須是固定的。通過設置一個限位塊可以使封裝槽止步於某個位置。

燕尾榫方栓

常見的燕尾榫方栓與機械加工的滑動燕尾榫安裝難度大體相當。封裝結構很簡單，但要使燕尾榫與之匹配，需要用廢木料進行大量的測試。一旦電木銑或臺鋸的設置微調到位，製作方栓是很容易的。和其他的方栓一樣，為了保證強度，燕尾榫方栓的紋理也是沿長度方向分布的。如果切割是在臺鋸上完成的，燕尾榫方栓中央的V形凹槽可能需要用鑿子或槽刨做進一步的清理。

可滑動的燕尾形木條是一種實用的方栓結構，在桌面或門板這種一端用膠水黏合的結構中，寬大的燕尾榫方栓這種不用膠水可以直接嵌入的結構既保證了結構強度，又體現了靈活性。因為這些木條在承受木材形變的同時仍能保持組件平整。

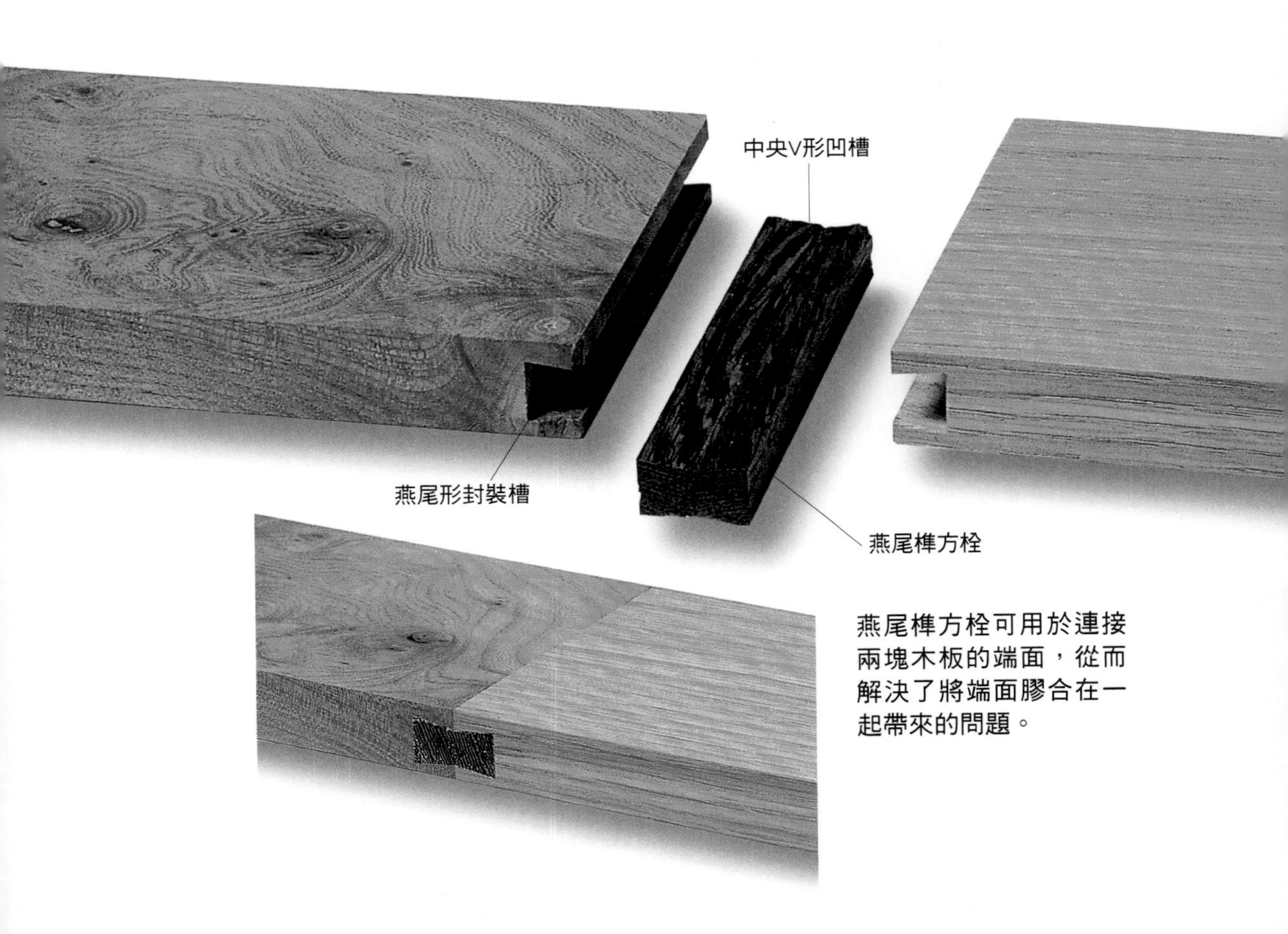

燕尾榫方栓可用於連接兩塊木板的端面，從而解決了將端面膠合在一起帶來的問題。

製作步驟

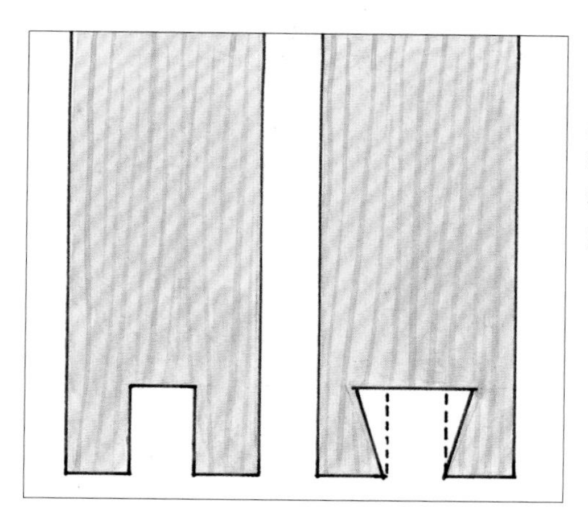

1 使用電木銑或臺鋸去除部分廢木料做出一個凹槽，然後換用燕尾榫銑頭完成封裝槽的切割。

2 在木板邊緣畫出燕尾榫的輪廓，使其與封裝槽相匹配，並調整鋸片的角度和鋸切深度。首先完成第一波鋸切，得到沿對角的兩條鋸縫，然後前後調轉木塊，鋸切得到沿另一對角的兩條鋸縫並切斷木料。

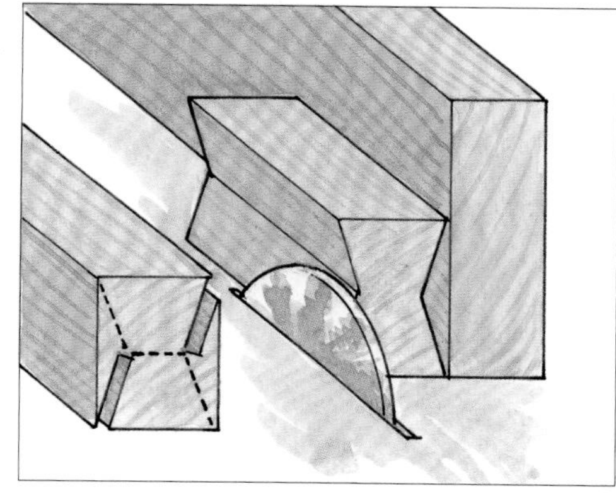

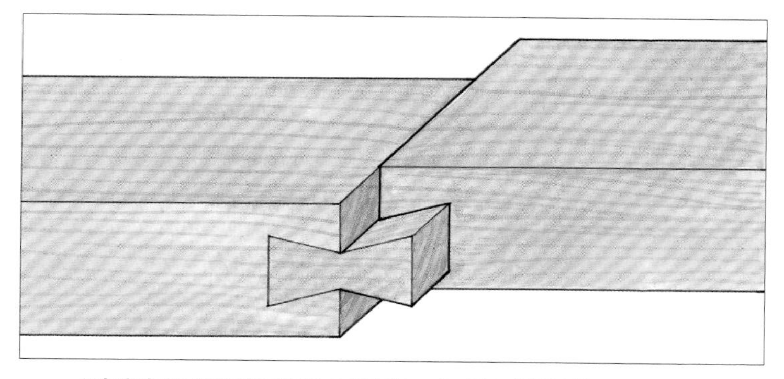

3 測試方栓與封裝槽的匹配度，如果匹配過緊，可以用槽刨或打磨塊將其稍微削薄，再將方栓敲入封裝槽中。

製作技巧

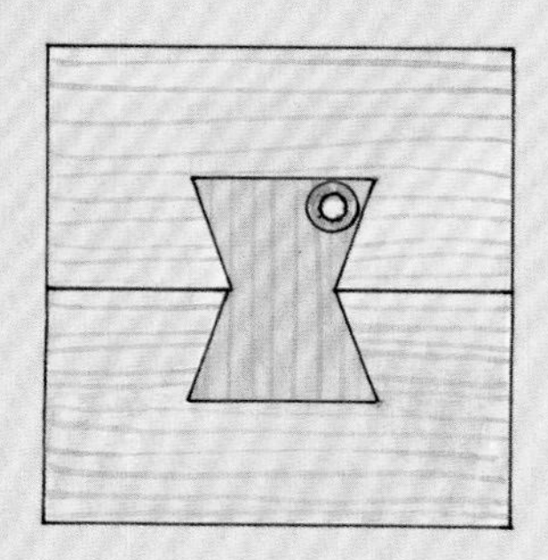

切割插口

將兩塊木板對接在一起，在正確的位置畫出蝴蝶榫的輪廓線。將木板分開，分別鋸切內部的角度，然後再將兩塊木板黏合在一起，用承壓軸承銑頭銑削得到插口。

第八章

圓木榫和餅乾榫

圓木榫

圓木榫是圓柱形的木頭，可以像栽榫那樣，塗抹膠水後插入位於兩個木製部件的對齊的孔中形成有效的接合。圓木榫在接合中的基本功能是代替榫頭和榫舌發揮作用，以及用來加固或對齊接合件。

圓木榫是一種加固輕型的對接邊角接合件的簡單經濟的方法。

商品化的樺木或楓木的圓木榫具有標準的直徑，為¼～½吋（6.4～12.7㎜），並具有幾種可選的長度。也可以在工房裡用長的圓木棒自製圓木榫。末端經過倒角的圓木榫更易於插入，並且在被敲入孔中的時候不易翻倒。將圓木榫敲入孔中會產生活塞效應，壓縮孔中的空氣和膠水。這種液壓作用會使組裝變得困難，並可能撕裂部件。為了減輕壓力，可以在圓木榫的表面切割螺旋槽或直槽。在使用中，圓木榫的直徑應該處於部件厚度的三分之一到二分之一的範圍，每個部件上的孔的深度應至少達到圓木榫直徑的1.5倍，並做成埋頭孔的形式，以防止膠水逃逸。商品圓木榫必須保持乾燥，以免因吸收溼氣而膨脹。對於吸水膨脹的圓木榫，可在使用之前將其放入烘箱中烘乾。

製作圓木榫

工房自製的圓木榫是驅動一根圓木棒通過一個圓木榫板（一塊鑽有合適孔徑的孔的低碳鋼，並在出口側具有錐形擴孔）切割得到的，可以先開槽再將圓木棒切割到所需長度，也可以先將圓木棒切割到指定長度，然後再為其切割凹槽和倒角，使其方便插入。

強度

圓木榫接合的質量和耐用性存在廣泛爭議。雖然它們不能代替燕尾榫，但在設計上具有額外的靈活性。在壁掛式的櫃子上，圓木榫與其他接合方式的效果大致相同，都可以承受木材形變作用於膠合部位的應力。

由於圓木榫也是用木頭做的，所以它們與其他木製部件一樣，在長度和寬度方向上都會受到木材形變的影響。根據紋理方向的不同，圓木榫接合可以很牢固，同時不存在空間上的衝突；也可能幾乎沒有長紋理的膠合面，存在明顯的空間衝突，並且抗張能力和抗剪切能力很弱。

工房自製圓木榫

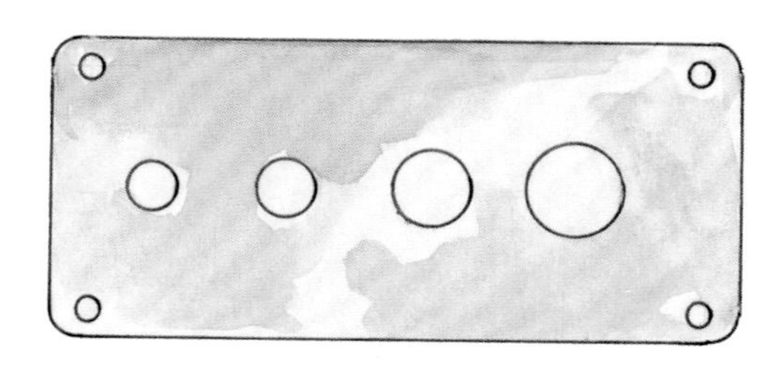

驅動圓木棒通過位於鋼製的圓木榫板或銷管中的孔。商業版本的產品有時會在孔內設置內齒，可以在獲得圓木榫的同時在其表面切割出凹槽。

另一種在圓木榫表面添加凹槽的方法是將其放在鋸片刃口上滑動，從而形成一兩個膠水通道。

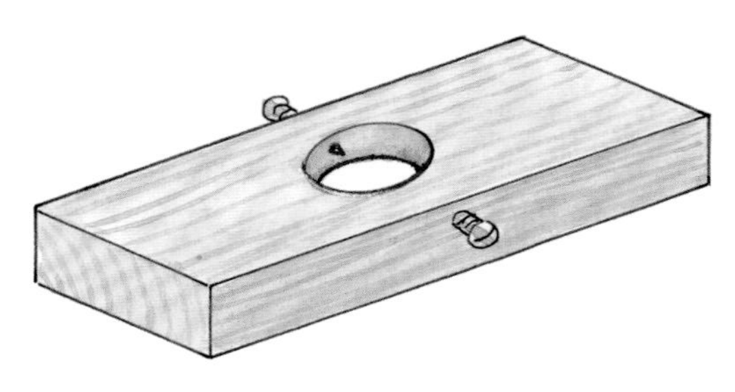

一種成本低廉且有效的開槽器是用廢木料製作的：其上有一個與圓木榫的直徑匹配的孔，在孔的內壁擰入螺絲或釘子使其略為凸出，驅動圓木榫從孔中通過就可以開槽了。

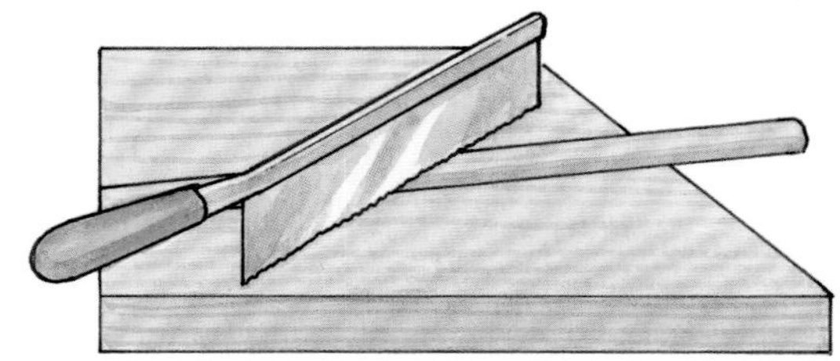

一些木匠會把鋸片斜向搭在圓木榫上，然後通過滾動圓木榫在其表面形成類似凹槽的齒痕，增強對膠水的吸附，理論上可以增強膠合部件的機械強度。

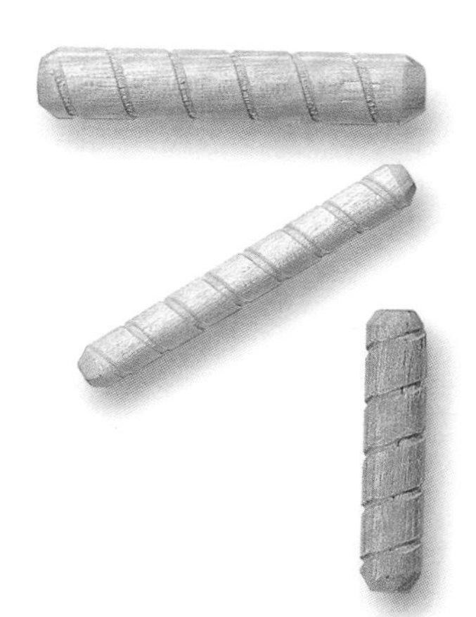

圓木榫的類型

商品化的螺旋槽圓木榫允許多餘的膠水和空氣從孔中逸出，以避免在組裝接合部件時產生液壓。直槽的商品圓木榫不會刮掉圓孔側壁的所有膠水，並且易於插入，但它們不太容易製作。

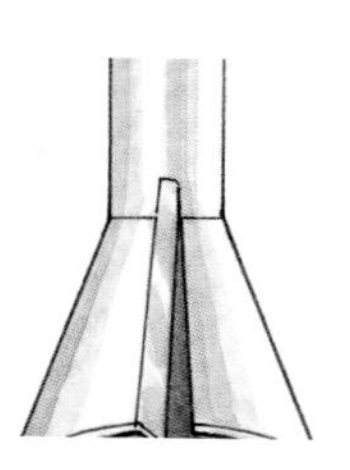

將一個圓木榫切割器卡在鑽頭或支架上，像使用鉛筆刀一樣為圓木榫的末端倒角，或者可以把圓木榫的末端抵在皮帶或盤式砂光機上旋轉進行導圓角。

精確定位

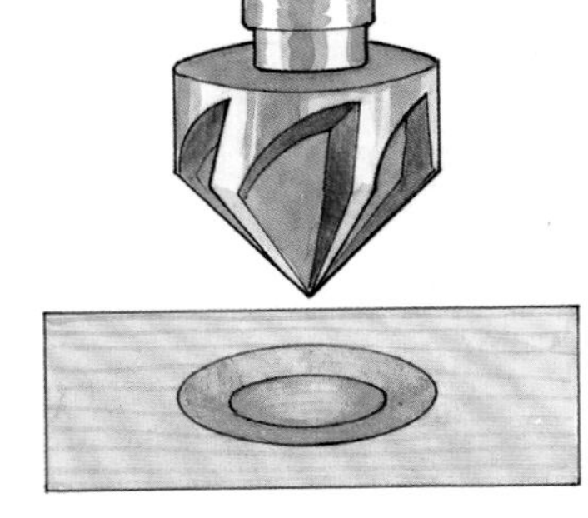

埋頭孔增加了圓木榫孔的容積，可以作為一個儲備池容納逃逸出的膠水，以防滲出到木料表面。

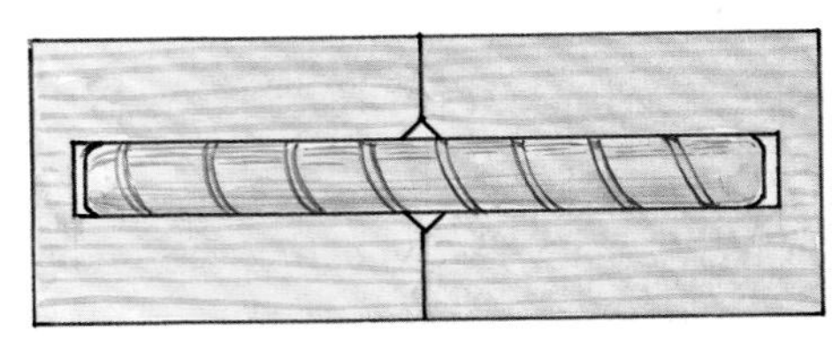

在成對部件中，每側的鑽孔深度至少應達到圓木榫直徑的1.5倍，同時在孔的底部和埋頭孔的邊緣留有少許儲備膠水的空間。

圓木榫和木材形變

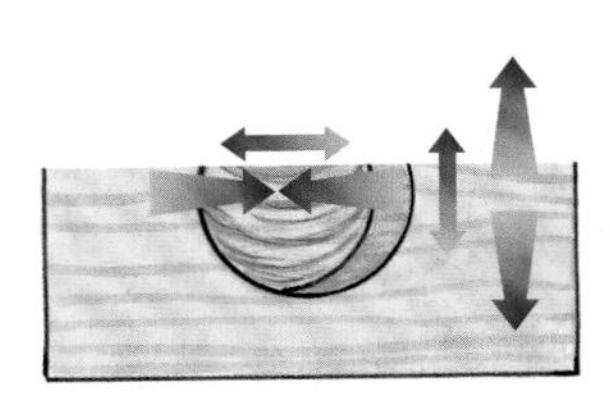

在這種最糟糕的紋理取向中，圓木榫會因為收縮與孔中大部分的端面膠合面分離，並使接頭受到擠壓。

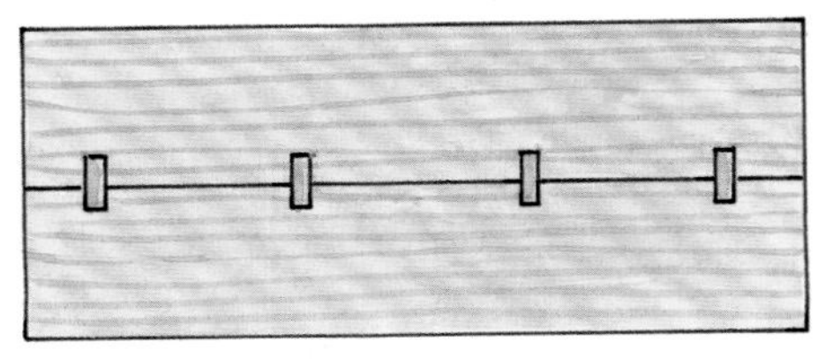

如果圓木榫的長紋理沿接合件的寬度方向延伸，則會導致圓木榫與寬度方向的形變發生空間衝突；如果在這種情況下使用圓木榫，並希望獲得對齊的效果，則應適當截短圓木榫，並使其間隔較寬的距離。

如果接合部件很長，且圓木榫的長紋理與部件的長紋理平行運行，則不會產生空間衝突。

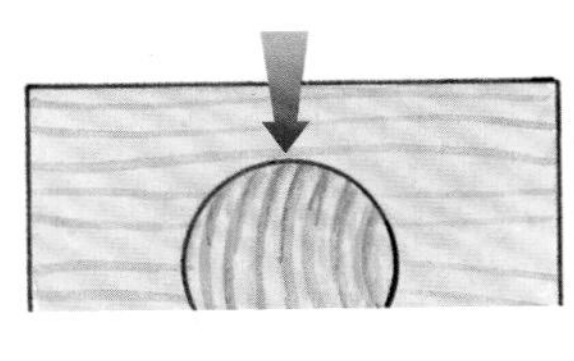

即使是插入到取向最好的部件，也就是與圓木榫的形變方向相同的部件中，一個圓木榫也只有兩個很小的長紋理接觸點。

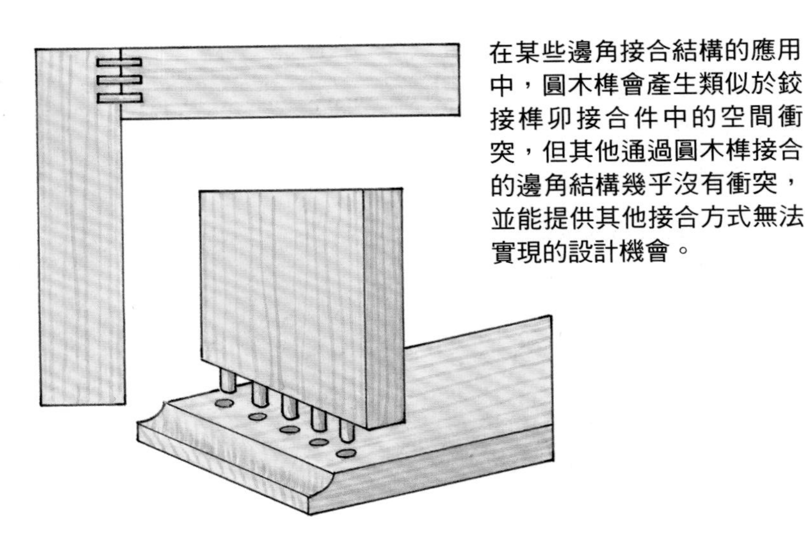

在某些邊角接合結構的應用中，圓木榫會產生類似於鉸接榫卯接合件中的空間衝突，但其他通過圓木榫接合的邊角結構幾乎沒有衝突，並能提供其他接合方式無法實現的設計機會。

圓木榫的應用

當接合不具有設計特徵，且作用於接頭的張力沒有與圓木榫在一條直線上時，用圓木銷榫接部件是有意義的。使用圓木榫榫接的部件通常是對接的，因此無須設計加長的榫頭，並能簡化將部件切割到指定長度的操作。在使用圓木榫進行榫接時，只需要將部件的接合面切割方正，並保證部件上的孔是直的、成對對齊的。重要的是，孔的位置要精確，其誤差不會超過幾張紙的厚度。

市場上有許多專用的圓木榫夾具，有助於精確定位並鑽孔。它們的特性和用途各不相同，但它們的主要功能是攜帶一個可以安裝鑽頭的襯套，並引導其垂直於木料表面。這樣的夾具通常會沿一條直線定位圓孔。

用來定位圓木榫的一排圓孔通常設計在木板的側面或端面。商業夾具可將圓孔自動定位到切割面的中線上，或者以木板的一個面作為參考面來定位圓孔的位置，同時調整圓孔相對於側面或邊緣的位置。

夾具具有指示標記，可以將襯套中心設置在標記的圓孔的位置處。在設計過程中，通過垂直於接合面邊緣的標記或被稱為圓木榫中心（在完成一個部件的鑽孔後使用）的標記，可以將配對圓孔的位置尺寸轉移到配對部件上。有些夾具由插入到第一個圓孔中的圓木榫提供指引，定位襯套並鑽取與之配對的圓孔。其他夾具則通過把部件對齊的方式鑽取成對的圓孔。很少有哪種商業夾具允許在木板的正面鑽孔或一次鑽取兩個以上的圓孔；工房自製的夾具對於框體接合具有更強的適應性和更高的效率。

將部件夾緊在裝配位置，通過徒手在兩個部件上鑽孔可以製作簡單的貫通圓木榫接合件。至於暴露在外的圓木榫端面，可以在其上鋸切切口並楔入木楔、用木塞填充或者用線腳覆蓋。某些圓木榫接合件可以在臺鑽上完成，但鑽取一塊緻密的廢木料製作一個一次性夾具，用來引導手持式電鑽並利用電鑽的精度進行操作通常更容易些。

接合強度

在門框上使用的圓木榫具有很強的抗剪切性能，但對於抽屜面板這樣的部件，由於圓木榫與其拉力方向在一條直線上，因此並不是好的選擇。

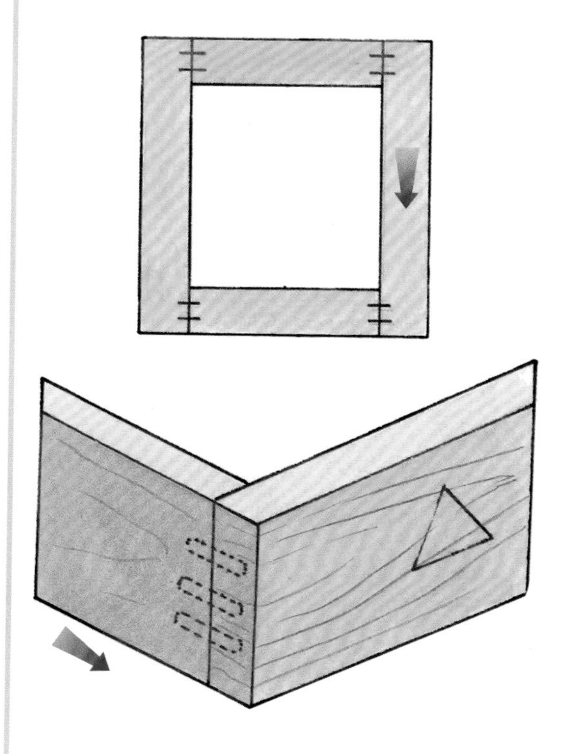

圓木榫孔的設計和定位

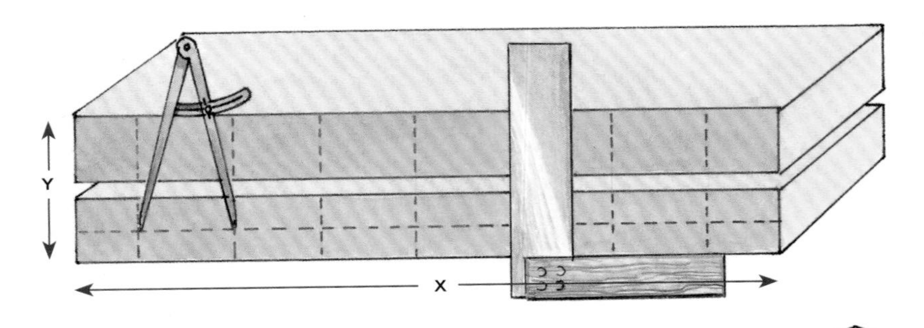

在Ｘ方向上標記出圓孔間距，並在夾具或機器設置到位後，通過沿Ｙ方向引垂線的方式，將圓孔的間距線標記到與其配對的部件上。

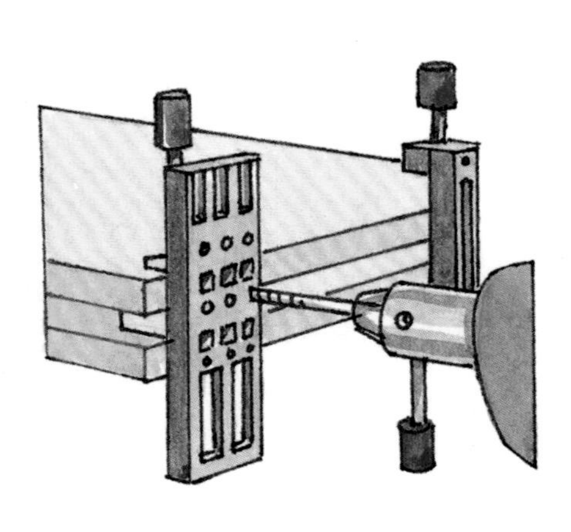

當使用一個臨時框架將部件引導到位時，如果圓孔的中心是用不同孔徑的工具定位的，那麼最好在配對部件上標記出鑽孔的位置。

某些夾具可以指引定位配對孔，具體做法是，在開孔部件的第一個圓孔中插入圓木榫（見上圖），同時將其另一端插入夾具上的相應位置，然後就可以一次性確定配對部件上配對圓孔的位置了（見下圖）。

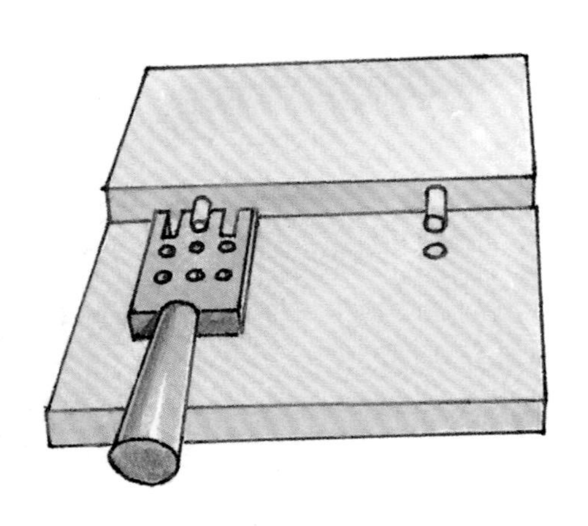

在臺鑽上，將部件對準輔助靠山，根據Ｘ方向上圓孔的位置和間距定位Ｙ方向上的圓孔位置。

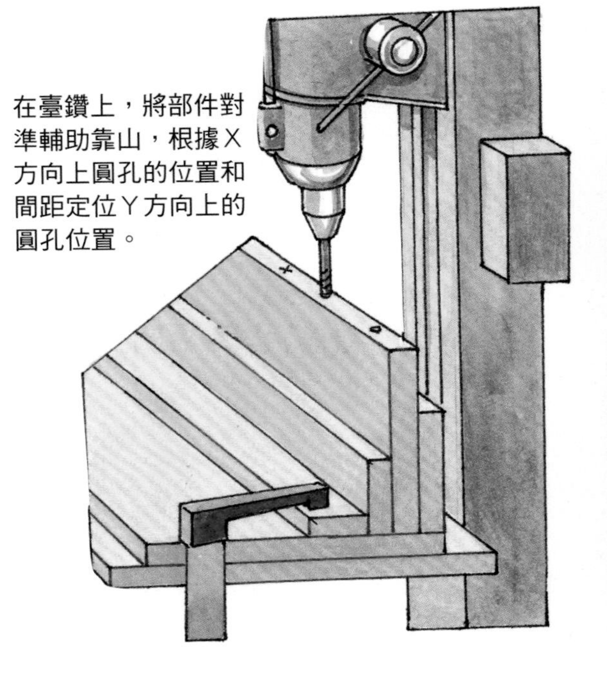

精確定位和切割圓木榫孔

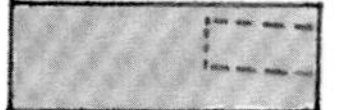

圓孔沒有垂直於木料表面

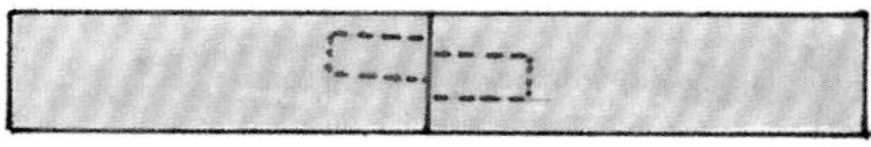

以相對面作為參考面得到的圓孔可能無法對齊

圓木榫孔必須垂直於木料表面鑽取，這樣才能準確定位圓木榫。同時，必須保證配對部件上的成對圓孔對齊，為此在鑽孔時應該選擇相同的參考面或中心。

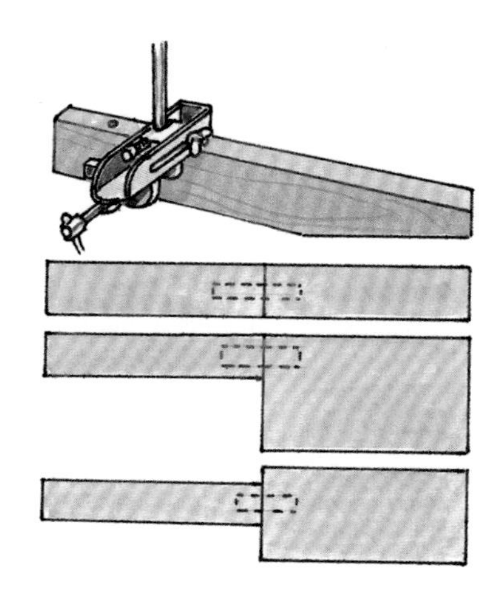

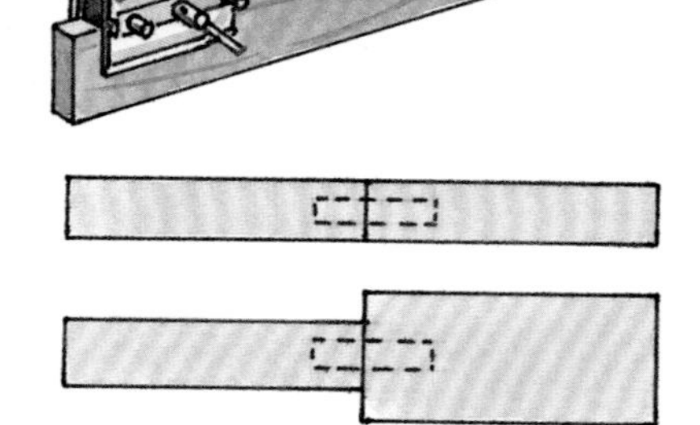

帶有整體襯套的自定心夾具只能沿木板的邊緣中心鑽孔，不能將不同大小的木料的正面對齊進行鑽孔。

一種單孔邊緣指引夾具配有可互換的襯套，在將配對部件的參考面對齊的情況下，可以為不同大小的木料鑽取配對圓孔，除非事先重新調整了設計，需要偏置其中的某個圓孔。

自製圓木榫夾具

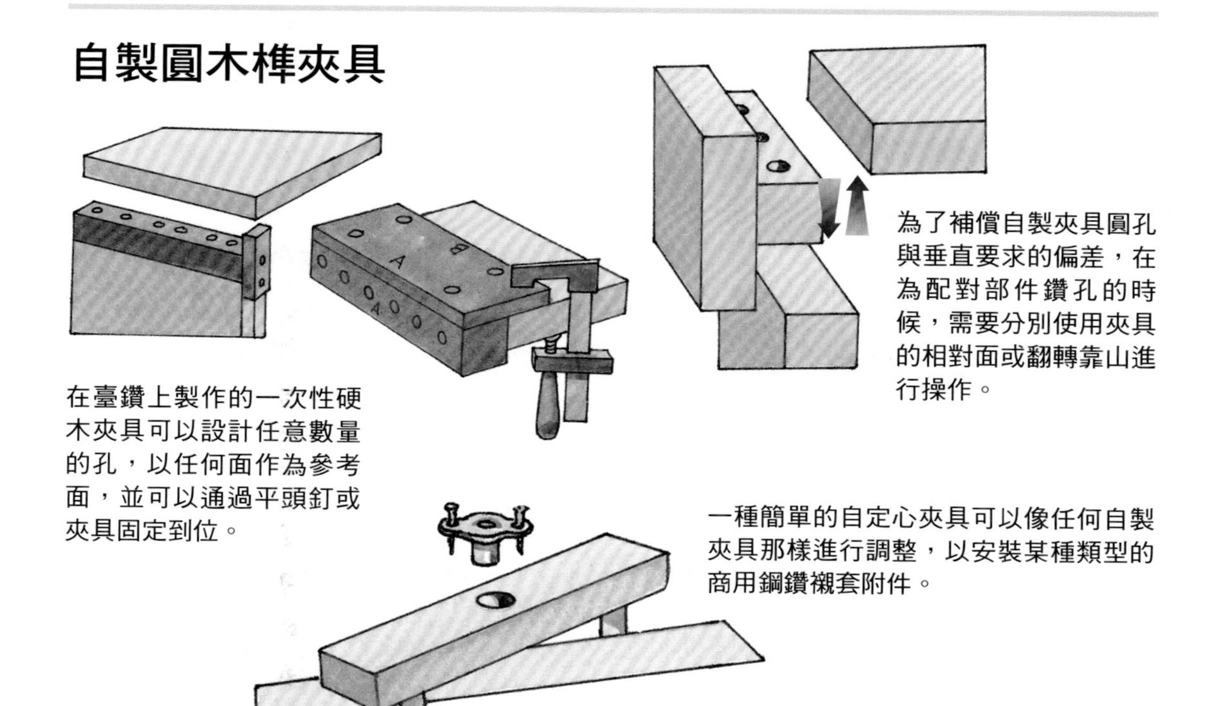

在臺鑽上製作的一次性硬木夾具可以設計任意數量的孔，以任何面作為參考面，並可以通過平頭釘或夾具固定到位。

為了補償自製夾具圓孔與垂直要求的偏差，在為配對部件鑽孔的時候，需要分別使用夾具的相對面或翻轉靠山進行操作。

一種簡單的自定心夾具可以像任何自製夾具那樣進行調整，以安裝某種類型的商用鋼鑽襯套附件。

用圓木榫加固端面斜接

不管使用何種工具，使用圓木榫榫接的基本步驟都是相同的。根據木料厚度尺寸的三分之一到一半選擇圓木榫和與之匹配的鑽頭。將木料切割到指定尺寸，並沿一個部件厚度的Y方向標記出一個中心孔或偏置孔的位置。如果使用自製夾具，可以在與部件匹配的木料上進行設計。

從標記點出發，平行於X方向畫延長線，並沿線確定一排圓孔的位置，要根據對齊、加固或替換榫卯結構的目的來設計圓孔間距。對齊需要的圓木榫的數量是最少的；如果作為榫頭，需要的圓木榫數量會較多，並且它們之間應該至少間隔一個圓木榫直徑的距離，這樣接合強度就不會很弱。

要注意，圓木榫與木料正面和背面的距離應當足夠大，以確保為良好的接合提供足夠的斜接表面。

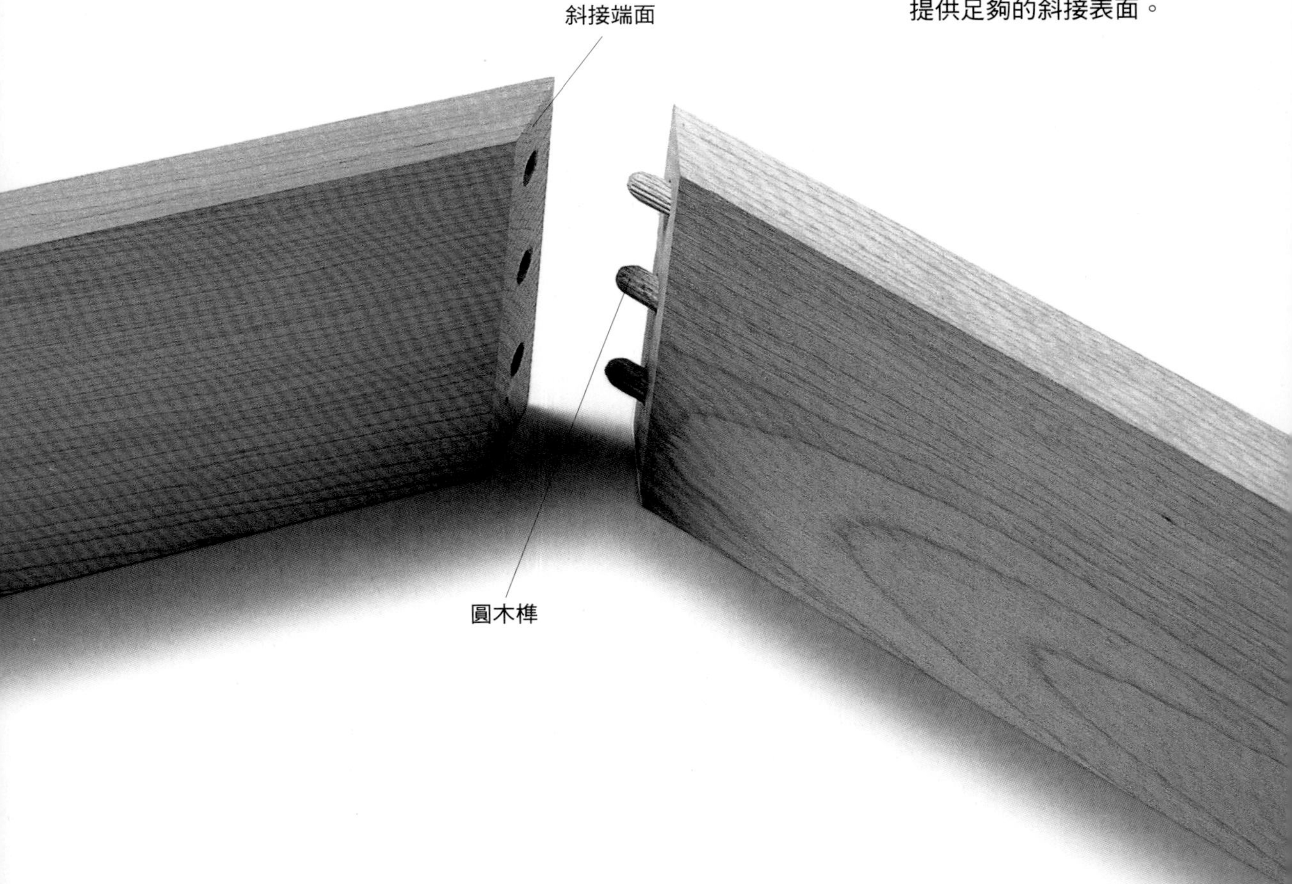

製作步驟

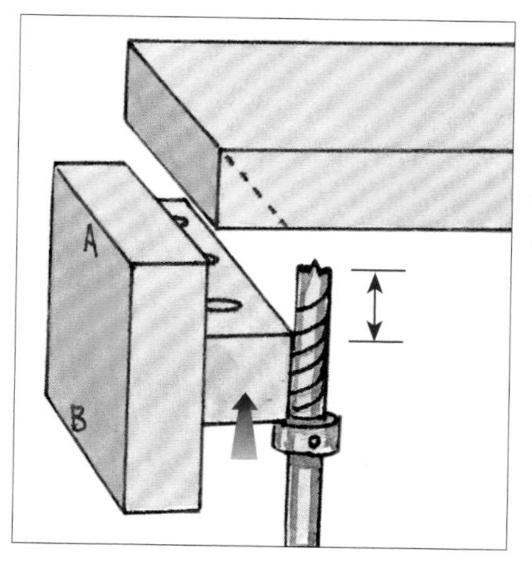

1 將部件切割到最終長度，然後製作一個可以在斜面內側鑽孔的夾具，通過限位塊控制鑽孔深度，並用平頭釘將夾具固定在上面。

2 使用夾具的另一側在配對部件上鑽取配對圓孔，然後對所有部件進行斜切，不需要去掉任何沿長度方向的木料。

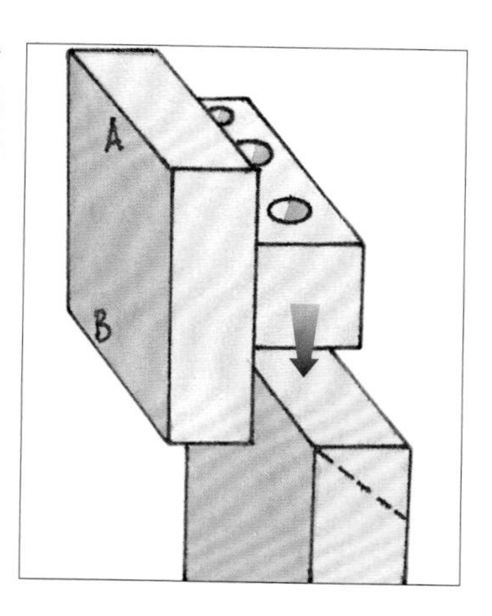

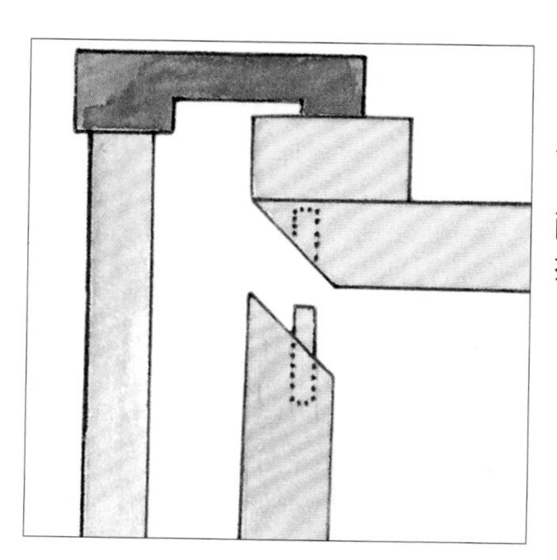

3 在圓孔和圓木榫表面刷塗膠水，將圓木榫插入一個部件的圓孔中，用一塊木塊做墊塊，配合夾具完成邊緣的斜接，同時夾緊圓木榫。

製作技巧

鑽頭和擋板

鑽頭一定要能夠主動定位，並且在端面和正面都能保持下鑽，不會撕裂正面的木料，得到一個容易測量的平底孔。此外，鑽頭要能夠將木屑從切割邊緣拋離，這對於減少熱量的積聚是至關重要的。平頭引導鑽和平翼開孔鑽符合這些標準。

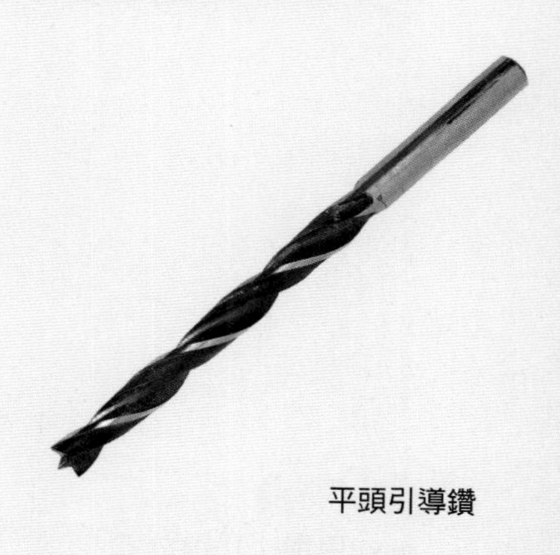

平頭引導鑽

平翼開孔鑽

帶線腳的框體接合

用圓木榫進行榫接，是因為部件需要的鑽孔位置和精確鑽孔所需的工具最為簡易。使用臺鑽可以很方便地在木板的邊緣鑽孔，但對於較長的箱體側板，使用便攜式電鑽和夾具鑽孔更為合適。

有多種方法可以將圓孔定位到配對部件上。對單孔的圓木榫夾具或臺鑽來說，可以通過橫向引垂線的方式為所有部件標記出圓孔的位置和尺寸。對於那些可以插入圓木榫定位配對孔或者可以對齊成對部件同時進行鑽孔的夾具，標記出一排孔的位置就可以了。自製夾具可以攜帶整個設計，無須做標記。

圓木榫可以最大限度地減少木板的翹曲，表面切割出凹槽的自製圓木榫允許膠水自由流動。

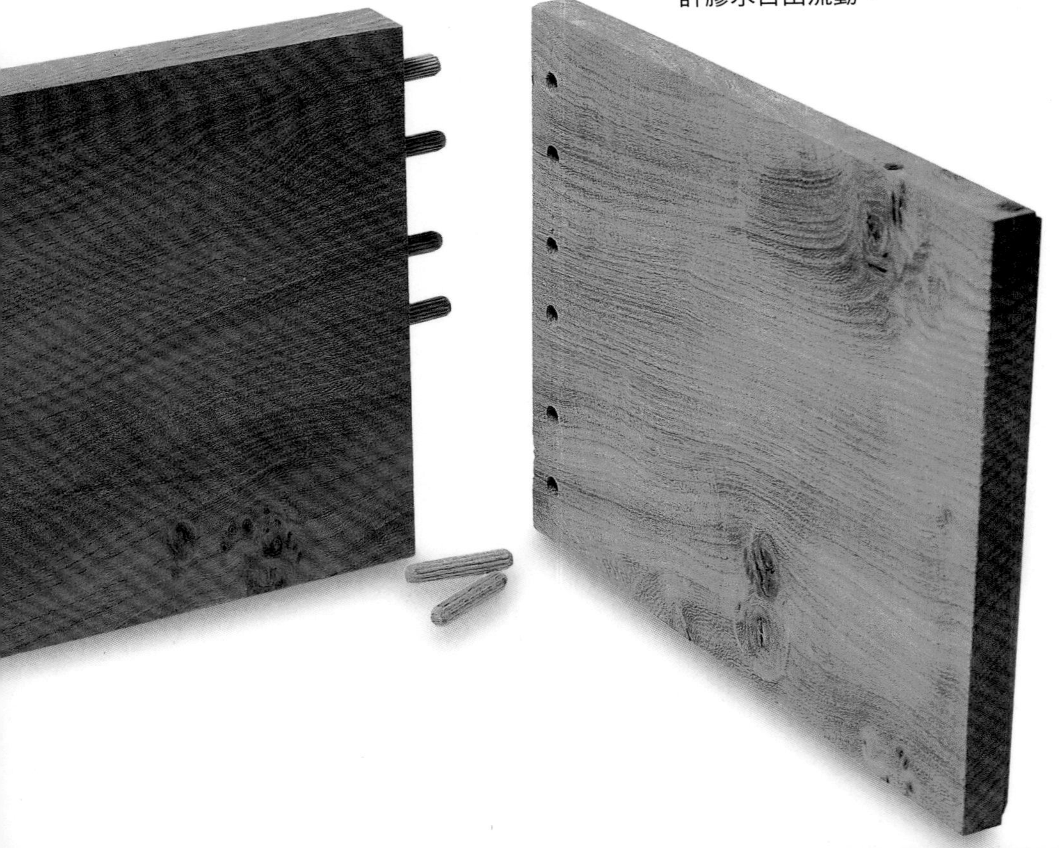

製作步驟

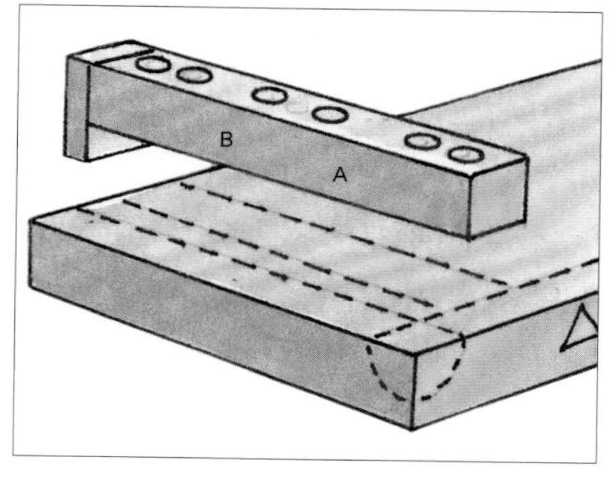

1 將帶線腳的部件切割到指定的長度和寬度，然後規畫線腳和側面擋板的位置，設計一個夾具，並在其每端靠近邊緣的位置使孔間距更小一些。

2 為框體部件鑽孔，確保以同一參考面為基準引導夾具，然後翻轉靠山，利用夾具的另一側提供引導鑽取配對孔。

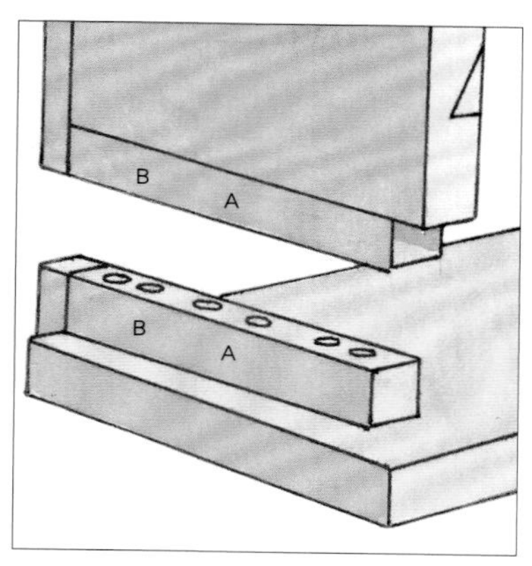

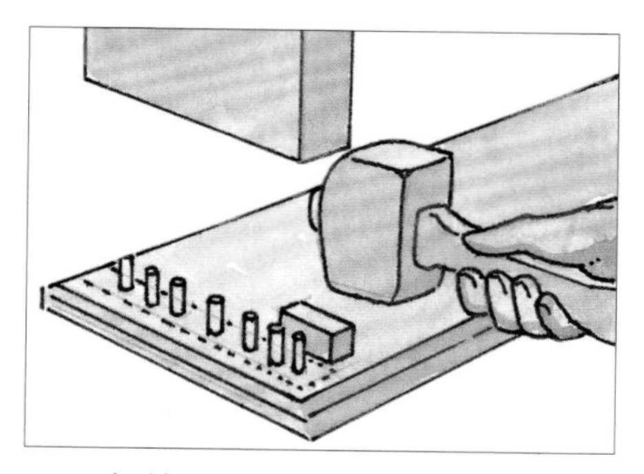

3 把線腳切掉，在孔內塗抹膠水，並用一個高度塊來限位，使圓木榫的末端能夠與孔底部保持一定距離，形成一個儲存膠水的空間。

製作技巧

多引導尖樣式的鑽頭常用於臺鑽，而詹尼斯（Jennings）式或歐文（Irwin）式鑽頭常用於手搖鑽。麻花鑽可用來為圓木榫鑽孔，但這種鑽頭會撕裂正面的木料，且不容易居中。在標記位置打一個衝壓孔可以為鑽孔提供一些引導。

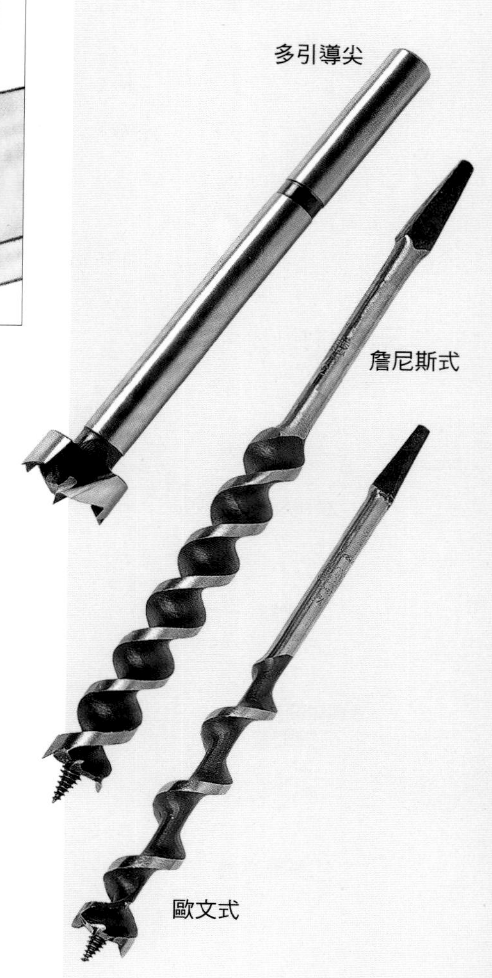

圓木榫榫接的框架接合件

作為榫頭使用的話，圓木榫應插入到每一側的配對部件中，且在每一側的插入深度不能小於其直徑的1.5倍。如果只是用於對齊，那麼圓木榫的長度可以稍短。為鑽頭或臺鑽設置一個深度限位塊，鑽取深度足夠的孔以容納圓木榫，並額外留出少許空間作為膠水的儲池。

使用臺鑽或具有引導作用的夾具鑽孔。在開始鑽孔之前，將鑽頭放入夾具孔或襯套中，鑽孔時可以偶爾將鑽頭從孔中退出以清理鑽頭螺旋槽中的木屑。當接近限位塊時，不要用力下壓，否則鑽頭柄可能會滑出。

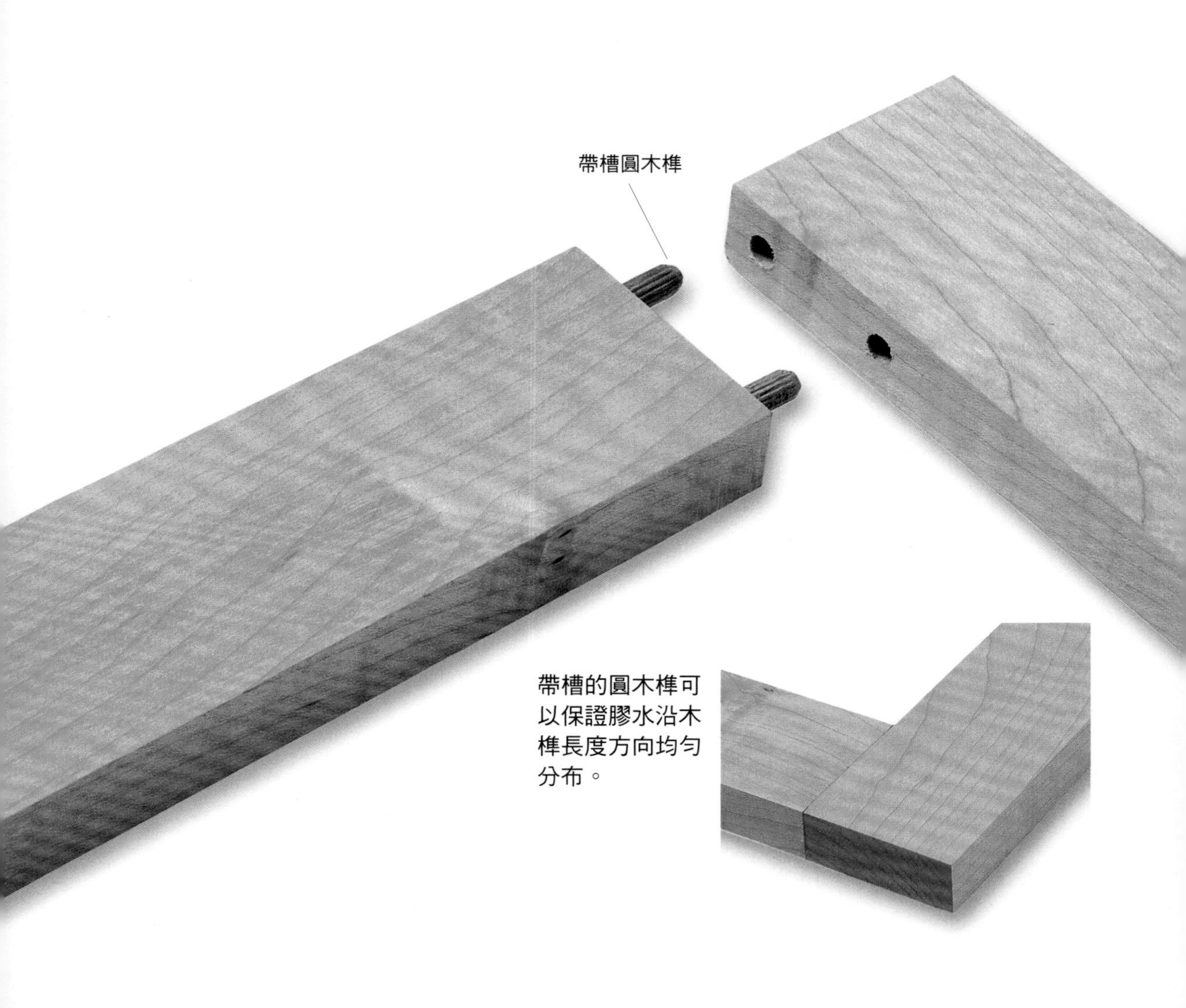

帶槽的圓木榫可以保證膠水沿木榫長度方向均勻分布。

製作步驟

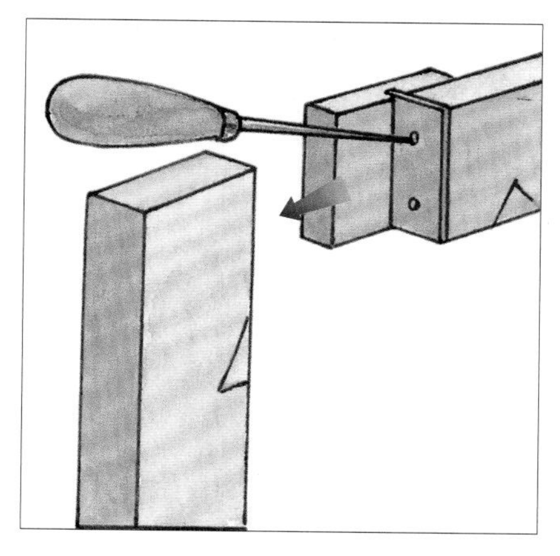

1 製作一個設計模板，在榫接的位置用圓木榫和孔替換榫卯結構，然後用畫線錐在冒頭和梃上標記出孔的位置。

2 要鑽孔的話，將引導夾具固定在畫線錐的標記處，如有必要，可以在木料表面插入一個墊片來調整沿Y方向的孔的中心。

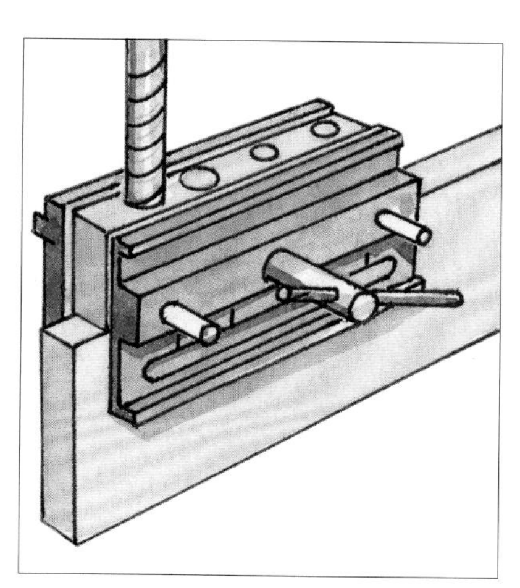

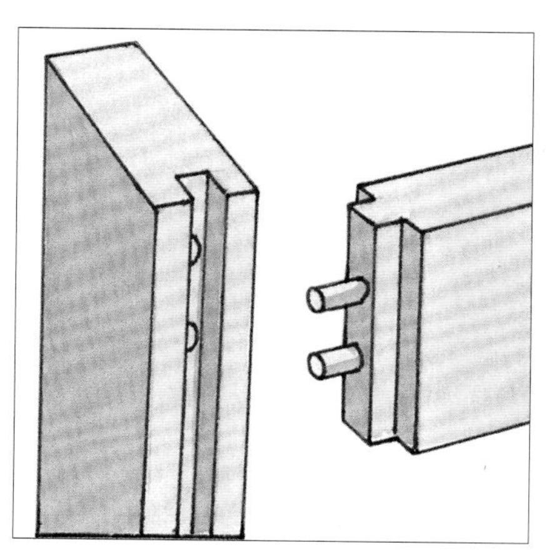

3 完成框架部件剩餘部分的銑削，包括凹槽、半邊槽、線腳以及拱腋等。銑削完成之後，塗抹膠水，然後組裝。

製作技巧

為了測量便攜式電鑽或手搖鑽的鑽孔深度，需要在鑽頭上配置一個深度限位標記。從一段帶有延伸標籤的遮蔽膠帶（當鑽頭到達設定的深度時，它會掃過木料表面）到需要用螺絲固定的鋼圈都是可以的。一個富勒（Fuller）埋頭鑽和一個位於臺鑽上的限位塊可以保證正確的鑽孔深度，沉孔部分則可以為膠水提供一點額外的空間。

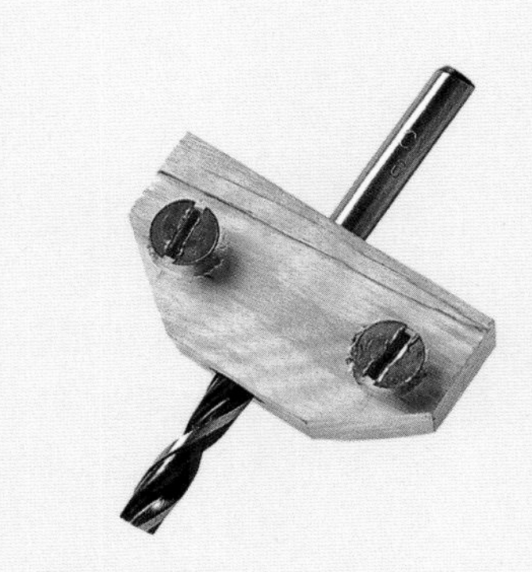

木製限位塊

富勒埋頭鑽和限位鋼圈

餅乾榫

餅乾榫或木片接合是一種相對較新的木料接合方法。它最初被開發出來接合像膠合板和刨花板這樣的材料，後來逐漸在實木中變得流行起來。

餅乾榫是一種薄的、橄欖球形狀的扁平櫸木片，它們的使用方式與栽榫、圓木榫或方栓是相同的。大多數的餅乾榫接頭都是由一種叫作餅乾榫機的便攜式電動工具製作的，它看起來就像一個帶有硬質合金鑲齒鋸片的小型直角砂光機。這種機器的主要功能是將刀片以一個校準的深度切入配對部件中，其留在每一個部件上的半圓切口用來包裹半片餅乾。

餅乾榫本身是由壓縮的山毛櫸木切割而成的，其紋理沿對角線方向橫向延伸以獲得強度。所有的機器都使用三種標準尺寸（0號，10號，20號）的刀片，某些機器可以配備非標準的刀片，用來製作更大的餅乾榫或者適合更小、更薄餅乾榫的切口。

用於電木銑或層壓修邊機的方栓刀頭可以為特殊的圓形餅乾切割切口。餅乾榫需要脂族樹脂那樣的水基膠水。通過設計，餅乾榫會因為吸收水分略微膨脹，從而使其可以在切口中擠緊。市場上的餅乾榫機種類繁多，為木匠提供了價格之外的功能選擇。需要考慮的最重要的因素是，靠山調整的難易程度和調節範圍、靠山角度的範圍以及斜接引導方法。

大多數餅乾榫接合都是通過用機器的靠山頂住木料正面或端面來定位切口位置的。刀片和靠山之間的距離可以略作一些調整。最為通用的刀片高度調整方式是使用一個齒條和齒輪使靠山相對於刀片上下移動，但在實際操作中，考慮到普通木板的厚度，通常並不需要這麼多的檔位。

在所有種類的機器上，靠山在與臺面呈90°角的時候，可以為大多數平行取向的、T取向的或L取向的接合件切割切口；在與臺面呈45°角時，則可以為端面或邊緣的斜接件切割切口。有些靠山可以設置為這兩種角度之間的任意角度，這對加工斜面來說是一個很方便的功能。這種機器還可以以其平整的底座作為參照進行操作。

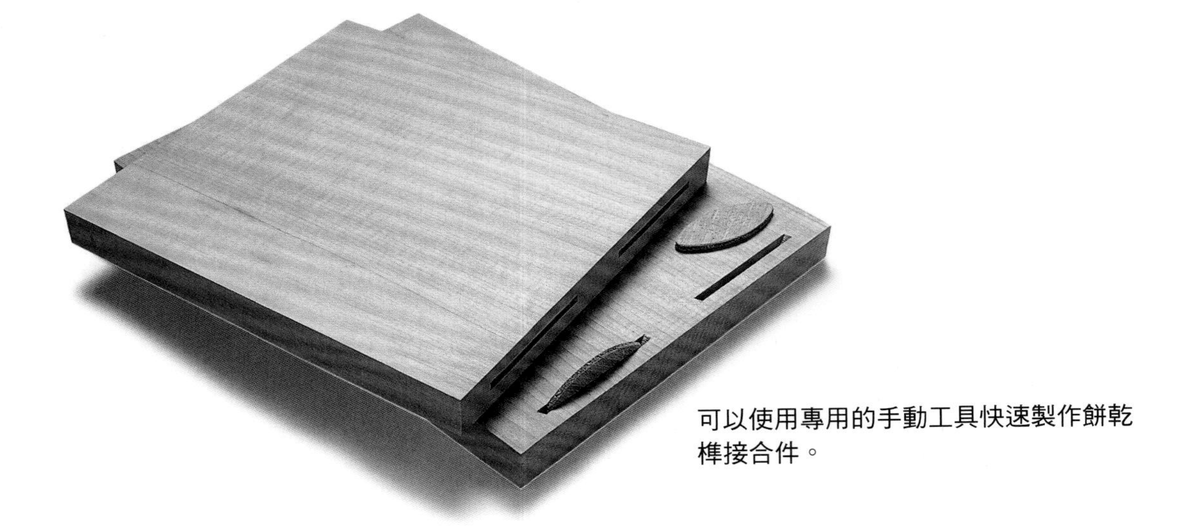

可以使用專用的手動工具快速製作餅乾榫接合件。

關於餅乾榫接頭

餅乾榫機具有可伸縮的彈簧負載的底座，一個小的圓鋸片被其包圍著，將鋸片插入木料中可以得到不同深度的、適合不同尺寸餅乾榫的弧形切口。

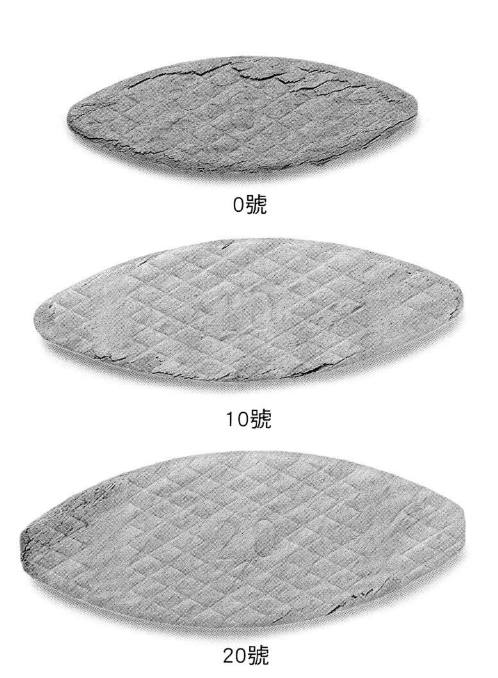

0號

10號

20號

所有型號的餅乾榫機都可以為三種基本尺寸的餅乾榫切割切口。其他尺寸、形狀和類型的餅乾榫需要特定品牌的餅乾榫機或電木銑切割插槽。

餅乾榫機的靠山類型

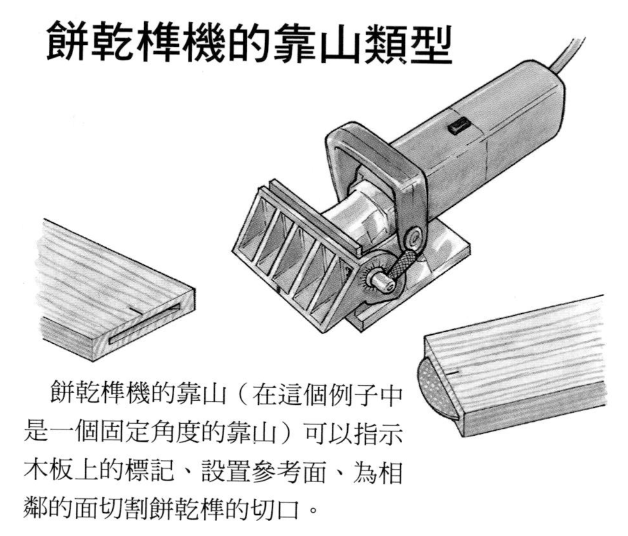

餅乾榫機的靠山（在這個例子中是一個固定角度的靠山）可以指示木板上的標記、設置參考面、為相鄰的面切割餅乾榫的切口。

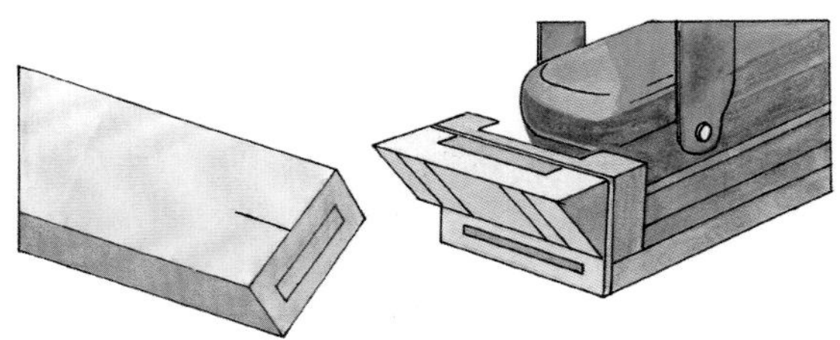

一個固定角度的靠山具有45°和90°兩種角度設置，翻轉後可以進行斜切，如果靠山相對於刀片向上傾斜，則可以與接頭的內側面對齊。

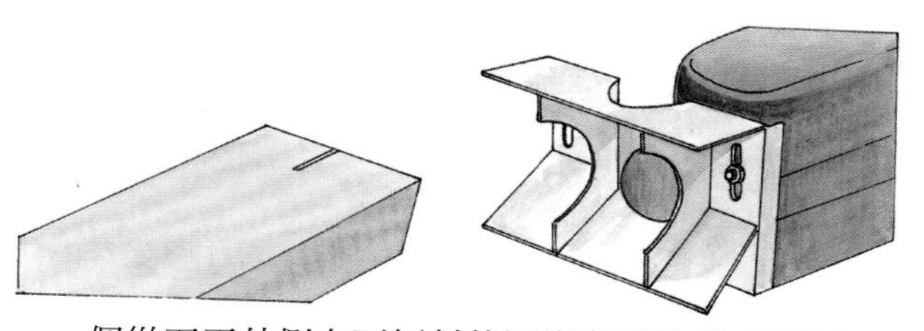

一個從刀刃外側向下傾斜的固定角度的靠山可以從斜接件的外部提供引導，使外表面對齊。

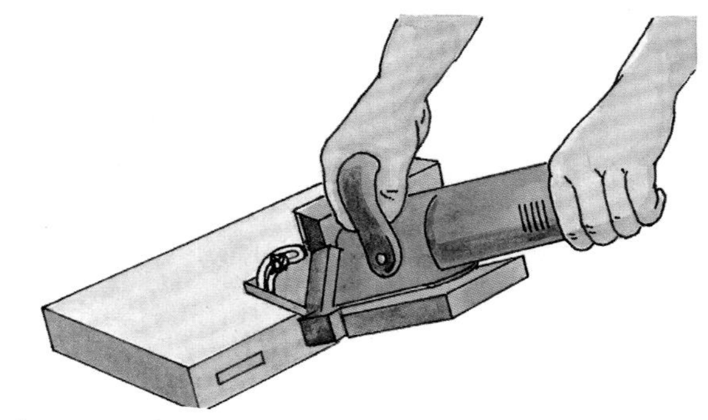

一個具有可變角度靠山的餅乾榫機可以在不是45°或90°的斜面接合件表面為餅乾榫切割切口。

平面框架接合

餅乾榫接合非常簡單，所以它們變得很受歡迎也就不足為奇了。設計不需要很精確，機器的設置也很簡單，切割工作幾秒鐘就可以完成，而且餅乾榫機操作起來非常安全。刀片通常被底座或木料包圍著，並且底座上的伸縮銷或橡膠點可在切割過程中防止機器滑動。

不管是何種類型的接合件，基本的接合過程都是一樣的。將部件切割到指定尺寸，然後夾緊或固定在裝配位置，用軟鉛筆在每個部件上標記出每個餅乾的位置。由於在切口中餅乾榫周邊仍留有一些縫隙，用於容納膠合後的變化，所以並不需要標記得非常精確。

平面框架接合實際上是製作最快的接合方式。當把一塊乾燥的餅乾榫插入插槽中時，餅乾榫應該與插槽的側壁（厚度方向）緊密貼合。

製作步驟

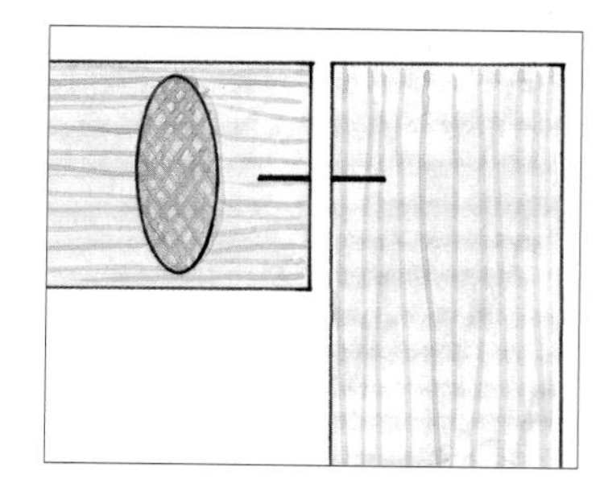

1 把部件切成指定長度，並將其放在組裝位置，然後選擇最適合該木料的最大尺寸的餅乾，用軟鉛筆標記出部件的中心。

2 向上或向下調節90°靠山，使刀片正對木料的中心。根據餅乾榫大小設置機器，引導機器正對標記，將刀片插入木料。

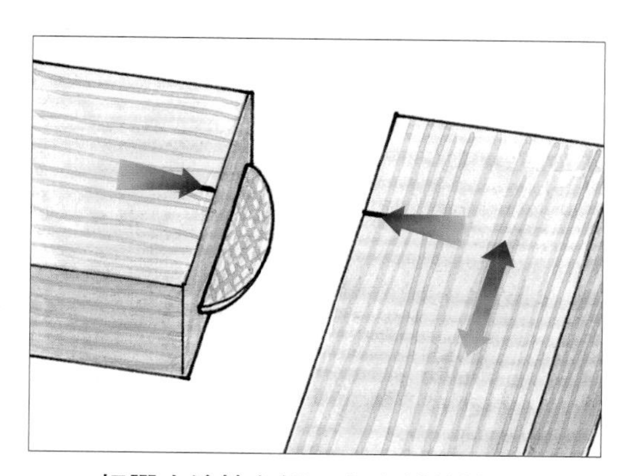

3 把膠水塗抹在切口和木料的接合表面，不要塗抹在餅乾榫上。插入餅乾榫，借助切口兩端的空隙對齊部件完成組裝。

製作技巧

雙層餅乾

為了獲得額外的強度或接合厚木板，可以使用雙層餅乾榫接合。在木料的正反兩面做好標記，並設置靠山，從正面或背面出發，沿厚度方向向下切割部件。

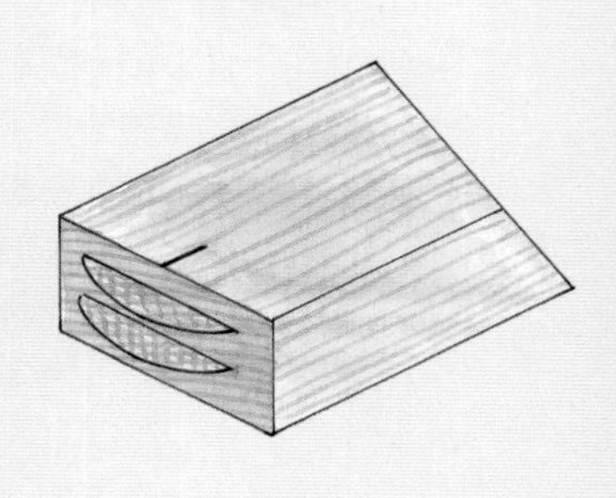

參考標記

加固接合件以及沿寬度方向的拼接只需要很少的餅乾榫；可以使用臺面或90°的靠山將機器引導到標記處。

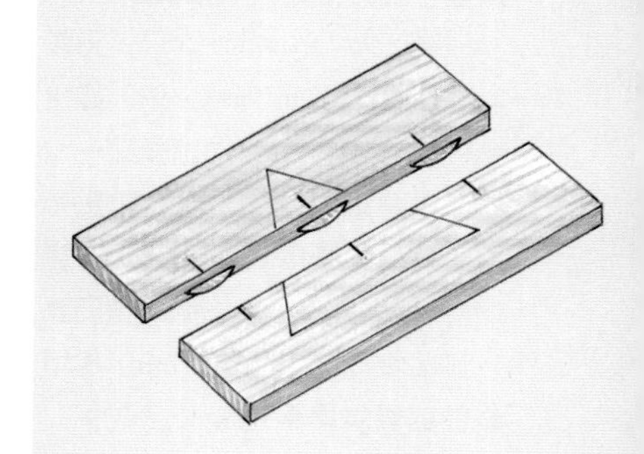

T取向的餅乾榫接合

切割切口時要用夾子固定部件，或者設置一個逆止器，防止刀片被推入木料時木板向後滑動。木屑通常會向右噴射，因此如果機器沒有配備集塵裝置的話，應從右邊起始，向左移動，以保持參考面的清潔。

可以使用昂貴的特殊膠瓶在切口上塗抹膠水，但一個簡單的焊劑刷效果也很好。記住，膠水會使餅乾榫膨脹，因此只能把膠水塗抹在接合處，而不是餅乾榫上，並準備好夾子。因為餅乾榫一旦插入，就會迅速膨脹。

使用水基膠水可確保餅乾榫膨脹，從而形成牢固的接合。

切口兩端的空隙允許餅乾榫側向調整完成匹配

0號餅乾榫

製作步驟

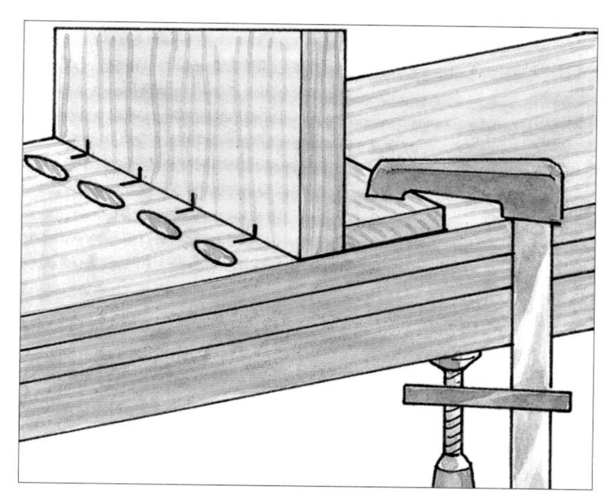

1 把一個引導塊橫向夾在一個部件上，並將另一個部件與之對齊，然後放上一排餅乾榫同時標記兩個部件。

2 設置或取下工具的靠山，使其前端垂直於底座。將底座垂直靠在直邊引導塊上對齊，並在標記處切割切口，同時注意將切口保持在接合部件的輪廓內。

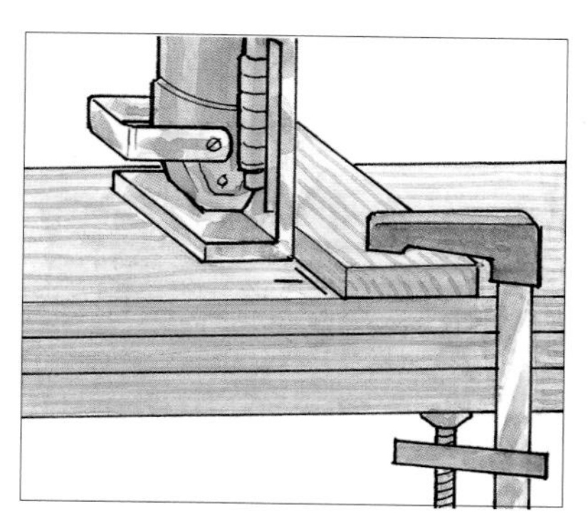

3 夾緊配對部件，並以臺面作為基準面沿木料的厚度方向引導切割，得到配對的切口。然後塗抹膠水，插入餅乾榫，組裝並夾緊。

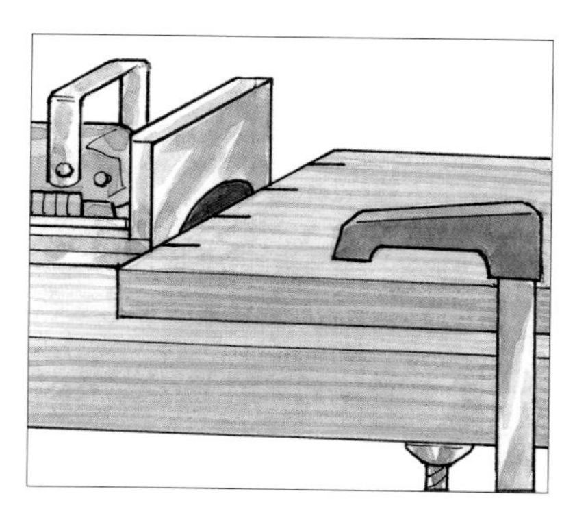

製作技巧

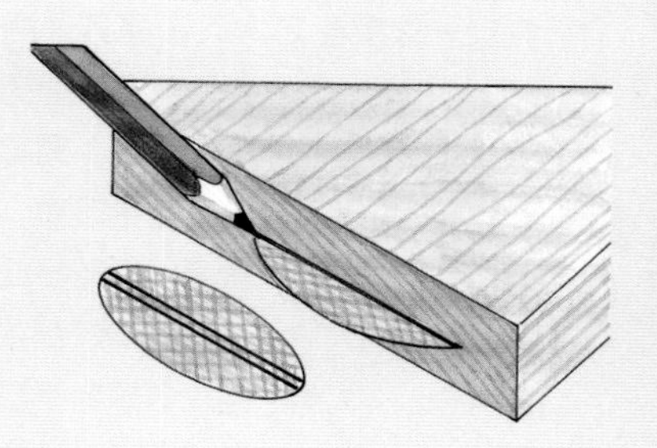

切口

為了對切口的深度進行微調，可以標記一個餅乾榫，然後將其翻轉並重新標記；調整機器，使餅乾榫被重新插入後第一行標記不會顯露出來，新舊兩條線之間會有一個小的間隙。

大小

餅乾榫間距的設計和餅乾榫的大小取決於木料的尺寸和接合目的。如果切口位於木料的正面，木料的厚度必須超過餅乾榫寬度的一半，否則刀片會切透木料從背面透出。更多或更大的餅乾榫能夠提供更大的膠合表面並增加接合強度，但如果只是為了對齊，這樣做就沒有必要了。

L取向的餅乾榫接合

在一個接合件的內部還是外部做標記，取決於接合類型和使用的參照方法：以直邊靠山或成角度靠山作為參照，還是以機器的底座作為參照。初始標記可以是直接的，也可以是延伸線，這樣在切割的過程中機器的引導標記很容易與之對齊。

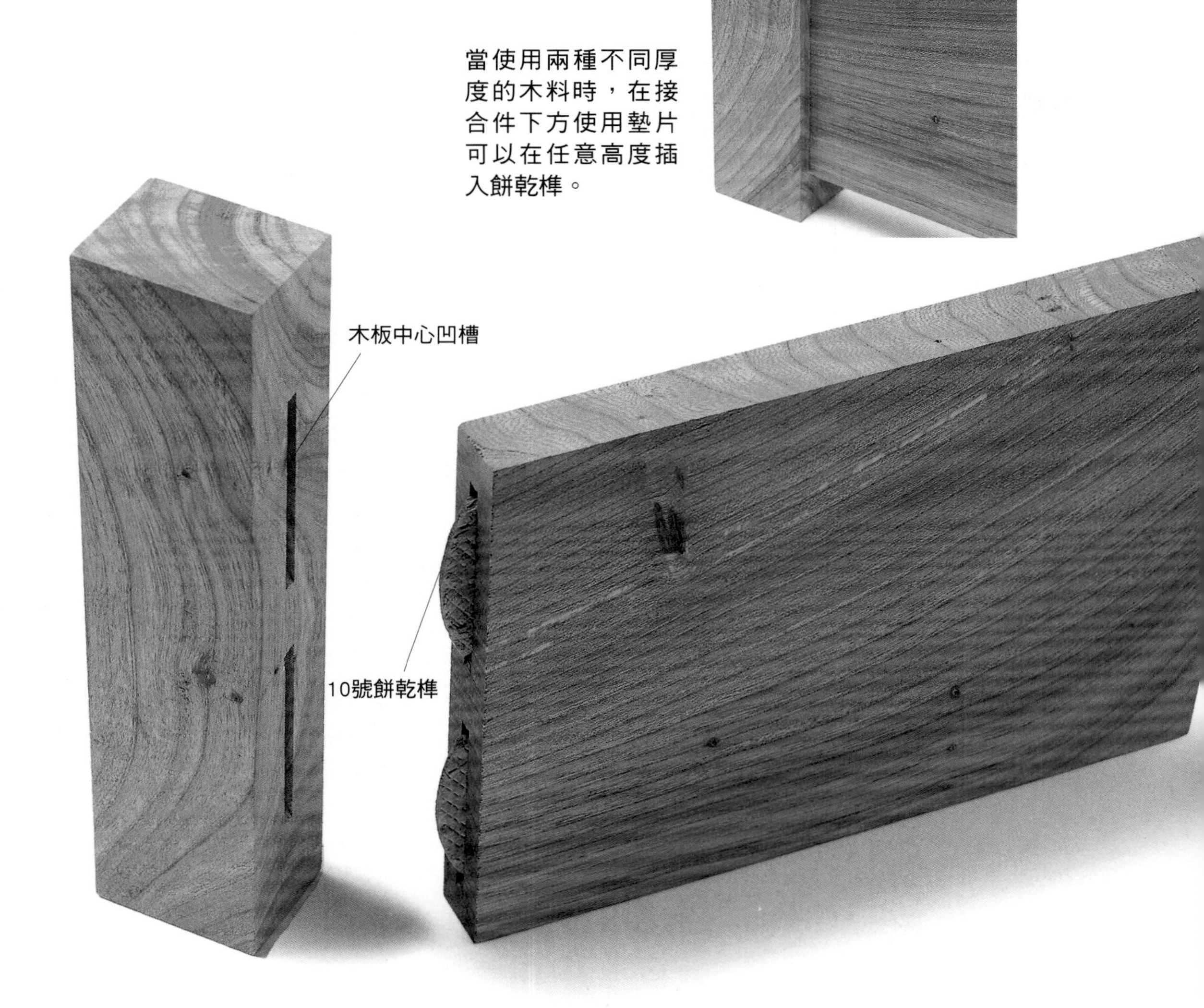

當使用兩種不同厚度的木料時，在接合件下方使用墊片可以在任意高度插入餅乾榫。

製作步驟

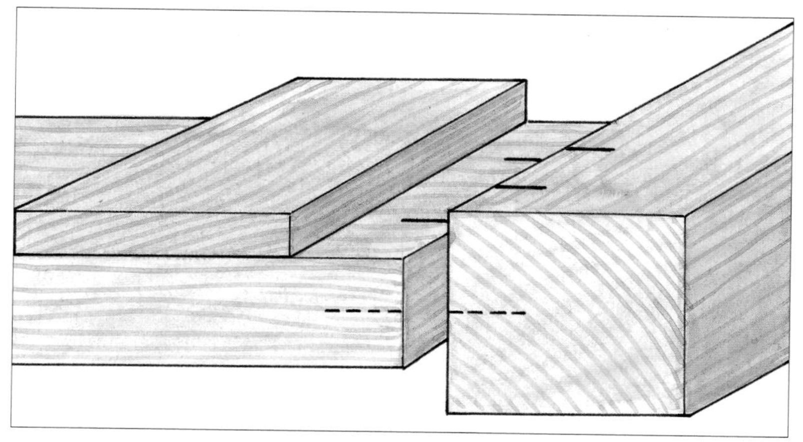

1 在較薄的部件上標記餅乾榫時，需要首先放上一塊厚度與偏置尺寸（兩塊木板的厚度尺寸差值的一半）相同的墊片，並用其來設置靠山，首先標記出薄木板的中心（以頂面為參照面）。

2 把墊片放在薄木板上，把靠山壓在墊片上，以便在引導標記處切割出配對的切口。

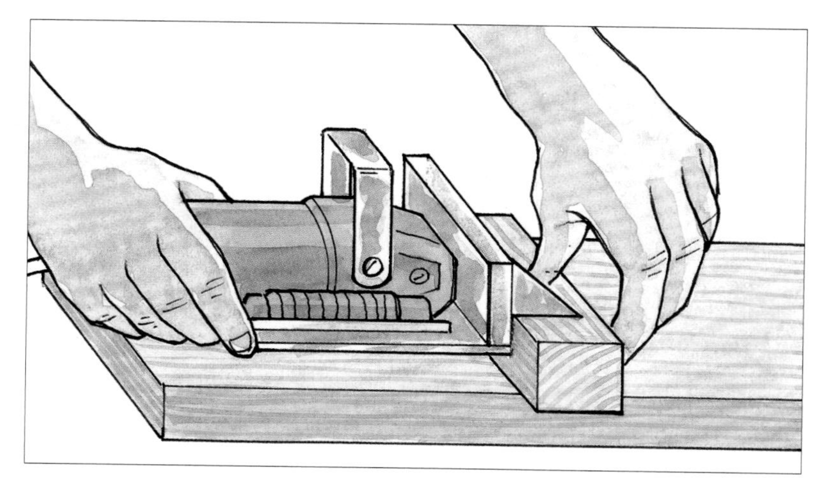

3 無須改變刀片的高度設置，在引導標記處切割較厚部件的切口。然後塗抹膠水，組裝並夾緊。

第九章

緊固件、五金件和可拆卸接合件

木工螺絲的使用

用螺絲完成接合並不是傳統的木工理念，但可以用螺絲完成對接或搭接接合，加固或固定傳統接合件。螺絲可以拆卸，如果塗抹了膠水，即使沒有夾具也可以很好地黏合在一起。

傳統的木工螺絲，無論是平頭的、橢圓頭的還是圓頭的，都是通過淬火鋼連接到螺桿部分的。為刨花板設計的螺絲是平頭的；為軟木設計的螺絲則是自帶埋頭效果的「喇叭」頭，比如建築行業跨界從木工領域引進的乾壁螺絲。

螺絲類型

鋼螺絲經過了硬化處理，可以使用電鑽或螺絲刀驅動。它們並不經常使用典型的木工螺絲槽驅動，而是利用菲利普斯（Phillips）式、方頭或組合式驅動器的額外抓力來驅動螺絲。硬化會使螺絲變脆，特別是在沒有引導孔的情況下，螺絲很容易在硬木中折斷。軟黃銅木工螺絲存在類似的問題，可以用鋼木工螺絲預先打出引導孔，然後再用黃銅木工螺絲將其替換並擰入。

木工螺絲的螺紋爬升角度相比淬火螺絲的角度更小。較大的螺紋升角可以以更少的轉數更快地拉出淬火螺絲。淬火螺絲的螺紋較深，特別是刨花板使用的螺絲，可以產生強大的握力，不太可能從木板中剝離。

除了具有淬火螺絲不具備的黃銅、青銅或不鏽鋼的光澤之美，木工螺絲還具有另外一個優勢，即靠近頭部的柄部沒有螺紋。這可以將螺絲的木錨部分擰入木料中，並允許螺紋把螺絲的前面部分向上拉緊。當通過螺紋齧合兩個部件時，部件之間的任何空隙都不會閉合。必須將螺絲退出，將部件夾緊後才能連接。

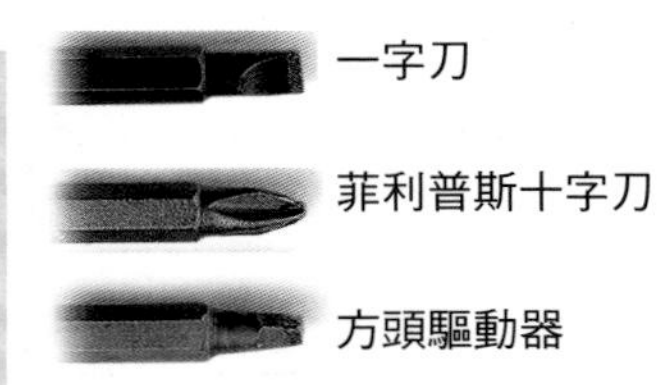

螺絲刀

常見的螺絲刀和螺絲驅動器包括一字螺絲刀、菲利普斯十字刀、方頭驅動器以及被稱為組合、凹槽或正方的組合驅動器。

螺絲頭

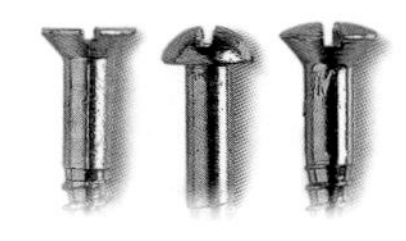

普通的木工螺絲是低碳鋼或黃銅材質的，有三種頭部類型：平頭、橢圓頭或圓頭。

淬火螺絲有三種基本的頭部樣式：平頭、喇叭頭和用於完成工作的修邊頭。

薄型盤頭、頭墊圈和超大的墊圈頭可以增加螺絲在木料上的承力表面。

木工螺絲

家具螺絲是一種用於膠合板或刨花板櫃的可牢固固定的裝配螺絲；它需要由一種特殊的三階鑽頭為其製作引導孔。

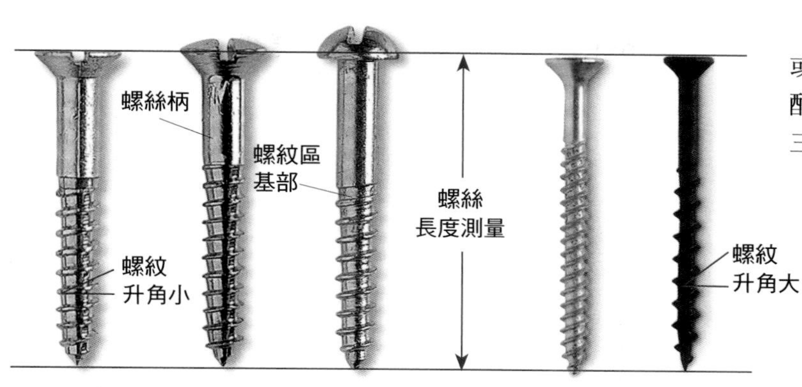

木工螺絲的頭部或扁平，或凸起，螺絲柄較長並且沒有螺紋，螺紋以較小的角度向上盤旋至螺紋區的基部，整個螺紋區自基部向下逐漸變細。

木工上使用的螺絲或者與木料表面平齊，或者位於木料表面之下，擁有近乎直線的外形，以及覆蓋大部分長度的雙線或單線的高導程螺紋。

為了節省時間，有些木工螺絲的頭部下方具有尖稜或螺旋鑽尖，這樣在擰入螺絲的過程中，螺絲可以自行鑽出引導孔或沉入木料中。

引導孔和埋頭孔

階梯木螺絲引導孔的柄部應延伸到貫穿一段階梯的程度，這樣螺紋就會進入另一階梯，並將所有部分擰緊。

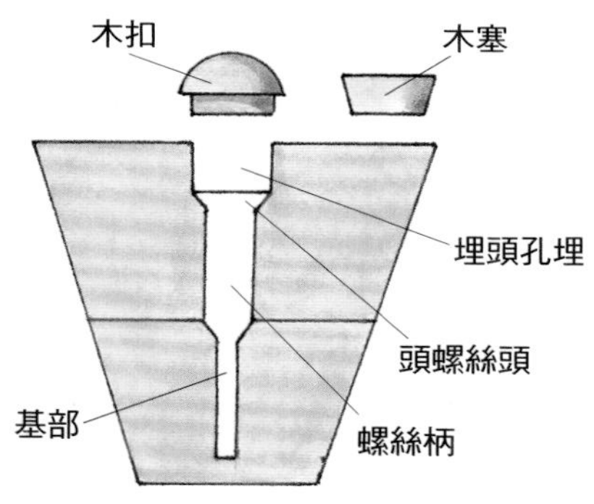

淬火螺絲的引導孔直徑應與其基部直徑相同，在被用作硬木的排屑孔時可以稍大一些。

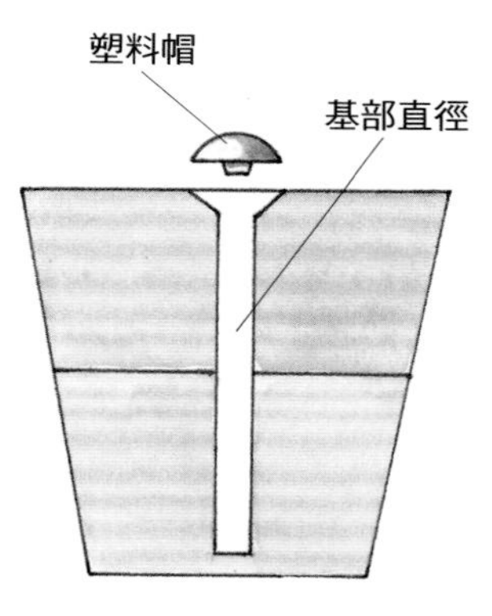

可移動的深度限位環

8號木工螺絲鑽頭和埋頭鑽

木工螺絲埋頭鑽可以匹配某一種螺絲的尺寸鑽孔，或者通過使用錐形鑽頭和可移動的深度限位環來調節鑽孔的大小。

在為鉸鏈硬件鑽孔時，三種不同尺寸、前端有彈簧伸縮頭的鼻部包圍的維克斯（Vix）鑽頭可以幫助將引導孔定位到中心。

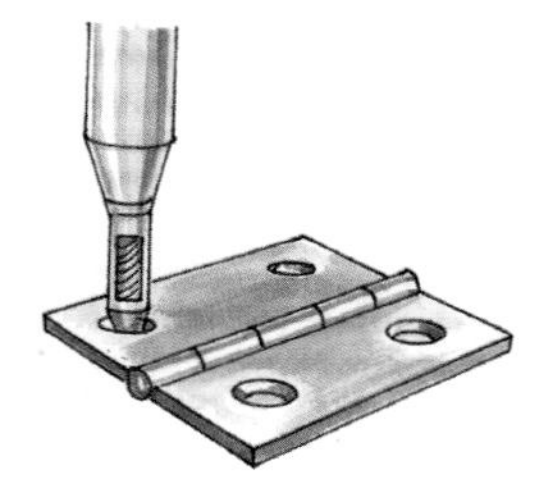

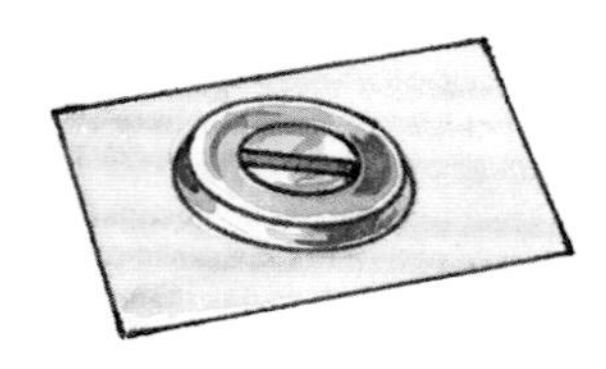

在黃銅、鐵質或鍍鎳螺絲頭下方套上墊圈可以隱藏螺絲孔，增加承力面積，並為木料表面之上的螺絲頭製造埋頭效果。

裝配緊固件和加固件

使用硬件來加固或固定家具是一種與家具本身同樣古老的技術。如今，家庭木匠可用的硬件比舊時的鐵皮條更複雜、更多樣，而且更具成本效益。

用組裝硬件進行接合通常只需要定位孔，然後插入配對硬件，並使用螺絲刀或扳手進行調整。以箱式結構對接在一起的膠合板或層壓板箱櫃有時會使用表面安裝或部分隱藏的連接件來連接部件。易於進行簡單組裝的硬件使櫥櫃和臺面更容易分段移動，並完成現場組裝。對家庭木工房來說，就像在製造業中一樣，對接和硬件接合結構可以節省在投資價值不大的項目上進行裝配、黏合和夾緊的時間，比如架子和車庫的儲物櫃這樣的製品。製作者只需按照所需的方向找到並安裝可以固定部件的硬件。

內外絲螺母

這種圓柱形螺母有多種尺寸以及黃銅和鋼兩種材質可選。螺母帶有較深的外部木螺紋，可用來擰入引導孔中，內部的機器螺紋則是通用尺寸。螺母是老式的捕獲螺母技術的改進版本，後者通過將一個螺母嵌入木料榫眼中，然後添加金屬螺桿以抓緊裝配硬件，床欄螺栓就是其中的代表。

寬度和長度接合件

工業緊固件也被稱為「狗骨」式緊固件（右），被設計成可以從層壓臺面的下方進行現場組裝的結構，並且同樣可用於其他長度和寬度的拼接，或是代替夾具發揮作用。

當插入鑽孔中時，一種特殊的「鎖眼」形電木銑銑頭可以銑削出T形槽鎖眼（底部）或T形槽（在頂部下面），以封裝可拆卸接合件上的圓頭螺絲。

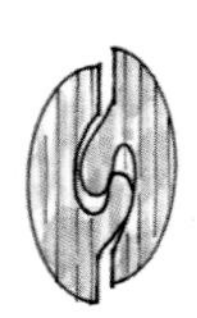

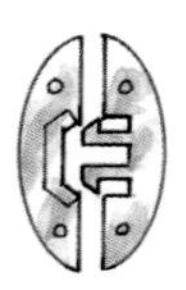

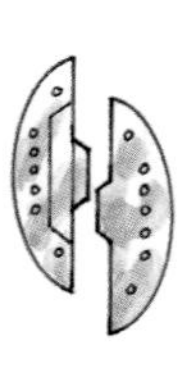

另一種受工業生產啟發而問世的產品是一種可拆卸或現場組裝的硬件，被設計成可以使用環氧樹脂黏合（中圖和右圖）或抓握（左圖）餅乾榫接合槽的結構。

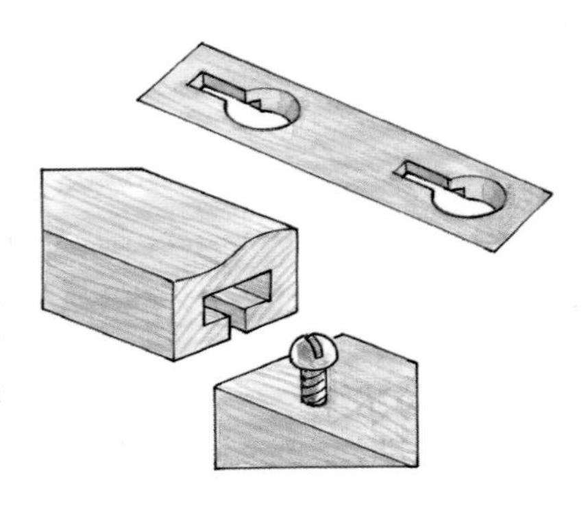

表面安裝的五金件

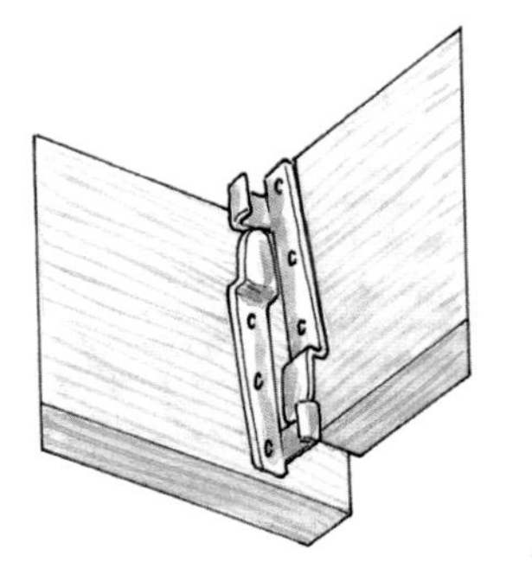

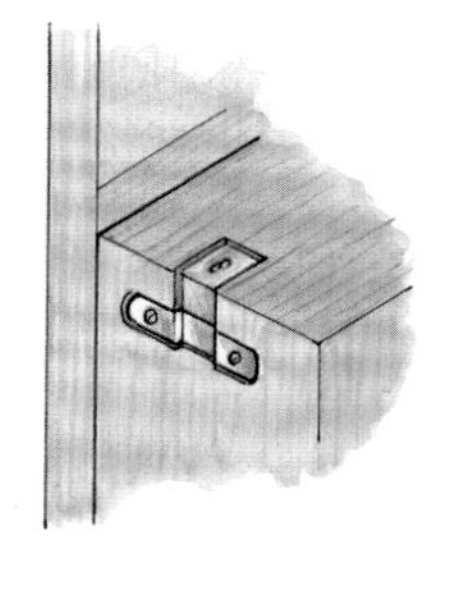

對於大多數的T形接合件或L形接合件的轉角，有許多可用但不是特別吸引人的互鎖硬件可供選擇。

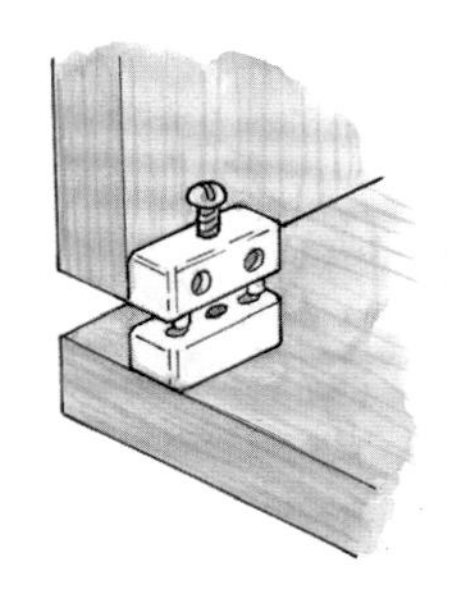

有些連接硬件是基於歐洲的櫥櫃製造體系，在中心位置有一系列間隔32mm的孔，或者是用螺絲以表面安裝的方式裝配接合件。

部分隱藏式連接器

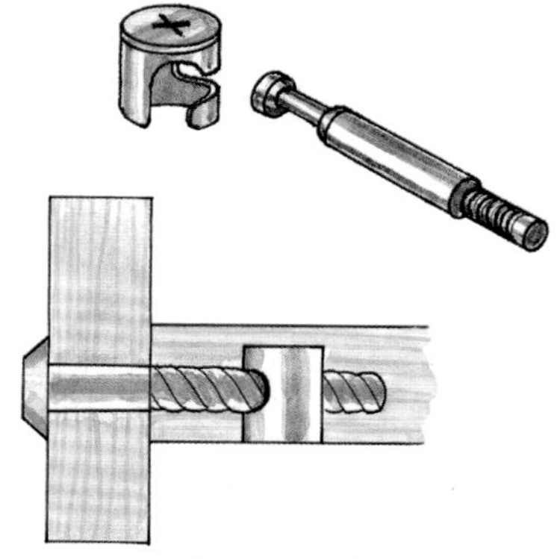

許多系統通過將一種特殊螺絲的凸出頭部固定在偏心螺母中來模仿帶有銷孔的榫卯結構，把螺母擰緊就可以拉動接合件進入指定位置。

十字銷有一個特殊的螺母，可以從下面插入部件並進行調整，通過螺絲螺紋與孔螺紋的齧合把接合件拉緊。

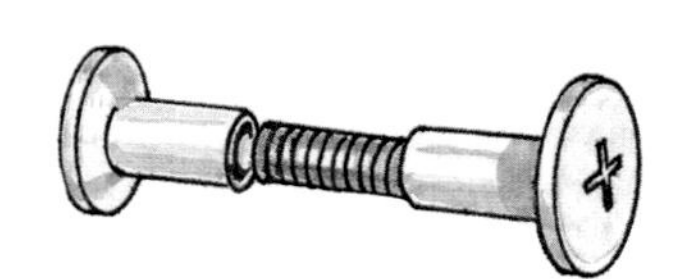

作為十字銷的近親，兩件式連接器螺栓有兩個長度，通過從相鄰櫥櫃的內部發出的螺紋件連接在一起來固定它們。

「定位銷釘」使用32mm的孔系統，將其螺紋擰入一個部件中，並與一個緊固在定位銷頭部上方的配對封裝螺母對齊。

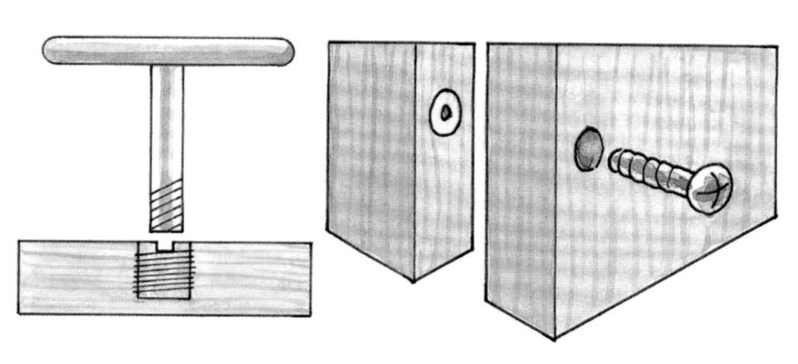

一種T形工具或鋼製和黃銅的內外絲螺母可以提供強大的內部機械螺紋。

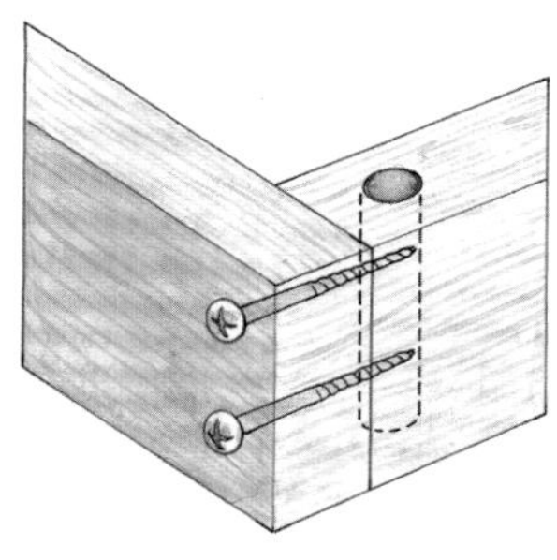

如果脆弱的端面區域被圓木榫的長紋理區域帶來的更好的螺絲固定能力所取代，那麼由普通木工螺絲擰入木板端面形成的接合會有更好的效果。

桌面緊固件

商店購買的或自製的桌面按鈕螺絲可以擰入桌面下方，並隨著實木板的膨脹在擋板的凹槽中滑動，而圓形的桌面緊固件適用於膠合板（最右邊）。

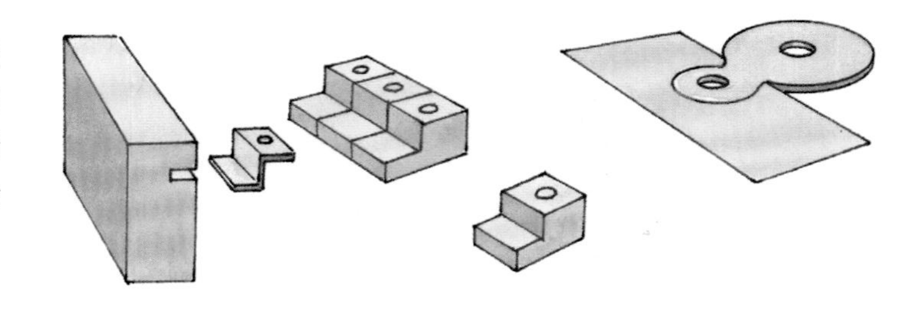

櫥櫃吊軌

輕型壁櫥可以通過互鎖鋼製五金件或安裝在螺絲頭上的黃銅鎖眼進行安裝，以最大限度地減少牆壁的損壞。對於較重的櫥櫃，需要使用木頭或金屬吊軌進行安裝。

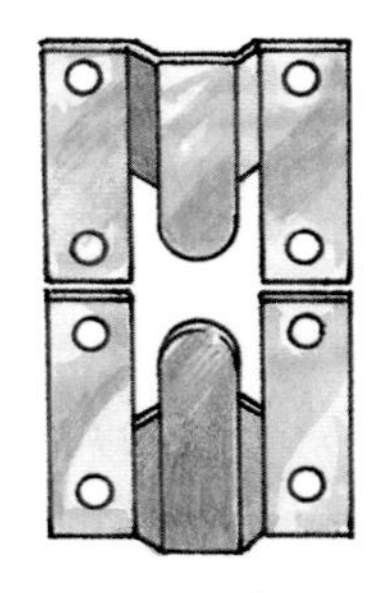

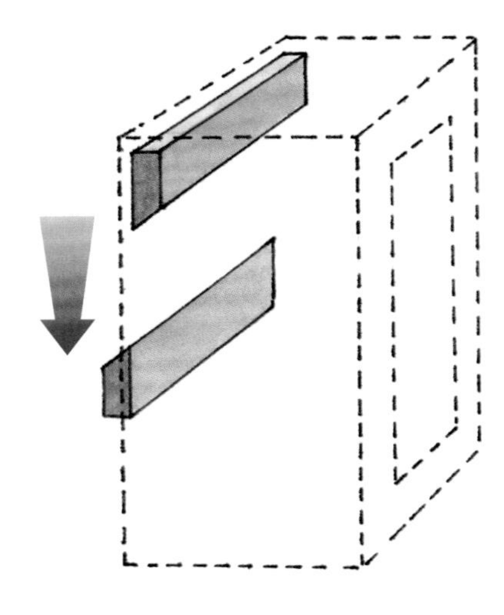

床欄緊固件

在傳統的家具中，一個方頭欄桿螺栓與榫接入床欄內部的螺母構成一對接合件，其外側被金屬蓋蓋住，用來提供裝飾效果和隱藏檢查孔。

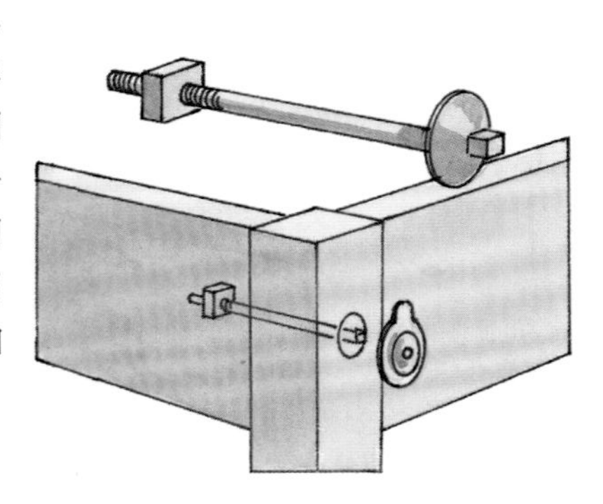

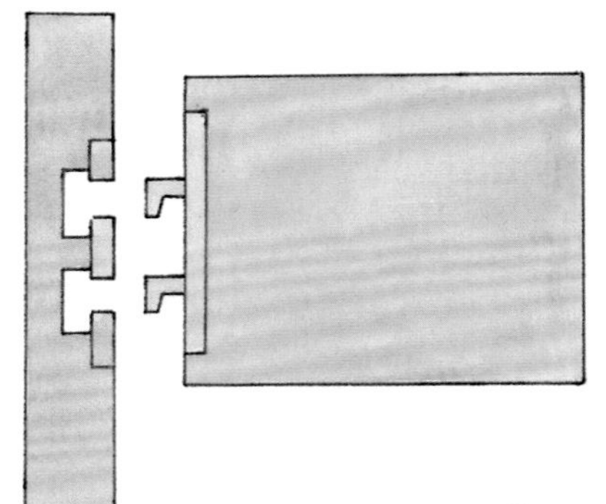

錐形可滑動的或鈎形的床欄掛鈎在被榫接到欄桿的末端時效果最好，這樣它們不會暴露在外邊，並可以用來懸掛沉重的櫥櫃。

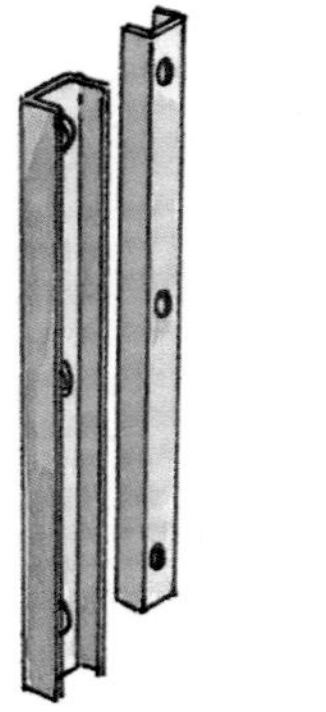

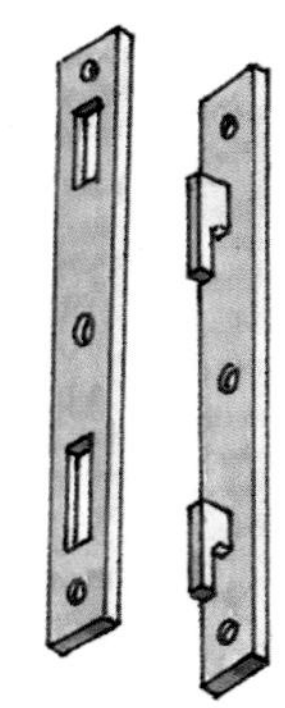

邊角加固件

大多數五金店都銷售塑料、鋼製或黃銅的加固件，它們適用於各種類型的接合件。

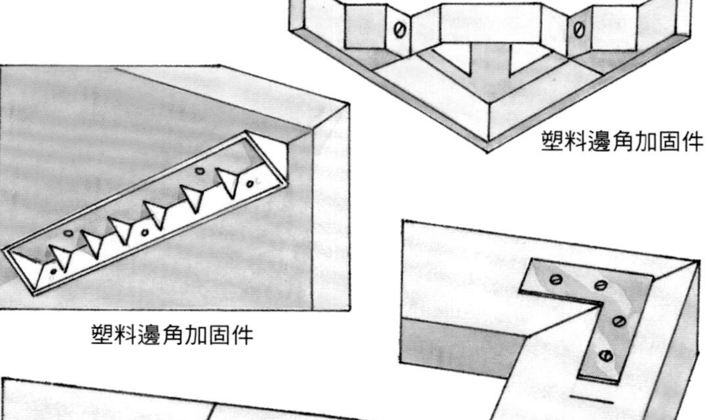

塑料邊角加固件

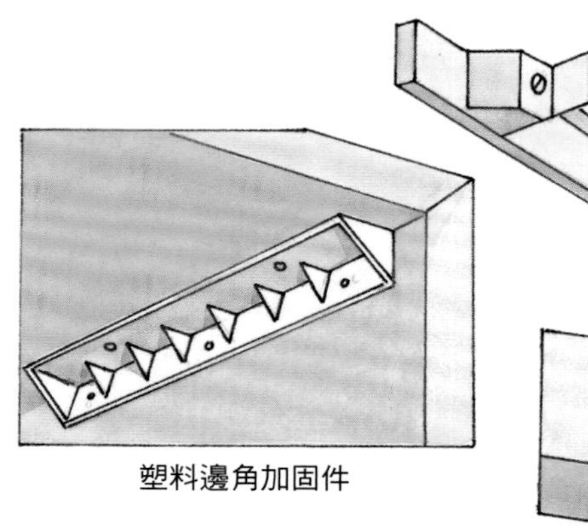

塑料邊角加固件

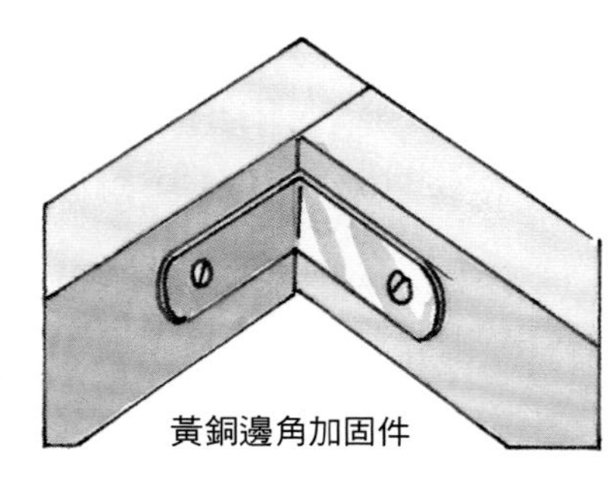

黃銅邊角加固件

T形鋼加固件

鋼製平角加固件

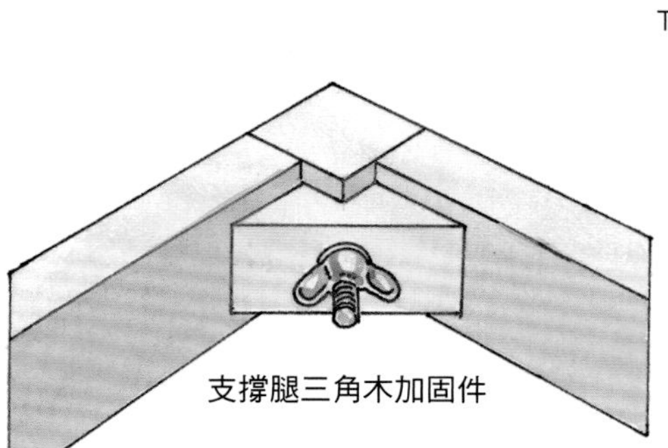

支撐腿三角木加固件

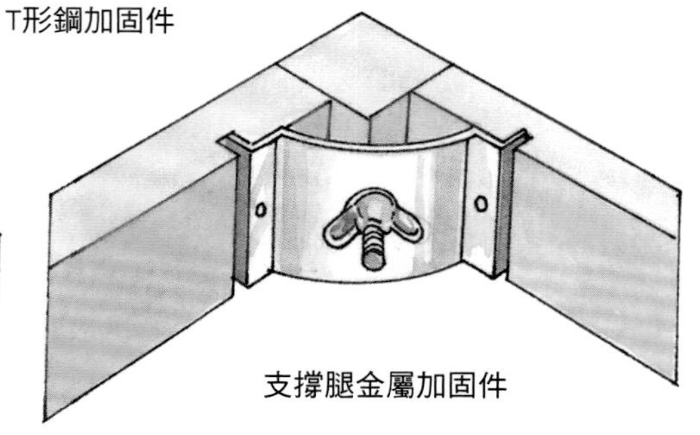

支撐腿金屬加固件

將配有雙螺母的吊掛螺栓擰入木料中固定，然後用蝶形螺母在三角木或金屬加固件的表面擰緊。

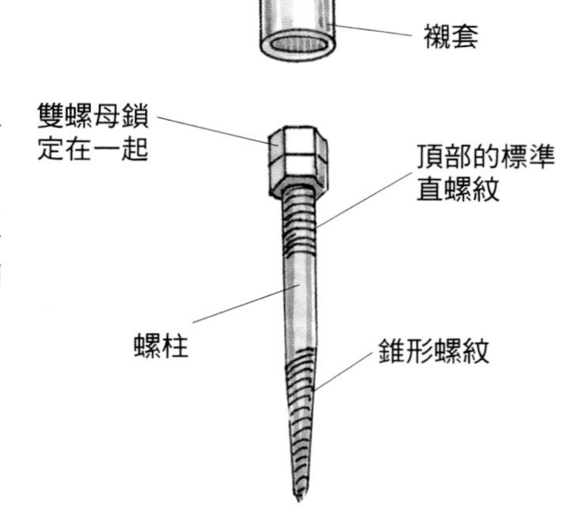

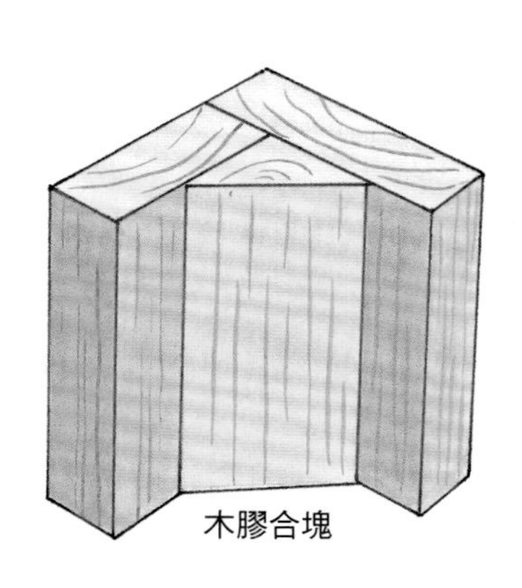

木膠合塊

傳統的木質加固膠合塊可以匹配任何邊角，但最好的切割方式是使膠合塊的紋理平行於加固部分的紋理。

可拆卸的木楔加固榫

可分解為組成部件的家具同樣是傳統家具的組成部分，其中包含羅馬式的軍用活動家具和用於「旅行」的中世紀棧橋桌（trestle table），它們是基於每天都要移動的需要設計的。很多木匠喜歡製作可分解為小型和輕型部件的全木結構家具，你會發現那些老式可拆卸無膠接合件在今天仍然很有用。通過木楔加固的貫通榫或加勁凸榫是一種牢固的、可見的接合件，可以抵抗擠壓，但必須與整體設計融為一體。一種滑動燕尾榫機械互鎖結構可以隱藏接合部件，並且易於拆卸和重新組合，特別是當它經過打蠟處理的時候。

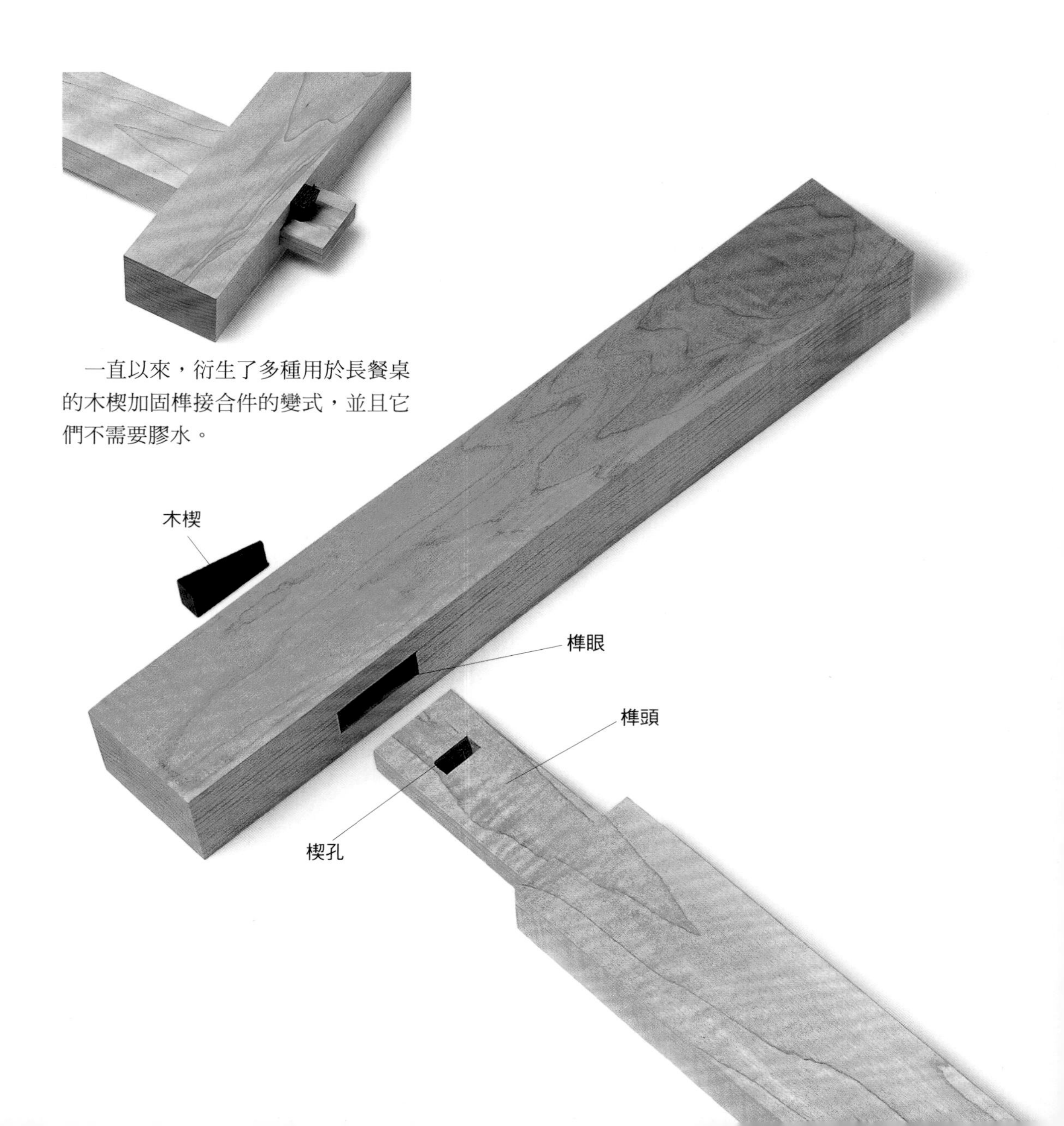

一直以來，衍生了多種用於長餐桌的木楔加固榫接合件的變式，並且它們不需要膠水。

製作步驟

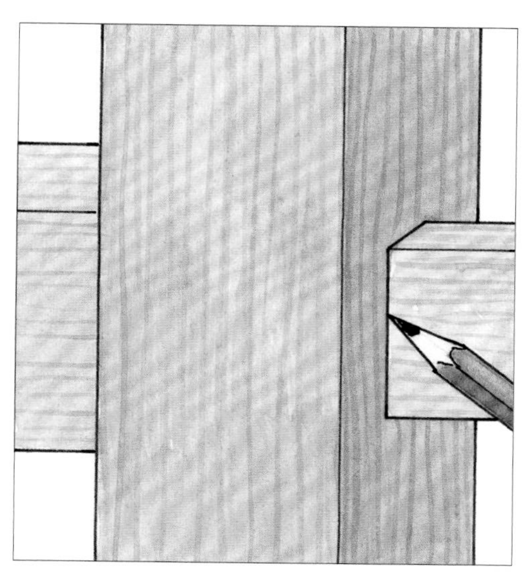

1 製作一個超長的貫通榫頭，這樣它才能提供超出榫眼部分的材料。將榫頭插入榫眼，並在其穿過榫眼的位置畫線。

2 在榫頭表面為楔孔畫線，楔孔應從榫頭畫線稍向內的位置起始，並留足夠的材料，防止切割楔孔時產生短紋理區域。

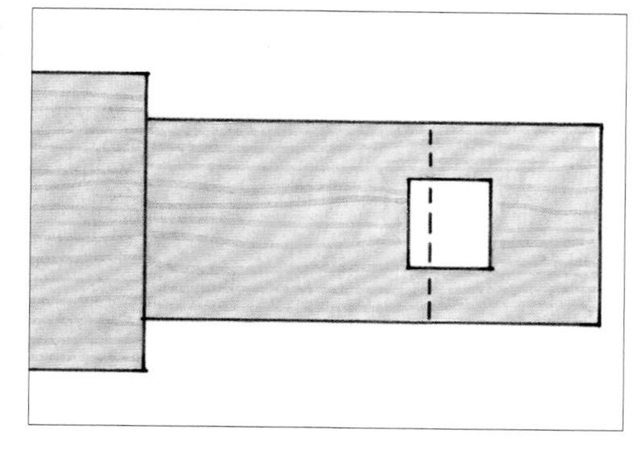

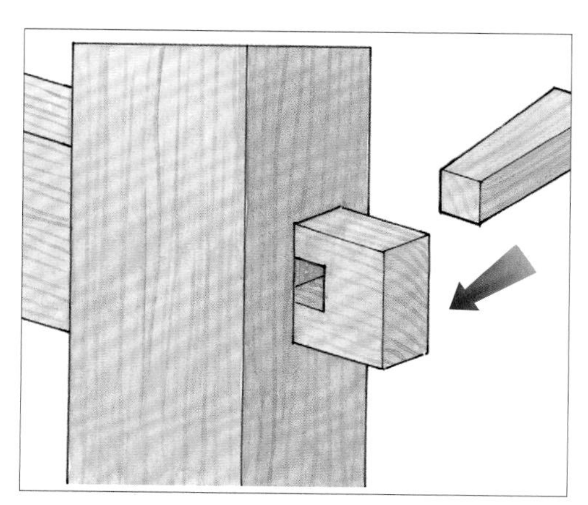

3 製作一個外部輪廓略有錐度的木楔，然後將其插入榫頭的楔孔中，這樣它就可以頂住垂直部件，然後拉緊榫頭。

製作技巧

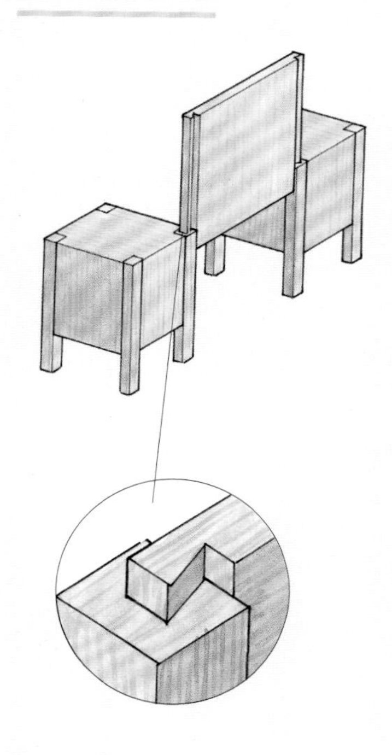

滑動燕尾榫

為了便於移動以及運輸，可以使用無膠的滑動燕尾榫將笨重的家具拆分成各個組件，比如把桌子拆分成側板、櫥櫃和桌面。

半燕尾榫接合

說到構建易於拆卸和重新組裝的結構，燕尾榫是具備這種功能的接合件之一（見第179頁變式）。榫頭是用傳統的方式切割的，但是只保留了單側榫肩。榫眼的寬度仍要按照完整榫頭的尺寸切割，然後從端面起始，按照燕尾榫榫頭的角度畫出延長線。當最後插入木楔時，如果所用的木料較寬，榫頭與榫眼能夠緊密匹配獲得良好的側向支撐，整個接合結構會表現出很強的剛性。

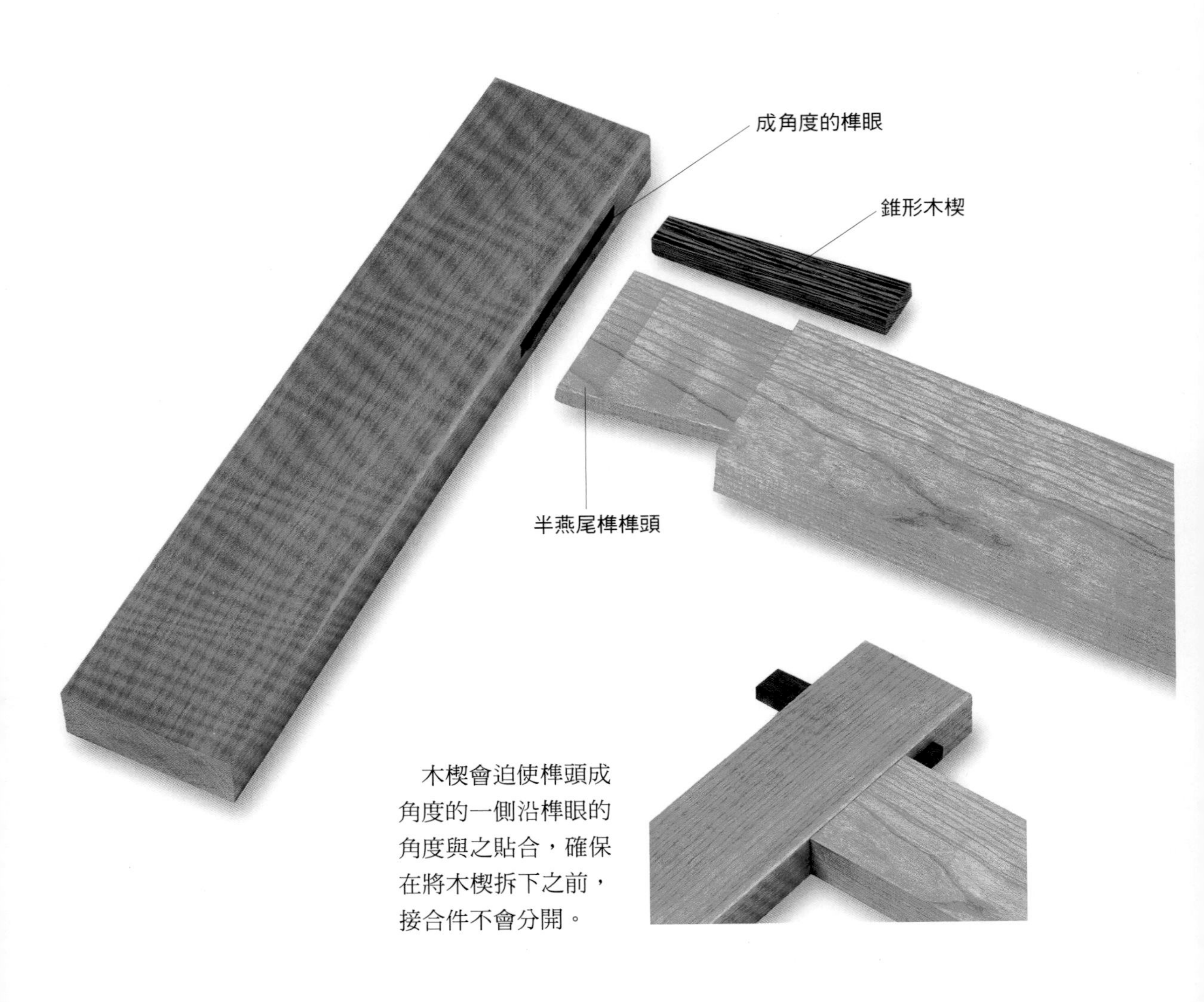

木楔會迫使榫頭成角度的一側沿榫眼的角度與之貼合，確保在將木楔拆下之前，接合件不會分開。

製作步驟

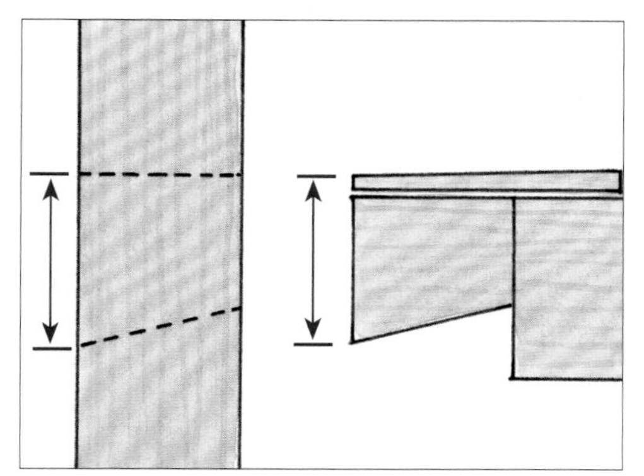

1 為半燕尾榫的貫通榫眼畫線，使其底端角度與燕尾榫的角度一致，同時保證出口側的寬度尺寸足夠長，包含木楔的厚度尺寸和燕尾榫的前端寬度尺寸。

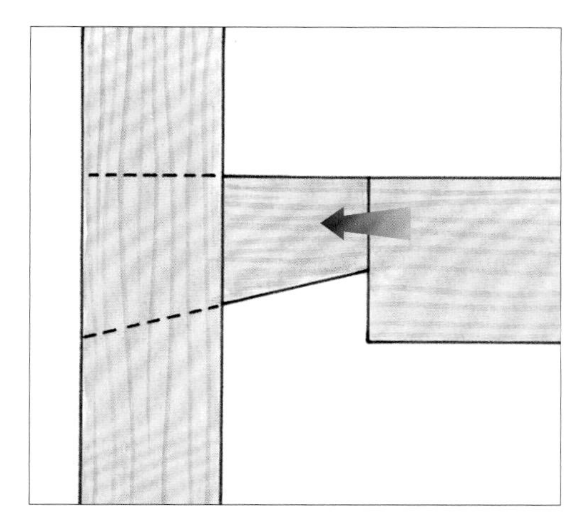

2 確保當榫頭的直邊與榫眼的直邊對齊時，榫頭可以進入榫眼中。

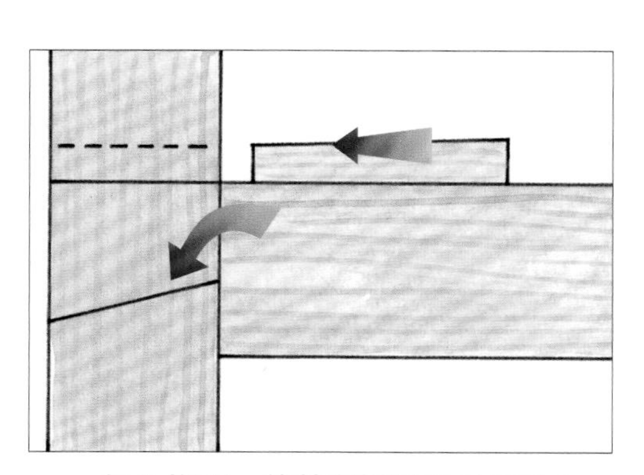

3 插入榫頭，使其與榫眼的角度貼合，然後滑入錐形木楔，並根據需要將木楔刮薄，直到它的前端停在與榫頭末端平齊的位置。

變式

暗榫

暗榫通過可拆卸的銷釘進行固定，並允許把家具拆開處理。

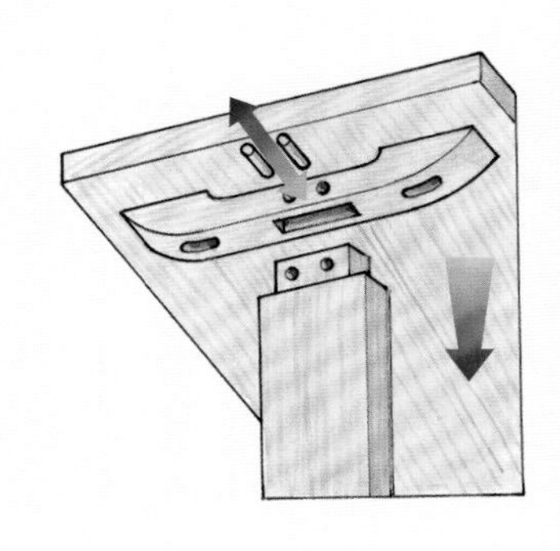

加勁凸榫

如果水平部件足夠厚，可以用一塊垂直的木楔固定榫頭，其製作流程與可拆卸的木楔加固榫的流程相同。

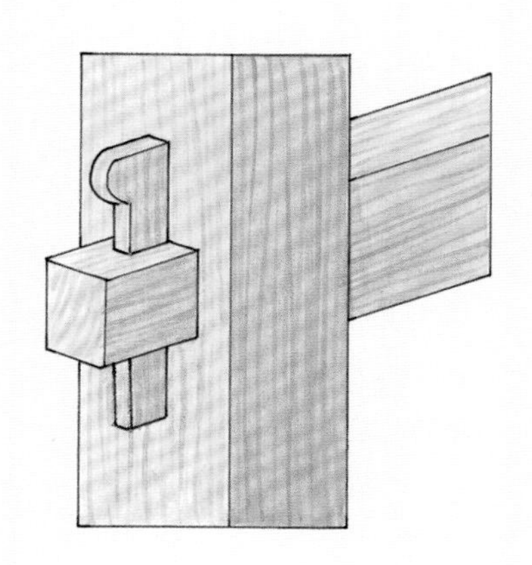

術語表

畫線錐（Awl）

一種用於畫線的尖頭工具。順紋理使用時效果很好，但橫向於紋理畫出的線邊界容易模糊。

主幹（Beam）

直角尺或斜角尺的「把手」（不是刀片），或者畫線規固定鋼針的部分。

彎曲度（Bending）

木材彎曲的程度，或者是接合部件在一個作用於假想支點對側的力的作用下彼此遠離的趨勢。

斜面（Bevel）

與木板參考面不成90°的切口，或者是以這樣的切割方式留下的切面。

餅乾榫（Biscuit）

一種薄的、橢圓形的壓縮山毛櫸製成的木片，通過插入由餅乾榫機製作的、位於兩塊木板之間的配對插槽中發揮作用。

弓彎（Bowing）

由乾燥引起的木材缺陷。它使木料表面像搖臂那樣沿長度方向向上彎曲。

箱式接合（Box joint）

指接接合的另一個名字，由互鎖的直邊指狀結構搭接在一起形成的結構。

托榫接合（Bridle joint）

一種融合了搭接接頭、榫卯接合特徵的結構，在木板的端面有一個U形的榫眼。

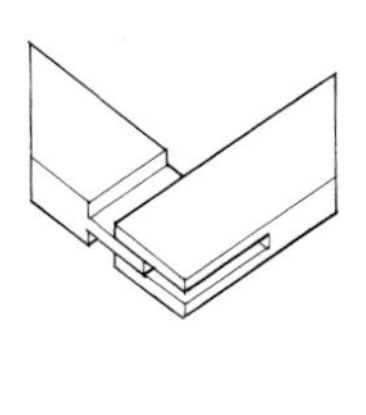

對接（Butt joint）

沒有互鎖結構，配對部件的兩個平面平齊地匹配在一起的方式。

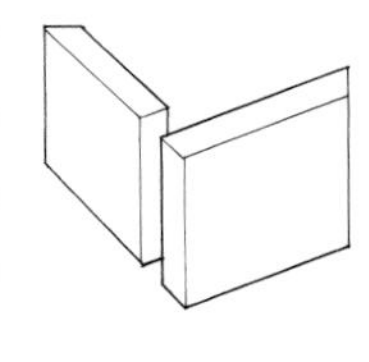

框體（Carcass）

一個櫃子的主體或框架結構。

中央搭接（Center lap）

在一個部件的中央位置切掉一半厚度，切出一個寬大的橫向槽，形成的半框架搭接結構。

龜裂（Check）

由乾燥引起的木材裂縫，無論是出現在木料表面還是端面，木纖維都已分離。

頰部（Cheek）

榫頭、中央搭接或端面搭接件的寬大表面，榫眼的長紋理壁，或者燕尾榫及其銷件或指接榫的長紋理配對面。

夾緊墊塊（Clamping blocks）

當尺寸正確時，有助於將夾緊力分散到接合件的膠合表面的木塊。

組合驅動（Combi drive）

一種螺絲驅動系統，它在螺絲頭中包含了多種驅動刻痕，因此可以由不同的螺絲刀驅動。

組合角尺（Combination square）

一種全金屬的工程角尺，可以用來驗證90°和45°角。它的刀片能夠在主幹中來回滑動，並可以安裝定心頭或量角器這樣的附件。

複合斜切（Compound miter）

一種刀片的切割路徑沒有垂直於木板的端面或側面，同時刀片以一定角度傾斜，沒有與木板正面成90°的切割方式。

壓縮（Compression）

施加於木料上的力把木纖維擠到一起，或者把接合件擠緊的趨勢。

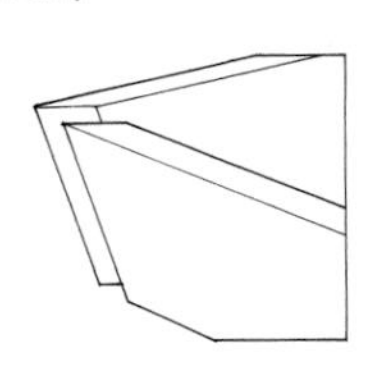

家具螺絲（Confirmat）

用於人造板製品的裝配螺絲。

壓頂（Coping）

在一件作品中鋸出一個負片的輪廓，以匹配正向輪廓的處理方式，通常用於線腳。

沉孔（Counterbore）

一個直邊鑽孔，可將螺絲頭埋入木料表面之下，可以用木塞蓋住。

埋頭孔（Countersink）

錐形鑽孔，其傾斜角度與平頭螺絲頭部下方的角度相匹配，並使螺絲頭與木料表面平齊。

鉤形彎曲（Crooking）

一種木材乾燥缺陷，導致木板橫向彎曲。

翹曲（Cupping）

一種乾燥缺陷，導致木板的一面比另一面收縮幅度更大，使木板像槽一樣捲曲。

切削規（Cutting gauge）

一種帶有小刀的工具，可以平行於木板的邊緣進行深度畫線，或者將木皮切割成條。

橫向槽（Dado）

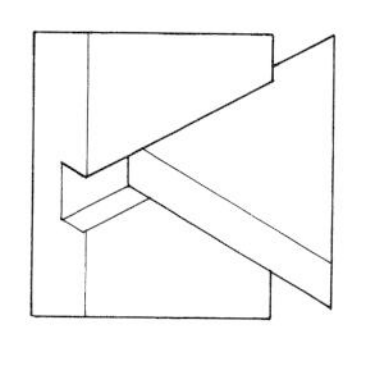

用平底U形銑頭銑削得到的凹槽，可以有不同的寬度和深度，但總是橫向於紋理的。

空間衝突（Dimensional conflict）

在接合部件的長紋理區域被垂直膠合或固定時，木料橫向於紋理方向的自然波動受到限vv的情況。

雙直角尺（Double square）

一種直角尺，它的內角和外角可以用來驗證90°角，其刀片有時會在金屬主幹中滑動，因此可用作深度計或畫線規。

燕尾榫（Dovetail joint）

一種傳統的接合方式，通過燕尾形和指狀榫頭與插口的互鎖實現接合。這種接合方式具有出色的抗拉性能。

圓木榫（Dowel pin）

一種小圓柱件，通過插入並膠合在配對部件的配對孔中發揮作用，以完成接合或加固接合件。

圓木榫夾具（Doweling jig）

任何可以用來協助相關設備定位和鑽取圓木榫孔的工具。可以訂製。

鑽銷孔（Draw-boring）

當木楔被釘入接頭部件上略微偏置的孔中時，接合件被固定到位的一種技術。

修整（Dressing）

將粗糙的木材變成上下表面彼此平行且平整、側面彼此平行且垂直於上下表面的光滑木板的過程。

邊緣搭接（Edge lap）

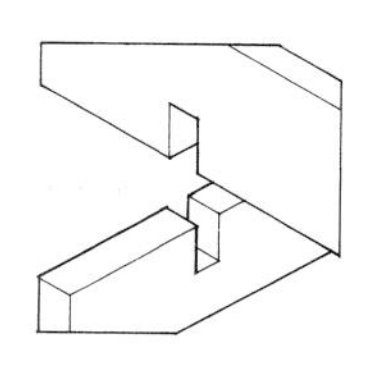

以木板寬度尺寸的一半在其側面切割缺口形成的搭接結構。

元素（Element）

接合件的基本組成形狀，可以是橫向槽、半邊槽、凹槽、插口，也可以是垂直角度或其他角度的切口，以及這些結構的組合和變式。

端面紋理（End grain）

可以將木板端面的紋理比作一束經過橫向切割的稻草；它可以從不同角度顯示樹木的生長年輪，具體取決於用圓木切割木板的方式。參閱術語表「弦切」和「徑切」。

端面搭接（End lap）

在木板的端面橫跨基準面切割的半邊槽，以L形取向或T形取向形成的框架搭接結構（不要與首尾搭接或嵌接接合混淆）。

正面（Face）

木板橫向於紋理方向最寬部分。

指形搭接（Fingerlap）

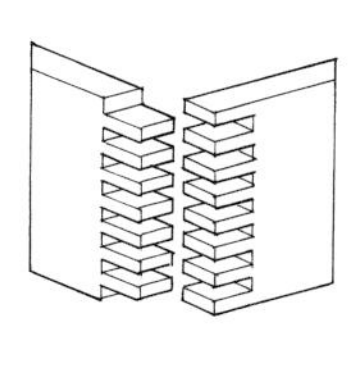

一種特殊的搭接方式，具有類似手指交叉的平直結構。也叫作箱式接合。

弦切（Flatsawn）

最常見的木材切割方式，年輪橫向貫穿木板的端面，形成其特有的紋理樣式。

紋理樣式（Grain pattern）

木料紋理的視覺外觀。紋理樣式的類型包括平直的、捲曲的、斑駁的、菱形的、叉狀的、蜂翼狀或鳥眼形的。

順紋槽（Groove）

由平底U形銑頭銑削得到的凹槽，其深度和寬度皆可變化，且總是順紋理運行的。

半搭接（Half lap）

搭接的另一個名字。

半銷件（Half pin）

燕尾榫結構中位於銷件部件外側的兩個銷件，其名字不是因為它們的寬度只有標準銷件寬度的一半，而是因為它們只有一側成角度。

半接榫（Halving）

切入木板厚度的一半製作寬大的半邊槽或橫向槽，或者以一半寬度切入木板側面形成缺口進行接合的方式；也是搭接接合的另一個名字。

硬木（Hardwood）

來自闊葉落葉喬木的木材，無論密度如何（比如，輕木是一種硬木）。

拱腋（Haunch）

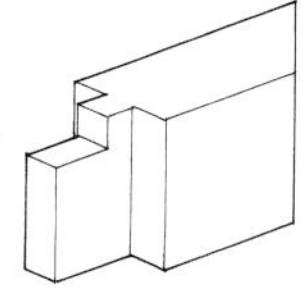

在榫頭側面切割形成的次級榫肩。

封裝件（Housed）

一個部件被另一個部件或某類特定的接合件全部或部分包圍的情況。

封裝（Housing）

一個銑削的切口——通常是一個半邊槽、橫向槽或者順紋槽，也可能是一個插口，全部或部分包圍配對部件的狀態。

引導（Index）

用於定位切割操作或鑽頭的參考面、標記或靠山，也可以指對齊的操作。

夾具（Jig）

任何訂製的或市售的，用來協助定位，以及穩定木材或工具的設備。

切口（Kerf）

鋸片鋸切時留在木料上的可見路徑。

楔榫（Key）

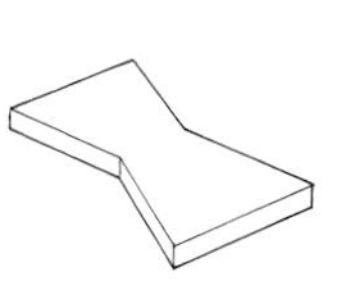

一種插入式的接合鎖緊裝置，通常由木料製成。

鎖孔銑頭（Keyhole bit）

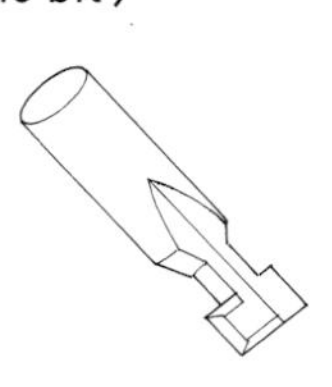

一種特殊的T形銑頭，它可以在木料的厚度內切割出T形路徑，這種形狀允許螺絲頭進入木料中，且其柄部可沿木料表面的凹槽滑動。

可拆卸接合件（Knockdown joint）

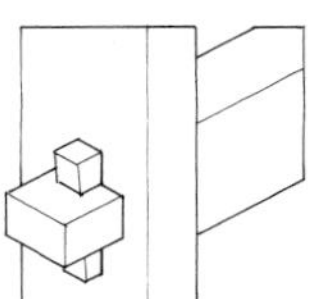

一種無須膠水組裝的接合件，必要時可以拆卸並重新組裝。

搭接接合（Lap joint）

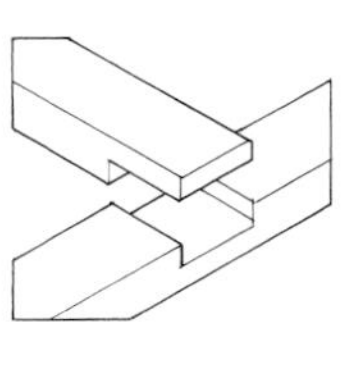

一種通過將成對部件沿厚度或寬度方向切去一半並相互扣在一起形成的接合結構。

長度接合（Length joint）

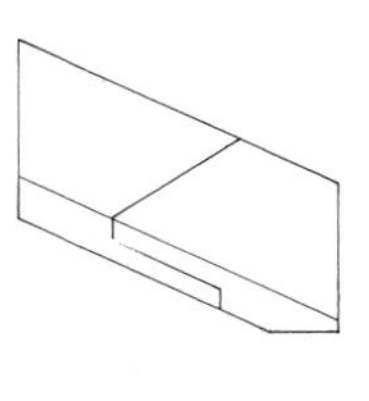

端面對端面將兩塊較短的木板連接成一塊更長木板的方式。

封邊條（Lip）

黏合或懸垂在木板邊緣的類似邊框的結構。

長紋理（Long grain）

平行於木纖維的走向，就像一束稻草沿長度方向的走勢，通常與木板的長度方向平行。

畫線規（Marking gauge）

一種帶有鋼針或刀片的可調節裝置，用來標記與木料邊緣平行的單一畫線。

畫線刀（Marking knife）

適合畫線的任何刀具或特殊樣式的刀具。

銑削（Milling）

去除部分木料以留下所需的正向或負向輪廓的過程。

斜切（Miter）

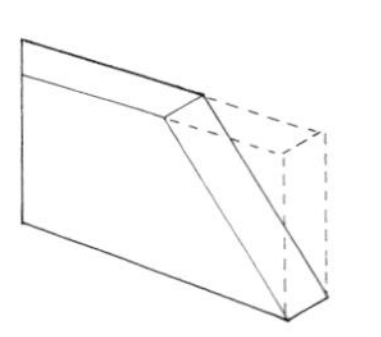

是指橫向於正面紋理成角度的切割，或者專指橫向於正面、端面或者順紋理方向的45°切割。參見「斜面」。

斜角規（Miter gauge）

一種在臺式槽中平行於臺鋸或帶鋸鋸片滑動，並配有旋轉式量角器頭和靠山，便於以不同角度進行橫切切割的裝置。

榫眼（Mortise）

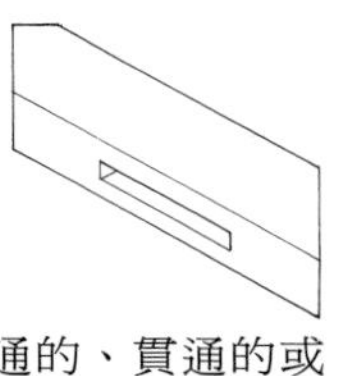

通常為矩形或圓形的插槽，用來匹配插入的榫頭，可以是非貫通的、貫通的或者是位於端面的插槽式的。

榫規（Mortise marking gauge）

具有兩個鋼針的裝置，用來標記兩條平行於木板邊緣的畫線。

缺口（Notch）

切入木板側面的橫向槽，如果其延伸到木板寬度一半的位置，那麼它就成了邊緣搭接部件的一部分。

插槽式榫眼（Open slot mortise）

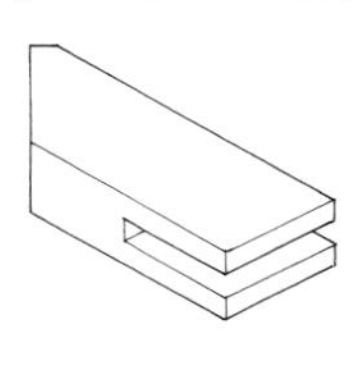

一種在木板端面製作的榫眼，用於托榫接合。

取向（Orientation）

接合結構中各部分之間的位置關係──平行的、首尾相接的或者是I形、交叉、L形、T形和成角度的。

菲利普斯式驅動（Phillip sdrive）

一種借助螺絲頭的十字形凹口，使螺絲刀齧合與之配對的螺絲頭的方式。

引導孔（Pilothole）

一個小孔，用於引導螺絲插入並釋放應力，或者為諸如埋頭孔和沉孔這樣額外的鑽孔工作提供定位。

銷件（Pin）

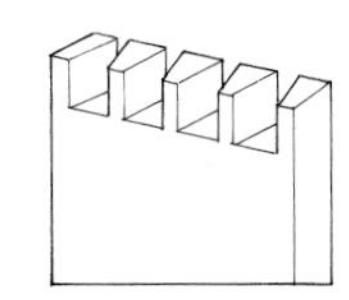

燕尾榫接合件的一部分，位於木板的端面，與尾件配對的部分；也可以指用來加固接合件的螺絲或圓木榫。

餅乾榫機（Platejoiner）

一種便攜式電動工具，用於在餅乾榫接合結構中製作弧形插槽或切口。

插槽（Pocket）

各種形狀的孔或插口，用來安裝成對的接頭部件。

徑切（Quartersawn）

一種切割方式，以此獲得的木板性能較為穩定，年輪更傾向於橫向於木板的端面垂直延伸，其在木板正面呈現平直延伸的紋理樣式，也被稱為直紋切割或四開切割。

半邊槽（Rabbet）

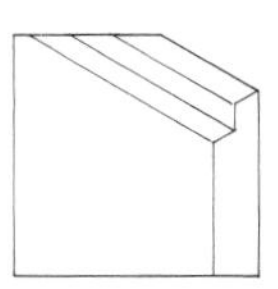

經過銑削後留下的仍與木料正面平行但低於正面的平坦的階梯式槽口。

扭曲（Racking）

接合件鬆動和角度發生改變的趨勢，通常與補償其他接合部件變化的結構有關，比如一個矩形結構變成一個平行四邊形結構。

冒頭（Rail）

門或其他框架結構的水平部件的名稱。

耙式方正鋸齒（Raker tooth）

圓鋸鋸片的一種鋸齒類型，其頂部是平的，可以用來鋸切平底凹槽或切除廢木料，甚至可以重複鋸切。

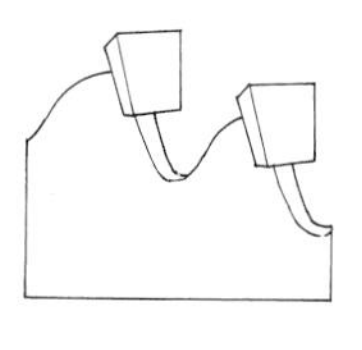

螺紋區基部（Root）

位於螺絲頭下方的、帶有螺紋的螺桿長度部分。

嵌接接頭（Scarf joint）

通過連接兩個部件的端面，膠合沿正面或側面延伸的長斜面來增加木板整體長度的接合方式。

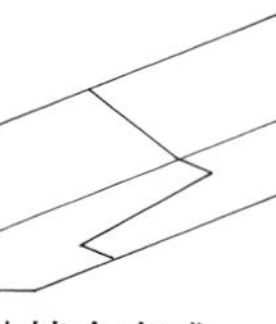

畫線（Scribe）

用畫線刀或畫線錐製作切割參考線或引導標記的過程。

螺絲柄（Shank）

位於螺絲頭下方的沒有螺紋的長度部分。

剪切力（Shear）

拉或推膠合線的，或由於過載導致部件斷裂的力。

短紋理（Short grain）

長紋理木纖維被橫向切斷，在很短的區域內橫向於部件長度方向的紋理。短紋理區域的木料很脆弱，很難固定在一起。

榫肩（Shoulder）

像半邊槽那樣垂直於木板正面的階梯式切口，通過頂住配對部件的相應表面來穩定接合件。

滑動斜角規（Sliding bevel）

一種刀片和主幹之間角度可變的工具。刀片長度是可以調節的。

槽驅動（Slot drive）

一種螺絲驅動系統，可以將驅動器與螺絲頭部的直槽刻痕匹配在一起。

插槽式榫眼（Slot mortise）

一種由機器鑽頭製作的榫眼，通常具有導圓的端面（也可以是方正的）。

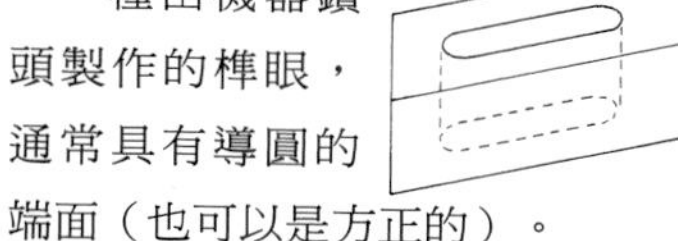

軟木（Softwood）

來自常綠針葉喬木的木料，無論密度高低（比如，紅豆杉是一種軟木）。

方栓（Spline）

一種扁平的薄木條，用來插入兩個部件的配對凹槽之間，以加固它們之間的連接。

開裂（Split）

木材沿紋理方向的碎裂情況。

彈性接頭（Sprung joint）

一種被略微刨削出凹陷的邊緣接頭或寬度接頭，以補償木板端面將來因為水分損失導致的榫眼收縮。

方頭驅動（Square drive）

一種加拿大的螺絲驅動系統，通過將其驅動器與螺絲頭中的方孔配合來齧合螺絲。

限位環（Step collar）

安裝在鑽頭上的木製或金屬裝置，用於確定孔的深度。

梃（Stile）

門或其他框架結構的垂直部件的名稱。

尾件（Tail）

燕尾形的燕尾榫部件，與銷件配對的部件。

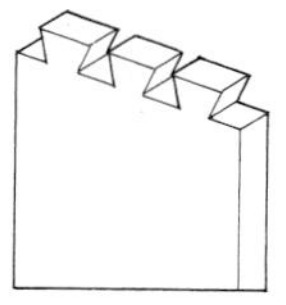

直紋（Straight grain）

木料徑切時端面的紋理樣式。

錐形（Taper）

順紋理方向切割的燕尾榫部件，其兩側與木板邊緣成一定角度而不是平行於它。

榫頭（Tenon）

榫卯接合件的凸出部分，通常為矩形或圓形。但不僅限於這些形狀。

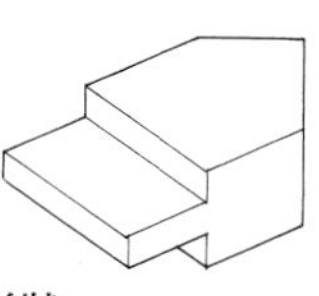

張力（Tension）

作用於接合件或木料上的拉動方向的力。

三角形標記（Triangle marking）

一種標記系統，使用一個簡單的三角形來標記木料，以便於作品部件的組裝。

斜角尺（Trymiter）

一種用於驗證45°角的木工工具。

直角尺（Try square）

一種木工用90°角的驗證工具，有時根據規格要求，只需要其內角是方正的。

扭曲（Twisting）

木材的乾燥缺陷導致木板的每一端處在不同的平面上。

木楔（Wedge）

通常是一塊薄木板，用來插入並膠合到貫通榫頭的切口上。

寬度接合（Width joint）

一種接合方式，通過將部件邊緣彼此連接以增加木板的整體寬度。

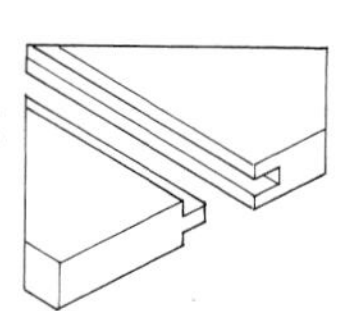

木材形變（Wood movement）

木材的水分含量隨著環境相對溼度的變化波動性變化，導致木料橫向於紋理膨脹和收縮的一種永不停止的自然趨勢。